普通高等教育"十一五"国家级规划教材

大学化学基础实验

（第三版）

浙江大学化学系　组编

赵华绒　曾秀琼　刘占祥　郭伟强　主编

科学出版社

北　京

内 容 简 介

本书为普通高等教育"十一五"国家级规划教材。本书涵盖了化学、生物、医学、药学、化工、材料、环境、农学等相关专业的化学基础实验教学所需内容。本书内容丰富、新颖，共编写了 77 个实验。本书经过多年的实践与完善，已形成了独有的风格与特色。

本书可作为高等学校化学类、近化学类及相关专业本科生的化学基础实验教材，也可供化学和相关专业的研究人员参考。

图书在版编目（CIP）数据

大学化学基础实验 / 浙江大学化学系组编；赵华绒等主编. —3 版. —北京：科学出版社，2023.8

普通高等教育"十一五"国家级规划教材

ISBN 978-7-03-076153-8

Ⅰ. ①大… Ⅱ. ①浙… ②赵… Ⅲ. ①化学实验–高等学校–教材 Ⅳ. ①O6-3

中国国家版本馆 CIP 数据核字（2023）第 146269 号

责任编辑：丁　里 / 责任校对：杨　赛
责任印制：赵　博 / 封面设计：迷底书装

科 学 出 版 社 出版

北京东黄城根北街 16 号
邮政编码：100717
http://www.sciencep.com

北京华宇信诺印刷有限公司印刷
科学出版社发行　各地新华书店经销

*

2005 年 7 月第　一　版　开本：787×1092　1/16
2010 年 1 月第　二　版　印张：22
2023 年 8 月第　三　版　字数：563 000
2025 年 1 月第十七次印刷

定价：**79.00 元**
（如有印装质量问题，我社负责调换）

《大学化学基础实验(第三版)》
编写委员会

第三版前言

本书是在《大学化学基础实验(第二版)》(郭伟强主编,科学出版社,2010 年)的基础上进行修订再版。本次再版保持了上一版的特色,并结合了近年来浙江大学化学实验课程体系的改革成果,将浙江大学化学实验教学中心近年来开发的成熟的创新性化学基础实验项目融合在教材中,拓展了实验基本操作、实验内容的宽度及深度,体现了浙江大学化学系实验教学理念及特色教学方法。本书坚持思想性原则,引导学生树立正确的思想价值观,培养具有正确价值观、具备扎实基础知识和能力的创新型人才。

本书以《高等学校化学类专业指导性专业规范》为指导,既强化基本操作和实验技能,又注重学生的综合能力及探究能力的培养。在学科体系上按无机化学—分析化学—有机化学层层展开,在层次上按基础型—综合型—研究型—设计型实验有序提高,更加突出安全与环保。本次再版增加了实验导读、课前预习、内容拓展与探索,有利于教师分层次教学,也有助于学生创新思维的培养和创新意识的激发。

本书升级为新形态教材,配有部分化学基础实验基本操作视频和相关内容的电子文本,读者扫描相应二维码即可观看。

本书由赵华绒、曾秀琼、刘占祥、郭伟强、秦敏锐、魏晓芳、蔡吉清、蔡黄菊、谭桂娥、吴百乐、方卫民、李秀玲、委育秀、傅春玲和张培敏编写,章小波、郑豪、徐伟亮、张仕勇、陈恒武等对本次再版工作给予了极大的支持。

在本书编写过程中参考了国内外相关教材、法律法规、手册、网络资源等,在此对相关作者一并表示衷心的感谢!本书的出版得到了浙江大学本科生院及化学系领导、实验指导教师和技术人员的大力支持和无私帮助,科学出版社编辑给予了许多指导并付出了辛勤的劳动,在此谨表诚挚的谢意!

由于编者水平和经验有限,书中疏漏和不妥之处在所难免,恳请广大读者批评指正。

编 者

2023 年 1 月于杭州

第二版前言

本书第一版自 2005 年出版以来已经使用了 4 年，受到了使用单位的欢迎和好评，已被列为普通高等教育"十一五"国家级规划教材。根据使用学校的反馈信息和相关专家的宝贵意见，并根据学科发展和教学的需求，在保持第一版基本格局的前提下，对教材进行了修改和增删，主要的修订内容如下：

(1) 考虑到近年来各高校的实验室硬件(尤其是大型分析测试仪器)建设有了很大的改善，学生人均设备拥有率有了很大提高，本次修订强化了涉及分析测试仪器使用的实验内容，增加了气相色谱和液相色谱实验的教学内容，也增加了有机合成后的产品鉴定内容。鉴于各校购置设备时有不同的考虑，书中没有标明所用设备的型号。

(2) 学科发展引发不少新的研究热点，为此增加了一些新的实验内容。"纳米碳酸钙的制备及若干性能测定"可以让学生对纳米材料的制备及性能测试有较为深入的了解，而"室内空气中 TVOC 的测定"涉及家庭装修后的检测和公共场所空气中的有害物质的监测，可以让学生对生活和工作场所的空气质量问题及气体样品分析方法有进一步的认识。同时，考虑到第一版中无机化合物制备的实验相对较少，本次修订增加了这部分的内容。

(3) 第一版中有一些相近的实验，如乙酸乙酯和乙酸丁酯等羧酸酯的制备、二茂铁和乙酰二茂铁的合成等。由于它们的原理相通，处理方法相近，分而论之略显累赘，因此将这些实验合并，统一讲述原理，分别介绍实验步骤，便于各院校自由选取，也希望借此培养学生举一反三的能力。

(4) 为保持篇幅适中，在增加新实验的同时删去一些原有的实验。例如，实验"抗癌药去斑蝥素的合成"耗时太长，基础实验课时一般无法保证，虽然很有特色，也只好忍痛删去。

(5) 此外，本次修订重新审定了全部实验，调整了部分实验的归类，将一些内容较多、耗时较长的实验划入"综合能力训练"，而将较为成熟的内容归入基本实验中。同时也修正了第一版中的不当之处。

本次修订由郭伟强任主编，全书共收录 75 个实验。除第一版的相关作者外，曾秀琼、方卫民等也参与了本次修订。

此次修订仍会有不尽如人意之处，恳请读者批评指正，我们将不胜感激。

编　者
2009 年 8 月于求是园

第一版前言

"大学化学基础实验"课程是综合性大学为近化学类学生开设的实验教学课程,内容涵盖了材料、化工、医学、药学、环境、农学等专业化学基础实验教学所需的内容,涉及以往的无机化学实验、分析化学实验、无机及分析化学实验、仪器分析实验、有机化学实验、物理化学实验等诸多实验课程,并与无机化学、分析化学(包括仪器分析)、有机化学、物理化学这四门化学基础主干课程相衔接。内容包括需要了解的基本实验操作要求、需要掌握的基本实验技能、需要学会的各种实验方法,并提供必要的基本参数和背景知识。

对于近化学类的学生而言,化学实验技能的培养是十分重要的;同样,操作技能的熟练与否将影响学生今后的工作与科研,因而我们在本教材编排中十分注意对学生实验技能的训练与培养。在第一章绪论中介绍了化学实验的基础知识;第二章介绍了化学实验的各种基本操作和常用实验仪器使用的方法,希望通过这一部分内容学习能有助于学生实验技能的提高;紧接着的第三章编排了认识物质性质和变化规律的实验,包括一些化学常数的简单测定方法。由于本书面对的是近化学类不同专业的诸多学生,在随后的三章中我们精选了82个实验,包括必须掌握的基本实验操作实验(或称经典实验)和体现农、医、材料、环境等不同专业特色的"专业"实验,以及提高实验技能的综合性实验,部分实验有多种合成或检测的方法,供大家选择。第四章安排的是各种类型样品的分离、提纯、分析的方法;第五章实验的训练旨在让同学们能够掌握各类物质的合成方法,学会物质表征的基本处理模式;第六章的综合能力训练则希望有助于深化化学实验的内涵,了解化学实质的相互关联。附录列出了部分常用实验参数、本教材中部分合成或提取产物的红外光谱图和核磁共振谱图,以及部分试剂的提纯方法。

参加本书编写的有郭伟强教授、陈恒武教授、张仕勇教授、李秀玲副教授、赵华绒副教授、郑豪副教授、张培敏副教授、章小波副教授、谭桂娥副教授和傅春玲副教授(排名不分先后)。全书由郭伟强主编。在本书的筹划过程中,陈恒武教授提供了很多有益的建议。

由于编者的水平和经验有限,书中难免有不妥之处,恳请广大读者批评、指正。在此谨表真诚的谢意。

编 者

2005 年 5 月于杭州

目　　录

基础知识篇

实　验　篇

基础知识篇

第 1 章 基础化学实验的一般知识

1.1 基础化学实验课程目的和要求

1.1.1 课程目的

(1) 加深对无机化学、分析化学和有机化学等学科基本理论和基础知识的理解和掌握。

(2) 培养细致观察和记录实验现象及数据、发现问题和解决问题、归纳和处理数据、分析和表达实验结果的能力。

(3) 通过基础型和综合型实验,培养操作规范、学术规范和综合能力;通过研究型和设计型实验,培养查阅资料、设计方案以及撰写论文的科研能力,提高综合能力,进一步激发创新意识。

(4) 培养实事求是的科学态度,训练一丝不苟的科学作风,养成良好的科学素质,为进入深层次学习和研究打好基石。

1.1.2 课程要求

(1) 课前认真预习,阅读相关资料,理解实验原理,明确实验步骤,完成预习报告。

(2) 实验中严格遵守实验室各项规章制度,不得随意操作。遇到问题或故障,及时咨询和请教指导教师或助教,以免发生意外。

(3) 实验中保持安静,认真完成每一步操作,实事求是地记录实验现象和实验数据。必须使用黑色或蓝色水笔或圆珠笔记录所有数据和现象,不得随意涂改。

(4) 树立绿色化学的理念,节约各种资源,减少化学品的消耗和排放,按规定收集和排放实验室废弃物。

(5) 实验结束后,核对实验数据,清洗实验器具并放回原处,整理实验台,将实验记录本交给指导教师或助教审核签字。

(6) 课后按规范处理和分析实验数据,按时完成和提交实验报告。

1.2 化学实验室的安全和环保规则

1.2.1 化学实验室的安全规则

(1) 严格遵守实验室的各项规章制度,进入和离开实验室需进行登记。

(2) 严禁在实验室内饮食和吸烟。实验结束后要洗手,如接触过有毒药品,还应漱口。

(3) 严格遵守实验室的着装规定。穿实验服,戴护目镜,扎起过肩长发。不戴隐形眼镜或美瞳,不穿紧身或裸露脚踝的裤子,不穿细跟和钉铁钉的鞋子,不穿裸露脚趾和脚背的鞋子。建议穿棉质衣裤、布鞋或球鞋。违反以上任一条者不得进入实验室。

(4) 掌握实验室消防和安全设施的性能和使用方法,熟悉电闸、水阀、洗眼器、紧急喷淋装置、灭火毯、灭火器、消防沙和紧急逃生通道的位置，发生事故时能合理紧急处置、救助、逃生。

(5) 严禁品尝实验室内的任何化学品，严禁随意带走实验室内的任何化学品。

1.2.2 危险化学品及设备的安全规则

(1) 高压气体钢瓶容易发生爆炸和泄漏，必须严格按操作规程使用。钢瓶应存放在阴凉干燥和远离热源的地方，并用钢瓶固定架或铁链固定。

(2) 具有强腐蚀性、刺激性或毒性的化学品应储存在通风柜内；产生刺激性或有毒气体的操作应在通风柜内进行。使用通风柜时，应将柜门拉低，严禁将头伸入通风柜内。

(3) 加热和浓缩液体时，容器敞口应朝向无人处；嗅闻刺激性气体时，不能直接凑近容器口，应用手将气流扇向自己的鼻孔。

(4) 使用浓酸浓碱等强腐蚀性试剂时务必小心，以免溅在皮肤、衣服和鞋袜上。滴落在实验台上的浓酸浓碱需立即处理，先用水稀释，再擦拭干净。

(5) 使用汞盐、氰化物和砷盐等有毒试剂时务必小心。有毒试剂废弃物不可乱扔乱倒，应及时回收或进行特殊处理；严禁在酸性介质中加入氰化物；洒落在外面的汞滴，先尽量收集，再撒上硫磺粉，最后清理干净。

1.2.3 化学实验室一般事故的处理

以下方法均为第一时间的紧急处理，严重者经初步处理后，应立即送医院救治。

1. 化学品灼伤的处理

当腐蚀性强的酸碱溅到身上时，先立即用干净的布或吸水纸擦干，再用流动清水冲洗。若受到酸腐蚀，再用 $NaHCO_3$ 饱和溶液(或稀氨水、肥皂水等)冲洗；若受到碱腐蚀，再用 1% 柠檬酸或硼酸溶液冲洗；最后用流动清水冲洗，涂上凡士林。若受到氢氟酸灼伤，先用流动清水冲洗，再用稀 Na_2CO_3 溶液冲洗，然后在冷的 $MgSO_4$ 饱和溶液中浸泡 30 min，最后敷以特制药膏。若受到其他化学品灼伤，先选择相应溶剂处理，再用流动清水冲洗。若受到溴灼伤，可先用苯或甘油冲洗伤口，再用流动清水冲洗。

2. 异物入眼的处理

若酸或碱等化学品溅入眼内，立即用洗眼器对着提起眼睑的眼睛进行长时间冲洗，然后分别用稀 $NaHCO_3$ 溶液或饱和硼酸溶液冲洗，最后滴入蓖麻油。若玻璃屑和金属屑等尖锐异物进入眼睛时，绝对不可转动眼球、不可用手揉擦或尝试取出异物，可以任由眼睛流泪，这样或许能将异物带出。

3. 化学品中毒的处理

(1) 经呼吸道吸入中毒，应保持中毒者的呼吸道畅通，并立即将其转移到空气流通处，解开衣领和裤带，让其呼吸新鲜空气并注意保暖。对休克者进行人工呼吸，不能采用口对口法。若吸入 Br_2、Cl_2 或 HCl 等刺激性或有毒气体时，可吸入少量乙醇-乙醚的混合蒸气解毒。

(2) 经皮肤吸收中毒，应立即脱去其受污染的衣服和鞋袜，用流动清水冲淋 15 min 以上。严禁使用热水冲淋，且要注意保护眼睛。

(3) 经消化道中毒，先用大量水漱口，再饮用大量清水，然后将手指伸入咽喉，促使呕吐。若是腐蚀性试剂中毒，不宜采用该催吐法，可服用牛奶、蛋清或植物油等。

4. 触电的处理

立即切断电源，或用绝缘物(如干燥的木棒、竹竿、皮带或塑料制品等)将触电者与电源隔离，必要时再进行人工呼吸。

5. 割伤的处理

先将伤口中的异物取出，伤势较轻者用医用酒精消毒后贴上创可贴即可；伤口较大或伤势较重者应立即用纱布按住伤口以压迫止血，并立即送医院救治。

6. 高温烫伤的处理

有外伤的烫伤不能用水冲淋，也不可弄破水泡。未破皮肤的烫伤可涂擦 $NaHCO_3$ 饱和溶液、凡士林或烫伤药膏。

1.2.4　防火和灭火的消防知识

(1) 牢记"以防为主"的安全意识，杜绝各类火灾隐患。在实验大楼通道和实验室内外等场所配置了灭火器、灭火毯、消防沙等消防设备或器具，一定要熟悉其位置和使用方法。

(2) 严禁在敞口容器或完全密闭体系中用明火加热有机溶剂；使用 CCl_4、乙醚和苯等有毒或易燃有机溶剂时要远离火源和热源；严禁将 $HClO_4$ 与有机物共热。

(3) 低闪点的有机溶剂不能存放在普通冰箱内；其蒸气不能接触红热状态的物体，否则容易着火。

(4) 油浴加热时，尽量不要使用明火或敞开式电炉加热，而应使用封闭安全的电设备加热。严禁在烘箱等加热设备中存放和烘干有机物。

(5) 严禁将钠、钾等活泼金属与水接触。废弃的钠、钾等活泼金属不能随意丢弃，需用乙醇销毁。

(6) 使用氧气钢瓶时，不得让氧气大量溢入室内。例如，在含氧量 25% 的大气中，物质的着火点会大大降低，且燃烧剧烈，不易被扑灭。

(7) 身上着火时，应迅速脱去外衣，就地打滚或用灭火毯包裹。有机物着火时，应立即用灭火毯、湿布或消防沙等扑灭，若火势太大，则应选择合适灭火器扑灭。

(8) 钠、钾等活泼金属着火时，应采用消防沙和干粉灭火器等，切忌使用水或泡沫灭火器。铝粉着火时，应采用干石灰粉扑灭，切忌使用水、二氧化碳灭火器、四氯化碳灭火器或有压力的灭火器。

(9) 电器设备起火时，应先切断电源，再选用合适的灭火器扑灭。

实验室常用灭火器及其适用范围见表 1-1。

表 1-1　实验室常用灭火器及其适用范围

灭火器类型	成分	适用范围
酸碱灭火器	H_2SO_4 和 $NaHCO_3$	非油类和电器失火的一般初起火灾
泡沫灭火器	$Al_2(SO_4)_3$ 和 $NaHCO_3$	油类的失火

灭火器类型	成分	适用范围
二氧化碳灭火器	液态 CO_2	贵重设备、精密仪器、图书档案、600 伏以下电气设备及油类的初起火灾
四氯化碳灭火器	液态 CCl_4	电气设备、小范围汽油和丙酮等失火。不能用于活泼金属钾、钠的失火(否则会因强烈分解而发生爆炸)
干粉灭火器	$NaHCO_3$、硬脂酸镁、云母粉、滑石粉等	由可燃液体、气体、固体以及电器着火引起的火灾以及不宜用水扑救的火灾
1211 灭火器	CF_2ClBr 液化气体	油类、有机溶剂、精密仪器、图书档案、高压设备的失火

1.2.5 实验室环保原则及"三废"处理

1. 实验室的环保原则

化学实验室的废气、废液和废渣种类多，直接排放必将造成环境污染。化学实验室要遵循"减量化"(reduce)、"重复利用"(reuse)和"废物回收"(recycle)的"绿色化学 3R"原则。在进行化学实验时，可以采取以下环保措施：①减少实验中物质的消耗，推广半微量或微型实验；②提高物质的回收利用率；③对产生的废气、废液和废渣进行处理。实验室如果不能进行废液处理，应将废液分类收集，再交专门的环保机构处理。

2. 实验室"三废"处理

1) 废气的处理

对于产生废气较多或产生有毒气体的实验，需配置气体吸收装置，不能直接排放。气体吸收可以采用以下两种方法：

(1) 溶液吸收法。这种方法成本低、操作简便，广泛用于含 SO_2、NO_x、HF、HCl、Cl_2、NH_3 和多种有机物气体的处理。

(2) 固体吸收法。常用的固体吸附剂有活性炭、硅胶和分子筛等，一般用于净化低浓度污染的废气。

2) 废液的处理

(1) 中和法。对于酸含量小于 3%(体积分数)的酸性废液，或碱含量小于 1%(体积分数)的碱性废液，可以采取酸碱相互中和的方法处理，达到"以废治废"的目的。不含硫化物的酸性废液可以直接加入浓度相近的碱性废液中和；含金属离子较多的酸性废液可以加入固体碱性试剂(如 NaOH、Na_2CO_3)中和。

(2) 化学沉淀法。含有重金属离子、碱土金属离子及某些非金属(砷、氟、硫和硼等)离子的废液，可以采用生成氢氧化物、硫化物和铬酸盐沉淀的方法进行处理。

(3) 氧化还原法。水中溶解的有害无机物或有机物可以采用氧化还原反应，将其转化成无害的物质或可分离的形态。例如，采用漂白粉等氧化剂对含氮废水、含硫废水、含酚废水以及含氰氧废水进行处理；常用的还原剂有 $FeSO_4$、Na_2SO_3、H_2O_2 和活泼金属(如铁、铜和锌等)。

3) 废渣的处理

实验室废渣主要采用掩埋法处理，每一次掩埋均要有记录。对于有毒废渣，应先进行化学处理，再深埋在远离居民区的指定地点；对于无毒废渣，可以直接掩埋。

1.3　实验数据处理方法

1.3.1　误差和偏差

准确度和精密度是定量分析中的两个重要术语，其中准确度用来表示测量值与真实值的接近程度，精密度用来表示一组平行测量数据之间的接近程度。

准确度一般以误差表示，其中绝对误差(absolute error，E)表示测量值与真实值之间的差值，相对误差(relative error，E_r)表示绝对误差在真实值中所占的比例。根据误差产生的原因，实验误差可分为系统误差、随机误差和过失误差等三大类。由于实际测定中无法获得真实值，因此常常对同一试样进行多次平行测定，将其算术平均值(mean，$\bar{x}$)作为最后的分析结果，再以偏差表示多次平行测定的精密度。

精密度一般以偏差表示，包括绝对偏差(absolute deviation，d_i)、平均偏差(mean deviation，$\bar{d}$)、相对平均偏差(relative mean deviation，$\bar{d_r}$)、极差(range，R)和相对极差(relative range，R_r)等。如果平行测定次数在三次及以上，一般采用$\bar{d_r}$；如果平行测定次数只有两次，一般采用R_r。

误差和偏差的有关计算公式如下：

$$E = 测量值 - 真实值；\quad R = 测量最大值 - 测量最小值$$

$$E_r/\% = \frac{E \times 100}{真实值}$$

$$\bar{x} = \frac{x_1 + x_2 + x_3 + \cdots + x_n}{n} = \frac{1}{n}\sum x_i$$

$$d_i = x_i - \bar{x} \qquad \bar{d} = \frac{1}{n}\sum_{i=1}^{n}|x_i - \bar{x}|$$

$$\bar{d_r}/\% = \frac{\bar{d} \times 100}{n} \qquad R_r/\% = \frac{R \times 100}{\bar{x}}$$

对于常量的定量分析实验，要求$\bar{d_r} \leqslant 0.2\%$、$|E_r|$为0.1%～0.2%。对于复杂样品分析或非常量分析可以适当放宽要求。

1.3.2　有效数字及其运算

记录实验数据时，应注意有效数字。有效数字是指实际测量得到的数字，包括所有可准确读取的数字和最后一位估读的可疑数字。

1. 常用仪器的精密度及有效数字

基础化学实验中常用仪器的精密度及其有效数字的位数见表1-2，具体可以查阅相关的国家标准和计量检定规程等，如移液管对应有《实验室玻璃仪器 单标线吸量管》(GB/T 12808—2015)，移液器对应有《移液器》(JJG 646—2006)。实验中记录的数据必须反映这些仪器的精密度，测定数据中的"0"要根据其作用确定是否为有效数字，不可随意取舍。

表 1-2　常用仪器的精密度及其有效数字的位数

仪器设备	精密度	有效数字的位数	仪器设备	精密度	有效数字的位数
烧杯	1 mL	2	移液管(10~50 mL)	0.01 mL	4
量筒	0.1 mL	3	容量瓶(10~50 mL)	0.01 mL	4
pH 计	0.01	2	比色管(10~50 mL)	0.01 mL	4
电子天平(百分之一)	0.01 g	3	分析天平(万分之一)	0.0001 g	4
吸量管(1~10 mL)	0.01 mL	3	电导率仪	0.001	4
移液器(1~10 mL)	0.01 mL	3	分光光度计(读数 > 0.6)	0.01	4
滴定管(10~50 mL)	0.01 mL	4	分光光度计(读数 < 0.6)	0.001	4

由于各测量数据的有效数字位数可能不同，所以需要修约。此外，由于涉及多步运算，因此要注意以下规则。

(1) 修约规则：进行加减运算时，根据各数据中小数点后位数最少的数字(绝对误差最大者)进行修约；进行乘除运算时，根据各数据中有效数字位数最少的数字(相对误差最大者)进行修约。

(2) 在运算过程中，有效数字的位数可暂时多保留一位。

(3) 使用计算器进行连续运算时，运算过程中不必对每一步的计算结果进行修约，但最后结果的有效数字位数必须正确地取舍。

2. 有效数字运算实例——定量分析实验

以基准物质 $Na_2C_2O_4$ 标定 $KMnO_4$ 标准溶液的实验为例，三次平行测定的原始数据及运算结果如表 1-3 所示(说明：可以先保留五位有效数字，最后保留成四位)。从表 1-3 可以看出，$KMnO_4$ 标准溶液的浓度应保留四位有效数字，而相对平均偏差只需保留一位有效数字。

表 1-3　$Na_2C_2O_4$ 标定 $KMnO_4$ 标准溶液的数据及处理结果

编号	1	2	3
$m(Na_2CO_3)$/g	0.2054	0.2153	0.2154
$\Delta V(KMnO_4)$/mL	21.50	22.50	22.45
$c(KMnO_4)$/(mol·L^{-1})	0.02852	0.02856	0.02864
$\bar{c}$ (KMnO$_4$)/(mol·L^{-1})	0.02857		
d_i/(mol·L^{-1})	0.00005	0.00001	0.00007
$\bar{d}_r$ /%	0.2		

把三次测定的原始数据代入以下公式，可以得到三次测得的 $KMnO_4$ 标准溶液的浓度分别为 0.02852 mol·L^{-1}、0.02856 mol·L^{-1} 和 0.02864 mol·L^{-1}。由于 $Na_2C_2O_4$ 的质量和 $KMnO_4$ 标准溶液的滴定体积均为四位有效数字，因此计算结果应保留四位有效数字，为 0.02857 mol·L^{-1}。

$$c_{KMnO_4} = \frac{2 \times m_{Na_2C_2O_4}}{5 \times M_{r,Na_2C_2O_4} \times V_{KMnO_4}} = \frac{2 \times 0.2054 \times 1000}{5 \times 134.0 \times 21.50} = 0.02857 (mol \cdot L^{-1})$$

由于三次测定的绝对偏差只有一位有效数字，分别为 0.00005 mol·L^{-1}、0.00001 mol·L^{-1}

和 0.00007 mol·L^{-1}，因此相对平均偏差的结果只能保留一位有效数字，为 0.2%。

$$d_r = \frac{1}{3} \times \frac{\sum |d_i|}{\bar{c}} \times 100\% = \frac{1}{3} \times \frac{\sum |c_i - \bar{c}|}{\bar{c}} \times 100\%$$

$$= \frac{1}{3} \times \frac{0.00005 + 0.00001 + 0.00007}{0.02857} \times 100\% = 0.2\%$$

3. 有效数字运算实例——有机合成的产率计算

以乙酰苯胺的合成为例。5.00 mL 苯胺(5.10 g，0.055 mol)和 7.40 mL 乙酸(7.77 g，0.129 mol)反应，得到 4.05 g 乙酰苯胺产品，理论产量为 7.46 g。由于产品的质量只有三位有效数字，因此产率应为三位有效数字，即 54.3%。

1.3.3　计算机作图法

对于标准曲线和吸收曲线等图形的绘制(图 1-1 和图 1-2)，应先采用 Excel 或 Origin 软件作图，再打印出来附在实验报告上，或者直接线上提交。绘制图形时，要注意以下几点：①标出图序(编号)和图题(标题)；②标出横坐标和纵坐标的名称及单位；③调整坐标数据的刻度和间隔至合适，注意不能挨得太密；④标准曲线需要给出其线性方程的公式和相关系数的平方(R^2)；⑤图形大小要适中，一般占整个版面的 3/4。

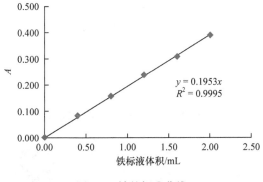

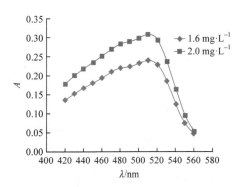

图 1-1　铁的标准曲线　　　　　　　　　图 1-2　邻二氮菲合铁配合物的吸收曲线

每个表格或图形都要有序号和标题，表或图的标题序号要连续。表的栏目和图的坐标上应标明相应的物理量及其单位，图表中的数据要和实验测定的精密度保持一致。例如，图 1-1 中，纵坐标(吸光度)的数据应为小数点后三位，横坐标(铁标液的体积)的数据应为小数点后两位。

用 Excel 软件绘制标准曲线的基本过程如下：

(1) 分两列分别输入铁标液的体积(第一列，作为横坐标)和吸光度(第二列，作为纵坐标)，用鼠标选定这两列数值。

(2) 在"图表类型"对话框(图 1-3)中依次点击"插入图表"→"XY 散点图"→"下一步"→"下一步"，直至出现"图表选项"。

(3) 在"图表选项"对话框(图 1-4)中依次填入图表标题、X 轴和 Y 轴的名称，再点击"完成"，得到标准曲线的初图。

(4) 将鼠标放在图中任一数据点上，单击右键，并在出现的对话框中选"添加趋势线"

(图 1-5)，随后在"类型"模块中选定"线性"，在"选项"模块中选定"显示公式"和"显示 R 平方值"，点击"确定"便可完成整个绘图过程。

(5) 点击坐标轴之外的任一位置，在"坐标轴格式"对话框(图 1-6)中调整"刻度"、"字体"及"数字"等，调整坐标数据刻度和间隔等，即可得到一条规范的标准曲线。

图 1-3　　"图表类型"对话框

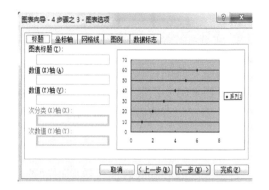

图 1-4　　"图表选项"对话框

图 1-5　　"添加趋势线"对话框

图 1-6　　"坐标轴格式"对话框

 标准曲线的绘制(Excel 法)　　　　　　

用 Excel 软件绘制吸收曲线的基本过程如下：

(1) 分两列分别输入测定波长(第一列，作为横坐标)和吸光度(第二列，作为纵坐标)，用鼠标选定这两列数值。

(2) 依次点击"插入图表"→"图表类型"中选定"XY 散点图"→"子图表类型"中选定"平滑线散点图"(图 1-7)→"下一步"→"下一步"→"图表选项"。

(3) 依次填入图表标题、X 轴和 Y 轴的名称，再点击"完成"，即可得到吸收曲线的初图。

(4) 双击 X 轴以下的任一位置，"坐标轴格式"中选定"刻度"，将最大值和最小值分别设置成 560 和 420，再将"主要刻度线"设置成 20(图 1-8)，点击"确定"完成 X 轴刻度的调整。

(5) 同样调整 Y 轴刻度，即可得到一条规范的吸收曲线。

 吸收曲线的绘制(Excel 法)

<table>
<tr><td>图 1-7　"平滑线散点图"选择对话框</td><td>图 1-8　"主要刻度线"设置对话框</td></tr>
</table>

用 Origin 软件绘制标准曲线和吸收曲线的基本过程请扫描下面二维码学习。

　标准曲线的绘制(Origin 法)
　　吸收曲线的绘制(Origin 法)

1.4　实验预习、实验记录和实验报告

1.4.1　实验预习

高质量的课前预习对顺利完成实验起着重要作用。每个学生应该有一本专门的、预先编好页码、装订成册的实验预习本。实验预习本同时用作实验记录本，因此不得撕去任何一页。每个实验应该从新的一页开始，标明实验名称、实验日期和合作者；简要地阐述实验目的、实验原理、实验步骤，并按要求完成课前预习内容。

为了简单明了地表示实验步骤，元素性质实验的实验步骤及记录可以用表格形式，而制备和定量测定实验的实验步骤可以用流程图形式书写。流程图中，加入的试剂名称及用量可以分别在箭头的上下方标注，实验操作等在水平位置注出。以 $Na_2C_2O_4$ 基准物质标定 $KMnO_4$ 标准溶液实验为例，其实验步骤的流程如图 1-9 所示。

锥形瓶 $\xrightarrow[\text{0.20～0.22 g}]{\text{Na}_2\text{C}_2\text{O}_4}$ $\xrightarrow[\text{80 mL}]{\text{去离子水}}$ 加热至70 ℃ $\xrightarrow[\text{15 mL}]{\text{H}_2\text{SO}_4}$ 充分混合均匀 $\xrightarrow{\text{KMnO}_4\text{标液}}$

滴定至浅粉红色 $\longrightarrow$ 30 s内不褪色 $\longrightarrow$ 记录滴定体积 $\longrightarrow$ 平行测定三次

图 1-9　$KMnO_4$ 标准溶液标定的流程

为了及时、准确、清楚地记录实验现象及数据，应提前在实验预习本上设计好相关的记录表格。对于无机及分析化学类实验，一般有三种不同类型的表格形式：以"阳离子分离和鉴定"为例的元素性质实验记录表格见表 1-4；以"硫酸铝钾制备"为例的制备实验记录表格见表 1-5；以"0.02 $mol·L^{-1}$ $KMnO_4$ 标准溶液的标定"为例的定量分析实验记录表格见表 1-6。在实验过程中，用水笔或圆珠笔把实验现象和数据逐一填入表格中的空白处。

表 1-4　元素性质实验记录表格

实验项目	实验步骤	实验现象
Ag⁺的鉴定	取 2 滴试液，加入 1 滴 HCl	
	逐滴滴加 6 mol·L⁻¹ NH₃·H₂O	
	滴加 1 滴硝酸	
Pb²⁺的鉴定	取 5 滴试液，加入 1 滴乙酸，再加 0.1 mol·L⁻¹ K₂CrO₄	
Cu²⁺的鉴定	取 3 滴试液，加入 1 滴乙酸，再加入 1 滴 K₄[Fe(CN)₆]	

表 1-5　制备实验记录表格

铝粉/g	NaOH/g	K₂SO₄/g	产品/g	产品外观①

① 产品外观包括颜色、晶形和晶体大小等。

表 1-6　定量分析实验记录表格

	1	2	3
$m(\text{Na}_2\text{CO}_3)$/g			
$\Delta V(\text{KMnO}_4)$/mL			

此外，为了更好地完成实验，达到预期的实验目的，并降低实验的潜在危险，建议在实验预习本上提前归纳实验内容中的关键步骤及注意事项。

1.4.2　实验记录

实验记录必须写在专门的装订成册的实验预习本上，需用不能涂改的水笔或圆珠笔记录实验现象和实验数据，并将其填写在课前设计好的表格(表 1-4～表 1-6)中，做到"实验现象必须详细，实验数据必须真实可靠"。为了避免重复，无机及分析化学类实验的实验记录在 1.4.3 中再做具体描述。

实验现象和实验数据不能随意记录在草稿纸或书上，更不能随意涂改。如果实验现象和实验数据记录出错，只需用水笔或圆珠笔在原有记录上画一条横线，再在周围空白处补充正确的现象和数据。

1.4.3　实验报告

实验报告必须写在专用的实验报告纸上。实验报告格式与实验预习一样，每个实验需要标明实验名称、实验日期、实验目的、实验原理、实验步骤(建议以流程图形式书写)、实验现象及实验数据等，还应包含数据处理、分析与讨论等部分。下面分类进行具体阐述。

对于元素性质实验的报告，应解释实验现象，并完成相应的化学方程式。以"阳离子分离和鉴定"为具体实例的记录及结果表格见表 1-7。

表 1-7　元素性质实验的实验记录及结果

实验项目	实验步骤	实验项目	结论、解释及化学反应式
Ag⁺的鉴定	取 2 滴试液，加入 1 滴 HCl	产生白色沉淀	白色沉淀为 AgCl $Ag^+ + Cl^- = AgCl\downarrow$

续表

实验项目	实验步骤	实验项目	结论、解释及化学反应式
Ag^+的鉴定	逐滴滴加 6 mol·L^{-1} NH$_3$·H$_2$O	白色沉淀溶解	$AgCl + 2NH_3·H_2O \Longrightarrow [Ag(NH_3)_2]^+ + Cl^- + 2H_2O$
	滴加硝酸	白色沉淀重新析出	加入强酸后，重新产生 AgCl 沉淀 $[Ag(NH_3)_2]^+ + 2H^+ + Cl^- \Longrightarrow AgCl\downarrow + 2NH_4^+$
Pb^{2+}的鉴定	取 5 滴试液，加入 1 滴乙酸，再加 0.1 mol·L^{-1} K$_2$CrO$_4$	产生黄色沉淀	黄色沉淀为 $PbCrO_4$ $Pb^{2+} + CrO_4^{2-} \Longrightarrow PbCrO_4\downarrow$
Cu^{2+}的鉴定	取 3 滴试液，加入 1 滴乙酸，再加入 1 滴 K$_4$[Fe(CN)$_6$]	溶液由蓝色变为红棕色	红棕色沉淀为 $Cu_2[Fe(CN)_6]$ $2Cu^{2+} + [Fe(CN)_6]^{4-} \Longrightarrow Cu_2[Fe(CN)_6]\downarrow$

对于制备实验的报告，应根据理论产量计算出产率，并分析产率偏高或偏低的原因。以"硫酸铝钾制备"为具体实例的实验记录及结果见表 1-8。

表 1-8 制备实验的实验记录及结果

铝粉/g	NaOH/g	K$_2$SO$_4$/g	产品/g	产品外观[1]	理论产量/g	产率/%[2]
1.02	2.04	3.46	15.00	白色，细小颗粒状晶体	17.58	85.3%

[1] 产品外观包括颜色、晶形、颗粒大小等。
[2] 产率 = ($m_{产品}/m_{理论}$) × 100%(一般保留三位有效数字，详见 1.3.2)。

对于定量分析实验的报告，以表格形式完成所有的数据处理，平行测定实验应计算出平均值及相对平均偏差，如 0.02 mol·L^{-1} KMnO$_4$ 标准溶液的标定(表 1-9)。实验记录及结果表格需要注意以下几点：①表格内只列出原始数据及计算结果；②若有公式或计算过程推导，应写在表格下方；③对试样中某一组分含量的报告，要给出原始试样中或稀释前该组分的含量；④测定结果的有效数字位数，要与实验中测量的精密度相一致。通常，标准溶液的浓度应保留四位有效数字；含量≥10%、1%～10%和<1%的固体组分应分别保留四位、三位和两位有效数字。

表 1-9 定量分析实验的实验记录及结果

编号	1	2	3
m(Na$_2$CO$_3$)/g	0.2054	0.2153	0.2154
ΔV(KMnO$_4$)/mL	21.50	22.50	22.45
c(KMnO$_4$)/(mol·L^{-1})	0.02852	0.02856	0.02864
$\bar{c}$ (KMnO$_4$)/(mol·L^{-1})	0.02857		
$\overline{d_r}$ /%	0.2		

无论哪种类型的实验，"分析与讨论"部分在实验报告中都至关重要，其内容包括：对实验现象和结果的解释、分析或推断，分析误差来源及其对结果的影响，总结从实验中获得的经验和教训。实验报告中应该充分阐述自己的观点，并提出有效的意见和建议，如有可能，最好能给出相应的实验设想和方案。详见后面的实验报告模板。

1.4.4 无机及分析化学类实验报告模板

实验*　硫酸亚铁铵的制备及质量鉴定

一、实验目的

(说明：熟读教材后概括和归纳，要求简单明了，采用动宾结构表达，包括知识、原理和实验技能等方面)

(1) 理解复盐的概念和性质。

(2) 掌握无机制备的基本操作。

(3) 掌握高锰酸钾法原理及其操作要点。

二、实验原理

(说明：熟读教材后概括和归纳，要求简单明了，采用动宾结构表达，包括如何从原料到产品的制备及原理、产品的测定原理及方法等。若有反应方程式，需列出并配平)

以铁粉和硫酸为原料，先制得 $FeSO_4$，再加入$(NH_4)_2SO_4$。由于$(NH_4)_2SO_4·FeSO_4·6H_2O$ 溶解度更小，通过蒸发浓缩和冷却结晶，从而得到产品。

$$Fe + H_2SO_4 \Longrightarrow FeSO_4 + H_2\uparrow$$

$$FeSO_4 + (NH_4)_2SO_4 + 6H_2O \Longrightarrow (NH_4)_2SO_4·FeSO_4·6H_2O$$

采用高锰酸钾法测定产品中铁含量，这是一个自身催化和自身指示剂的氧化还原滴定，滴定过程要注意"三个度"：温度、酸度和滴定速度。

三、主要仪器与试剂

(说明：只需写出特殊的仪器及试剂，无需写出常用的天平、电炉、烧杯和滴定管等)

四、课前思考题

(说明：先认真学习所有的线上线下教学资料，再完成课前思考题。不用写太多，只需答到要点即可。可以不抄原题，直接标好编号回答)

这里以"(1) 什么是基准物质？基准物质具有哪些特点？"为例。

(1) 答：基准物质就是可以直接配制标准溶液或者标定其他标准溶液的物质。其特点有：纯度高(>99.9%)、稳定性好、化学组分恒定。

五、实验步骤

(说明：实验步骤要简单明了、清晰可辨，即任何人只看此步骤就可以完成实验。建议在报告纸右侧留白 1/4，以便上课听讲解时做补充以及实验过程中记录现象)

几点说明如下：①斜体部分为听讲解时补充的注意事项或关键点，可以用蓝色或绿色水笔记录以示区别；②由于本实验中只提供了一种浓度的 H_2SO_4 和 $KMnO_4$ 标准溶液，所以只需第一次出现时写出具体浓度，后面可以省略不写，若有多种浓度时，需全部写出以免弄错；③实验数据需立即记录在相应的表格里；④实验步骤也可采用流程图形式，具体见 1.4.1，此处不再列出。

实验步骤	注意事项或实验现象
1. 硫酸亚铁的制备 　　将 1.0 g 铁粉置于 100 mL 烧杯中，加入 8 mL 3 mol·L^{-1} H$_2$SO$_4$，水浴加热	(多搅拌以促进溶解) 产生大量气泡，黑色铁粉慢慢全部溶解
反应约 10 min，至不再有大量气泡产生，补水至 30 mL，充分摇匀。用两层滤纸趁热抽滤	(不能加太多水) 得到滤液为浅绿色
2. 硫酸亚铁铵的制备 　　将滤液转入 100 mL 蒸发皿中，加入(NH$_4$)$_2$SO$_4$ 固体，水蒸气浴加热，搅拌溶解。蒸发浓缩至液面出现大量晶膜为止 　　取下蒸发皿，静置冷却，抽滤，用无水乙醇洗涤 　　将产品转入表面皿，50℃烘干 5～10 min，称量	(浓缩中不能搅拌，若有固体析出，轻轻拨入溶液内) 产品为浅绿色，有光泽
3. 0.02 mol·L^{-1} KMnO$_4$ 标准溶液的标定 　　用差减法称取 0.12～0.15 g Na$_2$C$_2$O$_4$，置于 150 mL 锥形瓶中，加入 50 mL 水，振荡溶解，加入 10 mL H$_2$SO$_4$，加热至 75～85℃	(不能使用温度计，至瓶口有大量水汽即可)
趁热用 KMnO$_4$ 标准溶液滴定，直至溶液变为浅微红色，且 30 s 内不褪色，记录滴定体积。平行测定三次	刚开始，KMnO$_4$ 加入后褪色很慢
4. 硫酸亚铁铵产品纯度的测定 　　用增量法称取 3.5 g 产品，置于 100 mL 烧杯，加入 2 mL H$_2$SO$_4$ 和适量水，搅拌溶解，转移到 100 mL 容量瓶，加水定容	(定量转移，不能溅出，定容不能超刻度)
移取 20.00 mL 产品溶液于 150 mL 锥形瓶中，加入 5 mL H$_2$SO$_4$，用 KMnO$_4$ 标准溶液滴定，直至溶液变为橙红色为止，且 30 s 内不褪色，记录滴定体积。平行测定三次	刚开始，KMnO$_4$ 加入后褪色很慢

六、实验记录及处理

　　(说明：①一般采用表格形式，对于制备实验需算出产量和产率，对于定量测定实验，需标出所有的原始数据、计算结果、平均值和相对平均偏差等；②表序和表题居中位于表格之上；③若有多个图表，需按表 1、表 2、……和图 1、图 2、……依次排序；④注意有效数字；⑤为了更接近实际的实验报告模式，以下表格从表 1 开始编号)

表 1　硫酸亚铁铵产品的制备

铁粉/g	3 mol·L^{-1} H$_2$SO$_4$/mL	(NH$_4$)$_2$SO$_4$/g	产量/g	理论产量/g	产率/%	产品外观

表 2　0.02 mol·L^{-1} KMnO$_4$ 标准溶液的标定

编号	1	2	3
m(Na$_2$C$_2$O$_4$)/g			
V_1(KMnO$_4$)/mL			
V_2(KMnO$_4$)/mL			
ΔV(KMnO$_4$)/mL			
c(KMnO$_4$)/(mol·L^{-1})			
$\bar{c}$ (KMnO$_4$)/(mol·L^{-1})			
$\overline{d_r}$ /%			

表 3　硫酸亚铁铵产品纯度的测定

编号	1	2	3
$m(产品)/g$			
$V_1(KMnO_4)/mL$			
$V_2(KMnO_4)/mL$			
$\Delta V(KMnO_4)/mL$			
$w(Fe)/\%$			
$\bar{w}(Fe)/\%$			
产品纯度			
$\overline{d_r}/\%$			

七、分析与讨论

(说明：不用写太多，主要包括分析测定结果的误差和偏差，总结本次实验中的经验，提出对本次实验设计、实验操作和后续拓展的意见和建议。建议可以查阅相关文献资料来佐证自己的分析和意见，并且把参考文献附在后面)

(1) "产品制备"方面，可以对产率和产品外观品质进行分析。注意，如果是从饱和溶液里析出产品，应该考虑母液里的残留。

(2) "KMnO$_4$ 标准溶液的标定"方面，可以对误差和偏差进行分析。如果不知道 KMnO$_4$ 标准溶液的真实浓度，可以不做误差分析。

(3) "硫酸亚铁铵产品纯度的测定"方面，先根据六水合硫酸亚铁铵的分子式计算出铁含量的理论值，再结合本次实验操作分析产品纯度偏大或者偏小的原因，最后进行偏差(即相对平均偏差)分析。

(4) 给出其他行之有效的意见和建议，特别是实验方案完善和拓展等方面。

八、课后思考题

(说明：不用写太多，只需答到要点即可，若有数据就以数据说明。可以不抄原题，直接按照编号写出解答)

以"(1) 根据平衡原理，本实验的反应过程中哪些物质是过量的？"为例。

(1) 答：因为 $n(Fe) = \underline{1.00}/55.85 = 0.018(mol)$，$n(H^+) = \underline{0.0082} \times 3 = 0.025(mol)$，$n[(NH_4)_2SO_4] = \underline{2.28}/132.1 = 0.017(mol)$，所以 Fe 粉和 (NH$_4$)$_2SO_4$ 过量。(备注：文中斜体加下划线的数字是实验中各原料的实际用量；由于 $n(H^+)$ 为两位有效数字，因此 $n(Fe)$ 和 $n[(NH_4)_2SO_4]$ 也保留两位有效数字)

1.4.5　有机化学类实验报告模板

实验*　乙酰苯胺制备

一、实验目的

了解或熟悉实验的基本原理、基本操作、进一步熟悉和巩固已学过的操作等。

二、实验原理

(1) 文字叙述简单明了、切中要害。
(2) 主、副反应的反应方程式。
(3) 产品分离、提纯方案。
(4) 产品质量检验方法。

三、主要试剂及产物的物理常数

物理常数包括主要试剂、主要产物与副产物的分子量、性状、熔点、沸点、相对密度、折光率、溶解度等，以表格形式列出。例如

名称	分子量	性状	相对密度	熔点/℃	沸点/℃	折光率 n_D^{20}	溶解度		
							水	醇	醚
苯胺	93.12	液体	1.022	−6.1	184.4	1.5863	3.6^{18}	∞	∞
冰醋酸	60.05	液体	1.049	16.5	118.1	1.3715	∞	∞	∞
乙酰苯胺	135.16	斜方晶体	1.214	113～4	305	—	0.53^0 3.5^{80}	21^{20} 46^{60}	7^{25}

四、主要试剂用量及规格

要求写出主要试剂。

五、实验装置图

第一次接触到的实验主要装置图。

六、实验步骤、实验现象和数据记录

建议分左右栏写，实验步骤和实验现象一一对应。实验步骤写实际操作过程，尽量清晰、明了地表示，并留有足够的空间能在其右边记录实验现象和数据。

实验时要详细、实时记录反应现象，注明反应起止时间，记录出水量、收集各馏分的温度、减压蒸馏时的大气压，TLC 要把板按实际大小描出。数据记录要完整。

示例如下：

实验步骤	实验现象和数据记录
一、合成	
1. 用 50 mL 圆底烧瓶、刺形分馏柱等仪器搭好分馏装置	可以不用冷凝管，接收瓶外部用冷水浴冷却
2. 加入 5.0 mL(54.8 mmol)新蒸苯胺、7.4 mL(129.4 mmol)冰醋酸和数粒沸石，小火加热 10 min	所取苯胺为黄色液体，冰醋酸有强刺激性气味。微沸 10 min，没有馏分蒸出来
3. 控制加热速度，使温度计读数维持在 105℃左右反应 40～60 min	加大火力后，蒸气慢慢上升，当蒸气到达温度计时，温度计读数开始迅速升高，随后一直控制在 105℃左右约 45 min，分馏速度约为 2 s 一滴。反应所生成的水及过量乙酸被蒸出后，温度计读数下降明显，停止加热。馏出液体为 4.5 mL
4. 在不断搅拌下把反应混合物趁热以细流状慢慢倒入盛有 100 mL 冷水的烧杯中，继续搅拌并使之冷却	反应混合物倒入烧杯后即有固体析出，冷却后析出的固体稍有增加
5. 用布氏漏斗抽滤析出固体，压碎，用 5～10 mL 冷水洗涤以除去残留酸液，晾干、称量	得浅黄色粗品，质量为 6.0 g
二、纯化	
1. 按其在 80℃情况下在水中的溶解度配成饱和溶液，再多加 20%(体积分数)的水	先加约 80 mL 水，搅拌下加热到 80℃，加水直至 95 mL，固体基本溶解 再补加 19 mL 水
2. 稍冷后，加入少量粉状活性炭脱色，加盖表面皿，煮沸 5 min	加活性炭小半勺
3. 趁热用保温漏斗过滤，冷却滤液	趁热过滤时，滤纸上析出少量晶体。滤液冷却后，有大量片状晶体析出(开始时为白色针状晶体)
4. 减压过滤，用空心塞挤压除去晶体中的水分	
5. 80℃下，真空干燥 30 min	产品为白色片状晶体
6. 称量	烘干后质量为 3.65 g
三、表征 1. 熔点的测定	双浴式测定，熔点：113.1～114.2℃ WRR 可视熔点仪测定，熔点：113.2～113.6℃

七、实验结论、产率计算

　　给出实验结果：产品的性状、外观和产量。

　　对所测数据进行处理。

　　产率计算用实际产量除以理论产量。理论产量根据主反应的反应方程式计算得出，计算方法是以相对用量最少的原料为基准，按其全部转化为产物计算。

　　示例：由于乙酸过量，产量用苯胺的量计算，理论产量为 7.46 g，产率为

$$3.65/7.46×100\%=48.9\%$$

八、实验讨论

　　针对实验中遇到的问题提出自己的见解。

　　针对产品的产量和品质进行讨论，找出实验成功或失败的原因，总结经验和教训。

　　对实验方法、教学方法和实验内容等提出意见或建议。

　　对本实验进行拓展性讨论。

1.5 化 学 试 剂

1.5.1 化学试剂的分类

国际标准化组织(International Standardization Organization，ISO)和国际纯粹与应用化学联合会(International Union of Pure and Applied Chemistry，IUPAC)把化学试剂分为 A 级(原子量标准)、B 级(和 A 级最接近的基准物质)、C 级(含量为 100% ± 0.02%的标准试剂)、D 级(含量为 100% ± 0.05%的标准试剂)和 E 级(相当于 C 级或 D 级标准的试剂)等五大等级，其中 C 级和 D 级为滴定分析中的标准试剂，E 级为一般试剂。

按照《化学试剂 分类》(GB/T 37885—2019)的规定，我国把化学试剂分为基础无机化学试剂、基础有机化学试剂、高纯化学试剂、标准物质/标准样品和对照品、化学分析用化学试剂、仪器分析用化学试剂、生命科学用化学试剂、同位素化学试剂、专用化学试剂和其他化学试剂共十个大类。参照此标准，每一种化学试剂都有一个特定编码，不同等级的化学试剂分别用各种不同的标签颜色来标志。

按照化学试剂的纯度可以将其分为多个等级，具体级别、适用范围和标签颜色见表 1-10。基准试剂(primary standard)是纯度高(>99.9%)、稳定性好、化学组分恒定的化合物。基准试剂可分为容量分析(滴定分析)基准试剂、pH 测定基准试剂、热值测定基准试剂等，每一个分类中均有第一基准(一级标准物质)和工作基准(二级标准物质)之分。第一基准试剂的主体含量为 99.98%～100.02%，必须由国家计量科学院检定，测定方法采用的是准确度最高的精确库伦滴定法。工作基准试剂的主体含量为 99.95%～100.05%，是以第一基准试剂为标准，采用称量滴定法来定值，具体参照《工作基准试剂 含量测定通则 称量滴定法》(GB 10738—2007)。常见基准物质的性质见附录五。

表 1-10 我国的化学试剂级别及适用范围

级别	名称	英文名称	符号	适用范围	标签颜色
	基准试剂	primary standard	PT	配制或标定标准溶液	绿色
一级试剂	优级纯	guaranteed reagent	GR	精确分析和研究，有些可作基准物质	绿色
二级试剂	分析纯	analytical reagent	AR	工业分析及化学实验	红色
三级试剂	化学纯	chemical pure	CP	化学实验和合成制备	蓝色
四级试剂	实验纯	laboratory reagent	LR	一般化学实验和合成制备	黄色
生化试剂	生化试剂	biological reagent	BR	生物化学实验	咖啡色

此外，还有特殊用途的专用试剂。例如，用于色谱或光谱分析的色谱纯或光谱纯试剂，用于配制指示剂溶液的指示剂试剂，以及电镀试剂、电泳试剂和电子级试剂等。在化学实验中所选试剂的级别并非越高越好，要和所用的方法、实验用水、操作器皿的等级相匹配。值得注意的是，化学试剂级别越高，价格越高，因此进行实验时需选择合适级别的化学试剂。

所有化学试剂瓶必须有用不易褪色的颜料或墨汁印刷的标签，包括中英文试剂名称、级别符号、化学式、分子量、9 位 CAS 编号、净含量或体积、执行标准、技术规格(主体含量和杂质含量)、生产批号和厂名等，危险品和毒品还必须印有相应的标记(图 1-10)，具体可参照

《化学品分类和危险性公示　通则》(GB 13690—2009)。

图 1-10　化学试剂标签

我国的化学试剂标准分为国家标准(GB)、部颁标准(HG/ HGB)和企业标准(Q/HG)三种，规定部颁标准不得与国家标准相抵触，企业标准不得与国家标准和部颁标准相抵触。国际上比较通用的化学试剂标准有三种：《默克标准》(*Merck Standards*)、《罗津标准》和《ACS 规格》(*Reagent Chemical, American Chemical Society Specifications*)。

1.5.2　化学试剂的保存

一般来说，固体试剂应保存在广口瓶内；液体试剂应保存在细口瓶或滴瓶内；见光易分解的试剂应保存在棕色瓶内；盛碱液的试剂瓶应使用木头塞或者橡皮塞。具体的保存或保管方法需视具体情况而定，一般注意以下几点：

(1) 对于剧毒物质(如氰化物、含砷、汞化合物等)、易制毒物质(如甲苯、乙醚等)以及易制爆物质(如 $KClO_4$、KNO_3 等)，要严格实行"五双"保管制度(具体参照中华人民共和国国务院令《危险化学品安全管理条例》)。

(2) 见光易分解的试剂(如 $KMnO_4$、$AgNO_3$ 等)应保存在棕色瓶中，放在阴暗处。

(3) 易燃、易爆和易挥发的试剂(如甲苯、甲醇等)应低温保存，放在不受阳光直射、带有通风设备的地方。

(4) 易被空气氧化的试剂(如 $SnCl_2$、$FeSO_4$ 等)和吸水性强的试剂(如 NaOH、CaO 等)应密封保存。

(5) 易腐蚀玻璃的试剂(如 NaOH、HF 等)应保存在塑料瓶中。

(6) 易相互发生反应的试剂(如氧化剂、还原剂等)应分开存放。

1.5.3　化学试剂的取用

取用化学试剂前，先注意试剂瓶上标签是否完好，无标签的试剂不能随意取用。取下的试剂瓶盖或瓶塞应倒放在桌上，以免被沾污。为了防止瓶内试剂受到污染，多倒出的液体或固体试剂不能再倒回原试剂瓶中，应收集在专门的容器内。取用后，要将试剂瓶盖或瓶塞盖严并放回原处。

1. 液体试剂的取用

(1) 从滴瓶中取用液体试剂时，应保持滴管垂直，不可倾斜或倒立，以防试剂流入滴管橡皮头内而污染试剂。滴加试剂时，应在容器口上方将试剂滴入，滴管尖端不可接触容器内壁。不得把滴管放在原滴瓶以外的任何地方，以免被沾污(图 1-11)。

(2) 用倾注法取用液体试剂时，右手握住瓶子，使试剂标签朝上贴住手心(如果试剂瓶前后均有标签,应将标签分别置于手心两侧),瓶口紧贴容器上沿,缓缓倾出所需液体,让液体沿着容器内壁往下流。若将液体倾注到烧杯内,可用玻璃棒引流(图 1-11)。

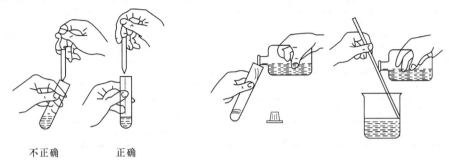

不正确　　　　　正确

图 1-11　取用液体试剂的方法

(3) 用多个量筒或移液管取用不同液体试剂时,它们需与试剂瓶一一对应,不得混淆,更不能用同一个量筒或移液管不经洗涤就取用其他液体试剂。

2. 固体试剂的取用

取用固体试剂要用干净的药匙。常用的药匙两端有大小匙,取较少量试剂时宜用小匙(图 1-12)。如果容器是湿的或口径比较小,可以通过凹形纸槽或纸型漏斗将固体试剂加入。

图 1-12　常用药匙

1.6　实验室常用气体的制备和洗涤、干燥

1.6.1　实验室常用气体的制备

实验室常用气体主要有 N_2、O_2、CH_4、H_2、Cl_2、HCl、H_2S、SO_2、NH_3、NO_2、NO、CO_2、C_2H_4、C_2H_2 等。现在这些气体大多有商品供应,因此需要掌握这些常用气体的种类、性质及气体钢瓶的使用。但在实际使用中有时需要制备少量气体,因此应该知晓常用气体的制备、净化、收集的方法,具体见表 1-11。

表 1-11　常见气体实验室制法的原理及收集方式

气体名称	原料/反应条件	反应方程式	收集方式
H_2	① 锌和稀硫酸 ② 锌和稀盐酸	① $Zn + H_2SO_4 == ZnSO_4 + H_2\uparrow$ ② $Zn + 2HCl == ZnCl_2 + H_2\uparrow$	排水法、向下排空气法
O_2	① 氯酸钾/MnO_2 作催化剂并加热 ② 高锰酸钾/加热 ③ 过氧化氢/MnO_2 作催化剂并加热	① $2KClO_3 == 2KCl + 3O_2\uparrow$ ② $2KMnO_4 == K_2MnO_4 + MnO_2 + O_2\uparrow$ ③ $2H_2O_2 == 2H_2O + O_2\uparrow$	排水法、向上排空气法
Cl_2	① 二氧化锰和浓盐酸/加热 ② 高锰酸钾和浓盐酸	① $MnO_2 + 4HCl == MnCl_2 + 2H_2O + Cl_2\uparrow$ ② $2KMnO_4 + 16HCl == KCl + 2MnCl_2 + 8H_2O + 5Cl_2\uparrow$	向上排空气法
HCl	氯化钠和浓硫酸/加热	$NaCl + H_2SO_4 == NaHSO_4 + HCl\uparrow$	向上排空气法
H_2S	硫化亚铁和稀硫酸	$FeS + H_2SO_4 == FeSO_4 + H_2S\uparrow$	向上排空气法

续表

气体名称	原料/反应条件	反应方程式	收集方式
NH_3	铵盐(氯化铵、硫酸铵)和氢氧化钙/加热	$2NH_4Cl + Ca(OH)_2 \rightleftharpoons CaCl_2 + 2H_2O + 2NH_3\uparrow$	向下排空气法
CO_2	① 碳酸钙(石灰石、大理石)和稀盐酸 ② 小苏打/加热	① $CaCO_3 + 2HCl \rightleftharpoons CaCl_2 + H_2O + CO_2\uparrow$ ② $2NaHCO_3 \rightleftharpoons Na_2CO_3 + H_2O + CO_2\uparrow$	向上排空气法
CH_4	无水乙酸钠和碱石灰(NaOH 和 CaO 的混合物)/加热	$CH_3COONa + NaOH \rightleftharpoons Na_2CO_3 + CH_4\uparrow$	排水法、向下排空气法
C_2H_4	无水乙醇/浓硫酸作催化剂并加热	$C_2H_5OH \rightleftharpoons C_2H_4\uparrow + H_2O$	排水法
C_2H_2	电石和水	$CaC_2 + 2H_2O \rightleftharpoons Ca(OH)_2 + C_2H_2\uparrow$	排水法

1.6.2 气体的洗涤、干燥和吸收

1. 气体的洗涤

洗涤气体可用洗气瓶，待洗涤的气体从插在液面下的长导管一端进入，洗涤后的气体从短导管一端导出。欲得到纯度较高的气体，需根据杂质气体的性质，选用合适的洗涤剂(表 1-12)，使杂质转变为沉淀或可溶性物质，或使杂质气体充分溶解在溶剂里。此外，被纯化的气体在洗涤剂中的溶解度要小，否则易被洗涤剂大量吸收。

表 1-12　常用气体洗涤剂和气体干燥剂

气体洗涤剂	洗涤气体	洗除的杂质气体	气体干燥剂	干燥气体种类
饱和 $NaHCO_3$ 溶液	CO_2	HCl	碱石灰，固体氢氧化钠	H_2，O_2，NH_3，CH_4
NaOH 溶液	H_2	H_2S，HCl	无水氯化钙	C_2H_4，C_2H_2，H_2S
饱和食盐水	Cl_2	HCl	无水氯化钙，浓硫酸	CO_2，SO_2，HCl，Cl_2
稀 NaOH 溶液	C_2H_4	SO_2，CO_2		
硫酸铜溶液	C_2H_2	H_2S		

2. 气体的干燥

选择的干燥剂应不与被干燥气体反应，即碱性气体不能用酸性干燥剂，酸性气体不能用碱性干燥剂，还原性气体不能用氧化剂作干燥剂。液体作干燥剂时，可选用洗气瓶；固体作干燥剂时，可选用球形或 U 形干燥管。

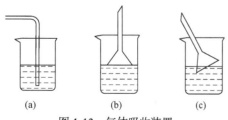

图 1-13　气体吸收装置

3. 气体的吸收

对于溶解度较小的气体，如 Cl_2、H_2S、CO_2 等，可把导管直接插入盛有水的容器底部，以便被水充分吸收[图 1-13(a)]。对于易溶于水的气体，如 NH_3、HCl、HBr 等，只能将导管口靠近水面，不可插入水中；或在导管末端接一个漏斗，让漏斗边缘稍微接触水面以增加吸收效率，同时防止气体逸散到空气中，并防止水倒吸[图 1-13(b)]。对于极易溶解的气体，则应选用图 1-13(c)，注意漏斗上沿不宜插入液面过深，以防止水倒吸。

4. 气体的检验

通常根据气体的特定性质，使用某种物质(试剂、试纸等)进行检验。常见气体的检验方法见表 1-13。

表 1-13　常见气体的检验方法

气体名称	检验方法
O_2	使带火星的木炭或木条复燃
H_2	纯净氢气在空气中燃烧的火焰呈淡蓝色；不纯氢气点燃有爆鸣声；燃烧后生成水
Cl_2	黄绿色气体。使湿润的碘化钾淀粉试纸变蓝
HCl	用蘸有浓氨水的玻璃棒试验，冒白烟；使湿润的蓝色石蕊试纸变红
H_2S	有臭鸡蛋气味。通入硝酸铅溶液或硫酸铜溶液，生成黑色沉淀；使湿润的乙酸铅试纸变黑
SO_2	有刺鼻气味。通入品红溶液后，品红溶液褪色，加热后颜色又出现；使湿润的红色石蕊试纸变蓝
NH_3	用蘸有浓盐酸的玻璃棒试验，冒白烟；使湿润的石蕊试纸变蓝
NO	无色气体。在空气中立即被氧化成为红棕色气体
NO_2	红棕色气体。能使湿润的蓝色石蕊试纸变红
CO	可燃气体，燃烧后只生成二氧化碳，不生成水；燃烧后产物使澄清石灰水变浑浊
CO_2	使澄清石灰水变浑浊

1.7　常用实验仪器、设备及其使用

1.7.1　玻璃仪器

基础化学实验常用仪器中大部分为玻璃制品。按性能可分为宜加热类(如烧杯、烧瓶、试管等)和不宜加热类(如量筒、容量瓶、试剂瓶等)；按用途可分为容器类(如烧杯、试剂瓶等)和量器类(如滴定管、移液管、容量瓶等)，以及特殊用途类(如干燥器、漏斗等)。

有机化学实验用器皿分为标准磨口仪器和普通仪器两种类型。磨口仪器可按口径大小(磨口最大端直径的毫米整数部分)用数字编号表示，常用的有 10、14、19、24 等。同编号的磨口和磨塞可紧密连接，两个编号不同的仪器可借助磨口接头连接，使得仪器连接方便、密封性好。

部分常用的实验器皿见图 1-14(无机及分析化学类实验)和图 1-15(有机化学类实验)。

1.7.2　金属用具

有机实验中常用的金属用具包括铁架、铁拳、铁夹、铁圈、水浴锅、升降台、水蒸气发生器、热过滤铜漏斗、镊子、剪刀和不锈钢刮刀等。这些金属用具使用和保存时应远离酸碱等腐蚀性药品，防止锈蚀。

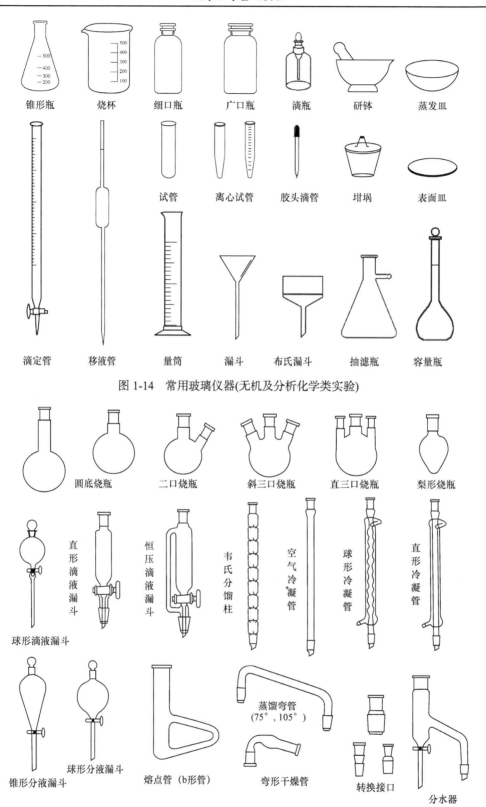

图 1-14 常用玻璃仪器(无机及分析化学类实验)

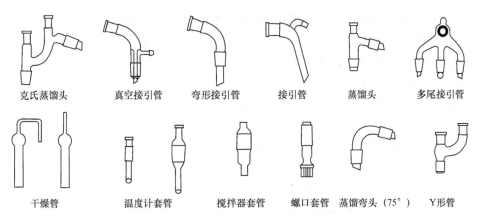

| 克氏蒸馏头 | 真空接引管 | 弯形接引管 | 接引管 | 蒸馏头 | 多尾接引管 |

干燥管　　温度计套管　　搅拌器套管　螺口套管　蒸馏弯头(75°)　Y形管

图 1-15　常用玻璃仪器(有机化学类实验)

1.7.3　常用电器与设备

1. 常用电加热设备

常用的电加热设备包括以下两种类型：①外加热型，如烘箱、电热套、电炉(分封闭式和敞开式两种)、马弗炉和气流烘干器等；②内加热型，如微波炉和红外线加热炉等。加热的方式一般有直接加热法和间接加热法。

1) 烘箱

实验室常用的烘箱(图 1-16)是电热鼓风干燥箱，其使用温度一般为 50～300℃。

图 1-16　烘箱

烘箱是采用电加热方式，用来烘干玻璃仪器或无腐蚀性、无挥发性、加热时不分解的药品。水洗后的玻璃器皿应将水沥干后再放入烘箱；用乙醇或丙酮等有机溶剂淋洗过的玻璃仪器，应待溶剂完全挥发后再放入烘箱，以防燃爆。烘干自制的薄层色谱板时应关闭鼓风功能或将烘箱内清理干净，防止铁屑等杂物污染色谱板。烘干药品时，若是去除吸附在化合物中的水，需在 110～120℃加热 1～2 h。烘干熔点在 80℃以下的化学药品或对热敏感的药品应使用真空干燥箱，切忌用烘箱烘烤橡胶、塑料制品以及易挥发、易燃、易爆的物品。

2) 电热套

图 1-17　电热套

电热套(图 1-17)是实验室常用的加热仪器之一，是由无碱玻璃纤维包裹着电热丝织成的碗状半圆形加热器，其结构为半圆形，因此可以密切地贴合在烧瓶周围使烧瓶受热均匀。电热套加热安全性高于明火加热，并可以精确控制加热温度。在使用时若不小心将液体洒入电热套内，应迅速关闭电源，以免漏电或电气短路发生危险，待晾干后方可使用。

电热套用完后应放在干燥处保存，以防内部吸潮导致绝缘性能降低。

3) 马弗炉

马弗炉(图 1-18)属于高温加热设备，主要元件是温度控制器、固态继电器和电阻丝。

使用马弗炉时应注意以下几点：

(1) 需戴上隔热的石棉手套操作,高温炉门不要朝着有人的地方。

图 1-18　马弗炉

(2) 使用新的或长期停用的马弗炉时，应先进行烘炉干燥，20～200℃开炉门烘 2～3 h，200～600℃关炉门烘 2～3 h。

(3) 使用时的炉膛温度不得超过最高炉温，不得长时间工作在额定温度以上。

(4) 工作环境周围中无易燃易爆物品和腐蚀性气体。

(5) 取放样品时，应先关断电源，并轻拿轻放，以保证安全和避免损坏炉膛。

4) 微波炉

微波炉具有加热速度快、受热均匀以及高效节能等优点。使用微波炉加热时，应注意以下几点：

(1) 不能加热金属导体和绝缘材料。

(2) 不能烘干布类、纸类制品，以免着火。

(3) 不能将加热物质直接放入炉膛，应先放在瓷坩埚、玻璃或聚四氟乙烯等耐热容器内。

(4) 切勿将密闭容器放入炉膛内加热，以免爆炸。

(5) 若炉膛着火，应紧闭炉门，并按停止键，再拔掉电源。

(6) 微波炉工作时，切勿贴紧炉门，以免受到微波辐射而损坏眼睛。

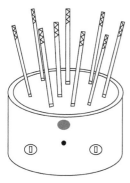

图 1-19　气流烘干器

5) 红外线加热炉

红外线加热是先将电能转化成红外线，再利用物质中分子对红外线的吸收而产生热量，具有热效率高、使用方便和环保等优点。红外线加热炉的面板为陶瓷玻璃，具有表面光滑、传热效果好、抗化学腐蚀、易清洁等特点。

6) 气流烘干器

气流烘干器(图 1-19)是利用热气流快速烘干玻璃器皿。使用时，先将待烘干玻璃器皿洗净，沥干水分，口朝下套到风管上，然后接通电源、选择控制温度。因为是电热设备，不可使其长时间连续工作，也不要将水漏入仪器内部，以免损坏仪器。

2. 其他电设备

实验室常用的其他电设备有离心机、循环水真空泵、旋片式真空泵、磁力搅拌器和旋转蒸发仪等。

1) 离心机

离心机(图 1-20)是实验室固液分离的常用设备，按其转速可分为普通、高速和超速离心机等。常用普通离心机的转速为 4000 rpm，一般可同时对称放置多支离心试管。离心机的使用方法如下：

(1) 开启电源开关。

(2) 放入离心管。离心管内盛放溶液的量不能超过其容积的 2/3。为了保持平衡，若仅离心一个样品时，需要在其对称位置放一支盛有等体积水的离心管。

图 1-20　离心机

(3) 调节转速开关，应逐挡加速。结晶形紧密沉淀的转速一般为 1000 rpm，无定形的疏松沉淀一般为 2000 rpm。

(4) 选择离心时间。结晶形沉淀的离心时间为 1～2 min，无定形沉淀选择 5～10 min。

(5) 离心完毕，关闭电源，打开盖子，取出离心管，并盖好盖子。

离心机在使用中要注意以下几点：①离心机的转动必须保持平衡；②运转时如产生反常的震动或响声，应立即停机，查明原因；③不能用普通试管进行离心操作，必须使用离心管；④不能用手按住离心机的轴强制其停下。

2) 循环水真空泵

循环水真空泵(图 1-21)是一种真空泵，所能获得的极限真空为 2000～4000 Pa，可用于真空过滤、真空蒸发、真空浓缩、真空脱气等操作与过程。循环水真空泵的工作介质为水，属于离心式机械泵，由于水可以循环使用，节水效果明显。

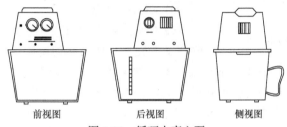

前视图　　　　　后视图　　　　　侧视图
图 1-21　循环水真空泵

循环水真空泵是实验室常用的减压设备，一般用于对真空度要求不高的减压体系中。泵体中装有适量的水作为工作液，当叶轮按顺时针方向旋转时，水被叶轮抛向四周，由于离心力的作用，水形成了一个取决于泵腔形状的近似于等厚度的封闭圆环。水环的下部分内表面恰好与叶轮轮毂相切，水环的上部内表面刚好与叶片顶端。此时叶轮轮毂与水环之间形成一个月牙空间，而这一空间又被叶轮分成和叶片数目相等的若干个小腔。如果以叶轮的下部零为起点，那么叶轮在旋转前 180°时，小腔面积由小变大，且与端面上的吸气口相通，此时气体被吸入。当吸气终了时，小腔则与吸气口隔绝；当叶轮继续旋转时，小腔由大变小，使气体被压缩；当小腔与排气口相通时，气体便被排出泵外。

循环水真空泵的使用方法如下：

(1) 将吸滤瓶支管连接循环水真空泵的橡皮管。

(2) 接通电源，打开电源开关，即可开始抽真空作业。

(3) 使用完毕，先拔掉橡皮管，再关闭电源。

循环水真空泵在使用时应注意几点：①经常补充和定期更换泵中的水，以保持泵的清洁和真空度；②当循环水真空泵用于为反应装置提供冷却循环水时，将需要冷却装置的进水管和出水管分别连接本机后部的循环水进水嘴和出水嘴，转动循环水开关至 ON 位置，即可实现循环冷却水供应。

3) 旋片式真空泵

旋片式真空泵是一种油封式机械真空泵，是真空技术中最基本的真空获得设备之一，属于低真空泵。旋片泵有单级和双级两种，双级就是在结构上将两个单级泵串联起来，以获得较高的真空度。旋片泵主要由泵体、转子、旋片、端盖、弹簧等组成。在旋片泵的腔内偏心地安装一个转子，转子外圆与泵腔内表面相切(二者有很小的间隙)，转子槽内装有带弹簧的两个旋片。旋转时，靠离心力和弹簧的张力使旋片顶端与泵腔的内壁保持接触，转子旋转带动旋片沿泵腔内壁滑动。两个旋片把转子、泵腔和两个端盖所围成的月牙形空间分隔成 A、B、C 三部分，如图 1-22 所示。当转子按箭头方向旋转时，与吸气口相通的空间 A 的容积逐渐增大，正处于吸气过程。而与排气口相通的空间 C 的容积逐渐缩小，正处于排气过程。居中的

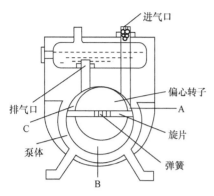

空间 B 的容积也逐渐减小，正处于压缩过程。由于空间 A 的容积逐渐增大(膨胀)，气体压力降低，泵的入口处外部气体压力大于空间 A 内的压力，因此将气体吸入。当空间 A 与吸气口隔绝时，即转至空间 B 的位置，气体开始被压缩，容积逐渐缩小，最后与排气口相通。当被压缩气体超过排气压力时，排气阀被压缩气体推开，气体穿过油箱内的油层排至大气中。通过泵的连续运转，达到连续抽气的目的。

4) 磁力搅拌器

磁力搅拌器(图 1-23)是通过磁场的旋转带动容器内磁转子的旋转，从而达到搅拌的目的，一般有控制转速

图 1-22 旋片式真空泵的结构

和加热装置。在反应物料较少、加热温度不高的情况下使用磁力搅拌器尤为合适。采用磁力搅拌器时加热源有油浴和水浴，油浴和水浴分别以油(常用不易挥发的甲基硅油)和水作为传热介质，最高温度分别为 250℃和 100℃。为防止水垢的产生，水浴中的水最好用去离子水。

5) 旋转蒸发仪

旋转蒸发仪(图 1-24)是由电动机带动可旋转的蒸发器(圆底烧瓶)、冷凝器和接收器组成，主要用于在减压条件下连续蒸馏大量易

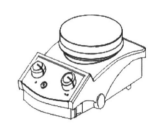

图 1-23 磁力搅拌器

挥发性溶剂，尤其对萃取液的浓缩和色谱分离时的接收液的蒸馏。旋转蒸发仪的基本原理是减压蒸馏。可用水浴加热圆底烧瓶，由于蒸发器不断旋转，可免加沸石而不暴沸。同时，蒸发器旋转时大大增加了料液的蒸发面，加快了蒸发速度，是浓缩溶液、回收溶剂的理想装置。

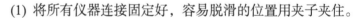

旋转蒸发仪的使用方法如下：

(1) 将所有仪器连接固定好，容易脱滑的位置用夹子夹住。

(2) 在冷凝器中通入冷凝水或冷却剂，然后打开循环水真空泵。

(3) 关闭连在系统与循环水冷真空泵间的安全瓶活塞，使系统抽紧。确认整个系统已抽紧后，使蒸馏瓶旋转。

(4) 根据被蒸溶剂在系统的真空度下的沸点确定热源温度。

(5) 蒸馏完毕，先撤除热源，关掉电动机开关使蒸馏瓶停止旋转。

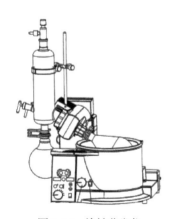

图 1-24 旋转蒸发仪

循环水真空泵在使用时应注意几点：①加热时，使圆底烧瓶缓慢受热，蒸馏速度不可太快，保护好圆底烧瓶；②解除真空，拆下圆底烧瓶，关闭冷凝水，回收接收瓶中的溶剂。

1.7.4 常用分析测定仪器

1. 分光光度计

1) 测定原理

分光光度法是基于物质分子对光的选择性吸收而建立起来的一种分析方法，其定量测定

是基于朗伯-比尔(Lambert-Beer)定律，即当一束平行的单色光通过有色溶液时，其吸光度与溶液的浓度和光通过溶液的厚度的乘积成正比。朗伯-比尔定律的数学表达式如下：

$$A = -\lg T = -\lg \frac{I_t}{I_0} = \varepsilon bc$$

式中，A 为吸光度(量纲一的量)；T 为透光率(量纲一的量)；c 为溶液的浓度(mol·L^{-1})；b 为样品溶液的厚度(比色皿厚度，cm)；ε(也用 k 表示)为摩尔吸光系数($\text{L·mol}^{-1}\text{·cm}^{-1}$)。当 b 一定时，A 与 c 成正比，朗伯-比尔定律就表现为一条通过原点的直线。注意，朗伯-比尔定律的适用条件是单色光和稀溶液，否则线性会发生偏离。

分光光度法定量分析一般采用标准曲线法(又称工作曲线法)：配制 5～7 个系列标准溶液，在选定的最佳实验条件下依次测其吸光度 A，绘制 A-c 标准曲线(相对误差要求 < 5%)。在相同条件下测定待测液的吸光度 A，即可根据标准曲线的线性方程计算出待测物质的含量。

2) 仪器结构

分光光度计类型很多，其原理基本相同。分光光度计的结构框图见图 1-25。由钨灯(可见光区)或氢灯(紫外光区，也可用氘灯等)光源发出的连续光谱，经过单色器后变成单色光，通过作为吸收池的比色皿，再照射到检测器内的光电管上，产生光信号。光信号经放大后，在显示器上呈现为相应的吸光度或透光率。吸收池(比色皿)材质分为光学玻璃和石英等。光学玻璃比色皿只适用于可见光区，石英比色皿可用于紫外及可见光区，但石英比色皿价格较贵。

图 1-25 分光光度计的结构框图

一般来说，400～760 nm 为可见光区。722 型分光光度计的波长范围为 325～900 nm，波长的精度为±2 nm，波长的重复性为±1 nm，吸光度的范围为 0～2.5，透光率(或透射比)的准确度为±1%，透光率的精密度为±0.3%。

3) 使用方法

不同型号的分光光度计，使用方法各不相同，特别是目前很多分光光度计带有开机系统自检、扫描、制作吸收曲线和标准曲线、多波长测定和数据处理等功能，具体可参见仪器使用说明。722E 型可见分光光度计是一款比较经典的教学用仪器，下面以其为例简述主要步骤：

(1) 开机，预热仪器 20～30 min。

(2) 设置波长。调节"波长旋钮"至测量波长。

(3) 调零和调 100%。"T"模式下，光路被挡住时调零，光路通过参比溶液时调 100%。

(4) 测量。"A"模式下，让光路依次通过待测溶液，分别读取吸光度。

(5) 关机，清洗比色皿。

4) 注意事项

(1) 分光光度计为精密分析仪器，务必做到"样品室盖子要轻开和轻关、比色皿架拉杆要轻拉和轻推"。

(2) 手持比色皿的毛糙面，内装溶液不能超过比色皿高度的 2/3(一般 1/2 即可)，以免拉动时溶液溅出。用吸水纸擦拭其毛糙面，用擦镜纸擦拭其光洁面。

(3) 若水洗后的比色皿仍有颜色，可用盐酸 + 乙醇(1∶2，体积比)洗涤剂进行浸泡，再用水清洗。注意，不可用强酸或强碱浸泡比色皿，以免粘接面脱落。

(4) 测定样品前，先检测比色皿是否配套，否则对测定结果影响很大。具体操作如下：将几个比色皿全部装好 2/3 高度的水，以第一个作为参比溶液，测定其余溶液的吸光度。若吸光度在±0.005 之内，一般可视为配套。(思考：吸光度为负值的原因)

(5) 手机信号对测定会有影响，务必关闭手机。

(6) 短时间不用时，不必关闭电源，只需拉动"比色皿架拉杆"至第一挡位，使光路被挡住，这样检测器不用一直工作，从而延长仪器的使用寿命。

2. 酸度计

1) 测定原理

酸度计(又称 pH 计)属于电位分析仪，由参比电极、指示电极和精密电位计构成。由于无法直接得到待测溶液的 pH，实际测定时采取与标准缓冲溶液进行对比的方法。将参比电极、指示电极插入标准缓冲溶液(pH$_s$)中，形成化学电池的电位为 E_s；若插入待测溶液的电位为 E_x，则待测溶液的 pH$_x$ 可以由下式定义：

$$pH_x = pH_s + \frac{(E_s - E_x)F}{2.303RT}$$

式中，R 为摩尔气体常量；T 为测定时溶液的热力学温度；F 为法拉第常量。

常用的参比电极有饱和甘汞电极和 Ag-AgCl 电极等。温度恒定下，参比电极的电位不随待测溶液的活度或浓度而变化。指示电极为玻璃电极，其电位随体系 H$^+$活度而改变。

酸度计还可以用来测定溶液的电位(或电极电势)，如利用离子选择性电极(如氟电极)就可以测定含该离子(如 F$^-$)溶液的电位，从而得到该离子的活度或浓度。

a. 参比电极

饱和甘汞电极的结构如图 1-26 所示，由汞、Hg$_2$Cl$_2$-Hg 混合物及 KCl 饱和溶液构成，只能在 80℃以下使用，否则 Hg$_2$Cl$_2$ 发生歧化反应。电极反应为 Hg$_2$Cl$_2$ + 2e$^-$ $\longrightarrow$ 2Hg + 2Cl$^-$，25℃的电极电势为 0.2415 V。

Ag-AgCl 电极是在金属银丝或银片表面镀一层 AgCl，内充一定浓度的 KCl 溶液，电极反应为 AgCl + e$^-$ $\longrightarrow$ Ag + Cl$^-$。该电极可耐高温，在 275℃时仍能正常工作。25℃，内充 KCl 饱和溶液的电位为 0.197 V。

b. 玻璃电极

玻璃电极是测量 pH 的指示电极，其结构如图 1-27 所示。电极下端的玻璃泡(膜厚约 0.1 mm)是其最重要的部分，称为 pH 敏感电极膜，能响应 H$^+$活度。玻璃电极内装有 pH 一定的内参比溶液，并配有一支内参比电极(Ag-AgCl 电极)。为了简单方便，目前使用最广泛的是将玻璃电极和参比电极结合在一起的复合电极，其结构见图 1-28。复合电极的外壳护套下端比玻璃泡更长，可以有效地防止玻璃膜受到损坏。

2) 使用方法

使用 pH 计时务必小心电极，不要损坏玻璃膜。电极若长期不用，应套上保护套，干燥存储。不同型号的 pH 计，使用方法都不同，具体可参照实验室的说明。一般包括以下主要步骤。

若测定酸度，使用方法如下：

(1) 开机，预热仪器 20～30 min。

(2) 校准。采用两种不同的标准缓冲溶液校准，酸性溶液一般用 pH 6.86 和 pH 4.00 校准，碱性溶液一般用 pH 6.86 和 pH 9.18 校准。

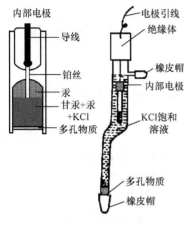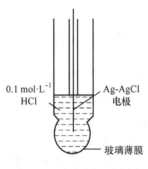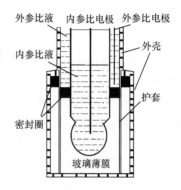

　图 1-26　甘汞电极示意图　　　图 1-27　玻璃电极示意图　　　图 1-28　复合电极示意图

(3) 测量样品。若为系列溶液，则按浓度由低到高进行测定。

(4) 关机，清洗电极。

若测定电位值(以实验 20 为例)，使用方法如下：

(1) 开机，预热仪器 20~30 min。

(2) 清洗电极。用去离子水反复清洗电极，直至空白电位至 360 mV 以上。

(3) 测量。若待测样品为系列溶液，则按浓度由低到高进行测定。

(4) 关机，清洗电极。

3. 电导率仪

1) 测定原理

电导率仪(图 1-29)是用来测量溶液电导率的仪器。在电解质溶液中插入一对平行电极并外加一直流电压时，通过该电解质溶液的总电流符合欧姆定律。在温度和压力等条件恒定时，电解质溶液的电阻 R 与溶液固有的导电能力、通过电流的溶液截面积 A 及电极间的距离 L 有关。电导 G(电阻 R 的倒数)常用来表示电解质溶液导电能力的大小，与导体的长度 l、面积 A 的关系如下：

图 1-29　电导率仪

$$G = \frac{1}{R} = \kappa \frac{A}{l}$$

式中，G 为电导(S，西门子)；A 为截面积(m^2)；l 为长度(m)；κ 为电导率($S\cdot m^{-1}$)，表示溶液放在相距 1 m 且面积为 1 m^2 的两个平行电极之间的电导。对于一个给定电极，l/A 为常数，称为电极常数，通常标注在电极上。

若在相距 1 m 且面积为 1 m^2 的两个平行电极之间放置含有 1 mol 电解质的溶液，此电解质溶液的电导率称为摩尔电导率，以 Λ_m 表示。电解质溶液中摩尔电导率(Λ_m)、电导率(κ)与浓度(c)存在以下关系：

$$\Lambda_m = \frac{\kappa}{1000c}$$

当电解质溶液无限稀时，正、负离子之间的相互影响趋于零，摩尔电导率 Λ_m 趋于最大值，用 Λ_m^∞ 表示，称为极限摩尔电导率，单位为 $S \cdot m^2 \cdot mol^{-1}$。

实验证明，当溶液无限稀时，电解质的极限摩尔电导率 Λ_m^∞ 是其解离出来的几种离子的极限摩尔电导率的简单加和。

2) 使用方法

不同型号的电导率仪，使用方法都不同，具体可参照实验室的说明。一般包括以下主要步骤：

(1) 开机，预热仪器 20～30 min。

(2) 设置温度。先用温度计测出待测溶液的温度，再调节温度旋钮至所需温度。

(3) 调节电极常数。每根电极的电极常数都不同，可以在电极上找到。

(4) 测量。将洗净、吸干水分的电极插入待测溶液。

(5) 关机，将电极反复水洗后悬空放置。若电极长期不用，套上电极保护套，干燥存储。

1.8　玻璃仪器的洗涤和干燥

1.8.1　玻璃仪器的洗涤

1. 常规的洗涤方法

常规玻璃仪器的清洗可以用水、洗涤剂或有机溶剂进行。冲洗玻璃仪器的原则是"少量多次"，即每次用少量的水或洗涤剂等顺着内壁冲洗多次。检验玻璃仪器是否洗净的方法是：将玻璃仪器装满水，倒转过来，其内壁可以被水均匀地湿润，形成一层水膜，而不挂水珠，且不存在水纹。常见玻璃仪器的洗涤方法有以下几种：

(1) 刷洗法。一般的玻璃仪器，如烧杯、锥形瓶、试剂瓶、表面皿等，直接用毛刷蘸水刷洗玻璃仪器，就可以去除其附着的尘土、可溶性物质以及易脱落的物质。注意，不可用力过猛，否则毛刷会将玻璃仪器戳破。

(2) 洗液法。用洗液洗涤玻璃仪器时，需要先用水洗去大部分污物，沥干水分后，再用毛刷蘸取合适的洗涤剂直接刷洗其内外壁，最后用水冲洗干净。注意，为了增强洗涤效果，可以将洗涤剂加热后使用；洗涤剂应循环使用；洗涤剂的废液不能随意排放。

(3) 特殊法。针对不同的附着物或沉淀物，可以选用特殊的洗涤方法。例如，难溶的硫化物沉淀可以用 HNO_3 和 HCl 溶液洗涤；硫磺用煮沸的石灰水洗涤；铜或银用 HNO_3 溶液洗涤；AgCl 用氨水洗涤；$KMnO_4$ 和 MnO_2 用酸化的草酸溶液洗涤；染色的比色皿用盐酸和乙醇的混合液浸泡；煤焦油用热的浓碱洗涤；焦油状有机物用回收的有机溶剂浸泡等。

注意，滴定管、移液管和容量瓶等精密度高的量器不可用毛刷刷洗，以免改变内径而改变其容积。洗净后的玻璃器皿不能用纸或布等擦拭内壁，以免再次被污染。

2. 超声波清洗

超声波清洗机主要由超声波发生器、超声波换能器和清洗水槽等部分构成。超声波发生器产生的高频振荡声波信号通过换能器(振子)转化，形成高频机械振荡并传播到液体中，形成空化效应，不断冲击物体表面，使物体表面及缝隙中的污垢迅速剥落。超声波清洗机不但清洗精度高，可以强有力地清洗微小的污渍颗粒，而且具有清洗速度快、操作简单、对器皿表面没有损伤等优点。清洗液的选择是决定超声波清洗效果的重要因素，常用的超声波清洗液是含有多种清洁成分、润湿剂和其他反应成分的混合物。

使用超声波清洗机时，应注意以下几点：

(1) 严禁空载状态下开机，必须先将清洗液倒入清洗槽中。

(2) 被清洗物不得与槽底接触，必须将器皿放入篮筐中清洗。

(3) 不能使用强酸或强碱性清洗液，不能使用易燃溶剂。

(4) 清洗液温度会随着连续工作而升高，因此清洗机连续工作不要超过 8 h。

(5) 如发现清洗槽有漏水现象，应立即关机。

1.8.2　玻璃仪器的干燥

1. 晾干法

将洗净的玻璃仪器先尽量沥干水分，再倒放在干净的实验柜或器皿架上，自然放置一段时间。注意，细口径的玻璃器皿一般不要直接倒放，以免打翻。

2. 烘干法

将洗净的玻璃仪器先尽量沥干水分，再放入 105～110℃干燥箱(或烘箱)中烘干。注意，移液管和容量瓶等精密度高的量器不宜采用烘干法，以免改变内径而改变其容积。烘箱要降到 50℃以下，方可将器皿取出。

3. 吹干法

对于急需使用的玻璃仪器，可以用吹风机或气流烘干器等吹干。一般先吹热风干燥，再吹冷风冷却。

4. 快干法

如果用少量乙醇或丙酮等有机溶剂润湿内壁后，将溶剂倾倒出来，再吹干，则干得很快。

第2章 化学基础实验基本操作

2.1 简单玻璃工操作

化学实验中有些玻璃仪器，如点薄层板用的毛细管、测定熔点用的熔点管、气体吸收和水蒸气蒸馏装置中的弯管、搅拌用的玻璃棒等，可以自己动手加工制作。

注意：玻璃加工操作要用到酒精喷灯(或煤气灯)、锉刀、玻璃管等，务必注意安全，防止割伤、烫伤、烧伤和着火。

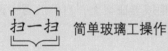 简单玻璃工操作

2.2 定量分析的基本操作

2.2.1 天平及其使用

天平是化学实验中最常用的定量分析仪器之一。称量一份样品需读数两次，故天平的称量误差(系统误差)为其感量的两倍。天平可以根据不同性能和原理进行以下分类：①根据平衡原理分为杠杆式天平、弹性力式天平、电磁力式天平和液体静力平衡天平四大类；②根据使用目的分为通用天平和专用天平两大类；③根据量值传递范畴分为标准天平(用于检测专用砝码质量)和工作天平两大类。普通天平多为等臂天平，电子天平则多为顶部承载式。

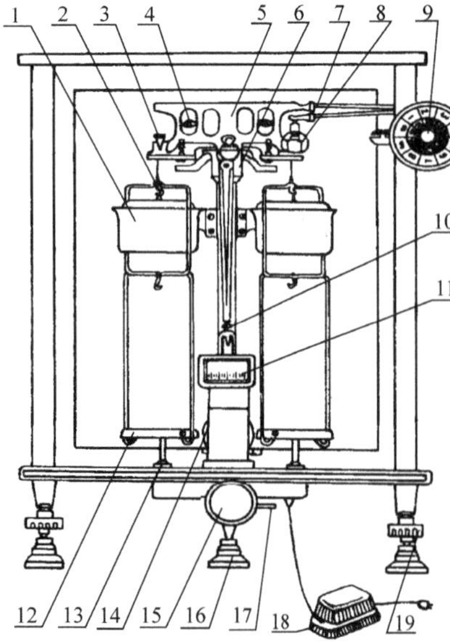

1. 半自动电光分析天平

半自动电光天平构造示意图及外形图见图 2-1。由于半自动电光天平操作烦琐、费时，在学生实验中已经很少使用，其性能和使用方法在这里不再叙述。

2. 电子天平

电子天平是利用电磁力或电磁力矩补偿原理，

图 2-1 半自动电光分析天平示意图

1. 空气阻尼器；2. 挂钩；3. 吊耳；4. 零点调节螺丝；5. 横梁；6. 天平柱；7. 圈码钩；8. 圈码；9. 加圈码旋钮；10. 指针；11. 投影屏；12. 称盘；13. 盘托；14. 光源；15. 旋钮；16. 底垫；17. 调零杆；18. 变压器；19. 水平调节螺丝

实现被测物体在重力场中的平衡，从而获得物体质量并采用数字指示装置输出结果的衡量仪器。其特点是称量准确可靠、显示快速清晰，并且具有自动归零、自动检测、自动校准以及超载保护等装置。此外，去皮(自动归零，也称除皮)功能使称量更为简便和快速。由于电子天平的自动校准过程消除了重力加速度的影响，因此称量的是物体的质量而非重量。

天平的最小刻度称为实际分度值(用 d 表示)，其量程与实际分度值之比为检定分度值(用 e 表示)。通常分度值≤0.0001 g 的电子天平总称为分析天平。分析天平根据称量范围和实际分度值(分别标在括号里)分为以下四种类型：①常量分析天平(100～200 g 和 0.01～1 mg)；②半微量分析天平(30～100 g 和 1～10 μg)；③微量分析天平(3～30 g 和 0.1～1 μg)；④超微量分析天平(3～5 g 和 0.1 μg 以下)。

此外，电子天平还可以按其精密度或实际分度值称为百分之一电子天平(0.01 g)、万分之一电子天平(0.0001 g)等。

1) 工作原理

电子天平的型号很多，其主要形式为顶部承载式(又称上皿式)。顶载式电子天平根据电磁力补偿工作原理制成，分为载荷接受和传递装置、测量和补偿控制装置两部分，其基本结构示意图和外形图如图 2-2 所示。

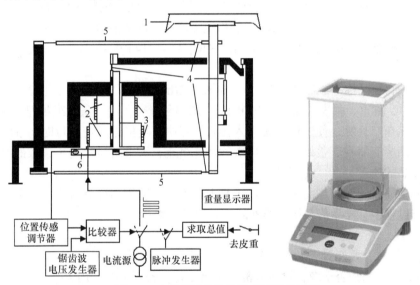

图 2-2　电子天平的构造示意图及外形图
1. 称量盘；2. 磁铁；3. 线圈；4. 簧片；5. 导向杆；6. 光电扫描装置

天平称量时，称量盘的重力传递到负荷线圈，使其竖直位置发生变化，光电扫描装置将负荷线圈负重后的平衡位置传递给位置传感调节器，指示电流源发出等幅脉冲电流，使线圈产生垂直向上的力，直至其恢复到未负重时的平衡位置。所称物体的质量越大，通过线圈的脉冲宽度越大，平衡后显示的读数也越大。

2) 称量方法

(1) 直接称量法(又称直接法)。天平归零后，将被称量物体直接放在称量盘(对于表面致密的块状物体，如镁条)或者已去皮的表面皿或称量纸等容器上(对于表面非致密的物体，如钙片)，所得读数即为该被称量物的质量。直接称量法适用于称量洁净干燥的器皿、棒状或块状的金属等。例如，"实验 7 摩尔气体常量的测定"中，将一段镁条放入称量盘上，关闭天平门，若天平稳定后的读数为 0.0312 g，则该镁条的质量即为 0.0312 g。注意，不能直接用手拿取被称量物，可以用镊子、手指套或纸带等。

(2) 固定质量称样法(又称增量法)。天平归零后，在称量盘上放一干净表面皿或折成簸箕状的称量纸，称重、去皮。如图 2-3(a)所示，用药匙缓慢加入样品至所需质量时，停止加样，关闭天平门，待天平稳定后记录读数。注意，称量时样品决不可落在托盘上，否则要重新称量。

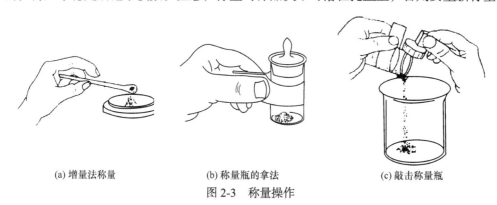

(a) 增量法称量　　　　　　(b) 称量瓶的拿法　　　　　　(c) 敲击称量瓶

图 2-3　称量操作

增量法适于称量不易吸湿，且不与空气发生作用的、性质稳定的粉末状样品或细小颗粒(单个颗粒质量＜0.1 mg)状样品。用直接法配制指定浓度的标准溶液时，可采用此种方法称量基准物质。例如，若配制 100 mL 0.01000 mol·L^{-1} KIO$_3$(M_r = 214.0)标准溶液，则需采用增量法准确称取 0.2140 g KIO$_3$。

(3) 差减称样法(又称差减法或减量法)。如图 2-3(b)所示，用一条长纸带套住并捏住称量瓶，放入天平中，称重、去皮。如图 2-3(c)所示，取出称量瓶，用一条短纸带捏住瓶盖柄，用瓶盖轻敲称量瓶瓶口外缘，使试样缓缓落入接收容器中。至接近所需质量时，继续轻敲瓶口外缘，同时逐渐竖直瓶身、盖好盖子，再次称量称量瓶，天平所显示的负读数的绝对值即为接收容器中样品的质量。

差减法称量时，若倾出样品不够，可重复上述操作；若倾出样品过多，需要重新称量。同时，若称量过程中有样品落在接收容器外，必须重新称量。

3) 使用方法

(1) 取下天平罩，叠好置于天平一侧。

(2) 检查天平内部是否干净，检查各部件是否正常。若不干净，用天平毛刷轻轻扫净。

(3) 检查天平平衡。观察天平气泡水平仪，若不水平可调节垫脚螺丝。

(4) 打开电源。当显示屏左端的"O"消失，且显示为 0.0000 g 时，说明天平达到平衡，即可进行称量。

(5) 称量结束后，关闭电源和天平门，清理天平和桌面，盖好天平罩，登记使用情况。

4) 注意事项

(1) 保持天平干燥。严禁将湿的烧杯、锥形瓶和坩埚等器皿直接放入称量盘上称量。称量液体样品时，必须先将其放在密闭器皿中。

(2) 分析天平属于精密仪器，推拉天平门时，一定要轻，以免天平受到震动。

(3) 读取质量(包括去皮)时，需关闭所有的天平门，而称量过程中不必时时关闭天平门。例如，差减法称量时，可以反复取出称量瓶倾出样品直至所需质量，再关闭天平门后读取质量。

(4) 如果样品撒落在天平内，应及时用天平刷清除干净。

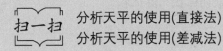 

分析天平的使用(直接法)
分析天平的使用(差减法)

2.2.2　滴定管及其使用

化学实验中常用的玻璃量器可分为量入容器(容量瓶、量筒、量杯等)和量出容器(滴定管、吸量管、移液管等)两类,前者液面凹液面刻度为量器内的溶液体积,后者液面凹液面刻度为放出的溶液体积。

滴定管是在滴定过程中用于准确测量溶液体积的一类玻璃量器。按容量精度从高到低,滴定管分为 A 级和 B 级。酸式滴定管的刻度管和下端的尖嘴玻璃管通过玻璃旋塞相连;碱式滴定管的刻度管与尖嘴玻璃管之间通过内装一颗玻璃珠的橡皮管相连。

酸式滴定管在初次使用或旋塞转动不灵活或漏水时,须重涂凡士林。涂好的旋塞要转动灵活,且不漏水。最好在旋塞小头上套上一个小橡皮圈以防旋塞脱落。碱式滴定管要检查玻璃珠的大小和橡皮管粗细是否匹配、是否漏水、是否能灵活控制滴定速度。

新型滴定管以聚四氟乙烯材质作旋塞,因其耐酸耐碱又耐腐蚀,可以放置几乎所有的分析试液。由于聚四氟乙烯旋塞有弹性,通过调节旋塞尾部的螺帽来调节旋塞与旋塞套间的紧密度,因而无需涂凡士林。

常量的定量分析允许的相对误差绝对值≤0.1%,因此滴定剂的消耗量应大于 20 mL,需用 50 mL 或 25 mL 滴定管。为了减少试剂消耗、降低废液产生,若适当地放宽相对误差范围,则可使用 10 mL 滴定管。

除特别说明外,本书采用带聚四氟乙烯旋塞的 25 mL 滴定管。

1. 滴定管的准备

检漏:将滴定管装满水,夹在滴定管架上面的蝴蝶夹上,去除滴定管外部(特别是旋塞周围和尖嘴处)的水滴,静置约 2 min,观察旋塞边缘和尖嘴处是否渗水。若不渗水,将旋塞旋转180°后,重复上面操作。若仍不渗水,方可使用该滴定管。

洗涤:先用洗液或自来水反复洗涤,至滴定管内壁不挂水珠为止,再用去离子水淋洗 2~3 次。

润洗:用待装溶液润洗滴定管 2~3 次,每次 3~5 mL。润洗时,两手平端滴定管两端无刻度处,慢慢转动滴定管,使溶液遍及整个滴定管内壁,再从管口放出大部分溶液,最后从尖嘴处放出残留溶液。

装液和排气泡:装入待装溶液至“0”刻度以上,检查并排出旋塞附近的气泡。排气泡时,用右手拿住滴定管使它倾斜约 30°,左手迅速打开旋塞,或打开旋塞后快速竖直上下抖动滴定管,使溶液向下冲出而赶掉气泡。

2. 滴定管的读数

对于 25 mL 滴定管,应准确读至 0.01 mL。每次滴定前,将液面调节在“0”刻度或以下,去除滴定管尖嘴处的残余液滴,静置 30 s 以上,读取初体积。读数时,用手捏住滴定管“0”刻度以上位置,使滴定管完全竖直,视线应与所读凹液面在同一水平面上(图 2-4)。对于无色(或浅色)溶液,读取溶液凹液面最低点处所对应的刻度;对于深色溶液,读取液面两侧的最高点。

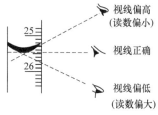

图 2-4 滴定管读数时的视线

注意，必须按同样方法读取初体积与终体积。

3 滴定操作的方法

将锥形瓶放置于滴定台上，调节滴定管的高度，使其尖嘴正好在锥形瓶的瓶口上端。右手捏住锥形瓶的瓶颈并向上稍微提起，使滴定管尖嘴插入锥形瓶的瓶口内约 1 cm 处。左手控制旋塞，使滴定液逐滴加入；同时右手手腕稍微用力摇动锥形瓶，使锥形瓶内的溶液朝同一个方向不断旋转(图 2-5)。注意，开始时滴定速度可稍快(需确保液滴"成串不成线")，接近终点时应改为一滴或半滴地加入。

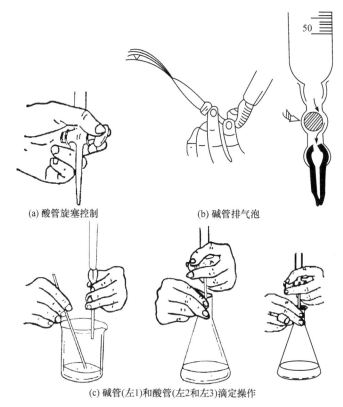

(a) 酸管旋塞控制　　　　　　　(b) 碱管排气泡

(c) 碱管(左1)和酸管(左2和左3)滴定操作

图 2-5　滴定操作

如图 2-5(c)所示，使用烧杯滴定时，用玻璃棒顺着一个方向充分搅拌溶液，但勿使玻璃棒碰击杯底或杯壁。使用碘量瓶(有水封槽)和具塞三角烧瓶(无水封槽)滴定时，需把它们的磨口塞子夹在右手的中指和无名指之间，以免滴定时磨口塞子碰击碘量瓶而发出响声(图 2-6)。

　滴定管的使用(滴定前的准备)
　　　　滴定管的使用(滴定操作)　　　　　　　　　　　　　

2.2.3　移液管及其使用

移液管属于量出容器，是用来准确量取一定体积液体的容器，分为只有一个刻度线的单标线吸量管(简称移液管,俗称大肚移液管或胖肚移液管)和带有分刻度线的分度吸量管(简称吸量管,俗称刻度移液管)。大肚移液管只能移取一个体积的液体,而吸量管可以移取不同体积的液体。按照容量精度从高到低,移液管分为 A 级和 B 级。

常用大肚移液管有 2 mL、5 mL、10 mL、20 mL、25 mL、50 mL、100 mL 等规格。常用吸量管有 1 mL、2 mL、5 mL、10 mL 等规格。值得注意的是,吸量管的容量精度低于大肚移液管,因此尽量使用大肚移液管量取。

图 2-6 碘量瓶(左)和具塞三角烧瓶(右)

1. 使用方法

以从试剂瓶中准确移取一定体积溶液至锥形瓶中为例。

洗涤:先用洗液或自来水反复洗涤,直至移液管内壁不挂水珠为止,再用去离子水淋洗 2～3 次。

润洗:用待移取溶液润洗移液管 2～3 次,每次 2～3 mL。润洗时,两手平端(对于大肚移液管,两手位于大肚两端附近;对于吸量管,两手位于两端无刻度之处),慢慢转动移液管,使溶液遍及整个移液管内壁,最后从尖嘴处放出溶液。注意,不能从管口放出溶液,以免沾污洗耳球。

图 2-7 移液管的使用

吸液:用右手的大拇指及中指捏住管颈标线以上部分,将尖嘴插入试剂瓶内溶液的液面以下以防吸空;左手拿住洗耳球,将其捏扁后伸入移液管管口,慢慢松开洗耳球,使溶液慢慢吸入移液管内。当液面上升至标线以上约 1 cm 时,迅速用右手食指摁紧管口并使其稍微倾斜(注意,不能使用大拇指或其他手指)。左手迅速放下洗耳球,拿起试剂瓶使其离开桌面并倾斜 30°～45°。右手将移液管上提至试剂瓶的瓶口附近,竖直移液管,使其尖嘴紧靠试剂瓶的瓶口内壁,并保持视线与移液管的标线相水平。微微松开食指,让移液管内的液面缓缓下降,待液面凹液面与移液管的标线相切时,再次摁紧管口,使液体不再流出,将尖嘴移出试剂瓶。

放液:将移液管移至锥形瓶的瓶口上方,左手拿起锥形瓶并使其倾斜 30°～45°,让移液管尖嘴紧贴其瓶口以下 3～5 cm 处内壁(图 2-7)。右手竖直移液管后松开食指,让溶液沿锥形瓶的内壁自由流下。待溶液流尽后,将尖嘴继续停靠内壁上 10～15 s,最后将尖嘴在内壁上旋转 360°(注意,尖嘴需一直紧贴容器内壁),将尖嘴移出试剂瓶。

扫一扫 移液管的使用

2. 注意事项

(1) 洗净的移液管必须放在移液管架或烧杯上,不能随意放在实验台上,以免被污染。
(2) 除非移液管管体上标有"吹"的字样,否则放液时不能把残留在尖嘴内液体吹出。

(3) 吸量管的使用方法相同。注意：移取溶液时，应尽量避免使用尖嘴处的刻度，每次放液均从"0"刻度开始。

2.2.4　容量瓶及其使用

容量瓶是用来配制标准溶液或准确稀释溶液到一定体积的量入型容器。常用容量瓶有 25 mL、50 mL、100 mL、250 mL、500 mL 等多种规格。

1. 使用方法

(1) 检漏。容量瓶加水至标线附近，盖好瓶塞，如图 2-8 所示将瓶倒立 1 min，观察瓶塞周围是否渗水，然后将瓶塞转动 180° 后再次检查。

(2) 转移溶液时，在容量瓶的瓶口上方将玻璃棒下端沿烧杯嘴缓慢插入瓶口以下 3～5 cm (注意，不是刻度线以下！玻璃棒上端不能与瓶口内壁接触，以免溶液顺着瓶口外侧漏出)，让烧杯嘴贴紧玻璃棒，慢慢倾斜烧杯，使溶液沿着玻璃棒流下(图 2-9)。

(3) 溶液转移完后，不能立即将烧杯离开玻璃棒。应慢慢地将烧杯直立，同时将玻璃棒沿烧杯嘴缓慢上提、放回到烧杯中(注意，不能将玻璃棒靠在烧杯嘴处)。在此过程中，烧杯和玻璃棒之间附着的液滴将流回烧杯中，玻璃棒末端残留的液滴将靠入容量瓶内。

(4) 用洗瓶或滴管冲洗烧杯内壁和玻璃棒 3～4 次，洗涤液按上法全部转移入容量瓶中。

(5) 用玻璃棒引流，慢慢加水至容量瓶容积的 2/3 时，直立地旋摇容量瓶几周，使溶液初步混合(注意，此时切勿加塞或倒立容量瓶)。继续加水至标线以下 1 cm 左右，等待片刻，改用滴管逐滴加水至溶液的凹液面恰好与容量瓶的标线相切。

(6) 盖紧容量瓶的瓶塞，左手捏住其瓶颈上端，食指压住瓶塞，右手托住瓶底，将容量瓶颠倒摇匀(图 2-10)。每次需要等待气泡上升到顶部后，在倒置位置水平摇动几周，如此反复操作 10 次以上，使溶液充分混匀。注意，摇匀过程中不可用手掌接触瓶底。

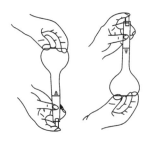　　　　　　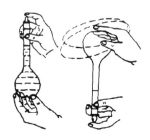

图 2-8　容量瓶检漏　　　　　图 2-9　定量转移　　　　　图 2-10　溶液摇匀

2. 注意事项

(1) 将热溶液转移到容量瓶中时，应先将其冷却至室温后，再依上面操作。

(2) 用基准物质固体配制标准溶液时，应先把准确称量的基准物质固体置于烧杯中，用玻璃棒搅拌至完全溶解，再依上面操作。

(3) 若定容时加水超过标线，需要重新配制。

 容量瓶的使用

2.2.5　移液器及其使用

移液器是量出式器具，分为固定和可调两种类型，主要用于仪器分析、化学分析、生化分析中的取样和加样。可调移液器是利用空气排放原理进行工作，由定位部件、容量调节指示、活塞和吸液嘴(俗称枪头)等组成(图 2-11)，在其容量范围内可连续调节，其容量单位为微升(μL)。可调移液器移取溶液的体积由其内部活塞移动的距离来确定，20 μL 和 1000 μL 的允许误差分别为 8%和 1%。固定移液器的容量是固定的，其精密度更高，10 μL 的允许误差为 4%。

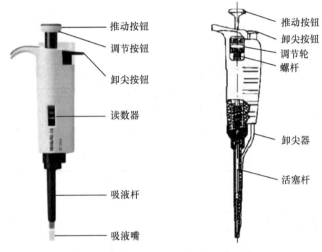

图 2-11　移液器外部和内部示意图

1. 使用方法

(1) 安装吸液嘴。将移液器的吸液杆垂直插入吸液嘴，左右微微转动，即可上紧。

(2) 设置容量。从大容量调节到小容量时，可以直接调到所需容量；从小调到大，一定要调超过三分之一圈，再调回来。

(3) 检查漏液。吸液后在液体中停留 1～3 s，观察吸液嘴内的液面是否下降。

(4) 取液。垂直握住移液器的移液杆，将按钮撤到第一停点，将吸液嘴垂直插入液面以下，缓慢松开按钮，等待 1～2 s 后，把吸液嘴移出溶液，擦去外部多余溶液(注意，不能碰到吸嘴口，以免带走溶液)。吸液嘴进入液面以下的距离：0.1～10 μL 容量为 1～2 mm，2～200 μL 容量为 2～3 mm，1～5 mL 容量为 3～6 mm。

(5) 放液。将吸液嘴靠在接收容器内壁上，缓缓地将按钮撤到第一停点，等待 1～2 s，再将按钮完全撤下至第二停点，最后将吸液嘴沿容器内壁向上移开，松开控制钮。

(6) 射出吸液嘴。按压卸尖按钮，即可将吸液嘴弹出。

2. 注意事项

(1) 吸取液体时一定要缓慢平稳地松开按钮，绝不允许突然松开，以防溶液冲入活塞室内。

(2) 若吸液嘴有液体时，切勿将移液器水平放置或倒置，以防液体流入活塞室而腐蚀活塞。

(3) 使用完毕后，应该把移液器的量程调至最大值，且将移液器垂直放置在移液器架上。

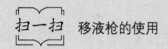 移液枪的使用　　　　　　　　　　　　　　　　　

2.3　沉淀的过滤、洗涤与恒量

沉淀是制备和分析的基本操作之一,沉淀经过滤与母液分离。常用的过滤方法有常压过滤和减压过滤(俗称抽滤)两种。

2.3.1　常压过滤

1. 滤纸的种类

常用滤纸有定量滤纸和定性滤纸两种。按滤水速度不同,定性滤纸分成快速(101 型)、中速(102 型)和慢速(103 型)三种;定量滤纸分成快速(201 型)、中速(202 型)和慢速(203 型)三种。定性滤纸分成方形和圆形两种,定量滤纸只有圆形。

根据《化学分析滤纸》(GB/T 1914—2017)规定,各种滤纸的主要技术指标及要求见表 2-1。

表 2-1　滤纸的主要技术指标及要求

指标项目	要求								
	优等品			一等品			合格品		
	快速	中速	慢速	快速	中速	慢速	快速	中速	慢速
定量/(g·m²)①	80±4.0			80±4.0			80±5.0		
灰分(定性)	≤0.11%			≤0.13%			≤0.15%		
灰分(定量)	≤0.009%			≤0.010%			≤0.011%		
滤水时间/s②	≤35	≤70	≤140	≤35	≤70	≤140	≤35	≤70	≤140
分离性能(沉淀物)	$Fe(OH)_3$	$PbSO_4$	$BaSO_4$热	$Fe(OH)_3$	$PbSO_4$	$BaSO_4$热	$Fe(OH)_3$	$PbSO_4$	$BaSO_4$热
湿耐破度/mm 水柱③	≤130	≤150	≤200	≤120	≤140	≤180	≤120	≤140	≤180

① 定量是指每平方米纸张的质量。

② 滤水时间是将滤纸裁成 10 cm × 10 cm 的规格,将其对折两次,成为纸锥,放入玻璃漏斗,用水润湿后悬搁在圈架上,注入 25 mL、(23±2)℃的水,弃去初始滤出的 5 mL,然后用秒表计时,测出流出 10 mL 水所需的时间。

③ 湿耐破度的测定见《纸和纸板 过滤速度的测定》(GB/T 10340—2008)。

2. 准备滤纸

将滤纸对折两次,展开成圆锥体(图 2-12),放入漏斗中。若滤纸圆锥体与漏斗不紧贴,可改变滤纸折叠的角度,直至与漏斗贴紧为止。滤纸应低于漏斗边沿 0.5～1 cm,撕去三层滤纸一侧最里面两层的一个小角,使滤纸能更好地贴紧漏斗。将滤纸放入漏斗中,用少量水润湿,轻压滤纸以赶走气泡。将准备好的漏斗安放在漏斗架或铁架台的铁圈上。漏斗最下端的尖嘴应紧贴容器瓶口下方的内壁,使滤液沿容器内壁流下以防溅出。注意,漏斗颈不能紧贴瓶口,以免滤液沿瓶口外侧流出。

3. 制作水柱

过滤和洗涤中,借助水柱的抽吸作用可以明显加快过滤速度。常用的做水柱的方法如下:左手按住三层滤纸的重叠处,右手用手指堵住漏斗下端尖口。稍微掀起滤纸一角,向滤纸和

漏斗之间的缝隙注水，直到漏斗颈及上端锥体的一部分被水充满。一边慢慢松开漏斗下端的手指，一边用手指向下轻按滤纸使其贴紧漏斗，同时赶掉气泡。待滤纸完全贴紧后，在漏斗颈部即可形成一段水柱。如果滤纸中的水流完后，水柱消失，说明滤纸和漏斗之间没有完全密合，需要重新做水柱。

4. 过滤与洗涤

重量分析中的常压过滤一般采用倾注法。如图 2-13 所示，待沉淀沉降后，将玻璃棒垂直立在三层滤纸重叠处，将烧杯嘴紧贴玻璃棒，缓慢将烧杯倾斜，让上层清液沿玻璃棒缓缓流入漏斗中，漏斗下端紧贴接收容器的内壁。停止倾倒时，将烧杯嘴沿玻璃棒上提 1～2 cm，同时将烧杯竖直、离开玻璃棒，将玻璃棒放回烧杯。用少量水从上到下旋冲烧杯内壁，每次约 15 mL，用玻璃棒搅拌进行充分洗涤，静置沉降后再将上层清液如上操作转到滤纸上。如此反复多次，然后将沉淀也转移到滤纸上。

图 2-12　滤纸折叠和安放　　　　　　　　　图 2-13　沉淀的操作

滤纸上沉淀的洗涤：用少量水从滤纸上沿将沉淀吹扫于滤纸底部，如此反复多次，将沉淀洗至无杂质离子。

5. 注意事项

(1) 漏斗内溶液液面的高度始终低于滤纸边缘 1 cm。

(2) 倾倒时尽量不要搅动沉淀，让沉淀始终保留在烧杯底部。

(3) 静置时可将烧杯底部一侧垫高，使其倾斜，有利于沉淀集中。

(4) 洗涤遵循"少量多次"的原则，每次需待滤纸上溶液流完后，再进行下一次转移。

2.3.2　减压过滤

减压条件下可以加速过滤，而且可以获得比较干燥的晶体和沉淀。减压过滤的装置由循环水真空泵(或真空油泵)、安全瓶、抽滤瓶和布氏漏斗组成，如图 2-14 所示。

剪好一张比布氏漏斗内径略小，又恰好能盖住漏斗全部瓷孔的圆形滤纸。把滤纸放入漏斗内，用少量水或溶剂润湿滤纸，漏斗的下端尖嘴应远离抽滤瓶的抽滤嘴。

开启水泵，使滤纸吸紧而紧贴漏斗。用倾析法将清液沿着玻璃棒注入布氏漏斗中，加入液体的量不超过漏

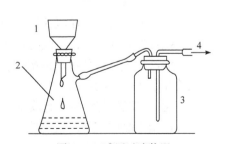

图 2-14　减压过滤装置
1. 布氏漏斗；2. 抽滤瓶；3. 安全瓶；4. 接水泵

斗容量的 2/3，最后将沉淀转移到漏斗中，再洗涤沉淀若干次。洗涤沉淀时，应先拔掉导管，注入适量的水或洗涤剂，静置片刻，连上导管，尽量抽干。抽滤结束后，先拔掉导管，再关掉电源。

取下布氏漏斗，将其倒扣在大滤纸或表面皿上，用洗耳球在漏斗颈口吹一下，即可使滤纸和沉淀分开。将滤液从抽滤瓶的上口倒出，此时抽滤瓶的支管必须向上。若需要滤液，则必须先将抽滤瓶洗涤干净。如果欲过滤的体系具有强氧化性、强酸性或强碱性，则不能用滤纸过滤；可用石棉纤维代替滤纸，或者用砂芯漏斗代替布氏漏斗使用。

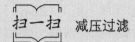 减压过滤　　　　　　　　　　　　　　　　　　　　　　

2.3.3　沉淀、灼烧和恒量

重量分析法是根据生成物的质量变化确定待测组分含量的方法，适合高含量组分的测定。测定时一般先使被测组分从试样中分离出来，转化为一定的称量形式，再用称量的方法确定该组分的含量。重量分析法不用基准物质或标准试样进行比较，因此准确度较高，相对误差一般为 0.1%～0.2%。但是，重量分析法操作烦琐且耗时。

1. 沉淀

1) 对沉淀形式及称量形式的要求

(1) 对沉淀形式要求：沉淀完全，沉淀的溶解度小；沉淀纯净，易于过滤和洗涤；易转化为称量形式。

(2) 对称量形式要求：组成必须与化学式完全相符；性质很稳定，不易吸收空气中的 H_2O 和 CO_2，干燥灼烧时不易分解；分子量尽可能大。

2) 沉淀剂的选择及用量

根据以上对沉淀的要求来考虑沉淀剂；沉淀剂应具有较好的选择性；易挥发或易灼烧除去。从溶度积原理可知，要使沉淀完全，根据同离子效应，必须加入过量的沉淀剂以降低沉淀的溶解度。但是沉淀剂过多，由于盐效应、酸效应或生成配合物等反而使溶解度增大，因此必须避免使用过量太多的沉淀剂。一般易挥发性的沉淀剂以过量 50%～100% 为宜，难挥发性的沉淀剂以过量 20%～30% 为宜。

3) 沉淀条件的选择

a. 晶形沉淀的条件

加入稀的沉淀剂：使沉淀的过饱和度不会太大，晶核生成不会太多，又可以长大。

边搅拌边滴加沉淀剂：既防止局部浓度过大而产生大量晶核，又减少杂质的包藏。

热溶液中进行：使沉淀的溶解度略有增大，同时增加离子扩散的速度，有助于沉淀颗粒的成长和杂质吸附的减少。

陈化：将沉淀与溶液一起放置一段时间(水浴加热效果更好)，这样可使沉淀晶形完整，同时还可使微小晶体溶解，粗大晶体长大。

b. 无定形沉淀的条件

大多数无定形沉淀溶解度都很小，无法控制其过饱和度，以致形成大量微小胶粒而不能

长成大粒沉淀。为了使其聚集紧密、便于过滤、防止形成胶体沉淀，同时尽量减少杂质的吸附，沉淀作用应在浓溶液、热溶液、大量电解质存在下进行，加入沉淀剂的速度不必太慢，不必陈化。

c. 均匀沉淀法

通过缓慢的化学反应过程，逐步地、均匀地在溶液中产生沉淀剂，使沉淀在整个溶液中均匀地缓慢地形成，因而生成的沉淀颗粒较大，吸附的杂质较少，易于过滤和洗涤。

2. 坩埚恒量

以水泥熟料分析实验为例。将洗净的瓷坩埚放入热盐酸中浸泡 10 min，用玻璃棒夹出，依次用自来水和去离子水冲洗，沥干水分，放在干净的托盘里。先置于烘箱中烘干，再置于 800℃马弗炉中灼烧 30 min。取出后稍冷，放于干燥器中冷却 40 min，准确称量(称至 0.0001 g)。再于 800℃马弗炉中灼烧 15～20 min，重复前面操作，直至二次称量质量之差在 0.0003 g 以内时，可视为恒量。

注意事项：洗净后的坩埚不能用手拿，只能用坩埚钳操作；坩埚不能随意放在桌上，只能放在干净干燥的表面皿或白瓷板上；热坩埚放入干燥器后不必完全盖严，应留一条缝隙，以便热气及时排出，待冷却后才能完全盖严；干燥器在冷却过程中还应该开启 1～2 次，每次只可打开一点点缝隙，等待 2～3 s 后，立即盖严；坩埚完全冷却后，才能称量，且每次称量在同一台天平上完成；每次冷却条件(如时长和环境等)必须相同；开启和搬动干燥器时需小心(图 2-15)。

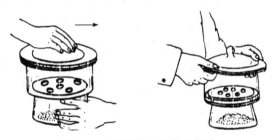

图 2-15　干燥器的开启和搬动

3. 沉淀的包裹

以水泥熟料分析实验为例。如图 2-16(a)所示，无定形沉淀可简单地用玻璃棒将滤纸四周边缘向内依次折起，盖住敞口，再将滤纸包轻轻转动以擦净漏斗内壁。用玻璃棒挑起滤纸包，尖端向上放入坩埚中。晶形沉淀可以采用如图 2-16(b)所示的方法包裹。

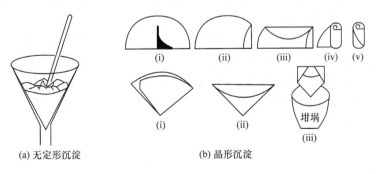

(a) 无定形沉淀　　　　　　(b) 晶形沉淀

图 2-16　沉淀包裹的方法

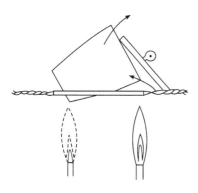

图 2-17　滤纸的炭化和灰化

4. 沉淀的灼烧与恒量

以水泥熟料分析实验为例。包裹好的沉淀转入已恒量的瓷坩埚中，先在电炉、电磁炉或煤气灯上灰化，直至滤纸灰化完全(图 2-17)。再将瓷坩埚置于 800℃马弗炉中灼烧，根据沉淀性质确定灼烧的温度和时间，注意应使坩埚留一条缝。干燥器中冷却后称量(称至 0.0001 g)，再次置于 800℃马弗炉中灼烧，直至恒量(连续两次称量质量之差 ≤ 0.3 mg，或不超过沉淀质量的千分之一)。除了与坩埚恒量的注意事项一样外，沉淀称量时一定要快速，特别是对于灼烧后吸湿性很强的沉淀更要快速称量。

2.4　加热和冷却

2.4.1　加热

对在室温下难以进行或进行很慢的化学反应，常采用加热的方法加快其反应速率。加热是外界向反应体系提供能量的一种方式，温度升高反应速率加快。一般温度每升高 10℃，反应速率增加约 2 倍。此外，有机化学实验的许多基本操作如蒸馏等都要用到加热。

实验室中加热常用的热源有燃气灯、酒精灯、电热套、各类电炉等。为避免温度剧烈变化和加热不均匀而造成仪器破损，引起燃烧等事故的发生，玻璃仪器一般不能用火焰直接加热。为了避免直接加热带来的问题，如局部过热导致化合物部分分解，加热时可根据液体沸点、反应化合物的特性和反应要求选用适当的加热方法，如水浴、油浴以及通过石棉网进行加热。

1. 空气浴加热

空气浴加热是利用热空气间接加热的方法。石棉网加热和电热套加热是常见的空气浴加热方式。

将反应器皿[如烧瓶(杯)]放在石棉网上进行加热是一种最简单的加热方式，这种方法在实验中用得较多。这种加热方式可使烧瓶(杯)受热面积扩大，但仍不很均匀，并且不能用于回流低沸点、易燃的液体或减压蒸馏。但对于高沸点且不易燃烧的受热物可采用石棉网加热的方法进行。加热时灯焰要对着石棉块，必须注意石棉网与烧瓶应留有空隙(0.1～0.3 cm)，火源不能偏向铁丝网直接灼烧反应器皿。

电热套是一种较好的空气浴，它是由玻璃纤维包裹着电热丝织成碗状半圆形的加热器，有控温装置可调节温度，可以从室温加热到 200℃左右，是化学实验室中简便、安全的加热装置。由于它不是明火加热，因此可以加热和蒸馏易燃的有机物。蒸馏过程中，随着容器内物质的减少，容器壁会因为过热而引起被蒸馏物的炭化，调节反应器皿在电热套中的高低位置可以避免局部过热而炭化。

2. 水浴加热

水浴加热是一种温和的、在较低温度下的加热方式，水浴加热可使烧瓶(杯)受热面比石棉网加热更均匀，但凡涉及金属钠和金属钾的操作，绝对不能在水浴中进行。

当所需要的加热温度在 80℃以下时，可将容器浸入水浴中加热保持在所需温度，热浴液面应略高于容器中的反应物的液面，不能使容器底触及水浴锅底。若长时间加热，水浴中的水气化外逸，可采用附有自动添水的水浴装置。这样既方便，又能保证加热温度恒定。应当注意，当水能抑制和破坏反应时，不能让水汽进入反应容器中，可在使用的水浴锅上覆盖组合环形圆圈。若无这种设备，可在水面上加几片石蜡，石蜡受热熔化铺在水面上，以减少水的蒸发，同时经常擦拭靠近水浴的仪器连接处，避免水汽进入反应容器中。恒温水浴锅通过调温器，可恒定水浴锅中的加热电阻，从而恒定水浴温度。同时应注意：水浴锅内存水量应保持在总体积的 2/3 左右。

3. 油浴加热

油浴加热可使烧瓶(杯)受热面比石棉网加热更均匀，是一种高温下的加热方式，加热温度为 80～250℃可用油浴。为了防止油蒸气污染实验室和着火，油锅口要覆盖组合环形圆圈。油浴所能达到的最高温度取决于所有油的品种，植物油中加入 1%对苯二酚，可增加油在受热时的稳定性。甘油和邻苯二甲酸二丁酯适用于加热到 140～180℃，温度过高则易分解。甘油由于吸水性强，放置过久，使用前应加热蒸去其中一部分水。液体石蜡加热的温度较高，可达到 220℃，但 220℃以上易燃烧。硅油和真空泵油加热的温度更高，可达到 250℃以上，虽然较稳定，但价格昂贵。

在实验室实际操作中，油浴加热时要防止污染实验室空气或引起着火事故。使用油浴时，在油浴中应放温度计(温度计不可触到锅底)，以便随时调节温度。现有各种商品化的恒温油浴锅可供选用。恒温油浴锅通过调温器，可恒定油浴锅中的加热电炉丝的电阻，从而恒定油浴温度。

4. 其他加热方法

其他加热方法有沙浴、金属浴、红外线等，如用红外灯照射反应体系或反应物使其发生反应。这些加热方法由于温度难以控制，现用得较少，一般只有在特殊情况下才会用到。

2.4.2　冷却

对于放热的化学反应、反应中间体在室温下不够稳定的化学反应，都必须在低温下进行。通过冷却可延缓反应的进行，把温度控制在一定的范围内。另外，重结晶时使固体溶质析出、蒸馏时使蒸气冷凝都需要进行冷却操作。冷却可采用空气冷却、冷水、冰水、冰-盐混合物、干冰、液氮等。

通常将水和碎冰的混合物作冷却剂，用于低于室温下进行的反应。其冷却效果比单用冰块好，因为它与容器的接触面积大。如果放热的化学反应在水中进行，可把干净的碎冰直接投入反应器中，以便更有效地保持低温。如果化学反应要求在 0℃以下进行操作，常用碎冰和无机盐以不同比例混合。制备冰-盐冷却剂时，应把盐研细，然后与碎冰均匀混合。实验室中最常用的冷却剂是碎冰-氯化钠的混合物，实际操作中，它能冷却到 −18～−5℃。冰-盐冷却剂混合比例及能达到的低温见表 2-2。

表 2-2 常用冰-盐冷却剂

冰-盐冷却剂	冰-盐冷却剂比例	冰-盐冷却剂达到的低温/℃
冰-NaCl	3:1	−21
冰-NH$_4$Cl	4:1	−15
冰-NaNO$_3$	2:1	−18
冰-CaCl$_2$·6H$_2$O	1:1	−29
冰-CaCl$_2$·6H$_2$O	1:1.4	−55

固体二氧化碳(干冰)和甲醇、乙醇、丙醇、异丙醇或丙酮以适当比例混合,可冷却到−78～−50℃。使用液氮可以冷却至−196℃。为了保持其冷却效果,常把干冰溶液盛在广口保温瓶(也称杜瓦瓶)中或其他绝热效果好的容器中。为使保冷效果更好,可在上面盖石棉布,以防止干冰等蒸发太快,降低保冷效果。

有时为了减小固体化合物在溶剂中的溶解度或促使晶体析出,也常需要冷却。冷却方法是将装有反应物的容器浸入冷却剂中。如果要长期保持低温,就要使用冰箱。

2.5 干燥和干燥剂

除去固体、液体或气体内少量水分和残余溶剂的方法称为干燥。在化学实验中,干燥是最普通又重要的基本操作之一。样品的干燥与否将直接影响有机反应、定性分析、定量分析、波谱鉴定和物理常数测定的结果,如组分测定的准确性、有机化合物熔点、沸点等物理常数测定的可靠性。无机基准物质通常在规定温度下烘一定时间,再保存干燥器中;有机实验中几乎所做的每一步反应都会遇到试剂、溶剂和产品的干燥问题,液体有机化合物在蒸馏前须先干燥;某些有机反应需要在"绝对无水"条件下进行,不但原料及溶剂要干燥,还要防止空气中水汽和二氧化碳的侵入;有机化合物在进行波谱分析前也必须完全干燥。

2.5.1 基本原理

干燥方法一般可分为物理方法与化学方法两种。

物理方法有吸附(包括离子交换树脂法和分子筛吸附法)、挥发、共沸蒸馏、分馏、冷冻、加热和真空干燥等。一般无机样品可用挥发法除去水分,有机样品中的大量水分则可利用分馏、共沸蒸馏等除去。离子交换树脂和分子筛因内部有空隙或孔穴,可吸附水分子并利用加热释放所吸附的水,也可用作干燥剂且可循环使用。

化学方法则是用干燥剂去水。按其按去水作用的方式又可分为两类:第一类能与水可逆地结合生成水合物,如无水氯化钙、无水硫酸镁、硫酸钠、硫酸钙等;第二类则与水发生化学反应不可逆地生成新的化合物,如金属钠、五氧化二磷等。实验室中应用较广的是第一类干燥剂。

选择干燥剂要考虑下列条件:首先,干燥剂必须与被干燥的有机物不发生化学反应,并且易与干燥后的有机物完全分离;其次,使用干燥剂要考虑干燥剂的吸水容量和干燥效能。吸水容量指的是单位质量干燥剂所吸收的水量,吸水容量越大,即干燥剂吸收水分越多。干燥效能指达到平衡时液体被干燥的程度,对于形成水合物的无机盐干燥剂,常用吸水后结晶水的蒸气压表示。常用干燥剂性能及应用范围见表 2-3。

表 2-3 常用干燥剂的性能与其应用范围

干燥剂	干燥作用	吸水容量[①]	效能	干燥速度	应用范围
硅胶	物理吸附	约 0.3	强	快	用于各类样品的干燥
分子筛	物理吸附	约 0.25	强	快	用于各类样品的干燥
硫酸[②]	吸收水、乙酸和醇		强	快	
氯化钙	形成 $CaCl_2 \cdot nH_2O$，$n = 1、2、4、6$ 还吸收醇	0.97，按 $CaCl_2 \cdot nH_2O$ 计	中等	较快，但吸收水后表面为薄层液体所盖故放置时间要长些为宜	能与醇、酚、胺及某些醛、酮等形成络合物，故不能干燥这些化合物；工业级产品中可能含 $Ca(OH)_2$ 或 CaO 等碱性物质，故不能用来干燥酸类
硫酸镁	形成 $MgSO_4 \cdot nH_2O$（$n = 1、2、4、5、6、7$）	1.05，按 $MgSO_4 \cdot 7H_2O$ 计	较弱	较快	中性，应用范围广，可用于干燥酯、醛、酮、腈、酰胺等不能用 $CaCl_2$ 干燥的化合物
硫酸钠	$Na_2SO_4 \cdot 10H_2O$	1.25	弱	缓慢	中性，一般用于有机化合物初步干燥
硫酸钙	$CaSO_4 \cdot H_2O$	0.06	强	快	中性，常与硫酸镁(钠)配合，用于最后干燥
碳酸钾	$K_2CO_3 \cdot 1/2 H_2O$	0.2	较弱	慢	弱碱性，用于干燥醇、酮、酯、胺及杂环等碱性化合物，不适用于酸、酚及其他酸性化合物
氢氧化钾(钠)	溶于水，还吸收乙酸、氯化氢、酚、醇	—	中等	快	强碱性，可干燥胺、杂环等碱性化合物，不能用于干燥醇、酯、醛、酮、酸、酚等
金属钠	$Na + H_2O \longrightarrow NaOH + 1/2H_2$	—	强	快	限于干燥醚、烃中痕量水分。切成小块、打成钠砂或压成钠丝使用
氧化钙	$CaO + H_2O \longrightarrow Ca(OH)_2$ 还吸收乙酸、氯化氢	—	强	较快	适用于干燥低级醇
五氧化二磷	$P_2O_5 + 3H_2O \longrightarrow 2H_3PO_4$ 与醇也有作用	—	强	快，但吸水后表面为黏浆液覆盖，操作不便	可干燥醚、烃、卤代烃、腈等中的痕量水分。不适用于醇、酸、胺、酮等
石蜡片	能吸收醇、醚、石油醚、苯、氯仿、四氯化碳		弱	慢	$MgSO_4 \cdot 7H_2O$

① 吸水容量指单位质量干燥剂吸收的水量。

② 为了判断硫酸是否失效，通常在 100 mL 浓硫酸中溶解 18 g 硫酸钡，硫酸吸水后浓度降到 84%以下，有细小的硫酸钡结晶析出，就应更换硫酸。

2.5.2 固体样品的干燥方法

此时主要是除去残留在固体中的少量水分和低沸点有机溶剂。其方法如下：

(1) 自然干燥：即晾干，适用于在空气中稳定、不吸潮的固体。将待干燥的固体放在干燥洁净的表面皿上或培养皿中，以及滤纸或其他敞口容器中，上覆透气物体以防灰尘落入，任其在室温下放置，在空气中通风晾干。这对于低沸点溶剂的除去是既经济又方便的方法。

(2) 加热干燥：适用于熔点较高且遇热不分解的固体。固体中如含有不易挥发的溶剂时，为了加速干燥，常用红外灯干燥。干燥的温度应低于晶体的熔点，干燥时旁边可放一支温度计，以便控制温度。要随时翻动固体，防止结块。但常压下易升华或热稳定性差的结晶不能用红外灯干燥。红外灯可用可调变压器调节温度，使用时温度不要调得过高，严防水滴溅在灯泡上而发生炸裂。

(3) 烘箱烘干：实验室内常用带有自动温度控制系统的电热鼓风干燥箱，其使用温度一般为 50～300℃，通常使用温度应控制在 100～200℃。烘箱用来干燥无腐蚀、无挥发性、加热不分解的物品。切忌将挥发、易燃、易爆物放在烘箱内烘烤，以免发生危险。将样品置于表面皿或蒸发皿中，注意加热温度设置必须低于样品的熔点。在较高温度易分解的样品宜用真空恒温干燥箱于较低温度下烘干。

(4) 干燥器干燥：干燥器是存放干燥物品防止吸湿的玻璃仪器，适用于干燥易吸潮、分解或升华的物质。其底部盛有干燥剂，上搁一带孔圆瓷板以承放容器，磨口处涂有凡士林以防止水气进入。开关干燥器时，应一只手朝里按住干燥器下部，另一只手握住盖上的圆顶平推。当放入热的物体时，为防止空气受热膨胀把盖子顶起而滑落，可反复推、关盖子几次以放出热空气，直至盖子不再容易滑动为止。

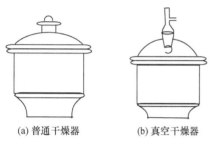

(a) 普通干燥器　　(b) 真空干燥器

图 2-18　干燥器

干燥器分为普通干燥器和真空干燥器(图 2-18)，前者干燥效率不高且所需时间较长，一般用于保存易吸潮的药品。后者干燥效率较好，但真空度不宜过高，用水泵抽至盖子推不动即可。启盖前，必须首先缓缓放入空气以防止气流冲散样品，然后启盖。真空干燥器比普通干燥器干燥效率高，但这种干燥器不适用于易升华物质的干燥。用水泵抽气时，要接上安全瓶，以免在水压变化时水倒吸入器内。放气取样时，要用滤纸片挡住入气口，首先缓缓放入空气，防止冲散样品。对于空气敏感的物质，可通入氮气保护。

干燥器应注意保持清洁，不得存放潮湿的物品，且只在存放或取出物品时打开，物品取出或放入后，应立即盖上。底部所放的干燥剂不能高于底部高度的 1/2 处，以防沾污存放的物品。干燥剂失效后，要及时更换。

(5) 真空恒温干燥器(干燥枪)：对于一些在烘箱和普通干燥器中干燥或经红外线干燥还不能达到分析测试要求的样品，可用干燥枪干燥(图 2-19)。其优点是干燥效率高，尤其是除去结晶水和结晶醇效果好。使用前，应根据被干燥样品和被除去溶剂的性质选好载热溶剂(溶剂沸点应低于样品熔点)，将载热溶剂装进圆底烧瓶中。将装有样品的干燥舟放入干燥室，接上盛有五氧化二磷的曲颈瓶，用水泵或油泵减压。加热使溶剂回流，溶剂的蒸气充满夹层，样品就在减压和恒温的干燥室内被干燥。每隔一定时间抽气一次，以便及时排除样品中挥发出来的溶剂蒸气，同时可使干燥室内保持一定的真空度。干燥完毕先去掉热源，待温度降至接近室温时，缓慢地解除真空，将样品取出置于普通干燥器中保存。真空恒温干燥器只适用于少量样品的干燥。

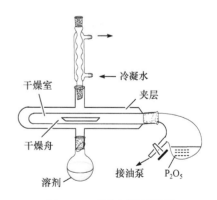

图 2-19　真空恒温干燥器

(6) 真空冷冻干燥：也称升华干燥，简称冻干。一般将湿物料或溶液在较低的温度(−50～−10℃)下冻结成固态，然后在真空(1.3～13 Pa)下使其中的水分不经液态直接升华成气态，最终使物料脱水。冷冻干燥是将某种物质的溶液经冷冻固化，通过减压升华除去溶剂的一种物理过程。由于整个过程是在低温和真空(温度−80℃～室温，真空度 10^{-6}～10^{-2} mmHg)条件下进行，因此受热容易变性、遇空气易发生反应以及溶剂蒸发时易产生泡沫的物质等均可用冷冻干燥方法除去溶剂。

2.5.3 液体样品的干燥

由于自然条件下呈液态又需干燥的无机物不多，故主要介绍有机样品的干燥(去水)方法。

从水溶液中分离出的液体有机物，常含有许多水分，如不干燥脱水，直接蒸馏将会增加前馏分，产品也可能与水形成共沸混合物，此外，水分如不除去，还可能与有机物发生化学反应，影响产品纯度。因此，蒸馏前一般都要用干燥剂干燥。

1. 利用分馏或生成共沸混合物去水

利用此法可除去样品中的大量水，具体操作见 2.6.2。

共沸干燥法：许多溶剂能与水形成共沸混合物，共沸点低于溶剂的本身，因此当共沸混合物蒸完，剩下的就是无水溶剂。显然，这些溶剂不需要加干燥剂干燥。

例如，工业乙醇通过简单蒸馏只能得到 95.5%的乙醇，即使用最好的分馏柱，也无法得到无水乙醇。为了将乙醇中的水分完全除去，可在乙醇中加入适量苯进行共沸蒸馏。先蒸出的是苯-水-乙醇共沸混合物(沸点 65℃)，然后是苯-乙醇混合物(沸点 68℃)，残余物继续蒸出即为无水乙醇。

2. 使用干燥剂去水

在选用干燥剂时首先应注意其适用范围，即选用的干燥剂不能与待干燥的液体发生化学反应，或溶解其中。如无水氯化钙与醇、胺类易形成配合物，因而它不能用来干燥这两类化合物；其次要充分考虑干燥剂的干燥能力，即吸水容量、干燥效能和干燥速度。

吸水容量是指单位质量干燥剂所吸收的水量，而干燥效能是指达到平衡时仍旧留在溶液中的水量。

1) 干燥剂的选择

除考虑干燥剂的干燥效能外，还有以下要求：①不溶于该有机化合物中；②不与被干燥有机物发生化学反应或起催化作用；③干燥速度快，吸水量大，价格低廉。

通常是先选用第一类干燥剂，仅在需彻底干燥的情况下再用第二类干燥剂除去残留的微量水分。

2) 干燥剂的效能

干燥剂的效能是指达到平衡时液体被干燥的程度对于形成水合物的干燥剂，常用吸水后结晶水的蒸气压表示干燥效能，蒸气压越小，干燥效能越强。无水硫酸钠可形成 10 个结晶水的水合物，在 25℃时结晶水的蒸气压为 256 Pa(1.92 mmHg)。吸水容量为 1.25。无水氯化钙最多能形成 6 个结晶水的水合物,25℃时结晶水的蒸气压为 40 Pa(0.30 mmHg)，吸水容量为 0.97，因此氯化钙的干燥效能比硫酸钠强，但吸水容量小。

对于含水较多的溶液，为了使干燥的效果更好，常先用吸水容量大的干燥剂除去大部分水分，再用干燥效能强的干燥剂。有机物的常用干燥剂见表 2-4。

表 2-4　各类有机物的常用干燥剂

化合物类型	干燥剂
烃	$CaCl_2$、Na、P_2O_5
卤代烃	$CaCl_2$、$MgSO_4$、Na_2SO_4、P_2O_5
醇	K_2CO_3、$MgSO_4$、CaO、Na_2SO_4
醚	$CaCl_2$、Na、P_2O_5
醛	$MgSO_4$、Na_2SO_4
酮	K_2CO_3、$CaCl_2$、$MgSO_4$、Na_2SO_4
酸、酚	$MgSO_4$、Na_2SO_4
酯	$MgSO_4$、Na_2SO_4、K_2CO_3
胺	KOH、NaOH、K_2CO_3、CaO
硝基化合物	$CaCl_2$、$MgSO_4$、Na_2SO_4

影响干燥效能的因素很多，如干燥时的温度、干燥剂用量和颗粒大小、干燥剂与待干燥液体接触的时间等。加热虽然可以加快干燥速度，但由于水蒸气压随之增大，干燥效能减弱，而且生成的水合物在 30℃ 以上易失去水，所以液体的干燥通常在室温下进行，在蒸馏之前应将干燥剂滤去。这类干燥剂形成水合物到达平衡需要一段时间，因此加入干燥剂后，都要放置一段时间，有时要数小时。

应当注意，金属钠通常以钠片或钠丝的形式使用，并限于醚类(如乙醚)、烃类(如苯)的干燥。在干燥过程中，钠与水发生反应有氢气产生，为了使氢气逸出，防止潮气侵入，在容器上应装配氧化钙干燥管。

与水发生不可逆化学反应的干燥剂，其干燥较为彻底，但使用金属钠干燥醇类时却不能除尽其中的水分，因为生成的氢氧化钠与醇钠间存在可逆反应。

所用干燥剂不能溶解于被干燥液体，不能与被干燥液体发生化学反应，也不能催化被干燥液体发生自身反应。

碱性干燥剂不能用于干燥酸性液体；酸性干燥剂不能用于干燥碱性液体；强碱性干燥剂不能用于干燥醛、酮、酯、酰胺类物质，以免催化这些物质的缩合或水解；氯化钙不宜用于干燥醇类、胺类及某些酯类，以免与其形成配合物等。

此外，一些化学惰性的液体(如烷烃和醚类等)有时也可用浓硫酸干燥。当用浓硫酸干燥时，硫酸吸收液体中的水而发热，所以不可将瓶口塞起来，而应将硫酸缓缓滴入液体中，在瓶口安装氯化钙干燥管与大气相通。摇振容器使硫酸与液体充分接触，最后用蒸馏法收集纯净的液体。

3) 干燥剂的用量

干燥剂的用量需根据水在液体中的溶解度、液体的分子结构及干燥剂的吸水量估计。根据水在液体中的溶解度和干燥剂的吸水容量，可以计算出干燥剂的理论用量，但实际用量远远超过理论用量。一般操作中很难确定具体的数量，多数是凭经验加入。通常以加入后液体由浑浊变澄清或每 10 mL 液体中加入 0.5～1 g 干燥剂作为加入量的大致标准。显然，加入干燥剂不能太多，否则将吸附液体，引起更大的损失。干燥含亲水基团化合物(如醇、醚、胺等)时要过量得多些，否则可过量得少些，但具体用量很难规定，通常每 10 mL 液体需 0.5～1 g。

4) 干燥的实验操作

将待干燥的液体置于锥形瓶中，根据粗略估计的含水量大小，按照每 10 mL 液体 0.5～1 g

干燥剂的比例加入干燥剂，塞紧瓶口，稍加摇振，室温放置 0.5 h，观察干燥剂的吸水情况。

若块状干燥剂的棱角基本完好，或者细粒状的干燥剂无明显黏连，或者粉末状的干燥剂无结团、附壁现象，同时被干燥液体已由浑浊变得清亮，则说明干燥剂用量已足，继续放置一段时间即可过滤。

若块状干燥剂棱角消失而变得圆润，或者细粒状、粉末状干燥剂黏连、结块、附壁，则说明干燥剂用量不够，需再加入新鲜干燥剂。

如果干燥剂已变成糊状或部分变成糊状，则说明液体中水分过多，一般需将其过滤，然后重新加入新的干燥剂进行干燥。若过滤后的滤液中出现分层，则需用分液漏斗将水层分出，或用滴管将水层吸出后再进行干燥，直至被干燥液体均匀透明，而所加入的干燥剂形态基本上没有变化为止。

5) 干燥过程

加入干燥剂前，要尽量分净待干燥液体中的水，不应有任何可见的水层及悬浮的水珠，然后将样品置于锥形瓶中，加入干燥剂(颗粒大小要适宜，太大吸水缓慢，过细则吸附有机物较多且难以分离)，塞紧瓶口，振荡片刻，促使水合平衡的建立，静置观察。若发现干燥剂黏结于瓶壁，则应补加干燥剂。干燥时间应根据液体量及含水情况而定，一般需 0.5 h 以上。如时间许可的话，最好放置过夜。有时干燥前液体显浑浊，干燥后可变为澄清，以此作为水分已基本除去的标志。已干燥的液体可直接滤入蒸馏瓶中进行蒸馏。

干燥时如出现下列情况，要进行相应处理：容器下面出现水层，须将水层分出后再加入新的干燥剂；干燥剂互相黏结，附在器壁上，说明用量不够，应补加干燥剂；黏稠液体的干燥应先用溶剂稀释后再加干燥剂。

未知物溶液常用中性干燥剂干燥，如硫酸钠或硫酸镁。

2.5.4　气体的干燥

有气体参加反应时，常将气体发生器或钢瓶中气体通过干燥剂干燥。固体干燥剂一般装在干燥管、干燥塔或大的 U 形管内。液体干燥剂则装在各种形式的洗气瓶内。要根据被干燥气体的性质、用量、潮湿程度以及反应条件，选择不同的干燥剂和仪器。氧化钙、氢氧化钠等碱性干燥剂常用来干燥甲胺、氨气等碱性气体，氯化钙常用来干燥 HCl、烃类、H_2、O_2、N_2、CO_2、SO_2 等，浓硫酸常用来干燥 HCl、烃类、Cl_2、N_2、H_2、CO_2 等。

气体的干燥主要用吸附法。

1. 用吸附剂吸水

吸附剂是指对水有较大亲合力，但不与水形成化合物，且加热后可重新使用的物质，如氧化铝、硅胶等。前者吸水容量可达其质量的 15%～20%；后者可达其质量的 20%～30%。

2. 用干燥剂吸水

装干燥剂的设备一般有：干燥管、干燥塔、U 形管及各种形式的洗气瓶(图 2-20)。前三者装固体，后者装

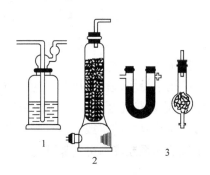

图 2-20　气体干燥方法
1. 洗气瓶；2. 干燥塔；3. 干燥管

液体干燥剂。根据待干燥气体的性质、潮湿程度、反应条件及干燥剂的用量可选择不同设备。一般气体干燥时所用的干燥剂见表 2-5。

表 2-5　干燥气体时所用的干燥剂

干燥剂	可干燥气体
CaO、碱石灰、NaOH、KOH	NH₃
无水 $CaCl_2$	H_2、HCl、CO_2、CO、SO_2、N_2、O_2、低级烷烃、醚、烯烃、卤代烷
P_2O_5	H_2、O_2、CO、CO_2、SO_2、N_2、烷烃、乙烯
浓 H_2SO_4	H_2、N_2、CO_2、Cl_2、HCl、烷烃
$CaBr_2$、$ZnBr_2$	HBr

下列措施有助于提高干燥效果：①无水氯化钙、生石灰等易碎裂的干燥剂以颗粒状为佳(以免吸潮后结块堵塞)；②应注意洗气瓶的进、出口，且气体流速不宜过快；③用后应立即关闭各通路，以防吸潮。

注意事项：一般来说，酸性干燥剂不能干燥碱性气体，可以干燥酸性气体及中性气体；碱性干燥剂不能干燥酸性气体，可以干燥碱性气体及中性气体；中性干燥剂可以干燥各种气体。但这只是从酸碱反应这一角度来考虑，同时还应考虑到规律之外的一些特殊性，如气体与干燥剂之间若发生了氧化还原反应，或者生成配合物、加合物等，就不能用这种干燥剂来干燥该气体。例如

(1) 不能用浓硫酸干燥 H_2S、HBr、HI 等还原性气体，因为二者会发生氧化还原反应：

$$H_2S + H_2SO_4 = 2H_2O + SO_2 + S\downarrow$$

(2) 不能用无水硫酸铜干燥 H_2S 气体，二者会发生反应：

$$CuSO_4 + H_2S = H_2SO_4 + CuS\downarrow$$

(3) 不能用无水硫酸铜干燥 NH₃，二者可发生反应生成配合物：

$$CuSO_4 + 4NH_3 = [Cu(NH_3)_4]SO_4$$

(4) 不能用无水 $CaCl_2$ 干燥 NH₃，二者会发生配位反应，生成一些加合物：

$$CaCl_2 + 4NH_3 = CaCl_2 \cdot 4NH_3 \qquad CaCl_2 + 8NH_3 = CaCl_2 \cdot 8NH_3$$

用无水氯化钙干燥气体时，切勿用细粉末，以免吸潮后结块堵塞。若用浓硫酸干燥，酸的用量要适当，并控制好通入气体的速度。为了防止发生倒吸，在洗气瓶与反应瓶之间应连接安全瓶。

用干燥塔进行干燥时，为了防止干燥剂在干燥过程中结块，那些不能保持其固有形态的干燥剂(如五氧化二磷)应与载体(如石棉绳、玻璃纤维、浮石等)混合使用。低沸点的气体可通过冷阱将其中的水或其他可凝性杂质冷冻除去，从而获得干燥的气体，固体二氧化碳与甲醇组成的体系或液态空气都可用作为冷阱的冷冻液。

2.6　液体化合物的分离和提纯

2.6.1　简单蒸馏

1. 基本原理

简单蒸馏是将液态物质加热到沸腾，变成蒸气状态，然后把蒸气冷凝为液体的过程。简单蒸馏是分离和提纯液态有机物的常用方法。液态物质的分子有从其表面逸出的趋势，逸出的气态分子形成蒸气，如此的过程也有相反的趋势，即分子从蒸气中回到液体中。当两者速度相等，蒸气达到了饱和，称为饱和蒸气，它对液面产生的压力称饱和蒸气压，一定物质的蒸气压只和温度有关。当物质的蒸气压与液体表面的大气压相等时，液体处于沸腾状态，此时的温度为该液体的沸点。纯液体的沸程通常为 0.5～1℃，如不纯，液体物质的沸程会宽泛。

通常纯液态物质在大气压下有一定的沸点，不纯的液态物质沸点是不恒定的，因此可利用蒸馏的方法测定物质的沸点、定性检验物质的纯度。但具有固定沸点的液体不一定是纯粹的化合物。因为某些有机化合物与其他物质按一定比例组成混合物，具有固定沸点，混合物的液体组分与饱和蒸气的成分一样，这种混合物称为共沸混合物或恒沸物，共沸物的沸点低于或高于混合物中任何一组分的沸点，这种沸点称为共沸点。例如，乙醇-水的共沸组成为乙醇 95.6%(体积分数)、水 4.4%，共沸点 78.17℃。共沸混合物不能用蒸馏的方法分离。因此，也不能认为蒸馏温度恒定的物质都为纯的物质。

对含两种或两种以上组分的液体样品加热，其中所含的低沸点、易挥发的物质容易蒸发，易挥发组分在气相中所占的比例比其原来在液体中所占的比例高；相反，在剩余的液体样品中，难挥发组分则所含较多。因此，蒸馏能使混合样中的各组分得到部分或完全分离。沸点相差越大，分离效果越好。通常，当两种液体的沸点之差大于 30℃时，可以利用简单蒸馏的方法进行分离或纯化操作。沸点之差较小时，或者纯化后要求得到纯度较高的产品时，则需要用分馏的方法进行分离或纯化。

当蒸馏开始，受热的液体底部和玻璃的接触面上会有蒸气的气泡形成。溶解在液体内的空气或以薄膜形式吸附在烧瓶内壁的空气有助于这类气泡的形成。这样的小气泡作为气化中心，可充当大的蒸气气泡的核心。温度达到沸点时，液体释放出大量蒸气到小气泡中。气泡中的总压力增加到超过大气压，并且能克服液体的压力时，蒸气的气泡会上升而逸出液面。当液体中有许多小的空气泡或其他气化中心时，液体平稳沸腾。如果没有气化中心，可能出现液体温度上升到超过沸点也不沸腾的现象，该现象称为过热。此时，液体的蒸气压已远超过大气压，上升的气泡增大非常快，甚至将液体冲溢出瓶外，这种不正常的沸腾称为暴沸。为了避免暴沸的发生，在加热之前须加入助沸物。

2. 实验操作

1) 实验装置的搭装

实验装置的搭装顺序一般是"从下到上，从左到右"。根据热源(可选择煤气灯、电热套、水浴或油浴)的高低，用烧瓶夹将圆底烧瓶固定在铁架台上，装上蒸馏头和温度计，温度计水银球的上线应和蒸馏头侧管的下线在同一水平线上。在另一个铁台架上用冷凝管夹固定冷凝

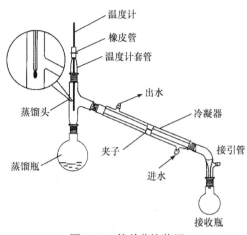

图 2-21　简单蒸馏装置

管，使冷凝管的中心线和圆底烧瓶上蒸馏头支管的中心线成一直线。移动冷凝管，使其与蒸馏头支管紧密相连并转紧，固定冷凝管。再依次连接接引管和接收瓶。铁夹和铁架都应位于仪器的背面，各铁夹的紧松程度以夹住后稍用力尚能转动为宜。铁夹内要垫以橡皮、棉布等软性物质，以免夹破仪器。从正面或侧面观察，整个装置中各个仪器的轴线均应在同一平面内。简单蒸馏装置见图 2-21。

2) 蒸馏操作

(1) 加料：取下温度计(连温度计套管)，使用长颈漏斗从蒸馏头上口向圆底烧瓶中加入待蒸馏液体样品(注意：长颈漏斗下口处的斜面应超过蒸馏头支管)。加入沸石，插好温度计，再次检查仪器的各部分连接是否紧密。

(2) 蒸馏：开通冷凝水，开启热源开始加热。注意观察蒸馏烧瓶中所呈现的现象以及温度计读数的变化。开始沸腾后，调整热源的火力，控制蒸馏速度为每秒 1~2 滴。

(3) 馏分的收集：准备好两个接收瓶，其中一个用来接收在达到需要物质的沸点之前较低沸点的前馏分(又称馏头)，另一个则用来接收温度趋于稳定后馏出的馏分(称主馏分)，这时的接收瓶应是洁净而干燥的。记录主馏分馏出开始到最后一滴馏出的温度读数，即为该馏分的沸程。通常，液体中会含有一些高沸点的杂质，在所需要的馏分蒸出后，若再继续升高加热温度，温度计读数会继续升高；若维持原来的加热温度，可能没有馏液蒸出，温度会突然下降，这时该停止蒸馏。即使杂质极少，也不易蒸干，烧瓶中应残留少量(0.5~1 mL)液体，以免发生蒸馏瓶破裂或爆炸事故。尤其在蒸馏硝基化合物或含过氧化物的物质时，切忌蒸干，以防止爆炸。

(4) 停止蒸馏：蒸馏完毕，停止加热，待稍冷却后馏出物不再继续流出时，取下接收瓶，关冷凝水，再按与搭装仪器相反的顺序拆除仪器，清洗仪器。

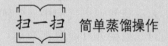　简单蒸馏操作　

3) 蒸馏曲线的绘制

实验接收瓶可以是量筒，量筒开口处可加装一漏斗以便收集。注意观察，建议每收集 1~2 mL 馏出液，记录一次该馏出液的沸点和馏出液的总体积。以温度(馏出液的沸点)为纵坐标，馏出液体积为横坐标作图得蒸馏曲线。

4) 操作注意事项

(1) 蒸馏过程中保持蒸馏的系统和大气相通，以免发生爆炸。

(2) 冷凝水的流速以能保证蒸气全部冷凝为宜，不必太大。

(3) 沸石为多孔材料，当加热液体时，孔内的小气泡形成气化中心，使液体平稳地沸腾。如加热开始后，发觉未加沸石或原有沸石失效时，应补加沸石，而且是使沸腾的液体冷却至

沸点以下后再加沸石。当液体在沸腾时投入沸石，将引起猛烈的暴沸，液体易冲出瓶口，若为易燃液体，则会引起火灾等事故。如加热中断，再加热被蒸馏液体时，应重新加沸石。因为原来沸石上的小孔已被液体充满，不能再起到气化中心的作用。

(4) 蒸馏时加热的火焰不能太大，否则在蒸馏烧瓶的颈部会造成过热现象。一部分蒸气可能直接被火焰的热量所影响，从温度计读得的沸点值偏高。蒸馏也不能进行得过慢，否则产生的馏出液蒸气过少，此时温度计水银球不能被馏出液蒸气充分浸润，使得温度计上显示的沸点值偏低或呈现不规则的波动现象。

(5) 当几乎没前馏分时，也应将蒸馏出来的前1~2滴液体作为冲洗仪器的前馏分去除。

(6) 如果是对多组分的物质进行蒸馏，第一组分蒸完后，此时开始至温度计度数上升到第二组分沸程前所流出的液体应是既含第一组分的后馏分又含第二组分的前馏分，称为交叉馏分，须单独收集。当温度计读数稳定在第二组分沸程范围内时，再开始接收沸点第二高的第二组分馏分。

(7) 实验时选择的冷凝管的种类与蒸馏物的沸点有关，当液体的沸点高于140℃时，选用空气冷凝管，低于140℃时选用直形冷凝管。冷凝管下端侧管为进水口，上端出水口应向上，以保证套管内充满水。

2.6.2　分馏

1. 基本原理

蒸馏和分馏都是分离、提纯液体有机化合物的重要方法。对沸点相近的混合物中的各组分的分离，由于简单蒸馏时气相中各组分的摩尔分数相差不大，很难把各组分进行完全分离。虽然从理论上可采用多次蒸馏的方法实现分离，但这样的操作方法费时且烦琐，因而很少采用。此时，宜采用分馏的方法，通过在分馏柱中进行多次的部分气化和部分冷凝，可达到几乎相同的效果。这样的操作方法克服了多次蒸馏的缺点，有效地分离了沸点相近的混合物。而且，精密的分馏仪器设备能将沸点相差1~2℃的混合物分开，精密分馏在实验室和化学工业中一直被广泛应用。

分馏时，分馏柱内混合物进行多次气化和冷凝，柱内上升蒸气和回流液体呈逆流状态，当上升的蒸气与下降的冷凝液相互接触时，上升的蒸气部分冷凝放出热量使下降的冷凝液气化，两者之间发生了能量交换。其结果是上升蒸气中易挥发组分增加，而下降的冷凝液中高沸点组分增加。如果继续多次，就等于进行了多次气液平衡，即达到多次蒸馏的效果。这样，距柱顶越近，易挥发组分的比例越高。在分离效率足够高时，从柱顶可得到纯度足够高的低沸点组分，而高沸点组分则留在烧瓶中。若分馏柱的效率足够高，在分馏柱顶部引出的蒸气就接近于纯净的低沸点组分，最终可能将低沸点的物质分离出来。

图2-22是二元理想溶液的气液相组成与温度关系图，横坐标表示组成 x(摩尔分数)，纵坐标表示温度 t。从图中可以看出，由组分A(5%)与组分B(95%)组成的液体(L_1)在约87℃时沸腾，与此液相平衡的蒸气(V_1)组成约为A占20%、B占80%。将此组成的蒸气冷凝成同组成的液体(L_2)，再将其气化，平衡蒸气(V_2)的组成约为A占50%、B占50%。如此重复多次，可获得接近100%的气相A，引导并冷凝，即得纯的A。留在瓶内的液体中，B组分的浓度则逐渐增加，直至接近100%。

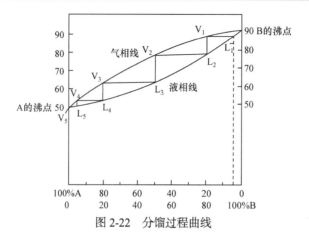

图 2-22　分馏过程曲线

实验室常用的分馏柱为长的直形空玻璃管，内填充特制的填料，如玻璃珠、瓷环、金属片等惰性材料，以增大气液接触面积，提高分离效果，此类柱子称为填充柱。韦氏(Vigrex)分馏柱又称刺形分馏柱(图 2-23)，是一根具有许多交互分布、内凸"锯齿"的玻璃柱，使用时不需要装填料，在分馏过程中残留在柱内的液体少，易于清洗，其缺点是柱效率不够高。使用适当高度的分馏柱、选择好填料、控制一定的回流比(回流比是指单位时间内由柱顶冷凝返回柱中的液体数量与蒸出物量之比，回流比大时，分馏效果好，但所耗时间增加，样品损失增加)、操作得当时，可从柱顶得到较纯的组分。有时，为了减少柱外热量损失、减少不均衡冷却对实验产生的影响，通常用玻璃棉等保温材料包缠柱身。

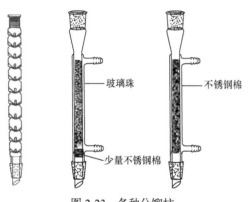

图 2-23　各种分馏柱

值得提出的是，效率再高的分馏也不能将共沸混合物分开，只能以较高的效率得到共沸组成。

2. 实验操作

1) 分馏实验装置的搭装

将待分馏的混合物装入圆底烧瓶，加入沸石，装上分馏柱，必要时可用保温材料包住柱身，按图 2-24 搭好分馏装置。

2) 分馏操作

选用合适的热源加热，液体沸腾后，要注意调节热源的火力，使蒸气慢慢升入分馏柱。在有馏出液开始馏出时，调节热源火力或热浴温，使液体馏出的速率控制在每 2～3 s 1 滴，以达到理想的分馏效果。待低沸点组分馏完(此时温度计读数可能会回落)，再逐渐调节热源的火力，慢慢升高温度，蒸出第二种组分，如此继续。

按与搭装仪器相反的顺序拆除装置。

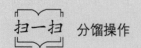　分馏操作

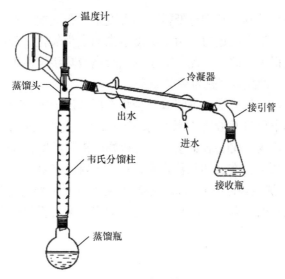

图 2-24　分馏装置

3) 分馏曲线的绘制

分馏时，注意观察，建议可每收集 1～2 mL 馏出液记录一次该馏出液的沸点。以温度(馏出液的沸点)为纵坐标，馏出液体积为横坐标作图绘制分馏曲线。

4) 操作注意事项

柱身可用石棉等保温材料包裹，以减少风和环境温对其的影响，减少柱内热量的损失和波动，使分馏平稳进行。对于分馏来说，在柱内保持一定的温度梯度极为重要，柱内温度梯度的保持可通过适当的保温、馏出液馏出速度调节等实现。如加热速度过快，馏出速度也会加快，使柱内温度梯度变小，从而影响分离效果。

选择合适的回流比，使上升的气流和下降液体充分进行热交换。增加回流比可以提高混合物的分离效率，对于非常精密的分馏，使用高效率的分馏柱，回流比可达 100∶1。回流比的大小根据物系和操作情况而定，一般回流比控制在 4∶1 为宜，即冷凝液流回蒸馏瓶每 4 滴，柱顶馏出液为 1 滴。

2.6.3　减压蒸馏

1. 基本原理

沸点是指液体的蒸气压与外压相等时的温度。由于液体表面分子逸出所需要的能量随外界压力降低而降低，所以设法降低外界压力，便可降低液体的沸点。沸点与压力的关系可近似地从下列公式求出：

$$\lg p = A + \frac{B}{T}$$

式中，p 为蒸气压；T 为沸点(热力学温度)；A、B 为常数。以 $\lg p$ 为纵坐标、$1/T$ 为横坐标作图，可以近似地得到一直线。从两组已知的压力和温度可以算出 A 和 B 的数值。再将所选择的压力代入上式即可算出液体的沸点。但实际上许多化合物沸点的变化与此有差别，主要的原因是化合物分子在液体中的缔合程度不同。

减压蒸馏是将蒸馏装置连接在一套减压系统上，在蒸馏开始前先使整个系统压力降低，被蒸馏的有机物就可以在较其正常沸点低得多的温度下进行蒸馏。在常压蒸馏操作过程中，一些有机物加热到其常压沸点附近时，由于温度过高而发生氧化、分解或聚合等反应，无法在常压下蒸馏达到分离提纯目的。因此，对于沸点较高或热稳定性不是很好的液态有机化合物的分离或提纯，减压蒸馏具有特别重要的意义。

进行减压蒸馏前，建议从文献中查阅该化合物在所选压力下的沸点。如果文献中缺乏此数据，在实际减压蒸馏中可参考哈斯-牛顿关系(图 2-25)，从某一压力下的沸点推算到另一压力下的沸点。图中有三条线：线(a)表示减压下有机物的沸腾温度，线(b)表示有机物常压下的沸点，线(c)表示系统的压力。在已知某化合物常压下的沸点和蒸馏系统的压力时，可通过连接线(b)上的相应点(常压沸点)和线(c)上的相应点(系统压力)的直线与左边的线(a)相交，交点为在此系统压力下该有机物的沸点，即从某一压力下的沸点便可近似地推算出另一压力下沸点(近似值)。

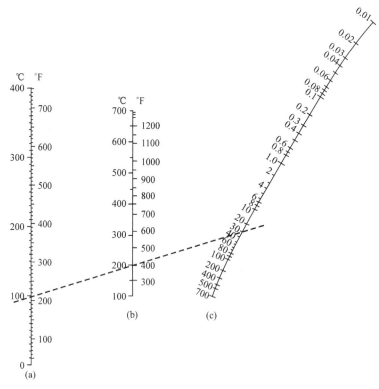

图 2-25　哈斯-牛顿关系图

(a) 在压力 p/mmHg 时观察到的沸点/℃；(b) 常压(760 mmHg)沸点/℃；(c) 压力 p/mmHg(1 mmHg = 133 Pa)

例如，已知某液体化合物在常压时的沸点为 200℃，拟减压至 4.0 kPa(30 mmHg)蒸馏，可用直尺连接线(b)的 200℃点和线(c)的 4.000 kPa(30 mmHg)点，直尺与线(a)的交点处对应为 100℃，即该液体在 4.000 kPa(30 mmHg)系统压力下，沸腾温度为 100℃左右(见图 2-25 中虚线)。此法得出的沸点虽为估计值，但较为简便，实验中有一定参考价值。

反过来，若希望在某安全温度下蒸馏有机物，根据此"希望的温度"及该有机物的常压沸点，可以连一条直线交于图 2-25 中右侧的线(c)，交点即为减压蒸馏所需达到的系统压力。

2. 实验操作

减压蒸馏需要准备的仪器设备有：圆底烧瓶、克氏(Claisen)蒸馏头、温度计、末端拉成毛细管的厚壁玻璃管、多尾接引管、接收瓶、冷凝管、真空压力计、干燥塔、安全瓶和真空泵等。减压蒸馏装置如图 2-26 所示。

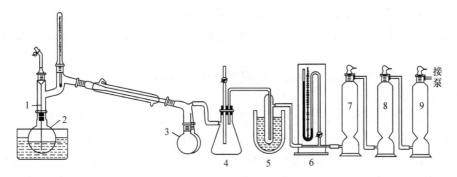

图 2-26 减压蒸馏装置
1. 毛细管；2. 克氏瓶；3. 接收瓶；4. 安全瓶；5. 冷却阱；6. 压力计；7. 氯化钙；8. 氢氧化钠；9. 石蜡片

1) 安装仪器、检查气密性

按图搭装好减压蒸馏装置，左边的圆底烧瓶上装上克氏蒸馏头，克氏蒸馏头支管口插温度计，另一口插一根末端拉成毛细管的厚壁玻璃管，毛细管的下端插入至离瓶底 1~2 mm 处。在减压蒸馏时，空气由毛细管进入烧瓶，冒出小气泡，成为液体沸腾的气化中心，同时起搅拌作用。用能耐外压的蒸馏烧瓶作接收瓶，并采用多头接引管，以方便蒸馏时收集不同的馏分而不中断蒸馏。磨口仪器的所有接口用真空脂润涂。

检查系统是否漏气。关闭安全瓶上的二通活塞，开启抽气泵，旋紧毛细管上螺旋夹，减压至压力稳定后，夹住连接抽气系统的橡皮管，观察压力计(水银柱)是否有变化，无变化说明不漏气；有变化时需仔细检查整个减压蒸馏系统，如玻璃仪器是否破裂，接头处是否密合。且待检查处理妥当后，打开安全瓶上的二通活塞通大气。

2) 加料、蒸馏、收集馏分

小心取下固定毛细管的套管或橡皮塞，向烧瓶中加入待蒸馏物，通常蒸馏液体积不超过所选用烧瓶容积的 1/2 为宜。如装入的液体量过多，当加热到沸腾时，液体可能冲出，如装入的液体量过少，蒸馏结束时，会有较多的液体残留在瓶内蒸不出来。旋紧螺旋夹，开动真空泵，逐渐关闭安全瓶上的二通活塞。调节毛细管所导入的空气量，以能使能冒出一连串小气泡为宜。当压力稳定后，读出当日大气压及压力计的读数，计算得系统压力，并利用图 2-25 得到减压沸点的估计值。开始加热，液体沸腾后注意控制温度及沸点变化情况。分段收集前馏分及主馏分，通过转动多尾接引管接收馏分。

蒸馏完毕，先停止加热，移除热源，慢慢打开安全瓶上的二通活塞，并同时慢慢打开螺旋夹，再关闭抽气泵。

将收集得到的产品和残留液分别回收到指定的回收瓶中。

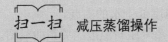 扫一扫 减压蒸馏操作

3) 操作注意事项

(1) 减压蒸馏过程容易发生暴沸,操作时注意安全! 液态液滴在 5 kPa 时气化形成的蒸气体积比在 101.325 kPa 时大 20 倍左右。

(2) 在烧瓶中加入的待蒸馏液体,其体积不超过蒸馏瓶容积的 1/2 为宜。

(3) 可用循环水泵或油泵进行减压,循环水泵通常能把压力降低到 1.5 kPa(约 10 mmHg),油泵可以达到 0.266~0.533 kPa(2~4 mmHg)。系统的压力可用水银压力计测定,也可用数字式低真空测压仪。若选用水银压力计,则需在蒸馏系统与压力计间设一冷却阱以避免水银被污染。

(4) 为了保护油泵系统和泵中的油,在使用油泵进行减压蒸馏前,应将低沸点的物质先用简单蒸馏的方法除去。

(5) 蒸馏瓶和接收瓶均不能使用不耐压的平底仪器,如锥形瓶、平底烧瓶等。

(6) 若系统内的真空度高于所要求的真空度时,可以旋动安全瓶上的二通活塞,慢慢放进少量空气,以调节至所要求的真空度。如不需要调节真空度,二通活塞可处于全关闭状态。

(7) 若用水泵或循环水真空泵抽真空,不必设置保护体系。当用油泵进行减压时,为了防止易挥发的有机溶剂、酸性物质和水汽进入油泵,必须在馏出液接收瓶与油泵之间顺次安装冷却阱和几个吸收塔,以免污染油泵用油,腐蚀机件使真空度降低。吸收塔通常安装三个,第一个内装无水氯化钙(或硅胶)以吸收水汽,第二个内装粒状氢氧化钠以吸收酸性气体,第三个内装石蜡片(或活性炭)以吸收烃类气体。

(8) 冷却阱的使用:将冷却阱置于盛有冷却剂的广口保温瓶中,其作用是使低沸点有机物蒸气冷凝下来,防止进入油泵。

2.6.4 水蒸气蒸馏

1. 基本原理

水蒸气蒸馏是分离和提纯有机化合物常用的方法。当混合物中含有大量树脂状杂质,或者混合物中某种组分的沸点较高,在进行普通蒸馏时容易被破坏会或发生分解,这些混合物利用普通蒸馏、重结晶等方法时难以进行分离。这样的情况下,可采用水蒸气蒸馏的方法对混合物进行分离。

水蒸气蒸馏的实验操作是将水蒸气通入不溶于水的有机物中,或者使有机物与水经过共沸而蒸馏出来,是分离和纯化与水不相混溶的挥发性有机物的一种方法。采用水蒸气蒸馏进行分离或纯化的化合物应具备以下条件:

(1) 不溶或难溶于水,如有机物溶于水,则蒸气压会显著下降。甲酸的沸点(101℃)比丁酸的沸点(62℃)低,但丁酸较甲酸在水中的溶解度小,因此丁酸比甲酸容易随水蒸气蒸馏出。

(2) 与沸水或水蒸气长时间共存而不发生任何化学变化。

(3) 在 100℃左右,该化合物应具有一定的蒸气压,通常不小于 1333 Pa(10 mmHg)。

当水与不(或难)溶于水的化合物一起存在时,整个体系的蒸气压力根据道尔顿分压定律,应为各组分蒸气压之和,即 $p = p_A + p_B$,其中 p 为总蒸气压,p_A 为水的蒸气压,p_B 为化合物的蒸气压。给体系加热,当混合物中各组分的蒸气压总和等于外界大气压时混合物沸腾。此时,各组分的蒸气压和水的蒸气压都小于外压,沸腾体系的温度低于水的沸点。

图 2-27 是互不相溶的水和溴苯(常压沸点为 156℃)混合物的蒸气压对温度的关系曲线图。

混合物在 95℃左右沸腾，在该温度时，总蒸气压等于大气压，此温度低于混合物中沸点最低的组分——水的沸点(常压沸点为 100℃)。由于水蒸气蒸馏是在低于 100℃下进行蒸馏，对于热稳定性较差、高温下易发生分解的化合物的分离，水蒸气蒸馏是一种较为有效的方法。

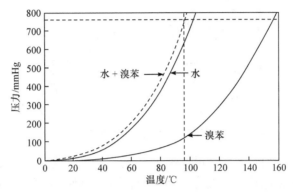

图 2-27　溴苯、水及溴苯-水混合体系的蒸气压与温度的关系

常压下进行水蒸气蒸馏，混合物蒸气中各组分分压之比 (p_A/p_B) 等于它们的物质的量之比，即

$$\frac{n_A}{n_B} = \frac{p_A}{p_B}$$

式中，n_A 为混合物蒸气中 A 的物质的量；n_B 为混合物蒸气中 B 的物质的量，其中

$$n_B = \frac{m_B}{M_B}$$

m_A、m_B 分别为 A、B 在容器中蒸气的质量；M_A、M_B 分别为 A、B 的摩尔质量。因此

$$\frac{m_A}{m_B} = \frac{M_A n_A}{M_B n_B} = \frac{M_A p_A}{M_B p_B}$$

A 和 B 物质在馏出液中的相对质量与它们的蒸气压和摩尔质量成正比。应用过热蒸汽进行蒸馏可以提高馏出液中化合物的含量。

常压下，对苯甲醛(常压沸点为 179℃)进行水蒸气蒸馏，混合体系的沸腾温度为 97.9℃。此时苯甲醛和水的蒸气压分别为 7.5 kPa(56.5 mmHg)和 93.7 kPa(703.5 mmHg)，由以上公式可计算出馏出液中苯甲醛占 32.1%。当对苯胺(常压沸点为 184℃)进行水蒸气蒸馏时，混合体系的沸腾温度为 98.5℃。此温度下,苯胺和水的蒸气压分别为 5.7 kPa(43 mmHg)和 95.5 kPa (717 mmHg)，由以上公式计算出馏出液中苯胺的含量应占 23%。而实际得到的馏出物中苯胺含量比 23%低，其原因主要是苯胺微溶于水。

通常，有机化合物的分子量比水大得多。因此，若某化合物在 100℃附近有一定的蒸气压，即使只有 2/3 kPa，对其采用水蒸气蒸馏进行分离或纯化也可收到较好的效果。甚至有的固体物质也可用水蒸气蒸馏使其馏出和分离。

2. 实验操作

1) 搭建装置，加料
水蒸气蒸馏装置见图 2-28。

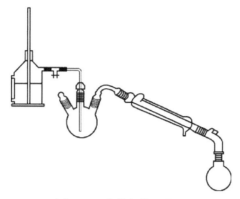

图 2-28　水蒸气蒸馏装置

在水蒸气发生器中，加入占其容量 1/3～2/3 的水。将待蒸馏的物质置于三口烧瓶中，同时在三口烧瓶中加入适量的热水。注意：待蒸馏物与所加热水的总量不要超过三口烧瓶容量的 1/3。按图 2-28 搭好装置，安全管的末端插入至接近水蒸气发生器底部，蒸气导管的末端插入至接近三口烧瓶瓶底。

2) 蒸馏、收集馏分

松开 T 形管上的螺旋夹，加热水蒸气发生器，当有水蒸气从 T 形管的支管冒出时，开启冷凝水，夹紧螺旋夹，让水蒸气通入三口烧瓶中，进行水蒸气蒸馏。同时对三口烧瓶内液体进行加热、保温，维持三口烧瓶中混合液总量在烧瓶容量的 1/3 左右。注意观察蒸气导入蒸馏烧瓶中的状况、瓶中的沸腾状况以及水蒸气发生器上的安全管中的水位是否正常。

待馏出液变得较为清澈时，先打开螺旋夹，使系统与大气相通，再停止对水蒸气发生器的加热，稍冷，关闭冷却水，取下接收瓶，按与装配时相反的顺序拆卸装置。

如馏出物为所需的产物，固态物质可采用抽滤的方法进行回收，液态物质可用分液的方法进行回收。再经进一步精制，可得纯品。

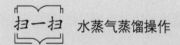　水蒸气蒸馏操作　

3) 操作注意事项

(1) 水蒸气蒸馏开始时，圆底烧瓶(或三口烧瓶)中被蒸馏物的总体积一般不超过其容积的 1/3，水蒸气发生器中液体的总体积一般不超过其容积的 2/3。

(2) 蒸馏时，有时系统会堵塞而导致水蒸气发生器中压力升高、安全管水位异常上升。此时，应立即打开 T 形管上螺旋夹，使系统放空，停止加热，移走热源，查找原因，排除故障后再继续蒸馏。

(3) 蒸馏过程中，当安全管有大量水蒸气喷出时，表示水蒸气发生器内水位已接近器底，应立即添加水，否则会导致水蒸气发生器烧坏。

(4) 固体物质在水蒸气蒸馏时，往往会在冷凝管中凝结。如果发生堵塞，可停止通入冷凝水，甚至将冷凝水暂时放去，或者用电吹风加热冷凝管，以使固体物质熔融后随水流入接收瓶中。当冷凝管中重新通入冷凝水时，需小心而缓慢，以免因骤冷而使冷凝管破裂。

2.7　固体有机化合物的分离和提纯

经过反应制备的目标有机化合物一般会与未反应的原料、副产物、溶剂与催化剂等共存于最终产物中,因此在进行有机合成时,常需要从复杂的混合物中分离出所需要的物质。随着近代有机合成的发展,分离提纯技术和手段显示出其重要性。对于化学工作者来说,熟练掌握各种分离和提纯的操作技术非常重要。

2.7.1　重结晶

1. 结晶

从过饱和溶液中析出物质的过程称为结晶。因为固体的溶解度一般随温度的升高而增大,可将固体溶解在热溶液中达到饱和,然后冷却使溶液过饱和而析出结晶。

结晶法的定义:使物质从液态(溶液或熔融状态)或气态形成晶体的方法。形成晶体的过程为物理变化。可有以下几种形式:

(1) 降温结晶法(或冷却热饱和溶液法):先加热溶液,蒸发溶剂成饱和溶液,此时降低热饱和溶液的温度,溶解度随温度变化较大的溶质就会呈晶体析出,称为降温结晶。此法适用于温度升高,溶解度也增加的物质。例如,北方地区的盐湖,夏天温度高,湖面上无晶体出现;每到冬季,气温降低,石碱($Na_2CO_3\cdot 10H_2O$)、芒硝($Na_2SO_4\cdot 10H_2O$)等物质就从盐湖里析出来。在实验室为获得较大的完整晶体,常使用缓慢降低温度、减慢结晶速率的方法。

(2) 蒸发结晶法:将晶体溶于溶剂或熔融后重新从溶液或熔体中结晶的过程,又称再结晶。它适用于温度对溶解度影响不大的物质。沿海地区晒盐就是利用这种方法。

(3) 升华结晶法:应用物质升华再结晶的原理制备单晶的方法。物质通过热的作用,在熔点以下由固态不经过液态直接转变为气态,而后在一定温度条件下重新再结晶,称为升华再结晶。1891 年洛伦茨(Lorenz)利用升华再结晶的基本原理生长小的硫化物晶体。

蒸发浓缩是使溶液达到过饱和的方法,也是无机物制备的重要步骤之一。操作过程中应视溶质的性质分别采用直接加热或热浴加热的方法进行。对于固态时带有结晶水或低温受热易分解的物质,由它们形成的溶液的蒸发浓缩,一般只能在水浴上进行。常用的蒸发容器是蒸发皿。蒸发皿内所盛液体的量不应超过其容量的 2/3。随着水分的蒸发,溶液逐渐被浓缩,浓缩的程度取决于溶质溶解度的大小及对晶粒大小的要求,一般浓缩到表面出现晶体膜,冷却后即可结晶出大部分溶质。

析出晶体的颗粒大小与外界条件有关。如果溶液浓度高,溶质溶解度小,冷却得快,则析出的晶体就细小。如果溶液的浓度低,溶质的溶解度大,冷却得慢,就得到较大颗粒的晶体。搅拌溶液、摩擦器壁和静置溶液,可以得到不同的晶体,搅拌溶液、摩擦器壁有利于细晶的生成,静置溶液有利于大晶体的生成。

2. 重结晶

重结晶是利用混合物中各组分在某种溶剂中的溶解度不同而使它们相互分离的方法。重结晶是纯化、精制固体物质尤其是有机化合物的最有效的手段之一。

重结晶的一般过程为:选择适宜的溶剂,将粗产品溶于适宜的热溶剂中制成饱和溶液,并趁热过滤除去不溶性杂质。如含有色杂质，则可加活性炭煮沸、脱色，再趁热过滤。将滤液冷却或蒸发溶剂，使结晶慢慢析出。减压过滤，从母液中分离结晶，洗涤，干燥，得重结晶产品。

1) 基本原理

固体有机化合物在溶剂中的溶解度与温度有密切关系。一般是温度升高，溶解度增大。若将固体溶解在热的溶剂中达到饱和，冷却时随溶解度降低，溶液变成过饱和而析出结晶。利用溶剂对被提纯物质及其杂质的溶解度不同，可以使被提纯物质从过饱和溶液中析出，而让杂质全部或大部分仍留在溶液中，从而达到提纯目的。

但杂质含量过多会影响结晶过程，一般重结晶只适用于纯化杂质含量在 5%以下的固体有机物，对于杂质含量较高的样品，直接用重结晶的方法进行纯化，往往达不到预期的效果。一般认为，杂质含量高于 5%的样品，必须采用其他方法(如萃取、色谱分离、水蒸气蒸馏或减压蒸馏等)进行初步提纯后，再进行重结晶。

重结晶过程中溶剂的选择极为重要，要求溶剂具备下列条件：

(1) 不与被提纯物质发生化学反应。

(2) 被提纯物质的溶解度必须随温度升降有明显正相关的变化。

(3) 被提纯物质能生成较整齐的晶体。

(4) 杂质在热溶剂中不溶(可趁热过滤除去)或在冷溶剂中易溶(待结晶后分离除去)。

(5) 容易挥发(溶剂的沸点较低)，易与结晶分离除去。沸点通常在 50～120℃为宜。溶剂的沸点应低于被提纯物质的熔点。

(6) 无毒或毒性很小。

常用的溶剂为水、乙醇、丙酮、氯仿、石油醚、乙酸和乙酸乙酯等。当几种溶剂同样合适时，应根据结晶的回收率、操作的难易、溶剂的毒性、易燃性和价格等因素综合考虑来加以选择。

如果单种溶剂不能达到要求，可选用混合溶剂：一般由两种能以任意比例互溶的溶剂组成，其中一种较易溶解结晶，称为良性溶剂，另一种较难溶解，称为不良溶剂。这样混合后得到新的溶解性能。常用的混合溶剂有乙醇与水，乙醇与丙酮，乙醇与氯仿、乙醚与石油醚，丙酮与水、乙酸乙酯与己烷、甲醇与二氯甲烷、甲醇与乙醚等。

使用混合溶剂有两种方法。一种方法是事先将两种溶剂按适宜的比例混合，像单一溶剂一样使用。另一种方法是先用良性溶剂在回流状态下将待提纯固体制成浓溶液，然后过滤去不溶性杂质或用活性炭脱色，再从冷凝管上端加入溶解度小的热的不良溶剂，直到溶液出现浑浊不再消失为止，最后补加少量良性溶剂，加热回流至浑浊恰好消失(如第二种溶剂的沸点比第一种低，则应控制温度不高于第二种溶剂的沸点)。

2) 重结晶操作

a. 筛选溶剂

在重结晶时需要知道何种溶剂最合适以及化合物在溶剂中的溶解情况。一般已知化合物可以查阅手册或词典的溶解度或文献报道的重结晶溶剂，若无参考时，要通过试验决定使用何种溶剂。

根据相似相溶原理，先考察化合物分子结构，一般化合物易溶于结构与其相似的溶剂中。

实验方法选择溶剂，具体的方法是：在试管中加入 20～30 mg(麦粒大小)的待结晶物，加入 5～10 滴溶剂，并加以振荡。若此物质在溶剂中全溶，则溶解度过大，溶剂不适用。如果该物质不溶解，加热溶剂至沸点，并逐渐滴加溶剂，如果加入的溶剂量达到 1 mL，物质仍不溶解，则溶解度过小，溶剂也不适用。如果该物质能溶解于 0.5～1 mL 沸腾的溶剂中，则将试管进行冷却，观察结晶析出情况，如果析出困难，可以用玻璃棒摩擦溶液下面的试管壁，用冰水冷却，以使结晶析出。如果不能析出，此溶剂也不适用。如果结晶能正常析出，观察析出的量。用此法比较几种溶剂后，选择结晶收率最好的溶剂进行重结晶。若样品在热溶剂中的溶解度小于 1 g·(100 mL)$^{-1}$，该溶剂也不合适。溶剂的溶解能力一般以 5～10 mL 溶剂溶解 1 g 样品，回收率达 80%～90%为佳。此外，所用溶剂的沸点最好不要高于待结晶物的熔点，否则在冷却结晶时容易析出油状物，而且高沸点溶剂通常不易从产品中分离干净。

b. 溶解

用水作溶剂时，可在烧杯或锥形瓶中进行，而用有机溶剂时，则必须用锥形瓶或圆底烧瓶作为容器，还需要安装回流冷凝管，防止溶剂挥发及可燃溶剂着火或有毒溶剂或引起安全事故。特别是以乙醚作为溶剂时，一定要事先关闭明火。溶解待结晶物质时，根据查得的溶解度数据或溶解度试验方法所得到的结果估计出溶剂需要量，加入比需要量稍少的适宜溶剂，加热到微沸一段时间后，若未完全溶解，可在保持溶剂沸腾下逐渐加入溶剂，使溶剂量刚好将全部产品完全溶解(要注意判断是否有不溶性杂质，以免误加过量的溶剂)，然后使其过量约20%(若易挥发溶剂可按情况多加 20%～100%)，以免热过滤时因温度的降低和溶剂的挥发，结晶在滤纸上析出而造成损失。但溶剂过量太多，又会使结晶析出量太少或根本不能析出。若遇此情况，需将过多溶剂蒸出。

如果有较多产品不溶，应先将热溶液过滤或倾出，于剩余固体中再加入溶剂加热溶解，如仍不溶，过滤，滤液单独放置或冷却，观察是否有结晶析出，如加热后慢慢溶解，说明该物质需要回流一段时间后才能完全溶解。对于使用回流装置进行溶解时，添加溶剂可由冷凝管的上端加入。

c. 脱色

当粗制的有机化合物含有有色杂质时，在重结晶过程中，杂质虽然可以溶解于热溶剂中，但当冷却晶体析出时，部分杂质还会被晶体吸附，使产物颜色较深。有时溶液中会存在树脂状物质或杂质微粒形成均匀悬浮体，使溶液浑浊，过滤困难，或者用一般过滤方法难以除去。此时需要用活性炭处理。

使用活性炭时，须先将要脱色处理的有机化合物溶液稍微冷却，再加活性炭。切不可趁热加入！因为活性炭是多孔状物质，如果将活性炭加到沸腾的溶液中，会造成暴沸，严重时溶液会喷出容器。活性炭的加入量根据有色杂质多少、溶液颜色深浅而定，一般为要脱色有机粗产品质量的 1%～5%。加入活性炭后应煮沸 5～10 min，使活性炭充分吸附有色杂质。活性炭也会吸附一些产物，所以用量不宜太多。若脱色一次溶液颜色还很深，可用活性炭再处理一次。

活性炭脱色效果与杂质含量、溶剂极性有关，在水溶液或极性有机溶剂中脱色效果较好，使用非极性溶剂时活性炭效果欠佳，可加入适量氧化铝，摇荡脱色。

如果粗产品溶解后的溶液透明或颜色很浅，则不必进行脱色处理。

d. 热过滤

粗产品溶于热溶剂中，经活性炭脱色后，要进行过滤除去吸附有色物质等的活性炭和不溶性固体杂质。为了避免过滤时溶剂冷却结晶析出而造成操作困难和损失，必须使过滤操作尽快完成，同时设法保持被过滤液体的温度。通常采用热过滤(图 2-29)：把玻璃漏斗放在装有热水的铜质热滤漏斗内，并维持一定温度。为加快过滤速度，一般采取以下措施：一是使用颈短而粗的玻璃漏斗；二是使用折叠滤纸。

 热过滤操作

折叠滤纸的方法是：滤纸应折叠成菊花形或扇形。先将圆形滤纸等折成四分之一，得折痕 1-2、2-3、2-4；再在 2-3 和 2-4 间对折出 2-5，在 1-2 和 2-4 间对折出 2-6，继续在 2-3 和 2-6 间对折出 2-7，在 1-2 和 2-5 间对折出 2-8，1-2 和 2-6 间对折出 2-10、2-3 和 2-5 间对折出 2-9；从上述折痕的相反方向，在相邻两折痕(如 2-3 和 2-9 间)都对折一次。展开，即得菊花形滤纸(图 2-30)。

图 2-29 热过滤装置

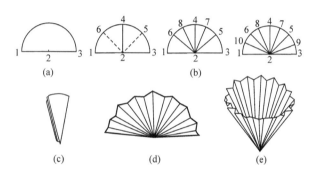

图 2-30 菊花形滤纸的折叠顺序

 菊花形滤纸的折叠

在折叠过程中应注意：所有折叠方向要一致，滤纸中央圆心部位不要用力折，以免破损。使用前应将折叠好的滤纸翻转并整理好再放入漏斗上，以免被手弄脏的一面接触过滤的滤液。

使用无颈或短颈漏斗是为了加快过滤速度，避免晶体在颈部析出而堵塞，在过滤前，要把漏斗在烘箱预先加热，外面铜漏斗加好水后，加热，使漏斗保温，在漏斗中放入折叠滤纸，在过滤易燃溶剂时先把漏斗预热后灭了酒精灯，然后再过滤。先用少量溶剂溶湿，以免干燥滤纸吸收溶液中的溶剂，使结晶析出而堵塞滤纸孔。过滤时，盛滤液的容器一般用锥形瓶，只有水溶液可收集在烧杯中！如过滤进行得很顺利，常只有很少的结晶在滤纸上析出(如果此结晶在热溶剂中溶解度很大，则可用少量的热溶剂洗一下，否则还是弃之为好，以免得不偿失)。若结晶较多时，可回收后，再加适量的溶剂溶解再过滤。滤毕，用洁净的塞子塞住锥形瓶，放置冷却。

漏斗要预先放在烘箱中烘热，待过滤时才将漏斗取出，放在铁架台上的铁圈中，如果溶液稍经冷却就要析出结晶，或者过滤的溶液较多，则最好用蒸汽漏斗或在电热板上加热过滤(图 2-31)。

e. 结晶

将滤液在室温静置，使其慢慢冷却，这样得到的晶体比较纯净。将滤液在冷水浴中迅速冷却并剧烈搅拌时，可得到颗粒很小的晶体。小晶体包含杂质较少，但其表面积较大，表面吸附的杂质较多。

有时滤液中有焦油状物质或胶状物存在，使结晶不易析出，或者因形成过饱和溶液析不出结晶，此时可以用玻璃棒摩擦器壁以形成粗糙面，使溶质分子呈定向排列而形成结晶的过程较在平滑面上迅速和容易；或者投入晶种(同一种物质的晶体，如果无此物质的晶体，可用玻璃棒蘸一些溶液，稍干后会析出晶体)，供给定型晶核，使晶体迅速形成。

如果不析出晶体而得油状物，可加热至清液后，使其自然冷却至开始有油状物析出时，立即剧烈搅拌，使油状物均匀分散状态下固化，也可搅拌至油状物消失。如果实在难以结晶，可长时间在冰箱中放置，使结晶析出。但最好还是重新选择溶剂，使其得到晶形的产物。

f. 抽气过滤

为了将结晶从母液中分离出来，一般采用布氏漏斗进行抽气过滤，即减压过滤。减压可以加速过滤，而且可以获得比较干燥的结晶和沉淀。减压过滤装置由循环水泵(或真空油泵)、安全瓶、抽滤瓶和布氏漏斗组成(图 2-32)。

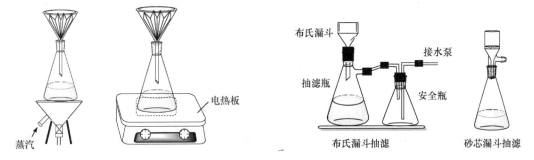

图 2-31　蒸汽漏斗或在电热板上加热过滤　　　　图 2-32　减压过滤装置

剪一张比布氏漏斗内径略小又能恰好掩盖住漏斗全部瓷孔的圆形滤纸。把滤纸放入漏斗内，用少量蒸馏水或相应的溶剂润湿滤纸，漏斗下端的斜口对准抽滤瓶的"嘴"。然后开启水泵，使滤纸紧贴漏斗。

用倾析法将清液沿着玻璃棒注入漏斗中，加入液体的量不超过漏斗容量的 2/3，先在烧杯中洗涤，最后将沉淀转移入漏斗中，再洗涤若干次，抽干。过滤完毕，先拔掉橡皮管，再关水泵或油泵。

若保留滤液，弃去沉淀，则必须将抽滤瓶洗涤干净，而且不能用太多蒸馏水或相应的溶剂洗涤沉淀。应注意的是，如过滤的固液体系具有强氧化性、强酸性或强碱性，不能用滤纸过滤。可用石棉纤维代替滤纸或玻璃砂芯漏斗代替布氏漏斗使用。

布氏漏斗中的晶体要用溶剂洗涤，以除去存在于晶体表面的母液，用重结晶的同一溶剂洗涤，用量尽可能少，以免溶解损失。洗涤时首先打开安全瓶的活塞，除去抽力，再加入少量溶剂，用玻璃棒或刮刀小心搅动晶体，使所有晶体湿润，然后关闭活塞。为了尽快抽尽溶剂，可用玻璃钉或空心塞紧压晶体。一般重复洗涤 1～2 次即可。

g. 结晶的干燥

重结晶后的产物须干燥后才可供测熔点。在进行定性、定量分析以及波谱测试之前也必须将其干燥。计算产率也必须用干燥样品质量。一般用以下方法：空气晾干、烘干、用滤纸吸干或放在干燥器中干燥(见 2.5 节)。

3) 重结晶要点

初次进行重结晶操作时，回收产物往往比希望得到的少，一般是以下原因造成：①溶解时加入了过多的溶剂；②脱色时加入了过多的活性炭；③热过滤时动作太慢导致结晶在滤纸上析出；④结晶尚未完全时进行抽滤。注意以上几点，通常可以提高回收率。

2.7.2　升华方法

固体在受热后不经液态而气化为蒸气，进而直接冷凝成固体的过程称为升华。升华也是纯化固体有机化合物的重要方法之一。具有升华性质的物质不是很多，常见的升华物质见表 2-6。由于升华温度低于蒸馏温度，在纯化过程中物质不易被破坏；与结晶相比，升华产物的纯度往往比较高，且能方便地应用于少量物质。因此，在容易升华的物质中含有不挥发性杂质时，可以采用升华方法进行分离或精制。一般来说，对称性较高的固态物质具有较高的熔点，易于用升华方法提纯。升华的缺点是操作时间长，损失也较大。

表 2-6　常见的升华物质

化合物	熔点/℃	熔点下蒸气压/kPa	化合物	熔点/℃	熔点下蒸气压/kPa
CO_2(固)	−57	526.9	苯(固)	5	4.8
六氯乙烷	186	104	萘	80	0.9
樟脑	179	49.3	苯甲酸	122	0.8
碘	114	12	邻苯二甲酸酐	131	1.2
蒽	218	5.5			

1. 基本原理

根据物质的三相平衡图(图 2-33)，ST 是固相与气相平衡时的固相蒸气压曲线，TW 是液相与气相平衡时的液相蒸气压曲线。TV 是固相与液相的平衡曲线，表示压力对熔点的影响。T

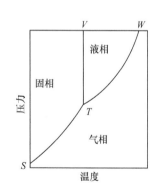

图 2-33　物质的三相平衡图

为三相点，在此点，固、液、气三相可同时共存。从图可知，固体的蒸气压和液体的蒸气压均随温度的升高而增大，且压力对熔点的影响极小。一个物质的熔点是在大气压下固、液两相平衡的温度，和三相点的温度有些差别，但差别通常小于 1℃，可粗略认为三相点的温度即为该物质的熔点。不同物质的相图形状类似，只是对应的温度和蒸气压的数据不相同，三相点的位置也有区别。

根据相图：从压力考虑，在三相点以上的压力下加热时，物质自固态经液态再变为气态；反之，物质可从固态直接变为气态，冷却时又可直接变为固态。从温度上看，在低于三相点温度时，物质只存在固、气两相变化。因此，一般升华操作的

温度都控制在熔点以下，使固体的蒸气压不超过三相点的蒸气压，此时固体就可以升华。

同时，在熔点以前，物质的蒸气压越高，越易升华。例如，六氯乙烷(三相点温度 186℃，压力 104 kPa)在 185℃时蒸气压已达 0.1 MPa(100 kPa)，因而在低于 186℃的温度下很容易升华；樟脑(三相点温度 179℃，压力 49.3 kPa)在 160℃时的蒸气压为 29.1 kPa，也不太低，只要缓慢

加热，使温度低于 179℃，也可以进行升华操作。通常，在低于熔点温度时的蒸气压应至少不小于 2.7 kPa 的物质才可能直接升华。

2. 实验操作

1) 常压升华

简单升华装置由罩有漏斗的蒸发皿或圆底烧瓶(作为接收器)组成[图 2-34(a)]。应在接收器与蒸发皿间垫一些脱脂棉，还需在漏斗中衬一张刺有许多小孔的圆形滤纸，使固体蒸气能通过，并防止升华物质回落到蒸发皿中。在沙浴上缓慢加热或用电热套加热，使温度控制在其熔点以下，使其慢慢升华，此时被升华的物质就会黏附在滤纸上，或者黏附在小孔四周甚至凝结在漏斗壁上。然后冷却后，将产品用刮刀从滤纸上轻轻刮下，放在干净的表面皿上或称量纸上，即为纯净产品。

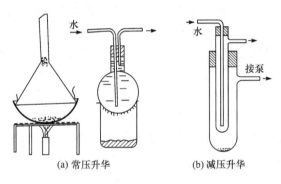

(a) 常压升华　　　　　　(b) 减压升华

图 2-34　升华装置

在常压下除上述装置外，也可以用圆底烧瓶内通冷水来冷却升华。

用简易升华装置进行升华，操作的关键是控制加热。要保持所要求的温度，因此最好选用空气浴、沙浴或油浴为热源，效果较好。

2) 减压升华

常压下不易升华或升华较慢的物质可采用减压升华。减压升华时将固体物质放在抽滤管中，然后将装有冷凝指的塞子塞紧管口，利用水泵或油泵减压，接通冷凝水，将抽滤管浸在水浴或油浴中加热，使其升华[图 2-34(b)]。

根据升华物质的量选择适当的装置。微量和半微量可采用如图 2-35 所示装置，冷凝后的固体将凝聚在指形冷凝器的底部。

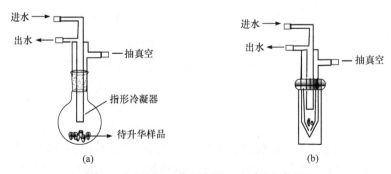

图 2-35　微量(a)和半微量(b)减压升华装置

减压升华时，停止抽气前，一定要先打开安全瓶上的放空阀，再关泵，以免循环泵中的水倒吸到抽滤管中，造成实验失败。

2.8 萃　　取

从广义上讲，将物质从被溶解或悬浮的相中转移到另一个相中的过程可称为萃取。利用萃取方法可以从固体或液体混合物中提取出所需物质，也可以用来洗去混合物中少量杂质，通常称前者为抽提、提取或萃取，后者为洗涤。萃取的方法很多，主要分为液-液萃取及固-液萃取两大类。

2.8.1　基本原理

萃取是利用物质在两种互不相溶(或微溶)溶剂中溶解度或分配比的不同来达到分离、提取或纯化目的的一种操作。

最常见的液-液萃取是从水溶液或悬浮液(可以是固体或液体)中，通过与能溶解被提取物但又不溶或微溶于水的有机溶剂一起振摇，分离后得到中性的有机化合物。在一定的条件下，一种物质被溶解在两种互不相溶的两个液相 A(有机相)和 B(水相)中并达到平衡状态时，它在两相中各种存在形式的总浓度之比是一个常数，用分配比 D 表示。当原溶液(体积V_B)中被提取物质的总质量为 W_0，经体积为 V_A 的萃取溶剂萃取一次后残留在原溶液中物质的质量为 W_1时，$C_A = (W_0 - W_1)/V_A$，$C_B = W_1/V_B$。

$$D = \frac{C_A}{C_B} = \frac{(W_0 - W_1)/V_A}{V_1/V_B}$$

即

$$W_1 = W_0 \frac{V_B}{DV_A + V_B}$$

经过一次萃取后的萃取效率 E 为

$$E = \frac{被萃取物在溶剂A中的总量}{被萃取物的总量} \times 100\% = \frac{D}{D + V_B/V_A} \times 100\%$$

同理，如果再用新鲜有机溶剂对原溶液中的剩余物质进行萃取，则得到

$$W_2 = W_1 \frac{V_B}{DV_A + V_B} \quad \cdots\cdots \quad W_n = W_0 \left(\frac{V_B}{DV_A + V_B}\right)^n$$

例如，用 100 mL 苯萃取 100 mL 含正丁酸的水溶液($D = 3$)，萃取一次后萃取率 $E = 75\%$，若把 100 mL 苯分成等量三份萃取后的萃取效率为 87.5%。这就是萃取和洗涤时要求"少量多次"的原因。但若分更多次萃取(如 $n > 5$)，则萃取效率的提高几乎被烦琐操作的增加抵消了。因此，一般以萃取三次为宜。

应该注意到，以上讨论只适用于几乎互不相溶的溶剂，如水和苯、四氯化碳、氯仿等，而对于互相有少量溶解的溶剂，如水和乙醚等，则只能近似地给出预期的结果。

有机物在有机溶剂中的溶解度一般比在水中的溶解度大，所以可以将它们从水相中萃取出来。但是除非分配系数极大，否则一次萃取不可能将全部物质从水相转移到新的有机相中。

萃取时，若在水溶液中先加入一定量的电解质(如氯化钠)，利用盐析效应，可以降低有机物在水溶液中的溶解度，常可以提高萃取效果。基于同样的道理，在洗涤有机相时采用饱和食盐水洗涤，可以减少有机物在水相中的损失。

上面讨论的也适合于由溶液中萃取出(或洗涤去)溶解的杂质。

化学萃取：另一种萃取原理是利用它能与被萃取物质发生化学反应。该方法经常用于从化合物中移除少量杂质或分离混合物，操作方法与上面所述相同，如用5%氢氧化钠水溶液，5%或10%的碳酸钠、碳酸氢钠溶液、稀酸及浓硫酸等。碱性的萃取剂可以从有机相中除去有机酸，或者从溶于有机溶剂的有机化合物中除去酸性物质(形成盐后溶于水中)。稀酸可以从混合物中萃取出有机碱性物质或用于除去碱性杂质。浓硫酸可以从饱和烃中除去不饱和烃，从卤代烷中除去醇和醚。

对于碱性物质，先将被分离物溶于合适溶剂中(任何低沸点、与水不相溶的溶剂均可，如乙醚、石油醚、二氯甲烷等)，在分液漏斗中与稀酸(1 mol·L^{-1} HCl 或 1 mol·L^{-1} H$_2$SO$_4$)一起振摇，分出水相，再用少量新鲜的溶剂洗涤一次水相以除去少量脂溶性杂质。将水相在冰浴中冷却，搅拌中慢慢滴加 NaOH 溶液(5 mol·L^{-1})直至析出碱性物质(油状物或固体)。然后用有机溶剂萃取这些油状物或固体，经干燥、蒸除溶剂，便可得到提纯的碱性有机化合物。

酸性物质的提纯可用稀碱代替稀酸作萃取剂，操作方法同上。因光学活性物质在酸、碱性条件下容易消旋化，一般不宜使用化学萃取法分离。

2.8.2　萃取溶剂的选择

萃取溶剂的选择要充分考虑被提取物的性质。选择溶剂时，除了要求它对被提取物有较大的溶解度、沸点不宜太高、与被提取液的互溶度小以外，还要求其对杂质的溶解度尽量小，且价格便宜、性质稳定、毒性小、有适宜的密度(溶剂与被提取液的密度不宜太接近，否则不易分层)等。如果选择不当，回收溶剂不易，还会使产品在回收溶剂时有所破坏。一般来说，提取难溶于水的物质宜选用非极性溶剂，如石油醚、苯、环己烷及四氯化碳等；较易溶于水的物质宜用乙醚及氯仿等；而易溶于水的物质可选用乙酸乙酯等。最常用的萃取溶剂有乙醚、异丙醚、戊烷、己烷、甲苯、二氯甲烷、石油醚和乙酸乙酯等。

2.8.3　操作方法

1. 液-液萃取

从液相中萃取化合物，特别是水溶液中物质的萃取是实验中最常见的。萃取在分液漏斗中进行，常见的分液漏斗有梨形、锥形及筒形等几种。使用前需先检漏，若漏水或转动不灵活，须重涂真空脂或凡士林。如果物料易燃烧，则在其周围必须熄灭明火。

把被萃取溶液(偶尔为悬浮液)连同萃取溶剂放入分液漏斗中，总体积不超过漏斗总容量的2/3。然后以图 2-36 所示方法振摇。开始时缓慢摇几次后，就要将漏斗倾斜(活塞端向上，出口朝向无人处)，慢慢打开旋塞，以解除超压，俗称"放气"。在振荡过程中应注意不断放气，以免萃取或洗涤时内部压力过大，造成漏斗的塞子被顶开，使液体喷出，严重时会引起分液漏斗爆炸，造成伤人事故，此操作在萃取易气化样品时尤为重要。重复振摇和放气直至分液漏斗中的气体空间为溶剂蒸气所饱和且压力保持不变为止。振摇 1～2 min，将漏斗放在固定好的铁圈上静置使其分层(图 2-37)。待两层液体完全分层后，先打开顶端的玻璃塞，再将旋塞缓缓旋开，下层经过分液漏斗旋塞放出，上层经上口倒出。无论被提取物在哪一层，在操作过程中累积的被弃层溶液都应该保存到实验结束才能弃去，以免实验过程中因判断有误造成不可弥补的损失。如果确定不了水层，则可从任何一相取出几滴液体在小试管中，加入少量水加以检验，若分为两层，说明该液体是有机相。若加水后不分层，则是水相。

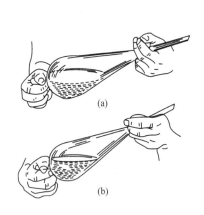
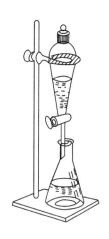

图 2-36　分液漏斗振摇(a)和放气(b)姿势　　　　　图 2-37　静置分层

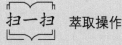　　扫一扫　萃取操作　　　　　　　　　　　　　　　　　　

　　萃取时，很多体系(如用二氯甲烷萃取碱性水溶液中的有机化合物时)常会形成乳浊液，产生乳化现象。有时由于体系中含有少量轻质的沉淀、溶剂互溶、两相的相对密度相差较小等，也可能出现分层不明显。此时，不能振摇分液漏斗，只能"回旋"分液漏斗，或者根据具体情况，采用破乳方法：

(1) 可加入少量消泡剂(如戊醇、乙醇、磺化蓖麻油等)降低表面张力。

(2) 可用食盐将水层饱和，增加水相密度，或者利用盐析作用破坏乳化层。

(3) 若因碱性产生乳化，可加入少量稀硫酸或将整个溶液过滤。

(4) 最有实用意义的是让乳浊液静置较长时间。

2. 微量萃取

微量萃取操作请扫描下面二维码学习。

　　扫一扫　微量萃取操作　　　　　　　　　　　　　　　　　

3. 固-液萃取

　　固-液萃取法常用于从干燥的植物、菌类、海藻类及哺乳动物类等物质中提取天然有机化合物，也可除去某些固体化合物中的特定杂质。萃取效率取决于混合物中各组分在所选用的溶剂中的溶解度、被萃取物的粒度及和萃取溶剂的接触时间。萃取方法分一次萃取和连续萃取两类。

一次萃取是将固体物质和合适的溶剂一起回流(或长期浸取)，经一段时间后，固体中的有机化合物逐渐溶于溶剂而被萃取出来。这种方法简单但效率低，往往需重复多次(一段时间后将溶剂与固体物质分离，再用新鲜溶剂同样处理)，费时、耗溶剂量大，若在敞开容器中操作，还需防火并防止有刺激性或有毒气体逸出。故化学实验室中一般不采用。

连续萃取法是用热溶剂对固体物质进行萃取的方法，最常用的仪器是脂肪提取器，又称索氏提取器(Soxhlet extractor，见图 2-38)。

萃取前，取适量研细的被提取物装入滤纸筒中并放在提取筒内，轻轻压实(滤纸筒的下端仔细扎紧或折叠好，以免固体漏出而堵住虹吸管，固体的量约为滤纸筒高度的 3/4)。圆底烧瓶内装入适量的溶剂，加入 2~3 粒沸石，提取筒上接回流冷凝管。用适当的热浴加热，当溶剂沸腾时，蒸气向上通过管道进入冷凝管，被冷凝后回流到提取筒内与被提取物接触，当提取筒中

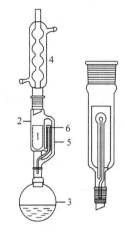

图 2-38 索氏提取器
1. 滤纸筒；2. 提取筒；3. 圆底烧瓶；
4. 回流冷凝管；5. 管道；6. 虹吸管

液面上升到刚超过虹吸管的顶端时，已萃取出部分有机化合物的溶剂通过虹吸而流回烧瓶。如此反复萃取，最后可把固体中可溶性物质富集到烧瓶中。提取时间视样品而异。提取液经浓缩后，用重结晶(或升华)或蒸馏等提纯方法处理所得物质，可得纯品。

扫一扫 索氏提取器操作

2.9 色谱分离技术

色谱法(chromatography)也称色层法或色谱法，是利用分子间相互作用力的差异进行分离、提纯、进而鉴定化合物的重要方法之一。

色谱法最初源于对有色物质的分离。1903~1906 年由俄国植物学家茨维特(Tswett)首先系统提出。他将叶绿素的石油醚溶液通过 $CaCO_3$ 管柱，并继续用石油醚淋洗，由于 $CaCO_3$ 对叶绿素中各种色素的吸附能力不同，色素被逐渐分离，在管柱中出现了不同颜色的谱带或称色谱图。随着各种鉴定技术的引入，色谱法已广泛应用于对各种无色物质的分离、分析工作中，"色谱"这一名称也远远超出原来的含义。但色谱法或色层分析法这个名称仍保留下来并沿用至今，也称色谱法或色谱技术。

由于样品混合物中各组分在结构、组成等方面的不同，其与互不相溶的两相(流动相和固定相)间的相互作用力不同。因而，当待分离混合物被引入固定相一端后，样品与固定相间迅速建立吸附或分配的暂时平衡。在流动相的推动下，组分被解吸，并在固定相表面单方向移动，在新的固定相表面建立起新的暂时平衡，随即又被流动相带走，如此反复进行，样品中

吸附或分配性能有微小差异的各组分在固定相表面逐渐分开。换言之，在被流动相带着通过固定相时，在两相间的反复多次分配使原来微小的差异累加而放大，形成差速迁移，使各组分在相对移动的同时逐渐分离。分离有色物质时，可清楚地看到多层次的色带。

按分离作用原理分，色谱法可分为以下几种：

(1) 吸附色谱法：利用被分离物质在吸附剂上被吸附能力的不同，用溶剂或气体洗脱使各组分得到分离。

(2) 分配色谱法：利用被分离物质在两相中分配系数的不同，使各组分得到分离。其中一相被涂布或键合在固体载体上，称为固定相；另一相为液体或气体，称为流动相。

(3) 离子交换色谱法：利用被分离物质在离子交换树脂上交换能力的不同，使各组分得到分离。常用的离子交换树脂有不同强度的阳离子交换树脂、阴离子交换树脂，流动相为水或含有有机溶剂的缓冲液。

(4) 排阻色谱法：又称凝胶色谱法，利用被分离物质分子大小的不同导致在填料上渗透程度不同，使各组分得到分离。常用的填料有分子筛、葡聚糖凝胶、微孔聚合物或玻璃珠等，根据固定相和供试品的性质选用水或有机溶剂作为流动相。

按分离介质分，色谱法可分为以下几种：

(1) 薄层色谱法：优点是操作、显色比较方便，薄层色谱法斑点集中，薄层板耐腐蚀。

(2) 柱色谱法：分为吸附柱色谱和分配柱色谱两类。适用于分离或精制较大量的样品，多组分分离。整个分离过程需要几小时甚至几天才能完成。

(3) 纸色谱法：以纸为载体，纸上所含水分或其他物质为固定相，用展开剂展开的分配色谱。缺点是不能用腐蚀性显色剂，分离效果不如薄层色谱法斑点集中。

其中，柱色谱根据流动相不同可分为气相色谱(流动相为气体-载气)、液相色谱(流动相为液体，优点是高效能、高选择性、高灵敏度、用量少、分析速度快、并可制备高纯物质)和超临界流体色谱，液相色谱又可分为常规液相色谱、高效液相色谱和离子色谱等。毛细管电泳利用各组分在电场内移动速率的差异而进行分离分析，从本质上讲它不属于色谱法，但现代的高效毛细管电泳运用了毛细管色谱技术和色谱微量检测技术，故国际学术界将其归入色谱法范畴。

色谱法在化学、生物学、医学及生命科学等领域的应用越来越多，它可以解决天然色素、蛋白质、氨基酸、中草药有效成分、生物代谢产物和无机元素等的分离和分析。例如，分析茉莉花浸膏时一次能检定其中 30 多种成分，分析酒类时可得到多达上百个良好分离的组分峰，气相色谱-质谱联用法则可在 30 min 内分离分析石油馏分中的近 300 个组分。

2.9.1　薄层色谱

1. 薄层色谱的原理及 R_f 值

薄层色谱(thin layer chromatography，TLC)和纸色谱属于平面色谱(plate chromatography)，其分离有别于柱色谱，分别在纸和薄层板上进行。尽管平面色谱的原理可追溯到中世纪，但方法直到 20 世纪 40 年代才问世。80 年代后出现了仪器化薄层色谱法，使原本只能进行定性或半定量分析的平面色谱法定量结果的重现性和准确度都大大提高，成为一种极有使用价值的分离分析方法。

薄层色谱法是一种微量、快速和简便的色谱方法，可用于分离混合物和精制化合物。将吸附剂或支持剂铺在玻璃板、塑料或铝基片上,将样品点在其上,然后用溶剂展开,使样品中各组分相互分离。该方法分离时间短(几十分钟就可以达到分离效果),分离效果好,需要的样品量少(几十微克甚至 0.01 μg)。这是一种简便、快速、微量的分离分析技术,其应用范围非常广泛。

根据分离原理的不同,薄层色谱可分为:吸附薄层色谱(用硅胶、氧化铝等吸附剂)、分配薄层色谱(用硅藻土和纤维素等)和离子交换色谱(薄层材料为含有交换活性基团的纤维素),其中吸附薄层色谱应用最广泛。

吸附薄层色谱:被分离物质的分子同时受到吸附剂的吸附和溶剂的溶解作用。由于混合物中不同物质与吸附剂(固定相)之间的吸附力不同和不同物质在溶剂(流动相)中的溶解度不同,当这种吸附和溶解(解吸)达到平衡时,不同的物质在固定相和流动相之间便具有不同的质量分配比或平衡常数(K)。随着固定相和流动相连续不断地相对移动,物质在固定相和流动相之间的平衡状态不断被打破和重新建立,物质也因此随着流动相的运动而移动。

分配薄层色谱:原理与吸附薄层色谱相似,所不同的是固定相是液体,该液体是由其他固体材料(又称支持剂、载体或担体)支持或载附的,不随流动相的移动而移动。常用的支持剂有硅胶、硅藻土、纤维素等。常用固定相有水、甲酰胺、石蜡油和纤维素等。因此,物质的分离是依靠不同的物质在两种液相之间具有不同的分配系数(K),同时又连续不断地形成分配平衡而实现的。

薄层色谱是一种微量、简单、快速的色谱法,兼备柱色谱和纸色谱的优点。既能分离微克级(甚至纳克级)样品,也可用作制备色谱分离较大量的样品(需将薄层板加宽加长,涂层加厚,多次点样或将样品点成一条线),分离多达 500 mg 的样品,用于样品的分离与精制,特别适合用于挥发性小或在较高温度易发生变化而不能用气相色谱分析的物质。

在洁净干燥的载玻片或涤纶片上均匀地涂布一层吸附剂,制成薄层板。待干燥并活化后,用管口平整的点样管(毛细管)将样品溶液点在离薄层板末端约 1 cm 处,把此薄层板放入展开缸内以合适展开剂展开,至溶剂前沿上升至离薄板上端约 1 cm 时,将薄层板取出,用铅笔轻轻画出溶剂前沿和斑点轮廓,晾干。对于无色的物质,喷以显色剂或直接在紫外光下照射,被分离的各组分在不同位置呈现色斑,再画下斑点的位置及形状。最后计算比移值 R_f (图 2-39)。

$$R_f = \frac{\text{原点到斑点中心的距离}}{\text{原点到溶剂前沿的距离}} = \frac{\text{溶质移动的距离}}{\text{溶剂移动的距离}} = \frac{a}{b}$$

R_f 值随被分离物质的结构、固定相及流动相的性质、温度、吸附剂的种类、粒度、活度(吸附能力)、展开剂的纯度、组成及挥发性、薄层的厚度、展开方式(上行或下行)、展开缸的形状、大小及饱和程度及薄层板的活化程度等因素而改变。当实验条件固定时,任何一种特定化合物的 R_f 值是一个常数, R_f 值可以作为鉴定和检出该化合物的指标,就像测定熔点或其他物理常数一样,这也是为什么薄层色谱能作为定性分析的依据。由于影响 R_f 值的因素很多,实验数据往往与文献值不完全相同,为了获得相同的色谱条件,通常是把未知样和标准样分别滴加在同一块薄层板上比较,且薄层板的各部位要一致。

易被吸附的物质(极性大、吸附作用强的物质)相对移动较慢,在薄

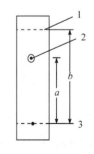

图 2-39　R_f 值计算
1. 溶剂前沿; 2. 溶质浓度中心; 3. 点样线

层板上移动的距离较小。较难被吸附的物质(极性小、吸附作用弱的物质)相对移动较快,在薄层板上移动的距离较大。经过一段时间的展开,混合物中各组分在薄层板上连续不断地进行吸附和解吸附过程,从而使各组分移动的速度产生差异,不同物质彼此分开,最后形成互相分离的斑点。

2. 薄层色谱的基本操作过程

薄层色谱的基本操作过程包括:选择吸附剂,制备薄层板,点样,选择展开剂、展开,显色,扫描,记录。

1) 选择吸附剂

根据被分离物质的性质选择吸附剂,最常用的是硅胶和氧化铝,其次是纤维素、硅藻土、聚酰胺等。

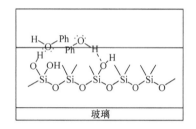

图 2-40　硅胶表面与有机物的偶极-偶极
作用和氢键作用示意图

硅胶:微酸性极性固定相,适用于酸性、中性物质的分离(可制备成酸性不同或碱性硅胶,扩大使用范围)。硅胶适用于分离极性较大的化合物(羧酸、醇、胺等),而非极性化合物在硅胶板上吸附较弱,分离较差,R_f 值较大(图 2-40)。

氧化铝:碱性极性固定相,适用于碱性、中性物质的分离(可制备成中性或酸性氧化铝,扩大使用范围)。氧化铝的极性比硅胶大。氧化铝比较适用于分离极性较小的化合物(烃、醚、醛、酮、卤代烃等),因为极性化合物被氧化铝较强烈地吸附,分离较差,R_f 值较小。

纤维素:含有羟基的极性固定相,适用于亲水性物质的分离。

聚酰胺:含有酰胺基的极性固定相,适用于酚类、醇类化合物的分离。

吸附薄层色谱最常用的吸附剂是氧化铝和硅胶。硅胶和氧化铝的商品型号因助剂的不同而不同(表 2-7)。

表 2-7　硅胶和氧化铝的商品型号

硅胶型号	助剂	氧化铝型号
硅胶 H	不含黏合剂和其他添加剂	氧化铝 H
硅胶 G	含有煅石膏作黏合剂	氧化铝 G
硅胶 HF$_{254}$	含有荧光剂,可于 254 nm 下观察	氧化铝 HF$_{254}$
硅胶 GF$_{254}$	既含有煅石膏又含有荧光剂	氧化铝 GF$_{254}$

薄层色谱用的薄层板分为加黏合剂的(称为硬板或湿板)和不加黏合剂的(称为软板或干板)两种,前者用得较多。所用黏合剂有煅石膏($CaSO_4$)、淀粉、羧甲基纤维素钠(CMC)等,以 CMC 的效果最好。一般先将 CMC 放在少量蒸馏水中浸泡,再配成 0.5%~1% 的水溶液,经 3 号砂芯漏斗过滤后使用。

市售薄层用硅胶 G、氧化铝 G 等就是含 13%~15% 石膏的制品。为了便于无色物质的检测,可以添加 1.5% 的硅酸锌锰(Zn_2SiO_4:Mn),制成在 254 nm 紫外光激发下发出荧光的薄层板,称为荧光板。市售的硅胶 GF$_{254}$ 即属于这类吸附剂。为了能够分离含 π 键的顺反异构体,可在吸附剂中加入硝酸银制成硝酸银薄层板。添加硼酸制成的薄层板则可以分离单糖类化合物的赤式和苏式异构体。

吸附剂粒度：硅胶和氧化铝粒度为 150～300 目，聚酰胺粒度为 70～140 目，纤维素粒度为 160～200 目。颗粒太大，展开剂移动速度快，分离效果不好；反之，颗粒太小，溶剂移动太慢，斑点不集中，效果也不理想。

2) 制备薄层板

薄层板制备的好坏将直接影响色谱效果。薄层应尽量均匀而且厚度一致(0.23～1 mm)，否则展开后溶剂前沿不齐，结果也不易重复。

制板用料的配比为：10 g 硅胶加入 21～22 mL 0.5%～1% CMC 水溶液，或者 10 g 氧化铝加 11 mL 蒸馏水，在研钵中立即调成糊状物，一般可涂四至五片 3.5 cm×10 cm 的薄层板。硬板(湿板)制备法有：

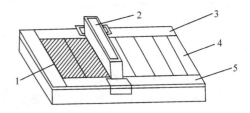

图 2-41 薄层涂布器
1. 吸附剂薄层；2. 涂布槽；3、5. 玻璃夹板；4. 玻璃板

(1) 使用铺板器：将洁净干燥的玻璃板置于铺板器中间，如图 2-41 所示夹好厚度合适的玻璃板，在涂布槽中倒入糊状物，自左向右推，将糊状物均匀地涂在玻璃板上。也可用边缘光滑的洁净玻璃片或不锈钢尺自左向右将糊状物刮平。

一般取一份吸附剂加两份水，研磨调成糊状，涂布，厚度一般为 0.3～0.5 mm，一块 5 cm×20 cm 的薄层板约需 3 g 吸附剂。

(2) 倾注法：将调好的糊状物倒在玻璃板上，用玻璃棒或角匙铺平(或上述刮平后的板)，用手捏住玻璃板一角，轻轻平敲台面，使薄层表面光滑，并除去糊状物中的气泡。

调糊的方法随着材料和黏合剂的不同而有所不同。

用石膏作黏合剂的吸附剂(如硅胶 G、氧化铝 G、硅胶 GF_{254})或不含黏合剂的吸附剂(如硅胶 H、氧化铝 H)的调制均是取 1 份吸附剂，加 2～3 份水，用角匙或玻璃棒调匀后(允许有团块和气泡存在！)，即可涂铺。

用羧甲基纤维素钠作黏合剂时，取 1 份硅胶 H(200～250 目)，加入 2 份 0.5% CMC 溶液，充分调匀后，即可涂铺。

用淀粉作黏合剂时，取 0.95 份硅胶 H(200～250 目)，加 0.05 份淀粉(可溶性淀粉不能用)，加 2～3 份水，在沸水浴上加热，不停搅拌下煮沸 5min，直到获得最大的黏稠度，再加 1 份水，再煮 1～2 min，调匀，冷后涂铺。

1 份纤维素粉，加 5～6 份水(或丙酮)，调成糊状后涂铺。

1 g 聚酰胺，加 6 mL 85%甲酸，搅拌溶解后，再加 3 mL 70%乙醇，调匀后，即可涂铺。

3) 薄层板的活化

将涂好的薄层板水平放置，于室温下晾干后(应避免阳光直射，以防开裂)，放在烘箱内加热活化。硅胶板需在烘箱内慢慢升温至 105～110℃后保温 30 min，冷却后取出；氧化铝板需在 200～220℃烘 4 h，可得到活性Ⅰ级的薄层板，吸附层的活性随含水量的降低而增加。活化好的薄层板应保存在干燥器中备用。1 周内可使用，超过 1 周，用前需再次活化，不主张反复活化，长期使用。

用于分配色谱的硅胶薄层板无需活化，在室温下放置 12 h 后即可使用。

4) 点样

点样常用的工具是微量注射器或毛细管。

将待测样品用挥发性溶剂(如丙酮、甲醇、乙醇、氯仿、乙醚)配成约 1% 的溶液，然后用一支平口的细毛细管吸取少量样品溶液点在薄层板上，点样的位置为距板底端约 1 cm 处，距边缘至少 5 mm(以免边缘效应影响分离效果)。因此，一块 3.5 cm 宽的薄层板上，点样最多应不超过三个，并点在同一水平线上。点样时斑点应尽可能小(直径 1～1.5 mm)，不能损伤薄层表面，更不能戳出小孔，否则展开后的斑点形状不正常。正常斑点应是均匀的圆形色斑。

 薄层色谱操作

点样量对分离效果影响很大，且与显色剂灵敏度、吸附剂类型、薄层厚度等因素有关。样品太少时，展开后的斑点不清晰，难以观察；样品太多时，往往出现斑点太大或拖尾，易造成 R_f 值接近的斑点相连。点样量随薄层厚度和分离目的而定，在 0.25 mm 厚度的薄层上作定性分离时，一般点样量为几至几百微克，若薄层厚度增加，点样量可适当加大。制备分离时，因层厚可达 1～3 mm，点样量可达几十至几百毫克。

如果溶液太稀，会造成斑点扩散，影响分离效果，最好浓缩后点样，也可在同一位置上多次点样(应让溶剂挥发后才点第二次)。若多次点样位置不同心，则展开后的斑点将呈葫芦形。点样薄板需晾干后再行展开。各点在"同一起跑线上"，必要时可在紫外灯下点样，有利于控制点样量。

5) 展开

选择合适的展开剂是薄层色谱获得满意分离效果的关键因素之一。展开剂的选择取决于样品的极性、样品的溶解度和吸附剂的活性等因素。溶剂的极性越大，则对化合物的洗脱能力也越大。能使点在板上的所有物料与溶剂一起前进的溶剂，表示其极性过大；不能使斑点中任何物料移动的溶剂，则表示极性不够。当找不到合适的单纯溶剂时，可以用两种或三种溶剂按一定比例混合。

对于烃类试样，优先选择的良好溶剂是己烷、石油醚和苯。己烷和石油醚中掺进各种不同比例的乙酸乙酯或乙醚后就变成中等极性的混合溶剂，它们对许多常见官能团化合物都很有用。极性试样可能需用二氯甲烷、乙酸乙酯、丙酮或甲醇等极性大的溶剂进行洗脱。

确定良好溶剂的一条快捷途径是同心圆法，即在一块板上点上同一试样的几个斑点，斑点之间至少相隔 1 cm，在滴管中吸入一种溶剂并让滴管与斑点之一轻轻接触，溶剂将向外扩展成一圆圈，将溶剂前沿用铅笔画出。在每一个斑点上各点上一种不同的溶剂，当这些溶剂向外扩展时，所有斑点都扩大成同心圆环。根据同心圆环的外形，可对溶剂的适宜性作出大致判断。所用溶剂必须纯粹和干燥，否则会影响吸附剂的活性和分离效果。图 2-42 为用同心圆环法实验时的几种情况。

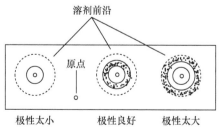

图 2-42　用同心圆环法选择展开剂

薄层色谱有多种展开方式，一般可分为上行、下行、圆形展开和双向展开等。无论使用哪种展开方式，均需在密闭容器(展开缸)中进行，且该容器内应当用流动相的蒸气饱和。含黏合剂的硬板常用上行展开法[图 2-43(a)]，软板则采用近水平上行展开法，也可用下降展开法[图 2-43(b)]。

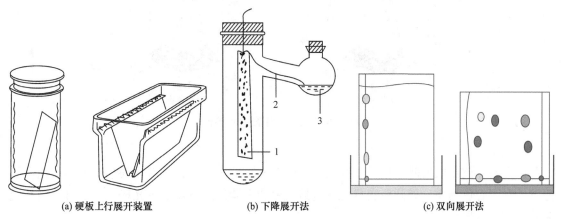

(a) 硬板上行展开装置　　　　(b) 下降展开法　　　　(c) 双向展开法

图 2-43　薄层色谱的展开方式

1. 薄层板；2. 滤纸条；3. 溶剂

上行法操作程序是：先把一定量的展开剂倒入展开缸中，然后将薄层板点样端朝下以一定角度小心地放置在展开缸中，展开缸中溶剂的液面应在离样品原点 0.5 cm 以下。加盖密闭，展开剂借毛细作用慢慢上移，当展开剂的前沿距薄层板另一端约 1 cm 时，取出薄层板，用铅笔轻轻画下溶剂前沿，然后让薄层板上的溶剂自然挥发。

组成较复杂、用一般色谱法难以分离的混合物可采用双向展开法。其操作程序是：取一块方形薄层板，将样品点在角上，展开后，取出晾干。将薄层板转动 90°，换一种性质差异较大的展开剂再次展开[图 2-43(c)]。此法又称二维色谱法，可得到较满意的分离效果。

在展开过程中，展开缸中应保证充满展开剂的饱和蒸气，否则会因薄层板上展开剂的不断蒸发而造成边缘效应(薄层板边缘的溶剂蒸发速度快，使样品斑点往边上移动)，影响 R_f 值。为此，可在展开缸内壁垫上一个用展开剂浸湿的滤纸筒，以保证展开缸内充满溶剂饱和蒸气。

展开剂的选择原则与柱色谱洗脱选择相似，需视样品的极性或溶解度而定。要求所选用的展开剂对薄层吸附剂有一定亲和力，能把被分离物质从吸附剂表面解吸出来，但解吸能力又不太强，否则被解吸出来的物质不易进行再吸附。同时，所选用展开剂的极性应略小于被分离物质，且对被分离物质有一定的溶解度。当单一溶剂不能满足需求时，可考虑选用多元混合系统作展开剂。具体可用三角形法确定。

如图 2-44 所示，将三角形的一个顶点指向某一点，其他两个因素随之自动增减，相应定位展开剂的极性或固定相的活度。例如，用吸附薄层色谱分离极性化合物时，应选活度级别大(吸附活度小)的薄层板和极性强的洗脱剂展开；非极性化合物则采用吸附活性大的固定相，并用非极性溶剂展开。

多次展开：用展开剂对薄层展开一次，称为单次展开。一次展开后，取出薄层板，挥发除去展开剂后再行展开。

梯度展开：该法所用的展开剂在连续不断地改变组成。一般可把一个装有强极性展开剂的滴定管伸入密闭的含弱极性展开剂的色谱槽中，在色谱槽中用磁力搅拌器把滴下的强极性展开剂混匀。此时，展开剂的极性逐渐由弱变强，使极性差别较大的多种组分混合物得以很好的分离。

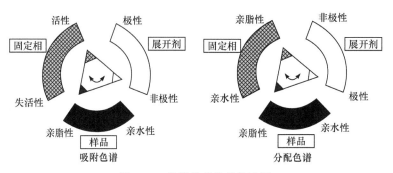

图 2-44　色谱分离条件的选择

6) 显色

检视与显色：取出薄层板，立即用铅笔轻轻画下溶剂前沿，然后让薄层板上的溶剂自然挥发。对于有色物质，展开后在日光下直接观察或在紫外灯下观察荧光斑点。及时描绘并记录斑点的位置和颜色。

对于无色物质，将展开后的薄层板晾干溶剂后，可采取若干方法对薄层板上的组分进行定位。

(1) 光学检测法：很多无色样品可以吸收紫外线而在紫外光(254 nm 或 365 nm)下显示不同颜色的斑点。

另有一些可吸收一定波长光照射显示荧光斑点。如果被分离物质本身无荧光，在可见光、紫外光下均不显示，也没有合适的显色方法，可在紫外光灯 254 nm 下观察荧光薄层板上黄色荧光背景上的紫蓝色斑点，这是由于化合物减弱了吸附剂中荧光物质的紫外吸收强度，引起了荧光的熄灭。光学检测法使用方便，不破坏被检测物质，适用于双向展开和多向展开。

(2) 碘蒸气显色法：碘蒸气显色法操作较简便。将少量碘晶体置于密闭容器中，待容器中充满碘蒸气后，将展开并除去溶剂的薄层板放入，许多物质能与碘可逆地作用而呈现黄棕色斑点。但需注意有些化合物(如酚类等)与碘反应，则不能用此法显色。此外，薄层板上仍有剩余溶剂时，碘蒸气会与溶剂结合，使薄层板呈淡棕色，有碍观察，所以放入前需将薄层板晾干。薄层板取出后，碘升华逸出，斑点消失，需立即用铅笔标出斑点位置。

(3) 试剂显色法：根据被分析化合物的性质选用某种显色试剂(表 2-8)，以喷雾方式直接喷到薄层板上，可呈现出不同颜色的斑点。喷洒显色剂后一般还要在 $80\sim100^{\circ}\mathrm{C}$ 加热几分钟，观察原有斑点的颜色变化及是否出现新的斑点。及时描绘并记录斑点的位置和颜色，计算其 R_f 值。试剂显色法最大的缺点是显色后有机化合物已被破坏，无法回收。

表 2-8　一些常用显色剂及检出物质

显色剂	配制方法	能被检出物质
浓硫酸	直接使用 98% H_2SO_4	通用试剂，大多数有机化合物加热后显黑斑
香兰素-浓硫酸	1%香兰素的浓硫酸溶液	冷时检出萜类化合物，加热时为通用试剂
四氯邻苯二甲酸酐	2%四氯邻苯二甲酸酐溶液 溶剂：丙酮：氯仿=10∶1(体积比)	芳香烃
硝酸铈铵	6%硝酸铈铵的 2 mol·L^{-1} HNO$_3$ 溶液	醇

显色剂	配制方法	能被检出物质
铁氰化钾-三氯化铁	1%铁氰化钾水溶液和2%三氯化铁水溶液，使用前等体积混合	酚
2,4-二硝基苯肼	1.4% 2,4-二硝基苯肼的2 mol·L^{-1} HCl 溶液	醛、酮
溴酚蓝	0.05%溴酚蓝的乙醇溶液	有机酸
茚三酮	0.3 g 茚三酮溶于 100 mL 乙醇中	氨基酸、胺
三氯化锑	三氯化锑的氯仿饱和溶液	甾体、萜类、胡萝卜素
二甲氨基苯胺	1.5 g 二甲氨基苯胺-25 mL 甲醇、25 mL 水-1mL 乙酸的混合溶剂	过氧化物

3. 薄层色谱法的应用

薄层色谱法的应用体现在以下几方面：

(1) 确定两个化合物是否相同。

在同一块薄层板上并排点两个化合物的样品，展开后，若 R_f 相等，则它们很可能是同一化合物；若 R_f 不相等，则它们肯定不是同一化合物。

(2) 化合物纯度的检验。

无论薄层板用何种溶剂展开，只出现一个斑点，且无拖尾现象，为纯物质。可用于药品和制剂的质量控制及杂质检查。例如，性质极其相似的异构体化合物，有时很难找到一种溶剂使其分离。若有几个斑点，则肯定是混合物，且可知其中的组分数目。

(3) 跟踪化学反应进程。

可在反应过程中的各点取出反应液混合物样品进行薄层分析，通过反应原料和产物斑点的情况跟踪反应进程，利用薄层色谱观察原料斑点的逐步消失，从而判断反应是否完成。

(4) 探索柱色谱的分离条件。

当拟用柱色谱分离混合物时，可先用薄层色谱选择最佳溶剂，可节省时间。只要所用吸附剂相同，在薄层色谱中所得最佳分离的溶剂在柱色谱中也会非常有效。同时，又可用薄层色谱来监控柱色谱的结果，把每批柱色谱流出液做薄层色谱，即可鉴定其中含有何种组分，从而判断柱色谱的进程。

(5) 制备分离薄层色谱(preparation thin layer chromatography，PTLC)。

使用涂层较厚(>0.5 mm)的制备型大板(20 cm × 20 cm)，一次可分离 0.2～0.5 g 物料，因此应用范围广泛。用滴管代替毛细管点样为一条线，展开后用光学显色或其他合适的方法显色，刮下相应样品带，用有机溶剂溶解出化合物样品，浓缩得到被分离的化合物。

2.9.2　柱色谱

柱色谱(column chromatography)是分离混合物和提纯少量有机化合物的有效方法，有经典柱色谱、气相色谱和高效液相色谱之分。气相色谱法的固定相可以是普通的固体吸附剂，也

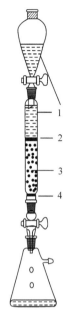

图 2-45 柱色谱装置
1. 溶剂; 2. 砂层; 3. 吸附剂; 4. 砂芯层

加热活化。

可以是惰性固体(载体)表面均匀涂布的高沸点有机化合物(固定液),在一次分析中流动相不变,为氮气或氢气。高效液相色谱的固定相除固体吸附剂外,更多的是键合在载体表面的特种有机化合物,在一次分析中其流动相的相对组成和流速均可按需要随时变动,故分析更灵活,应用面更广。本节讨论经典柱色谱,其装置见图 2-45。

1. 吸附剂选择

吸附剂的吸附能力主要取决于吸附剂与被分离化合物之间的相互作用力,随化合物所含基团极性的增大,与吸附剂的作用力增强,吸附剂的吸附性也越强。在实际分离中,氧化铝、硅胶、氧化镁、硅酸镁(均为极性吸附剂)和活性炭(非极性吸附剂)最常用,其选择取决于被分离的化合物的类型。

大多数吸附剂都强烈地吸水,且不易被其他化合物置换,从而降低了吸附剂的活性。根据表面含水量不同可把硅胶和氧化铝分为 Ⅰ~Ⅴ 五种活性等级(表 2-9),因此在使用前必须

表 2-9 硅胶和氧化铝的活性等级

活性等级	I	II	III	IV	V
硅胶含水量(质量分数)/%	0	5	15	25	38
氧化铝含水量(质量分数)/%	0	3	6	10	15

吸附剂的颗粒大小应均匀合适,过细则洗脱液流速慢,普通常压色谱操作费时;若用加压色谱柱色谱,则可选用 200 目以上的吸附剂,以实现快速分离。吸附剂用量一般为被分离物质质量的 20~50 倍,最高可达 100 倍以上。

硅胶可广泛用于烃、醇、酮、酯、酸和偶氮化合物的分离。氧化铝的活性大、吸附力强、极性大,有酸性、中性和碱性三种,以中性氧化铝应用较多,可用于分离生物碱、挥发油、萜类、油脂、树脂、皂苷类以及常见的酸性和碱性物质。由于氧化铝对极性化合物的吸附作用很强,对以下物种的吸附能力依次为:酸和碱>醇、胺、硫醇>酯、醛、酮>芳香族化合物>卤代物>醚>烯烃>饱和烃,需选择合适溶剂依次洗脱。

2. 洗脱剂选择

洗脱剂对分离效果有极大的影响,复杂体系可采用多元洗脱剂。一般要求该溶剂的极性小于样品极性(否则样品不易被吸附);溶剂对样品的溶解度合适,过大影响吸附,但太小则会增加溶液的体积,使色带展宽。常用的洗脱剂按极性递增顺序依次为:石油醚、环己烷、四氯化碳、苯、二氯甲烷、氯仿、乙醚、乙酸乙酯、丙酮、乙醇、甲醇、水、乙酸等。

吸附剂不同,对溶剂的要求也不同。硅胶、氧化铝等极性吸附剂宜选用非极性溶剂,而活性炭等非极性吸附剂则宜选用极性大的溶剂,如乙醇、水等。在多组分分离时,通常先选

用非极性溶剂，按需要再逐步加大其极性，以达到最佳分离效果。在进行吸附柱色谱分离时，应根据样品的性质、吸附剂的性质、流动相的极性三个因素综合考虑。根据"相似相溶原理"，极性大的样品需选择活性较小的柱子，用极性较大的流动相进行分离；极性较小的样品则应选用活性较大的柱子，并用极性较小的流动相洗脱。

3. 操作过程

1) 装柱

装柱是柱色谱中最关键的操作，将直接影响分离效果。第一步都是选择长度约为直径 10 倍的色谱柱，洗净烘干后垂直固定在铁架上。

吸附剂的加入有湿法和干法两种。

干法：将吸附剂一次加入色谱管，振动管壁使其均匀下沉，然后沿管壁缓缓加入开始色谱时使用的流动相，或者在色谱管下端出口加活塞，加入适量的流动相，旋开活塞使流动相缓缓滴出，然后自管顶缓缓加入吸附剂，使其均匀地润湿下沉，在管内形成松紧适度的吸附层。操作过程中应保持有充分的流动相留在吸附层的上面。

湿法：将吸附剂与流动相混合，搅拌以除去空气泡，将一小团玻璃棉(或脱脂棉)轻轻塞在色谱柱底部，倒入溶剂至柱的 3/4 高度，放入一张比柱内径略小的圆滤纸，打开活塞，控制流速为每秒 1 滴。慢慢加入吸附剂与溶剂调成的浆状物，并用木棒轻敲柱身下部，使填装紧密，可再加入流动相，将附着于管壁的吸附剂洗下，使色谱柱表面平整。装柱至 3/4 高度时，再在吸附剂的上面加一张滤纸，装柱时液面始终不低于吸附剂表面。让填装吸附剂所用流动相从色谱柱自然流下，当液面将与柱表面相平时，即加试样溶液。

干法装柱时柱中容易形成气泡或裂缝，影响分离效果，故多用湿法装柱。

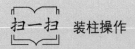 装柱操作

2) 试样的加入

湿法上样：将试样溶于色谱使用的流动相中，再沿色谱管壁缓缓加入。注意勿使吸附剂翻起。

干法上样：一般用于固体或黏度大的液体样品。可将试样用低沸点易溶溶剂溶解，加入 1~3 倍的粗硅胶，晾干或旋干，使其呈松散状；将混有试样的吸附剂加在已制备好的色谱柱上面。如果试样在常用溶剂中不溶解，可将试样与适量的吸附剂在研钵中研磨混匀后加入。

将待分离混合溶液从柱顶加入，调节流速仍为约每秒 1 滴，待液面将至填料面时加入选定的洗脱剂。根据柱体积弃去适量接收液，然后收集不同有色组分的洗脱液(或一定体积的无色组分洗脱液)为相应流分。各流分可用相应的检测方法进行鉴定，将含同种物质的流分合并。蒸去洗脱剂即可得到纯物质。

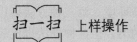 上样操作

3) 展开及洗脱

溶剂的选择也许是整个柱色谱分离操作中最困难之处，也是实验成功的最关键之处。溶剂通常先利用简便的硅胶薄层色谱进行筛选。

把样品溶解在一种低沸点的有机溶剂(如氯仿、丙酮、甲醇、乙醇等)中，然后用毛细管或微量点样管将试液点到薄层板上。点样量要适当，一般点样量较少，则分离较清晰，但要注意检测灵敏度。然后展开，可采用微量圆环法和小型色谱法选择展开剂。

除另有规定外，通常按流动相洗脱能力大小，递增变换流动相的品种和比例，分别分步收集流出液，至流出液中所含成分显著减少或不再含有时，再改变流动相的品种和比例。操作过程中应保持有充分的流动相留在吸附层的上面。

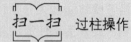　扫一扫　过柱操作　

4) 色谱柱的检测

a. 初步检测

当冲洗溶剂流出一定量后，可对流出液进行初步检测，并且将锥形瓶更换成小试管进行收集。一般只进行初步的快捷检测，因此通常是取一小薄层板，用铅笔和直尺将硅胶板划分成多个小方块，并按一定的次序编号。取一根内径为 0.3 mm 左右的玻璃毛细管蘸取少量流出液，点于薄层板的一个小格内，待半点干后，然后用物理或化学方法检测。

b. 正式检测

上样：取分步收集的冲洗溶液分别直接点样，如果冲洗溶液浓度太低，可先浓缩。点样的容器一般用玻璃毛细管，点样斑点的直径一般为 3～5 mm。

展开：在普通的展开槽中进行，展开方式常选用上行展开。

展开剂：使用冲洗溶液。

显色：常用物理检测法和化学检测法。物理检测法中首先有紫外光法，紫外光常用两种波长(254 nm 与 365 nm)；其次是碘蒸气显色法。化学检测法通常进行显色剂直接喷雾。显色剂有通用显色剂和专用显色剂。通用显色剂最常见的是硫酸-乙醇或甲醇(1：1，体积比)溶液，喷雾后，有的化合物立即反应，但多数化合物需加热后经过数分钟才显色，不同化合物的反应不同，所以颜色也往往不同。专用显色剂是指对某个或某一类化合物显色的试剂，利用化合物本身的特有性质，或者利用其所含的某些官能团的特殊反应。展开后根据斑点的大小，可以粗略估计待分离物的含量大小。

合并：根据上面薄层检测的结果，可以将具有相同 R_f 值的部分合并，然后利用旋转蒸发仪对合并部分进行旋转蒸发，最后得到需要的目标产物。

5) 色谱柱的洗涤

在绝大多数情况下，硅胶分离柱中的硅胶是一次性使用。但在使用后的色谱柱中还含有冲洗溶剂，因此要将里面的硅胶倒出是比较困难的。取出硅胶的第一种方法是将该柱放置一段时间，让溶剂自然挥发后，倒出硅胶。但这种方法既费时又污染环境。第二种方法可以用一根比色谱柱稍长的木杆或塑料杆将含有溶剂的硅胶一段一段地掏出，但这种办法也比较麻烦。第三种方法是利用一个一般的真空泵，将柱中剩余的溶剂减压抽出，在色谱柱和真空

泵之间加一个冷却阱，这样抽出的溶剂既进行了有效的收集又不污染环境，而色谱柱中的硅胶能较快得到干燥，使硅胶能够方便地倒出。

除以上步骤外，柱色谱的方式也有多种。色谱柱可以分为加压柱、常压柱和减压柱。

压力可以增加淋洗剂的流动速度，减少产品收集的时间，但是会降低柱子的塔板数。因此，当其他条件相同时，常压柱效率最高，但时间长，如天然化合物的分离，一个柱子过几个月也是有的。

减压柱能够减少硅胶的使用量，能节省一半甚至更多，但因大量的空气通过硅胶，会导致溶剂挥发(在柱子外面有时有水汽凝结)，以及有些较易分解的物质可能得不到，而且须同时使用水泵抽气(噪音较大，而且时间长)。

加压柱是一种较好的方法，与常压柱类似，只不过外加压力使洗脱剂流得更快。压力的提供可以是压缩空气、双连球或小气泵。加压柱特别适合分离容易分解的样品。压力不可过大，不然溶剂流得太快会降低分离效果。

常压柱是色谱法中最常见的一种。它的突出优点是，分离效率比经典的化学分离方法高得多，与其他色谱法相比，不需要昂贵的仪器设备，更换流动相和吸附剂方便，消耗材料少，成本低，适合分离取样量从微克到克级范围很宽的各种样品，因此在化学实验室中至今仍被广泛应用。

4. 微量柱色谱

微量柱色谱(图 2-46)可分离 10～30 mg 样品，常用来除去产物中的杂质。微量柱色谱一般用硅胶做吸附剂(用量约 3 g)，用尺寸合适、体积较大的滴管做色谱柱，用薄层色谱选择合适的洗脱剂。将硅胶与极性最小的洗脱剂调成糊状，用滴管转移至色谱柱至 2/3 高度[图 2-46(b)]。基本操作与常量色谱法相同。

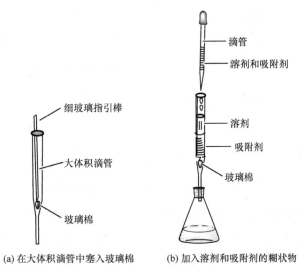

(a) 在大体积滴管中塞入玻璃棉　　　　(b) 加入溶剂和吸附剂的糊状物

图 2-46　微量柱色谱

2.9.3 纸色谱

纸色谱(paper chromatography，PC)主要用于多官能团或高极性化合物(如糖、氨基酸等)的分离。

纸色谱属于分配色谱,以滤纸的高纯度纤维素(大分子量的多羟基化合物)为载体,自然吸附在滤纸表面的水为固定相,流动相是另一种与水不相溶的溶剂。与薄层色谱一样,待样点干燥后将滤纸放在盛有展开剂的密闭容器中,由于滤纸的毛细作用,溶剂在滤纸上缓缓展开,样点中的各个组分由于移动速度不同,在随溶剂展开的过程中得到分离。待溶剂前沿达到一定的位置(离滤纸边缘 0.5～1 cm)后,取出滤纸,用铅笔画下溶剂前沿。如果各个组分带颜色,可以直接观察到各斑点。如果是无色物质,则可以用薄层色谱显色相同的方法使其显色。记下斑点及展开剂前沿的位置,计算 R_f 值。与薄层色谱一样,由于 R_f 值的重复性较差,因此总是通过在同一次实验中与标准物作对比的方法来鉴定未知物。纸色谱法的一般操作方法有上行法及水平径向法。

纸色谱所用滤纸要求薄厚均匀,不含杂质。通常做定性实验时可采用国产 1 号层析用滤纸,切成纸条,大小可根据需要选择,长度一般为 20～50 cm,宽度视样品个数而定。

操作方法如下:

点样、展开及显色与薄层色谱类似。将样品溶于适当溶剂中,用毛细管吸取样品溶液点在距离底边 2～3 cm 处的起点线上。点的大小直径一般不超过 5 mm,如果样品溶液浓度过低,可以在点样干燥后重复点样,甚至重复几次。

供纸色谱用的展开剂往往不是单一的,如常用的丁醇-水是指用水饱和的正丁醇。正丁醇-乙酸-水(4∶1∶5,体积比)混合溶剂是将三种溶剂按比例放在分液漏斗中充分振摇混合,静置,待其分层后,取上层正丁醇溶液作为展开剂。

纸色谱也须在密闭的展开缸中展开。装置见图 2-47,先加入少量选择好的展开剂,放置片刻,使缸内的展开剂扩散饱和,再将点好样品的滤纸条放入缸内。展开剂的水平面低于起点线 1 cm。展开剂即在滤纸条上上升,样品随之展开。当上升到滤纸的前沿线时,取出纸条。干燥后,与薄层色谱一样,在紫外灯下观察荧光斑点,或者在滤纸上喷显色剂显色,测定 R_f 值。

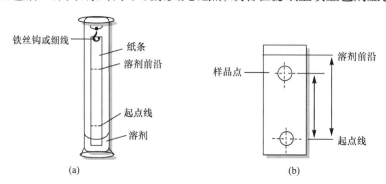

图 2-47　纸色谱装置(a)和纸色谱展开图(b)

R_f 值随被分离物质的结构、固定相与流动相的性质、温度以及滤纸的质量等因素而变化。当温度、滤纸等实验条件一致时, R_f 是一个特有的常数,因而可作为定性分析的依据。由于影响因素很多,所以实验数据与文献记录不完全相同,一般采用标准样品对照法比较可靠。此法一般适用于微量(5～500 mg)有机物质的定性分析,分离出来的色点也能用于比色法定量分析。

2.9.4　气相色谱

气相色谱(gas chromatography,GC)是以气体为流动相的色谱法,可以测定物质的化学组分和物理特性。气相色谱一般分析沸点低于 400℃的化合物，如气体物质或可以在一定温度下转化为气体的物质。

扫一扫　气相色谱

2.10　无水无氧操作技术

许多金属有机化合物对水或氧气敏感，即遇水或氧气发生化学反应。有些金属有机化合物遇水或氧气发生剧烈反应，甚至燃烧或爆炸，如 AlEt$_3$、t-BuLi、KH 等。因此，这类对氧气和水敏感的化合物的合成、分离等操作必须在无水无氧环境下完成。这里简要介绍无水无氧操作技术，其在有机化学和无机化学领域具有非常广泛的应用。

扫一扫　无水无氧操作技术

2.11　物理常数的测定

化合物的物理常数主要包括熔点、沸点、密度、折光率和比旋光度等。它们所表达的化合物的物理性质在一定程度上反映了分子结构的特性，故可以通过物理常数的测定来鉴定化合物。此外，杂质的存在必然引起化合物物理常数的改变，测定物理常数也可检验其纯度。固体试样可以测定熔点，液体试样测定沸点、密度、折光率等，具有旋光性的物质还可以测定比旋光度。

2.11.1　熔点的测定及温度计的校正

1. 基本原理

将固体物质加热到从固态转变为液态时的温度即为该物质的熔点。严格地说，熔点是固液两态在标准大气压下处于平衡时的温度。熔点是化合物重要物理常数之一，纯净的固体化合物一般都有固定的熔点，且熔程 (固体刚刚开始熔化到全部熔化的温度范围)不超过 0.5℃。若含有杂质，则其熔点往往较纯物质低，且熔程也较长。因此，可以通过测定熔点鉴定有机化合物，并根据熔程检验其纯度。

在一定温度和压力下，将某化合物的固、液两相置于同一容器中时，可能发生三种情况：①固相迅速转化为液相，即固体熔化；②液相迅速转化为固相，即液体固化(凝固)；③固、液两相同时存在。可以从该化合物的蒸气压与温度曲线(图 2-48)判断在某一温度下哪种情况占优势。

从图 2-49 可见，物质固相和液相的蒸气压均随温度升高而增加，但固相的蒸气压随温度的变化速率比液相的蒸气压大，最后两条曲线相交于 M 点。在交点 M 处，固、液两相可同时并存，此时的温度即为该物质的熔点(T_M)。当温度低于 T_M 时，由于液相的蒸气压比固相的蒸气压大，所有液相全部转化为固相。而当温度高于 T_M 时，由于固相的蒸气压比液相的蒸气压大，所有固相全部转化为液相。只有当温度等于 T_M 时，固相和液相的蒸气压才相等，固、液两相可并存。事实上，一旦温度高于 T_M，哪怕是极小一点，只要有足够的时间，所有固相都会慢慢转化为液相。因此，要精确测定一个化合物的熔点，越接近熔点时加热速度要越慢，升温速度控制在每分钟 1～2℃，不能太快。

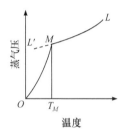

图 2-48　物质的蒸气压与温度曲线

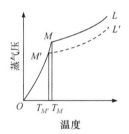

图 2-49　固体不纯时蒸气压降低

根据拉乌尔定律，在一定压力和温度下，溶质的加入将导致溶剂的蒸气分压降低，因此当有杂质存在时，有机化合物熔点比纯物质的熔点低是普遍情况。但当能形成新的化合物或固溶体时，两种熔点相同的不同物质混合后熔点会升高。由图 2-49 可见，当固体不纯时，液相的蒸气压曲线由 ML 变成 $M'L'$，液相和固相两条蒸气压曲线相交于 M' 点，相应的温度为 $T_{M'}$。当温度等于 $T_{M'}$ 时，固、液平衡。因此，有杂质时熔点下降。

如果未知物 A 与已知物 B 熔点相近或相同，要确定 A 与 B 是否为同一物时，可将它们研成粉末后按一定比例(1:9，1:1，9:1)混合，然后测混合物的熔点。如果测量值与 A 和 B 相同，则 A 和 B 为同一物质；如果混合物的熔点比 A 及 B 的熔点低得多且熔程明显加大，即证明 A 与 B 不是同一物质。

少数易分解的有机化合物尽管纯度很高，但也没有固定熔点。它们在未到达熔点之前已经分解，此时有颜色变化或气体产生，这类化合物的熔点实际上就是它们的分解点。

2. 毛细管法测定熔点

毛细管法测定熔点一般采用提勒(Thiele)管(又称 b 形管)，如图 2-50 所示。b 形管管口装开口的软木塞固定温度计，温度计的水银球位于 b 形管的上下两叉管口之间，b 形管中装入加热液体(称为浴液)，液面稍高于上叉管口即可，加热部位如图 2-50 所示。将 b 形管加热，受热的浴液在 b 形管内作上升运动，促使整个 b 形管内的浴液呈对流循环，使温度较为均匀，特别是温度计和样品所在的位置。

b 形管测定熔点的过程如下：

(1) 选取若干根内径 1 mm、长 80～120 mm、一端封口的薄壁毛细管作为熔点管。

(2) 取少量干燥样品用研钵研细，堆成一堆，将熔点管的开口端插入样品堆中，使样品挤入管内。然后把熔点管竖起来(封口端朝下)，让熔点管从一根长约 30 cm 的玻璃管或空气冷凝

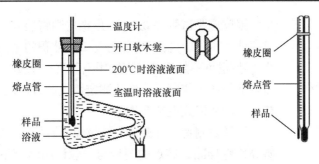

图 2-50　毛细管法测定熔点的装置

管中自由掉到表面皿上，利用这种自由落体运动的冲击力，使样品落到底部，如此重复数次，使样品装得紧密，样品高度以 2~3 mm 为宜。样品粉碎不够细或填装不结实，产生空隙导致不易传热，造成熔程变大。样品量太少不便观察，产生熔点偏低；样品量太多会造成熔程变大，熔点偏高。对于蜡状的样品，为了解决研细及装管的困难，只能选用较大口径(2 mm 左右)的熔点管。

(3) 用橡皮圈将装有样品的熔点管紧缚在温度计上，样品段必须靠近温度计水银球中部。要注意的是，熔点管外的样品粉末要擦干净，以免污染浴液。

(4) 将 b 形管固定在铁架台上，装入浴液，使液面高度达到 b 形管上侧管时即可。要根据所需的具体的温度，选用硫酸、甘油、液体石蜡和硅油等不同浴液。测定熔点在 140℃以下的物质，最好用液体石蜡或甘油作浴液；测定熔点在 140~220℃的物质，可选用浓硫酸作浴液；测定熔点在 220℃以上的物质，则可选用热稳定性优良、安全无腐蚀性的硅油作为浴液。

(5) 用开口软木塞将温度计和样品固定在 b 形管中，温度计刻度应面向木塞开口，温度计水银球和样品位于 b 形管上下两叉管口之间，并且不能碰壁，在两侧管中部为宜。

(6) 用酒精灯将 b 形管加热(加热部位见图 2-50)。开始时，加热升温速度可较快(每分钟 4~6℃)。当温度与被测试样的熔点相差 10~15℃时，调整火焰使升温速度控制在每分钟 1~2℃，并注意观察试样变化情况。升温速度是准确测定熔点的关键，越接近熔点，升温速度应越慢。这一方面是为了保证有充分的时间让热量由管外传至管内，以使固体熔化；另一方面因观察者不能同时观察温度计所示度数和样品的变化情况，只有缓慢加热，才能使此项误差减小。记录样品开始塌落并有液相产生时(初熔)至固体全部熔化(全熔)的温度范围，即为该化合物的熔程。要注意在初熔前是否有萎缩或软化、放出气体以及其他分解现象。

(7) 熔点测定时至少要重复两次。每一次测定必须用新的熔点管，以免在熔化过程中晶形改变或分解而引起熔点的改变。为了顺利测定未知物的熔点，可先粗测一次，以了解被测物质的大致熔点范围，待浴温降至熔点以下约 30℃，再另取装好样品的熔点管精密测定两次。

(8) 测定完毕，必须等浴液冷至室温，才能把它倒回原来的试剂瓶里。刚用完的温度计不可立即用冷水冲洗，最好用卫生纸擦去浴液，冷却后再用水冲洗，以免温度计炸裂。

毛细管法测定熔点的另一个装置是双浴式，如图 2-51 所示。将一支大试管经开口软木塞插入 250 mL 圆底烧瓶内，直至距瓶底约 1 cm 处，试管口也配一个开口软木塞，插入温度计，

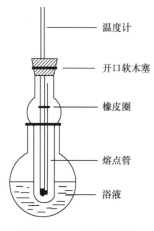

温度计

开口软木塞

橡皮圈

熔点管

浴液

图 2-51 双浴式测熔点

其水银球应距试管底 0.5 cm(用橡皮圈将装有样品的熔点管紧缚在温度计上)。瓶内装入约占烧瓶 2/3 体积的浴液,试管内也放入一些浴液(也可不加浴液,直接用空气浴),使在插入温度计后,其液面高度与瓶内相同。双浴式测定熔点的方法同 b 形管法,可用酒精灯、油浴锅或电热套加热。

如果被测物是易升华、易吸潮、易分解、低熔点(室温以下)物质等特殊样品,熔点的测定与一般样品略有不同。对于易升华物质,要将毛细管封管,并将毛细管全部浸入浴液中。对于易吸潮物质,为避免加热过程中吸潮引起熔点下降,也要用两端封闭的毛细管进行测定。有些物质在加热到熔点温度时可能发生分解,应采用毛细管封管后再测定。对空气敏感的化合物,可以将毛细管抽真空后密封,这样可避免氧化或分解。

3. 温度计的校正

用毛细管法测定熔点时,温度计上的熔点读数与真实温度常有一定的偏差,可能由下列因素引起:

(1) 温度计本身的质量问题,如温度计中的毛细管孔径不均匀,刻度不精确等。

(2) 温度计有全浸式和半浸式两种,其中全浸式温度计的刻度是在温度计的汞线全部均匀受热的情况下刻出来的,而测定熔点时仅有部分汞线受热,因而露出的汞线温度比全部受热时低。

(3) 温度计长期在过高或过低温度中使用,玻璃也可能发生体积变形而使刻度不准。

为了准确测定熔点,使用温度计前要先校正温度计。温度计校正的方法有如下两种:

(1) 选择一支标准温度计与需校正的温度计在同一条件下测定,比较所示的温度值。

(2) 选择数种已知准确熔点的纯化合物作为标准,测定它们的熔点。以测定的熔点值为纵坐标、测得的熔点与已知熔点的差值为横坐标作图,得一曲线。在任一温度时的校正值可直接从曲线上读出。

表 2-10 是一些常用于校正温度计的标准样品的熔点。

表 2-10 校正温度计的标准样品的熔点

标准样品	熔点/℃	标准样品	熔点/℃
水-冰	0	α-萘胺	50
对二氯苯	53.1	萘	80.6
间二硝基苯	90	邻苯二酚	105
乙酰苯胺	114.3	苯甲酸	122.4
尿素	132.7	水杨酸	159
D-甘露醇	168	对二硝基苯	174
3,5-二硝基苯甲酸	205	酚酞	262~263

4. 熔点仪测定熔点

毛细管法测熔点的优点是仪器简单,操作方便,但升温速度不易控制,肉眼不易看清熔化过程,不能观察到晶体在加热过程中晶形的变化情况。为了克服这些缺点,可以用熔点仪测定熔点。目前熔点仪的种类很多,仪器装置也不尽相同。下面介绍几种常见熔点仪的原理和使用方法。

1) WRR 可视熔点仪

WRR 可视熔点仪利用电子技术实现温度程控,初熔和终熔数字显示。应用线性校正的铂电阻作检测元件,并用电子线路实现了快速"起始温度"设定及四挡可供选择的线性升温速率。仪器采用毛细管作为样品管,通过放大镜观察毛细管内样品的熔化过程,清晰直观。WRR 可视熔点仪的外观见图 2-52。

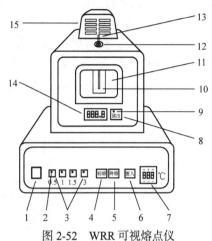

图 2-52　WRR 可视熔点仪

1. 电源开关键；2. 线性升温速率指示灯；3. 线性升温速率选择键；4. 初熔键；5. 终熔键；6. 起始温度置入键；7. 起始温度拨盘；8. 初熔读出键；9. 初熔存储指示灯；10. 观察窗；11. 观察屏；12. 毛细管插入口；13. 毛细管；14. 显示屏；15. 顶盖

扫一扫　WRR 可视熔点仪测定熔点

2) SGW X-4 显微熔点仪

显微熔点仪通过显微镜对样品进行观察,能清晰地看到样品在受热过程中的细微变化,如晶形的转变、结晶的萎缩、失水等现象,还可以测定微量样品或高熔点样品的熔点。SGW X-4B 显微熔点仪如图 2-53 所示。

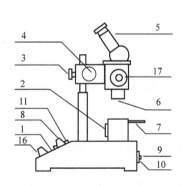
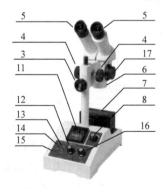

图 2-53　SGW X-4 显微熔点仪

1. 控制面板；2. 冷却风扇；3. 显微镜锁紧螺钉；4. 显微镜调焦旋钮；5. 目镜；6. 物镜；7. 毛细管插入口；8. 亮度调节旋钮；9. 保险丝座；10. 电源插座；11. 当前温度显示窗；12. 粗调旋钮；13. 加热/风冷开关；14. 加热指示灯；15. 电源指示灯；16. 微调旋钮；17. 放大倍数旋钮

扫一扫　SGW X-4 显微熔点仪的使用

3) WRS-1 数字熔点仪

WRS-1 数字熔点仪采用光电检测、数字温度显示等技术，具有初熔、全熔自动显示，可与记录仪配合使用，具有熔化曲线自动记录等功能。温度系统应用线性校正的铂电阻作检测元件，并用集成化的电子线路实现快速"起始温度"设定及 8 挡可供选择的线性升温速率自动控制。初熔读数可自动储存，具有无需人监控的功能。WRS-1 数字熔点仪见图 2-54。

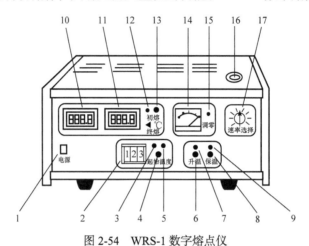

图 2-54　WRS-1 数字熔点仪

1. 电源开关；2. 起始温度拨盘；3. 预置灯(升温时亮)；4. 起始温度输入按钮；5. 预置灯(降温时亮)；6. 线性升温按钮；7. 线性升温指示灯；8. 保温按钮；9. 保温指示灯；10. 温度显示屏；11. 读数显示屏；12. 初熔指示灯；13. 初熔读数按钮；14. 指零微安电表；15. 调零多圈电位器；16. 毛细管插口；17. 线性升温速率旋钮

 扫一扫　WRS-1 数字熔点仪测定熔点　

2.11.2　沸点的测定

1. 基本原理

由于分子运动，液体分子有从表面逸出的倾向，这种倾向随温度的升高而增加，即液体在一定的温度下有一定的蒸气压，并且液体的蒸气压随温度的升高而增大(图 2-55)。当液体的蒸气压与外界的总压力相等时，有大量气泡不断从液体内部逸出，即液体沸腾，此时的温度称为该液体的沸点。显然，一种物质的沸点与该物质所受的外界压力有关，外界压力增大，液体沸腾时的蒸气压增大，沸点升高；反之亦然。不过，通常所说的沸点是指外界压力为 1 atm(101.325 kPa)时液体沸腾的温度。

沸点是液体有机化合物的重要物理常数之一，可用于鉴定有机化合物并判断其纯度。

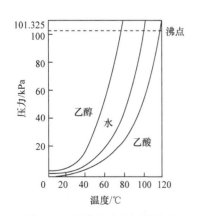

图 2-55　温度与蒸气压的关系

2. 测定方法

沸点的测定方法有常量法和微量法。

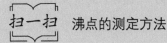

扫一扫　沸点的测定方法

2.11.3　折光率的测定

1. 基本原理

折光率是有机化合物重要的物理常数之一，尤其是液态有机化合物的折光率，一般手册、文献都有记载。折光率的测定常用于以下几方面：

(1) 判断有机化合物纯度。作为液体有机化合物的纯度标准，折光率比沸点更可靠。

(2) 鉴定未知化合物。如果一个未知化合物是纯的，即可根据所测得的折光率识别这个未知物。

(3) 确定液体混合物组成。可配合沸点测定，作为划分馏分的依据。

由于光在不同介质中的传播速度不同，当光从一种介质斜射入另一种介质时，在分界面上将发生折射现象——进入后一种介质中的光改变了传播的方向(图 2-56)。

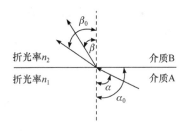

图 2-56　光的折射现象

根据斯涅耳(Snell)定律，在温度和压力不变的条件下，波长一定的单色光从介质 A 射入另一介质 B 时，入射角 α 与折射角 β 的正弦之比与光在两介质中的速度(c)及相应的折光率(n)之间存在如下关系：

$$\frac{\sin \alpha}{\sin \beta} = \frac{c_1}{c_2} = \frac{n_2}{n_1}$$

假定折光率 $n_2 > n_1$，则入射角 $\alpha >$ 折射角 β。当入射角 α 为 90°时，$\sin \alpha = 1$，这时折射角 β 达到最大值，称为临界角，用 β_0 表示。在一定条件下，β_0 也是一个常数，则

$$\frac{n_2}{n_1} = \frac{1}{\sin \beta_0}$$

当介质 A 为真空时，$n_1 = 1$，介质 B 的折光率为绝对折光率(n)，则有

$$n = n_2 = \frac{1}{\sin \beta_0}$$

当介质 A 为空气时，$n_1 = 1.00027$，介质 B 的折光率为相对折光率(n')，则有

$$n' = \frac{n_2}{1.00027} = \frac{1}{\sin \beta_0}$$

由于 n 与 n' 数值相差很小，常以 n 代替 n'。但进行精密测定时，应加以校正。

化合物的折光率除与本身的结构和光的波长有关外，还受温度、压力等因素的影响。因此，报告折光率时必须注明所用光线(放在 n 的右下角)与测定时的温度(放在 n 的右上角)。例如，n_D^{20} 1.4699 表示 20℃时，某介质对钠光 D 线(波长 589.3 nm)的折光率为 1.4699。一般来说，温度每升高 1℃，液体有机化合物的折光率减小 $3.5 \times 10^{-4} \sim 5.5 \times 10^{-4}$。实际工作中，往往采用

4×10^{-4} 这一温度常数，用插入法将某一温度下的折光率换算成另一温度下的折光率：

$$n_D^T = n_D^t + 4 \times 10^{-4}(t - T)$$

式中，T 为规定温度(一般是 20℃)；t 为实验温度。这一粗略计算虽有误差，但有一定的参考价值。如果在恒温水浴槽与折光仪之间循环恒温水来维持恒定温度，就可直接测定规定温度下的折光率，不必计算了。

通常大气压的变化对折光率的影响不显著，因此只有在很精密的工作中才考虑压力的影响。

2. 阿贝折光仪测定折光率

测定折光率最常用的仪器是阿贝折光仪(图 2-57)。阿贝折光仪是通过测定临界角 β_0 得到折光率。为了测定 β_0 值，阿贝折光仪采用了"半明半暗"的方法，就是让单色光由 0°~90° 的所有角度从介质 A 射入另一介质 B，这时介质 B 中临界角以内的整个区域均有光线通过，因而是明亮的；而临界角以外的全部区域没有光线通过，因而是暗的，明、暗两区域的界线非常清楚。如果在介质 B 的上方用一目镜观察，就可以看见一个界线十分清晰的半明半暗的图像。

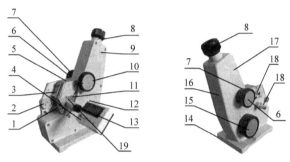

图 2-57　WYA 阿贝折光仪

1. 反光镜；2. 转轴；3. 遮光板；4. 温度计；5. 进光棱镜座；6. 色散调节手轮；7. 色散值刻度圈；8. 目镜；9. 盖板；10. 手轮锁；11. 折光棱镜座；12. 照明刻度盘聚光镜；13. 温度计座；14. 底座；15. 折光率刻度调节手轮；16. 偏差调节螺丝小孔；17. 壳体；18. 恒温器接头；19. 加液槽(孔)

进光棱镜与折射棱镜之间有一微小均匀的间隙，被测液体就放在此空隙内。当光线(自然光或白炽光)射入进光棱镜时，在其磨砂面上产生漫反射，使被测液层内有各种不同角度的入射光，经过折射棱镜产生一束折射角均大于出射度的光线。由摆动反射镜将此束光线射入消色散棱镜组，此消色散棱镜组由一对等色散阿米西棱镜组成，其作用是获得一可变色散来抵消折射棱镜对不同被测物体的色散。再由望远镜将此明暗分界线成像于分划板上，分划板上有十字交叉线，通过目镜能看到图像(见图 2-58 上半部分的像)。光线经聚光镜照明刻度板，刻度板与摆动反射镜连成一体，同时绕刻度中心作回转运动。通过反射镜，读数物镜，平行棱镜将刻度板上不同部位折光率示值成像于分划板上(见图 2-58 下半部分的像)。刻度板上刻有 1.3000~1.7000 的格子，即折光率读数。

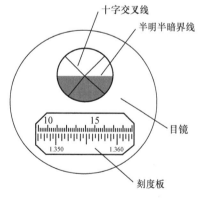

图 2-58　目镜中的图像和刻度

阿贝折光仪装有消色散棱镜，也称消色补偿器，通过它的作用将复色光变为单色光。因此，可直接利用日光测定折光率，所得数值和用钠光时测得的数值完全一样。

阿贝折光仪测定液体化合物折光率的操作步骤如下：

(1) 将阿贝折光仪置于光亮处，与恒温槽连接好。恒温后，松开手轮锁，分开直角棱镜，用丝绢或擦镜纸蘸少量乙醇或丙酮轻轻擦洗上、下镜面。

(2) 待有机溶剂挥发后，加 2～3 滴蒸馏水于下镜面上，将进光棱镜盖上，用手轮锁紧，要求液层均匀，充满视场，无气泡。

(3) 打开遮光板，合上反射镜，调节目镜视度，使十字交叉线成像清晰，此时旋转刻度调节手轮，并在目镜视场中找到明暗分界线的位置(因光源为白光，故在界线处呈现彩色)。然后旋转色散调节手轮使分界线不带任何彩色，微调刻度调节手轮，使分界线位于十字交叉线的中心。再适当转动聚光镜，此时目镜视场下方显示的数值即为水的折光率。从刻度板上直接读取纯水的折光率(读出下排刻度读数，而上排刻度为蔗糖溶液的质量分数)，并与标准值(n_D^{20} 1.3330)比较，得到折光仪的校正值。校正值应该很小，如果较大，则需重新校正仪器。不同温度下纯水的折光率见表 2-11。

表 2-11 不同温度下纯水的折光率

温度/℃	折光率	温度/℃	折光率
12	1.33358	24	1.33261
14	1.33346	26	1.33240
16	1.33331	28	1.33217
18	1.33316	30	1.33194
20	1.33299	32	1.33170
22	1.33280	34	1.33144

(4) 擦干棱镜上、下镜面，将 2～3 滴待测液体滴在棱镜面上，并使液体均匀无气泡充满现场，将进光棱镜盖上，用手轮锁紧。如样品易挥发，可用滴管从棱镜间加液槽滴入。

(5) 用步骤(3)的方法测定待测液体的折光率。由于肉眼判断明暗分界是否处于十字线交叉点上时容易疲劳，为减少偶然误差，应转动刻度调节手轮重复测量三次，再取其平均值。

(6) 若需测量不同温度时的折光率，可将超级恒温槽温度调节到所需测量温度，待恒温后即可进行测量。

(7) 若没有与恒温槽连接，要读出温度计的读数，并把所测的折光率换算成 20℃时的折光率。

(8) 使用完毕，打开辅助棱镜，用丙酮洗净镜面，待晾干后再关上棱镜。

使用阿贝折光仪测定液体化合物折光率时需要注意以下几点：

(1) 开始测定前，必须先用蒸馏水或用标准试样校对读数。如用标准试样则在折射棱镜的抛光面加 1～2 滴溴代萘，再贴上标准试样的抛光面，当读数视场指示于标准试样上之值时，观察望远镜内明暗分界线是否在十字线中间，若有偏差则用螺丝刀稍微旋转图 2-57 偏差调节螺丝小孔内的螺钉，带动物镜偏摆，使分界线位移至十字线中心。反复观察与校正，使示值的起始误差降至最小。校正完毕后，在以后的测定过程中不允许随意再动此部位。

(2) 使用阿贝折光仪，最重要是保护好一对棱镜，不能用滴管或其他硬物触及镜面，严禁使用腐蚀性液体、强酸、强碱、氟化物等。

(3) 试样不宜加得太多，一般只需滴入 2～3 滴即可铺满一薄层。有时在目镜中看不到半明半暗界线而是畸形的(图 2-59)，这是由于棱镜间未充满液体，需再添加样品，重新测定。

未调到十字交叉中心　　未调到十字交叉中心　　明暗界线与十字交叉线重合　　色散图案　　畸形图案

图 2-59　测定折光率时目镜中常见的图案

(4) 阿贝折光仪的量程为 1.3000～1.7000，测量精度为±0.0001。

(5) 每次测定前后都必须用无水乙醇或丙酮将进光棱镜的毛面、折射棱镜的抛光面擦洗干净，以免留有其他物质，影响成像清晰度和测量准确度。

(6) 阿贝折光仪不能在较高温度下使用，对于易挥发或易吸水样品的测定也有困难。

(7) WYA 阿贝折光仪还能测出蔗糖溶液的质量分数(锤度 Brix)(0%～95%，相当于折光率 1.333～1.531)，测量方法与测定折光率时相同，读数可直接从视场中刻度板的上排刻度读出。

目前，电子显示的阿贝折光仪已广泛使用，操作更为方便。

2.11.4　旋光度的测定

1. 基本原理

有些化合物，特别是许多天然有机化合物，其分子具有手性，能使平面偏振光的振动方向发生旋转，称为旋光性物质。平面偏振光通过旋光性物质后，振动方向旋转的角度称为旋光度，用 α 表示(图 2-60)。使偏振光振动平面向右旋转的为右旋性物质，用(+)表示；使偏振光振动平面向左旋转的为左旋性物质，用(–)表示。旋光度的测定对于研究具有光学活性分子的构型及确定某些反应机理具有重要作用。

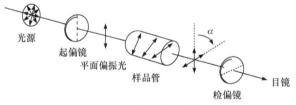

图 2-60　旋光仪的结构

旋光度的大小，除与物质的结构有关外，还随待测液的浓度、样品管的长度、测定时的温度、光源波长以及溶剂的性质而改变。因此，表示旋光度时应注意温度、波长及所用溶剂等条件。为比较各种物质的旋光性能，规定每毫升含 1 g 旋光性物质的溶液，放在 1 dm 长的样品管中，所测得的旋光度称为比旋光度，用[α]表示，它与旋光度的关系为

$$[\alpha]_\lambda^t = \frac{\alpha}{cl}$$

式中，α 为旋光仪上直接读出的旋光度；c 为待测液的浓度(g·mL^{-1})，如待测物为纯液体，此处 c 应改为密度 ρ；l 为样品管长度(dm)；t 为测定时的温度；λ 为所用光源的波长，常用的单色光源为钠光灯的 D 线($\lambda = 589.3$ nm)，可用 "D" 表示。

实际测定时，固体样品配制浓度要求在 1 g·(100 mL)$^{-1}$ 左右。例如，文献中表述某化合物的比旋光度[α]$_D^{20}$ = +34.4(c 1.00，CH$_3$OH)，表示此化合物在 CH$_3$OH 中浓度为 1.00 g·(100 mL)$^{-1}$，

即 0.010 g·mL^{-1}。

在给定的实验条件下,将测得的旋光度通过换算,即可得到表示光学活性物质特征的物理常数——比旋光度。比旋光度是鉴定旋光性化合物不可缺少的特性常数之一,手册、文献上多有记载。测定旋光度具有以下意义:

(1) 测定已知物溶液的旋光度,查其比旋光度,即可计算出已知物溶液的浓度。

(2) 将未知物配制成已知浓度的溶液,测其旋光度,计算出比旋光度,再与文献值对照,可作为鉴定未知物的依据。

2. 测定方法

测定旋光度的仪器称为旋光仪。旋光仪的类型很多,本小节主要介绍 WZX-2 型光学度盘旋光仪和 WZZ-2S 数字式自动旋光仪的原理和使用方法。

1) WZX-2 型光学度盘旋光仪测定旋光度

WZX-2 型光学度盘旋光仪的结构示意图见图 2-61。

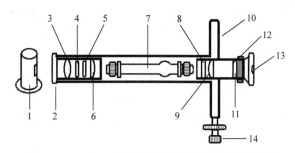

图 2-61 WZX-2 型光学度盘旋光仪的结构示意图

1. 光源(钠光); 2. 毛玻璃; 3. 聚光镜; 4. 滤光镜; 5. 起偏镜; 6. 半玻片; 7. 样品管; 8. 检偏镜; 9. 物镜; 10. 度盘及游标;
11. 目镜; 12. 调焦手轮; 13. 读数放大镜; 14. 度盘转动手轮

从光源发出的自然光通过起偏镜,变为在单一方向上振动的平面偏振光。当此平面偏振光通过盛有旋光性的样品时,振动方向旋转一定角度。此时,调节附有刻度盘的检偏镜,使最大量的光线通过,检偏镜所旋转的度数即为实测的旋光度 α,其数值可以通过放大镜从刻度盘上读出。

 WZX-2 型光学度盘旋光仪测定旋光度

2) WZZ-2S 数字式自动旋光仪测定旋光度

钠灯发出的波长为 589.3 nm 的单色光依次通过聚光镜、小孔光阑、场镜、起偏镜、法拉第调制器、准直镜,形成一束振动平面随法拉第线圈中交变电压而变化的准直的平面偏振光,经过装有待测溶液的样品管后射入检偏镜,再经过接收物镜、滤色片、小孔光阑进入光电倍增管,光电倍增管将光强信号转变成电信号,并经前置放大器放大。

若检偏镜相对于起偏镜偏离正交位置,则说明有频率为 f 的交变光强信号,相应地有频率 f 的电信号。此电信号经过选频放大、功率放大,驱动伺服电机通过机械传动带动检偏镜转动,使检偏镜向正交位置趋近直到检偏器到达正交位置,频率为 f 的电信号消失,伺服电机停转。

仪器一开始正常工作,检偏镜即按照上述过程自动停在正交位置上,此时将计数器清零,定义为零位。将装有旋光度为 α 的样品的样品管放入试样室中时,检偏镜相对于入射的平面偏振光又偏离了正交位置 α 角，于是检偏器按照前述过程再次转过 α 角获得新的正交位置。模数转换器和计数电路将检偏器转过的 α 角转换成数字显示，即测得待测样品的旋光度。

WZZ-2S 数字式自动旋光仪可精确判断起偏镜与检偏镜是否处于正交位置，鉴别 f 分量交变光强的相位，判断检偏器是左偏还是右偏正交位置，从而判断出待测样品是左旋还是右旋。

WZZ-2S 数字式自动旋光仪的外形见图 2-62。

WZZ-2S 数字式自动旋光仪测定旋光度的实验步骤如下：

(1) 接通电源，将电源开关按向上，等待 5 min 使钠灯发光稳定。

(2) 将光源开关按向上，此时钠灯在直流供电下点燃。

(3) 准备样品管(同光学度盘旋光仪)。

(4) 将测量开关按向上，数码管将出现数字。

(5) 在已准备好的样品管中注入蒸馏水，放入仪器试样室的试样槽中，按下清零键，使数码管示数为零。一般情况下，仪器如在没放样品管时示数为零，则在放入无旋光性溶剂(如蒸馏水)后示数也为零。但须注意若

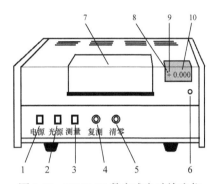

图 2-62　WZZ-2S 数字式自动旋光仪
1. 电源；2. 光源；3. 测量；4. 复测；5. 清零；
6. 钠灯指示窗；7. 试样室；8. 表示示数
稳定的红点；9. +或-(右旋或左旋)；
10. 数字显示

在测试光束的通路上有小气泡或样品管的护片上有油污，不洁物或样品管护片旋得过紧而引起附加旋光数，将会影响空白示数。当有空白示数存在时，必须仔细检查上述因素，或者用装有溶剂的空白样品管放入试样槽后再清零。

(6) 除去样品管中的空白溶剂，加入待测样品(同光学度盘旋光仪方法)，将样品管放入试样室的试样槽中。仪器的伺服系统立即响应，数码管显示所测的旋光度，待表示示数稳定的位于符号管上方的红点出现后再读取读数。

(7) 按下复测键，取几次测量的平均值作为测量结果。注意：须待表示示数稳定的红点出现后再进行此操作，否则有可能引起下一次测量的误差。

注意事项：

(1) 当待测样品透过率接近 1% 时，仪器的示数重复性将有所降低。

(2) 温度对旋光度有一定的影响，但影响不大。如果要获得准确的结果，又没有条件严格控制测试温度时，要进行温度的校正。

(3) 旋光度与使用光源的有效波长的依赖关系十分强烈。尽管仪器中使用了广谱灯，但是由于不可避免的谱线背景及其他原因，有效波长还是会随使用光源的不同或使用时间太长而变化，并引起明显的测量误差，因此有必要校正有效波长。

2.11.5　密度的测定

密度是液体化合物的重要常数，可用来区别密度不同而组成相似的化合物，特别是当这些样品不能制备成适宜的固体衍生物时。例如，液态烷烃就是以沸点、密度、折光率等的测定结果来鉴定的。

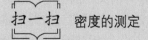 密度的测定

2.12　手册的查阅和文献简介

化学文献是前人在化学领域的研究成果的记载和总结，是化学科学的第一手资料。从文献中可以找到各种化合物的合成方法、化学性质、物理常数、光学谱图数据等；同时，阅读文献也可以带来无尽的科研灵感，因此化学文献资料的查阅和检索是实验和研究工作的重要组成部分。可以通过查阅有关工具书获取化学文献资料，随着网络的不断发展，各种数据库逐渐成为获取化学文献的重要方式。

工具书、期刊文献、网络数据库这三种获取文献的方式简要介绍请扫描下面二维码学习。

 手册的查阅和文献简介

2.13　绿色化学简介

当今全球十大环境问题是：大气污染、臭氧层破坏、全球变暖、海洋污染、淡水资源短缺和污染、土地退化和沙漠化、森林锐减、生物的多样性减少、环境公害和有毒化学品的危险废物。其中，除土地退化和沙漠化、森林锐减外，其他问题均直接与化学和化工污染有关。

绿色化学(green chemistry)又称清洁化学(clean chemistry)、环境友好化学(environmentally friendly chemistry)、环境无害化学(environmentally benign chemistry)，其目的是依靠科技发展创造污染系数低、资源和能源消耗少的化学反应和生产工艺，其理想是不再使用有毒、有害的物质，不再产生废物，是一门从源头阻止污染的化学。

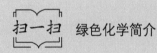 绿色化学简介

实　验　篇

第 3 章　基础型实验

实验 1　定量分析操作练习

一、实验目的

(1) 掌握分析天平的基本操作。
(2) 掌握定量分析玻璃器皿的基本操作。
(3) 掌握酸碱滴定原理及终点判断。
(4) 掌握定量分析数据记录及处理。

二、实验导读

化学概念：酸碱滴定原理；分析天平；定量分析玻璃器皿；基本操作；溶液的配制。

实验背景：通常对于常量的化学分析来说，要求测定结果的 $|E_r|$ 为 0.1%～0.2%，同时要求 $\overline{d_r} \leqslant 0.2\%$，因此定量分析操作的规范性对实验结果起着重要作用。定量分析操作包括分析天平、滴定管、移液管和容量瓶，见 2.2 节。

酸碱指示剂一般为有机弱酸或有机弱碱，其酸形和碱形因结构不同而呈现不同颜色，从而指示出滴定体系的酸碱性。指示剂的选择要满足以下两个要求：①指示剂变色范围部分或全部落在滴定突跃范围内；②指示剂颜色变化由浅到深，且变化明显。

本实验采用 0.1 mol·L⁻¹ HCl 和 0.1 mol·L⁻¹ NaOH 进行酸碱滴定练习，当 HCl 和 NaOH 反应达到化学计量点(pH 7)时，$c(\text{HCl})V(\text{HCl}) = c(\text{NaOH})V(\text{NaOH})$。该滴定的突跃范围较大(pH 4.3～9.7)，因此可选择甲基红(变色范围 pH 4.4～6.2)、甲基橙(变色范围 pH 3.1～4.4)、酚酞(变色范围 pH 8.2～9.8)、甲基红与溴甲酚绿混合指示剂(变色点 pH 5.1)等指示滴定终点。

当用 0.1 mol·L⁻¹ NaOH 滴定 0.1 mol·L⁻¹ HCl 时，常用酚酞作指示剂，溶液由无色变淡粉红色时为终点，易于判断；若用甲基橙作指示剂，由于人眼对红色比黄色敏感，终点时溶液颜色由红色变橙色，不易判断。反之，当用 0.1 mol·L⁻¹ HCl 滴定 0.1 mol·L⁻¹ NaOH 时，常用甲基橙作指示剂，溶液由黄色变橙色为终点，易于判断。

三、课前预习

(1) 何时采用差减法称量？
(2) 简述滴定管、容量瓶、移液管的操作要点。
(3) 简述酸碱指示剂的变色原理和选择条件。
(4) 简述有效数字的定义及其运算规则。

四、主要仪器与试剂

1. 仪器

分析天平(万分之一电子天平)，台秤(百分之一电子天平)，细口试剂瓶(带玻璃塞和橡皮塞的各一个)，锥形瓶，量筒，容量瓶，聚四氟乙烯旋塞滴定管(红色旋塞和蓝色旋塞的各一支，或者酸式滴定管和碱式滴定管各一支)。

2. 试剂

石英砂(粉状)，NaOH(s)，HCl(6 mol·L^{-1})，甲基橙(0.2%)，酚酞(0.2%)。

五、实验步骤

说明：

(1) 本实验中实验用水均为去离子水。除非需要定量转移至容量瓶中，否则不能使用玻璃棒搅拌基准物质，以减少基准物质的损失。

(2) 基准物质称量范围的确定需考虑以下几种情况：①以测定相对误差≤0.1%、滴定剂体积≥20 mL 且称量质量≥0.2 g 为前提确定基准物质的称量范围；②如果基准物质的分子量较小，则称量范围的取值定为 0.20～0.22 g，此时滴定剂体积将超过 25 mL；③如果基准物质的分子量特别小，先配制浓溶液，再移取 25.00 mL 或 20.00 mL；④为了减少试剂消耗和实验废液，可以适当放宽相对误差，采用 25 mL 滴定管，以滴定体积 15～20 mL 且称量质量≥0.1 g 确定基准物质的称量范围，如果采用 50 mL 滴定管，需要按比例增大基准物质的称量质量；⑤本实验中全部采用带聚四氟乙烯旋塞滴定管，为了不混淆，用带蓝色旋塞的聚四氟乙烯滴定管装碱液，用带红色旋塞的聚四氟乙烯滴定管装酸液。

1. 天平称量练习

1) 固定质量法(又称增量法)称量练习

准确称取约 0.5000 g 样品：开启天平，将折叠好的称量纸放在天平称盘中央，关闭天平门，按 0/T 键去皮，此时天平显示为 0.0000 g。用干净药匙取少量石英砂样品，用食指轻敲药匙柄，使石英砂慢慢落入称量纸中央，直到天平显示为约 0.5000 g，关闭天平门，记录数据 m_1，将称量纸上的样品转移到贴有"回收"标签的烧杯中。平行练习三次。

2) 差减法(又称减量法)称量练习

准确称取 0.5 g 左右样品：称量范围为 0.4500～0.5500 g。开启天平，天平显示为 0.0000 g。将一个洁净且干燥的瓷坩埚放在称盘上(注 1)，关闭天平门，记录数据 m_2(此为直接称量法得到的瓷坩埚质量)。取出瓷坩埚，将装有样品(石英砂)的称量瓶放入天平称盘中央，关闭天平门，按 0/T 键去皮，此时天平显示 0.0000 g。取出称量瓶，用瓶盖敲击瓶口上沿的方式倾出 0.5 g 石英砂至干燥的瓷坩埚中，估计倾出的样品接近所需的质量时，一边用瓶盖敲瓶口，一边慢慢竖直瓶身；盖好瓶盖，将称量瓶放入天平秤盘中央，天平显示的负数的绝对值即为倾出石英砂的质量，若倾出样品的质量已足够，关闭天平门，记录数据 m_3。若质量不够，按上述方法重复几次，直至达到所需称量的质量(中间可不关天平门)。

按 0/T 键，此时天平显示为 0.0000 g，将装有石英砂的坩埚放在称盘上，关闭天平门，记录数据 m_4(此为直接称量法得到的瓷坩埚和石英砂质量)，石英砂转移到贴有"回收"标签的烧杯中。比较(m_4-m_2)与 m_3，验证差减法称量的准确度。平行练习三次。

2. 溶液的配制、酸碱溶液的互滴

1) 溶液的配制

500 mL 0.1 mol·L^{-1} HCl 的配制：量取 8.5 mL 6 mol·L^{-1} HCl(注 2)，倒入 500 mL 带玻璃塞

的细口试剂瓶中，加入约 490 mL 水，盖好瓶塞，充分摇匀。

500 mL 0.1 mol·L^{-1} NaOH 的配制：称取 2.0 g NaOH 固体于 100 mL 烧杯中，加入 50 mL 水，搅拌溶解，转入 500 mL 带橡皮塞的细口试剂瓶中，洗涤烧杯 2～3 次，洗涤液也转入试剂瓶，加水到总体积约为 500 mL，盖好瓶塞，充分摇匀。

2) 滴定前的准备工作

取一支蓝色旋塞滴定管(或碱式滴定管)，先检漏，洗至不挂水珠为止，再用 0.1 mol·L^{-1} NaOH 润洗 2～3 次，每次 3～5 mL。装入 0.1 mol·L^{-1} NaOH 至"0"刻度线以上(注意，需从原瓶装入！不能先倒在烧杯中再装入滴定管)，赶去尖嘴及旋塞附近的气泡，并除去尖嘴悬挂的液滴。调节溶液凹液面在"0"刻度或以下附近，静置 1 min，准确读取和记录初体积(读至 0.01 mL)。用同样方法准备一支红色旋塞滴定管(或酸式滴定管)，装好 0.1 mol·L^{-1} HCl，准确读取和记录初体积。

3) 酸碱溶液的比较滴定

由蓝色旋塞滴定管(或碱式滴定管)缓慢放出 20.00 mL 0.1 mol·L^{-1} NaOH 于 150 mL 锥形瓶中，加入 1～2 滴甲基橙。将锥形瓶置于装有 0.1 mol·L^{-1} HCl 滴定管的正下方，滴定管尖嘴正好在锥形瓶瓶口内。左手反向控制红色旋塞(或酸式滴定管的玻璃旋塞)，使 HCl 溶液从尖嘴慢慢流下，同时右手捏住锥形瓶瓶口附近，手腕朝一个方向轻缓转动使锥形瓶旋摇，流下的 HCl 溶液和锥形瓶内 NaOH 溶液混合均匀，直至溶液由黄色变橙色，且 30 s 不变色，记录滴定体积(注 3)。平行滴定三次，每次滴定都需从"0"刻度附近开始(注 4)。

按上述方法，由红色旋塞滴定管准确放出 20.00 mL 0.1 mol·L^{-1} HCl 于 150 mL 锥形瓶中，加入 1～2 滴酚酞。将锥形瓶置于装有 0.1 mol·L^{-1} NaOH 滴定管的正下方，滴定管尖嘴正好在锥形瓶瓶口内。左手反向控制蓝色旋塞，使 NaOH 溶液从尖嘴慢慢流下，同时右手捏住锥形瓶瓶口附近，手腕朝一个方向轻缓转动使锥形瓶旋摇，流下的 NaOH 溶液和锥形瓶内 HCl 溶液混合均匀，直至溶液由无色变为淡粉红色，且 30 s 不褪色，记录滴定体积。平行滴定三次。

注 1：差减法称量时，不能直接用手拿取称量瓶或瓷坩埚，需用纸条套取或戴上专用指套。

注 2：为了防止浓 HCl 挥发和腐蚀，此处不直接使用浓 HCl。

注 3：滴定过程中需注意观察溶液的颜色。开始时滴定速度可快些，但滴定液只能成串而不能成线状流下。当滴入 HCl 后，溶液红色消失较慢，说明接近终点，此时必须逐滴加入，甚至半滴加入。

注 4：如果滴定超过了终点，溶液呈红色，可用 NaOH 回滴至溶液变为黄色，再用 HCl 滴定至橙色。反复练习，掌握逐滴和半滴的加入操作。

六、数据记录及处理

(1) 将天平称量练习的数据填入表 3-1 中。

表 3-1　天平称量练习

编号	1	2	3
固定质量法：石英砂的质量 m_1/g			
直接称量法：瓷坩埚质量 m_2/g			
差减法：石英砂的质量 m_3/g			
直接称量法：(瓷坩埚+石英砂)质量 m_4/g			
检验差减法称量的准确度(m_4-m_2)/g			

(2) 将酸碱溶液的比较滴定数据填入表 3-2 中。

表 3-2　酸碱溶液的比较滴定

项目	用酸滴定碱(甲基橙指示剂)			用碱滴定酸(酚酞指示剂)		
编号	1	2	3	1	2	3
$V_0(HCl)$/mL						
$V_1(HCl)$/mL						
$\Delta V(HCl)$/mL						
$V_0(NaOH)$/mL						
$V_1(NaOH)$/mL						
$\Delta V(NaOH)$/mL						
$\Delta V(NaOH)/\Delta V(HCl)$						
$\overline{\Delta V}(NaOH)/\overline{\Delta V}(HCl)$						
$\overline{d_r}$/%						

七、安全与环保

1. 危险操作提示

实验过程中涉及强酸和强碱,需全程佩戴防护眼镜,必要时戴防护手套,注意实验安全!

2. 药品毒性及急救措施

(1) NaOH 固体及其浓溶液具有强烈的腐蚀性。如果操作时洒落在天平或桌上,应用吸水纸及时清除和擦拭干净。

(2) 浓 HCl 具有强挥发性和强腐蚀性,接触皮肤和眼睛可引起严重灼伤。取用浓 HCl 应在通风柜中操作,保持门窗通风,用完后及时将试剂瓶密封。如果洒落在桌上和通风柜中,应用吸水纸及时清除和擦拭干净。

(3) 以上酸碱试剂,若接触皮肤,应立即用流动清水冲洗至少 15 min;若接触眼睛,应立即提起眼睑,用流动清水或生理盐水彻底冲洗至少 15 min。受碱性试剂伤害,用清水冲洗后可用 3%硼酸溶液湿敷后冲洗干净;受酸性试剂伤害,用清水冲洗后可用 3%肥皂水或 3%碳酸氢钠溶液湿敷后冲洗干净。

3. 实验清理

(1) 废弃酸碱溶液收集到一个大烧杯中,中和至中性或用水稀释后倒入水槽。
(2) 废弃的实验用防护手套和其他化学固体废物回收到指定容器中。

八、课后思考题

(1) 如果 NaOH 标准溶液长时间放置,对其浓度有何影响?长时间放置后的 NaOH 标准溶液用 HCl 滴定,分别以酚酞和甲基红作指示剂,测定结果有何不同?
(2) 用酚酞和甲基橙作指示剂得到的酸碱体积比是否一致?为什么?
(3) 常量的化学分析中要求相对平均偏差≤0.1%,分析本次实验结果。

实验 2　定量分析玻璃容量器皿的校准

一、实验目的

(1) 掌握定量分析玻璃容量器皿的校准原理。

(2) 掌握滴定管和移液管的绝对校准操作。

(3) 掌握移液管和容量瓶之间的相对校准操作。

(4) 巩固定量分析的基本操作。

二、实验导读

化学概念：容量器皿的校准；绝对校准操作；相对校准操作。

实验背景：容量器皿的体积和其标示的体积不一定完全准确相符，因此在进行准确度要求较高的分析实验中，必须对所使用的容量器皿进行校准。玻璃具有热胀冷缩的特性，在不同温度下玻璃容器的体积会有所不同。因此，校准玻璃容器时，国际上规定 20℃为玻璃容量器皿的标准温度，即将玻璃容量器皿体积校准到 20℃时的实际体积。

容量器皿的校准有相对校准和绝对校准两种方法。相对校准是指当两种容器的体积有一定的倍数比例时常采用的校准方法。例如，20 mL 的移液管量取液体的体积应等于 100 mL 容量瓶量取体积的 1/5。

绝对校准是测定容量器皿的实际体积，常用的校准方法为衡量法或称量法。用分析天平称量容量器皿容纳或放出的水的质量，然后根据水的质量和密度，计算出容量器皿在 20℃时的实际体积。换算时必须考虑以下三个因素：水的密度随温度而变化、玻璃的体积随温度而变化、空气浮力对称量的影响。将此三项因素合并考虑得到一个总校准值，经总校准后水的密度值见表 3-3。例如，25℃时由滴定管放出 10.10 mL 的水，称得其质量为 10.08 g，算出这段滴定管的实际体积为 10.08/0.9962 = 10.12(mL)，故滴定管这段体积的校准值为 10.12 − 10.10 = + 0.02(mL)。

表 3-3　不同温度下水的密度

温度/℃	密度/(g·mL⁻¹)	温度/℃	密度/(g·mL⁻¹)	温度/℃	密度/(g·mL⁻¹)	温度/℃	密度/(g·mL⁻¹)
0	0.9982						
1	0.9983	11	0.9983	21	0.9970	31	0.9947
2	0.9984	12	0.9982	22	0.9968	32	0.9943
3	0.9984	13	0.9981	23	0.9966	33	0.9941
4	0.9985	14	0.9980	24	0.9964	34	0.9938
5	0.9985	15	0.9979	25	0.9962	35	0.9934
6	0.9985	16	0.9978	26	0.9960	36	0.9931
7	0.9985	17	0.9976	27	0.9957	37	0.9930
8	0.9985	18	0.9973	28	0.9954	38	0.9925
9	0.9984	19	0.9973	29	0.9952	39	0.9921
10	0.9984	20	0.9972	30	0.9949	40	0.9918

注：(1) 摘录于《中华人民共和国计量器具检定规程　基本玻璃量器》，国家计量局，1980。

(2) 空气密度为 0.0012 g·mL⁻¹，钠钙玻璃体膨胀系数为 2.6 × 10⁻³℃⁻¹。

三、课前预习

(1) 容量器皿为什么需要校准?

(2) 容量器皿的绝对校准和相对校准有何不同?

四、主要仪器与试剂

1. 仪器

分析天平,滴定管,移液管,具塞三角烧瓶,容量瓶。

2. 试剂

去离子水。

五、实验步骤

1. 滴定管的绝对校准

参照《中华人民共和国国家计量检定规程 常用玻璃量器》(JJG 196—2006)进行恒量法校准。例如,校准 25 mL 滴定管,应选择 0~5 mL、0~10 mL、0~15 mL、0~20 mL 和 0~25 mL 五个点作为检定点。

将干净的 25 mL 滴定管垂直稳定地固定在滴定管架上,加水至"0"刻度以上 5 mm 处,擦去滴定管外表面的水。缓慢调节水的凹液面至"0"刻度,排出尖嘴部分的气泡,擦去尖嘴外的水滴。取一个容量大于被检量器且洁净干燥的具塞三角烧瓶,用分析天平准确称量其质量。让水充分地从滴定管尖嘴流入具塞三角烧瓶中,当液面降至被检刻度线以上 5 mm 处时,等待 30 s,然后在 10 s 内将水的凹液面调至被检刻度线,随即用具塞三角烧瓶内壁靠去尖嘴处的最后一滴水。在调整凹液面的同时,测量水温(精确至 0.1℃)。再次准确称量具塞三角烧瓶的质量,得到放出水的质量。根据放出水的质量和水在该温度下的相对密度,计算被检刻度线处的体积 20℃时的实际体积,并进行误差计算。一般至少检定两次,取平均值,两次检定数据的差值应小于 0.02 mL。

2. 移液管的绝对校准

取一个洁净干燥的 100 mL 具塞三角烧瓶,在分析天平上准确称量其质量。用一支洁净的 20 mL 移液管垂直吸水至其标线以上约 5 mm 处,擦去移液管管身及尖嘴外部的水,缓慢调节至水的凹液面与移液管的标线相水平。放下洗耳球,拿起具塞三角烧瓶并倾斜 30°,将移液管尖嘴紧贴其内壁,让水全部流入具塞三角烧瓶,待溶液流尽后,停靠 10~15 s,最后将移液管在容器内壁上旋转 360°后取出。再次准确称量具塞三角烧瓶的质量,得到放出水的质量。测量水温(精确至 0.1℃),根据放出水的质量和水在该温度下的密度计算被检移液管在标准温度 20℃时的实际体积,并进行误差分析。

3. 容量瓶、移液管的使用和相对校准

取一支洁净的 20 mL 移液管和一个洁净干燥的 100 mL 容量瓶。用 20 mL 移液管准确移取水 5 次(若用 25 mL 移液管,则需准确移取水 4 次),放入容量瓶中,观察水的凹液面是否和标线一致。如果不一致,在容量瓶上用透明胶带重新做一条新的标线,经过相对校准后的这两件玻璃器皿可以配套使用。

六、数据记录及处理

(1) 将滴定管的绝对校准的测定结果填入表 3-4 中，并以实际体积 V 为纵坐标、校正值 ΔV 为横坐标，绘制滴定管的校准曲线。校正值 $\Delta V = V - V_{标示}$，其中 $V_{标示}$ 为按照滴定管原来标示刻度得到的放出水的体积。

表 3-4　滴定管的绝对校准

水的温度：_____℃，该温度下水的密度：_____g·mL^{-1}，具塞三角烧瓶的质量：_____g

实验序号	标示体积 $V_{标示}$ /mL	(瓶+水)质量/g	水的质量/g	实际体积 V/mL	校正值 ΔV/mL
1					
2					
3					
4					
5					

(2) 将移液管的绝对校准的测定结果填入表 3-5 中。

表 3-5　移液管的绝对校准

水的温度：_____℃，该温度下水的密度：_____g·mL^{-1}，具塞三角烧瓶的质量：_____g

标示体积/mL	水的质量/g	实际体积/mL	校正值/mL

七、安全与环保

(1) 本实验过程非常安全。
(2) 实验结束后，清理分析天平。

八、课后思考题

(1) 归纳其他需要绝对校准或相对校准的玻璃器皿。
(2) 查阅资料，列举一些其他校准方法。

实验 3　未知有机酸分子量的测定

一、实验目的

(1) 巩固酸碱滴定分析原理。
(2) 掌握未知有机酸分子量的测定。
(3) 掌握定量分析结果的数据处理及分析。
(4) 巩固定量分析的基本操作。

二、实验导读

化学概念：酸碱滴定；基准物质；酸碱指示剂；分析结果的数据处理和表示；滴定操作。

实验背景：基准物质的概念，见 1.5.1。

标准溶液的配制一般分为直接配制法和间接配制法。直接配制法是：准确称取一定量的基准物质，溶解后定量转入容量瓶中，再加水定容，根据物质的质量和溶液的体积即可计算出该标准溶液的准确浓度。间接配制法是：先配制成近似浓度的溶液，再用基准物质或已知准确浓度的标准溶液来标定其准确浓度。只有基准物质才能采用直接配制法配制其标准溶液，其他纯度不高、性质不稳定的物质只能采用间接配制法，如 NaOH、HCl、EDTA、$KMnO_4$ 和 $Na_2S_2O_3$ 等。

常用草酸和邻苯二甲酸氢钾等基准物质来标定 NaOH 标准溶液。其中，邻苯二甲酸氢钾 ($KHC_8H_4O_4$) 比较常用，因为它易溶于水，不含结晶水，在空气中不吸水，易保存。此外，由于它的分子量较大($M_r = 204.2$)，因此称量误差较小。邻苯二甲酸的第二级解离常数为 3.9×10^{-6}，因此滴定产物(邻苯二甲酸钾钠)的水溶液呈弱碱性，采用酚酞作指示剂。

大多数有机酸为弱酸，它们可以与 NaOH 反应形成弱酸盐，因此可以通过酸碱滴定法测定其分子量。

$$n\text{NaOH} + \text{H}_n\text{A(有机酸)} = \text{Na}_n\text{A} + n\text{H}_2\text{O}$$

三、课前预习

(1) 简述标准溶液的定义及其配制方法。

(2) 归纳酸碱滴定及酸碱指示剂的作用原理。

(3) 归纳一元弱酸(碱)直接准确滴定和多元弱酸或混合酸(碱)分步滴定的条件。

(4) 归纳分析天平、滴定管、容量瓶和移液管等基本操作要点。

四、主要仪器与试剂

1. 仪器

分析天平，台秤(百分之一电子天平)，滴定管，移液管，锥形瓶，容量瓶，烧杯。

2. 试剂

NaOH(s)，邻苯二甲酸氢钾(s，基准物质)，未知二元有机酸(s)，酚酞(0.2%)。

五、实验步骤

1. 0.1 mol·L^{-1} NaOH 标准溶液的配制和标定

取一个干净的 100 mL 烧杯，擦干外壁水分，置于台秤上，用角匙加入 1.0 g NaOH($M_r = 40.01$，称至 0.01 g)固体。加入 50 mL 水，用玻璃棒搅拌使 NaOH 固体完全溶解，转移到带橡皮塞的细口试剂瓶(或带聚四氟乙烯盖子的细口试剂瓶)，再加入 200 mL 水，使总体积约为 250 mL，盖好瓶塞，充分摇匀。

用差减法准确称取 0.30~0.40 g 邻苯二甲酸氢钾($M_r = 204.2$，称至 0.0001 g)，置于 150 mL 锥形瓶中，加入 30 mL 水，振摇溶解(不可使用玻璃棒搅拌)，若不溶解可稍微加热。加入 1~2 滴酚酞，用 0.1 mol·L^{-1} NaOH 标准溶液滴定，直至溶液由无色变为淡粉红色，且 30 s 不褪色，记录滴定体积。平行测定三次。

2. 未知有机酸分子量的测定

用增量法准确称取0.5～0.6 g未知二元有机酸(含两个结晶水,称至0.0001 g)试样,置于100 mL烧杯中,加入 30 mL 水,用玻璃棒搅拌溶解,转移至 100 mL 容量瓶中,用少量水冲洗烧杯内壁和玻璃棒 2～3 次,每次将洗涤液转移至容量瓶中,加水定容,充分摇匀,得到试样溶液。

准确移取 20.00 mL 试样溶液于 150 mL 锥形瓶中,加入 1～2 滴酚酞,用 NaOH 标准溶液滴定,至溶液由无色变为淡粉红色,且 30 s 不褪色,记录滴定体积。平行测定三次。

六、数据记录及处理

(1) NaOH 标准溶液的配制和标定:完成表 3-6,计算 NaOH 标准溶液的浓度。

表 3-6　0.1 mol·L^{-1} NaOH 标准溶液的标定

编号	1	2	3
m(邻苯二甲酸氢钾)/g			
$V(NaOH)_{初}$/mL			
$V(NaOH)_{终}$/mL			
$\Delta V(NaOH)$/mL			
$c(NaOH)$/(mol·L^{-1})			
$\bar{c}(NaOH)$/(mol·L^{-1})			
$\overline{d_r}$/%			

(2) 未知有机酸分子量测定:完成表 3-7,得到有机酸的分子量。

表 3-7　未知有机酸分子量的测定　　　　m(未知有机酸) = _____ g

编号	1	2	3
$V(NaOH)_{初}$/mL			
$V(NaOH)_{终}$/mL			
$\Delta V(NaOH)$/mL			
M_r(未知有机酸)			
$\overline{M_r}$(未知有机酸)			
$\overline{d_r}$/%			

七、安全与环保

1. 危险操作提示

实验过程中涉及强酸和强碱,需全程佩戴防护眼镜,必要时戴防护手套,注意实验安全!

2. 药品毒性及急救措施

(1) NaOH 固体及其浓溶液具有强烈的腐蚀性,可导致眼睛、皮肤和黏膜严重烧伤。如果称量时洒落在天平或桌上,应用吸水纸及时清除和擦拭干净。若接触皮肤或眼睛,应立即用流动清水或生理盐水冲洗眼睑，必要时用3%硼酸溶液冲洗。

(2) 邻苯二甲酸氢钾具有腐蚀性，可导致皮肤和眼睛灼伤，误服可造成消化道黏膜糜烂、出血和休克。若接触皮肤或眼睛，应立即用流动清水冲洗或用生理盐水冲洗眼睑。

3. 实验清理

(1) NaOH废液和试样废液收集到一个大烧杯中，中和至中性或用水稀释后倒入水槽。
(2) 废弃的实验用防护手套和其他化学固体废物回收到指定容器中。

八、课后思考题

(1) 用邻苯二甲酸氢钾标定NaOH时，是否可选用甲基橙为指示剂？
(2) 空气中的CO_2对测定结果有何影响？如何消除？
(3) 设计用草酸为基准物标定NaOH的实验步骤，需标注称量范围。

九、拓展实验

实验室现有一种无标签、纯度95%以上的工业原料。该原料是一种二元有机酸，可能是A酸($M_r = 150.0$，$K_{a1} = 1.0 \times 10^{-3}$，$K_{a2} = 4.6 \times 10^{-5}$)或B酸($M_r = 138.1$，$K_{a1} = 1.0 \times 10^{-3}$，$K_{a2} = 4.2 \times 10^{-13}$)。试根据已知信息设计分析方法，确定该工业原料是A酸还是B酸，并测定其准确的含量。

可提供的试剂：邻苯二甲酸氢钾(s，基准物质)，草酸(s，基准物质)，NaOH标准溶液(0.1 mol·L^{-1})，酚酞指示剂，甲基橙指示剂，无水乙醇。

提示：有机酸的水溶性较差，可先用少量乙醇溶解。

实验4　甲醛法测定氮肥中的氮含量

一、实验目的

(1) 掌握甲醛法测定氮肥中氮含量的原理和方法。
(2) 巩固标准溶液的配制与标定。
(3) 巩固定量分析的基本操作。

二、实验导读

化学概念：氮肥；甲醛法测定；酸碱滴定；直接滴定法；定量分析基本操作。

铵盐NH_4Cl和$(NH_4)_2SO_4$是常用的无机肥料，为强酸弱碱盐，可用酸碱滴定法测定其含氮量。蛋白质食品、饲料及生物碱等含氮有机化合物，也可先用浓H_2SO_4处理转化为NH_4^+，再依此方法进行滴定分析。但NH_4^+的酸性较弱($K_a = 5.6 \times 10^{-10}$)，不能用碱直接滴定，因此生产和实验室中广泛采用甲醛法测定铵盐中的含氮量。

当铵盐与甲醛作用时，可定量生成H^+和六次甲基四胺离子($K_a = 7.1 \times 10^{-6}$)。

$$4NH_4^+ + 6HCHO \Longrightarrow [(CH_2)_6N_4H]^+ + 3H^+ + 6H_2O$$

由此可知，4 mol NH_4^+与甲醛作用，生成3 mol H^+(强酸)和1 mol$[(CH_2)_6N_4H]^+$(弱酸)，

即 1 mol NH_4^+ 相当于 1 mol 酸，可用 NaOH 标准溶液滴定。由于滴定产物 $(CH_2)_6N_4$ 为弱酸盐，其化学计量点时溶液的 pH 约为 8.7，可选酚酞作为指示剂。

铵盐与甲醛的反应在室温下进行较慢，加入甲醛后需放置几分钟，使反应完全。甲醛中常含有少量甲酸，使用前须以酚酞为指示剂用 NaOH 中和，否则测定结果将偏高。

三、课前预习

(1) 归纳分析天平、滴定管、移液管和容量瓶的使用方法。

(2) 什么是基准物质和标准溶液？标准溶液的配制有哪几种方法？

(3) $(NH_4)_2SO_4$ 能否用 NaOH 标准溶液直接滴定测定氮的含量？

四、主要仪器与试剂

1. 仪器

分析天平，细口试剂瓶，滴定管，移液管，容量瓶，锥形瓶，烧杯，量筒。

2. 试剂

邻苯二甲酸氢钾(s，基准物质)，$(NH_4)_2SO_4$ 样品(s)，NaOH(s)，甲醛中性水溶液(18%)，酚酞(0.2%)。

五、实验步骤

1. $0.1\ mol \cdot L^{-1}$ NaOH 标准溶液的配制和标定

配制 250 mL $0.1\ mol \cdot L^{-1}$ NaOH 标准溶液，用邻苯二甲酸氢钾标定。具体见实验 3。

2. 氮肥样品的测定

准确称量 0.6 g $(NH_4)_2SO_4$ (M_r = 132.1，称至 0.0001 g)样品，置于 100 mL 烧杯中，加入 30 mL 水，搅拌溶解，定量转移至 100 mL 容量瓶，加水定容，充分摇匀，得到试样溶液。

准确移取 20.00 mL 试样溶液于 150 mL 锥形瓶中，加入 5 mL 18%甲醛中性水溶液和 25 mL 水，充分摇匀，放置 5 min，加入 1~2 滴酚酞，用 $0.1\ mol \cdot L^{-1}$ NaOH 标准溶液滴定至溶液呈淡粉红色，且 30 s 内不褪色，记录滴定体积。平行测定三次。

六、数据记录及处理

自行设计表格记录和处理实验数据。可按下式计算铵盐中的氮含量：

$$w(N)/\% = \frac{c(NaOH)V(NaOH)M(N) \times 250.0 \times 100}{1000 m_s \times 25.00}$$

七、安全与环保

1. 危险操作提示

实验过程中涉及甲醛和 NaOH 固体的使用，需戴好防护眼镜和防护手套，避免接触皮肤及眼睛！严重时应立即送医院救治。

2. 药品毒性及急救措施

(1) 甲醛蒸气与空气形成爆炸性混合物，被吸入、误食或接触皮肤会有危害，需保持实验室门窗敞开和自然通风。当误服甲醛时，应立即用水洗胃，再服用 3%碳酸铵溶液或 15%乙酸铵溶液。若皮肤或眼睛接触甲醛，应用流动清水冲洗至少 15 min，再用肥皂水或 3%碳酸氢铵溶液洗涤。

(2) NaOH 固体具有较强的腐蚀性。若接触皮肤，应立即用流动清水冲洗至少 15 min，或者用 3%硼酸溶液湿敷后冲洗干净；若接触眼睛，应立即提起眼睑，用流动清水或生理盐水彻底冲洗至少 15 min。

3. 实验清理

(1) 甲醛废液不能直接倒入水槽，需倒入有机废液容器中。
(2) NaOH 使用完毕后需及时盖好瓶盖；如果称量时洒落在天平或桌上，需用吸水纸及时清除和擦拭干净。
(3) 废弃酸碱溶液收集到一个大烧杯中，中和至中性或用水稀释后倒入水槽。
(4) 废弃的实验用防护手套和其他化学固体废物回收到指定容器中。

八、课后思考题

(1) 可采用同样方法测定尿素 $CO(NH_2)_2$ 中的氮含量，先加 H_2SO_4 并加热使样品消化，使其全部转成$(NH_4)_2SO_4$。写出涉及的反应方程式和氮含量的计算式。
(2) NH_4NO_3、NH_4HCO_3 中的氮含量能否用甲醛法测定？
(3) 试样中的游离酸应事先用 NaOH 标准溶液除去，能否采用酚酞作指示剂？

九、拓展实验

蛋白质是含氮的有机化合物。食物中的蛋白质含量采用凯氏定氮法测定，即食物样品与硫酸和催化剂一起加热消化，使蛋白质分解，分解的氨与硫酸结合生成硫酸铵，经过碱化后蒸馏出游离氨气，后者用硼酸吸收后再以硫酸或盐酸标准溶液滴定，根据盐酸标准溶液的消耗量乘以换算系数，即为蛋白质含量。这个检测办法虽然国际通行，但存在缺陷，不能排除含氮量高的非蛋白质添加物(如三聚氰胺)，即只要在食品、饲料中添加一些含氮量高的化学物质，就可在检测中得出蛋白质含量高的假象。对于三聚氰胺中氮含量的测定，国家标准推荐的方法有高效液相色谱法(HPLC)、液相色谱-质谱法(LC-MS)或气相色谱-质谱法(GC-MS)，前两种用得较多。

自行查阅资料，设计出凯氏定氮法的详细实验方案，并在探究性实验中实施。

实验 5　常见阳离子的分离和鉴定

一、实验目的

(1) 理解常见阳离子的分离和鉴定方法。
(2) 掌握金属元素及其化合物的性质。
(3) 掌握混合阳离子的分离与检出。

二、实验导读

化学概念：分析特性；组试剂；干扰和掩蔽；分离和鉴定；沉淀的离心和洗涤。

实验背景：对无机阳离子进行分离和鉴定时，一般采用系统分析法和分别分析法。系统分析法是将常见 28 种可能共存的阳离子按一定顺序、用组试剂将性质相近的离子进行分组，再将各组离子进行分离和鉴定。经典的系统分析法有硫化氢系统分析法(表 3-8)和两酸两碱系统分析法(图 3-1)。分别分析法是分别取出一定量的试液，设法排除干扰离子，加入合适的试剂直接进行鉴定。

表 3-8　硫化氢系统分析法

分离依据	硫化物不溶于水			硫化物溶于水	
	在稀酸中形成硫化物沉淀		在稀酸中不生成硫化物沉淀	碳酸盐不溶于水	碳酸盐溶于水
	氯化物不溶于热水	氯化物溶于热水			
包含的离子	Ag^+ Hg_2^{2+} Pb^{2+*}	Pb^{2+}, Hg^{2+} Bi^{3+}, As^{3+} Cu^{2+}, As^{5+} Cd^{2+}, Sb^{3+} Sb^{5+}, Sn^{2+} Sn^{4+}	Fe^{3+}, Fe^{2+} Al^{3+}, Co^{2+}, Mn^{2+} Cr^{3+}, Ni^{2+}, Zn^{2+}	Ca^{2+} Sr^{2+} Ba^{2+}	Mg^{2+} K^+ Na^+ NH_4^+
组名称	第一组 盐酸组	第二组 硫化氢组	第三组 硫化铵组	第四组 碳酸铵组	第五组 易溶组
组试剂	HCl	(0.3 mol·L^{-1} HCl) H_2S	($NH_3·H_2O+NH_4Cl$) $(NH_4)_2S$	($NH_3·H_2O+NH_4Cl$) $(NH_4)_2CO_3$	—

* Pb^{2+}浓度大时，会产生部分沉淀。

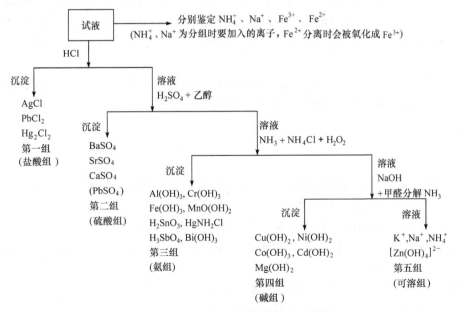

图 3-1　两酸两碱系统分析法示意图

对阳离子进行分离鉴定时，需要利用其分析特性，如外观特征、溶解性、酸碱性、氧化还原性和配位性等。当加入某种化学试剂，使其与溶液中某种离子发生特征反应，可以鉴别出该离子是否存在。离子鉴定反应总是伴随着明显的外部特征、灵敏而迅速的化学反应，例如，颜色的改变、沉淀的生成和溶解、特殊气体或特殊气味的产生。当有干扰离子共存时，可采用沉淀和溶剂萃取等分离法，以及配位和氧化还原等掩蔽法消除。

本实验选取常见的 Ag^+、Pb^{2+}、Cu^{2+}、Fe^{3+}、Al^{3+}、Cr^{3+}、Mn^{2+}、Co^{2+}、Ni^{2+}、Zn^{2+}等多种阳离子，采用两酸两碱系统分析法进行分离和鉴定。实验中需注意溶剂、温度、催化剂、浓度以及溶液的酸碱性等因素对化学反应的影响。

三、课前预习

(1) 简单归纳混合阳离子分离和检出方案的设计原则。

(2) 在 Ag^+、Pb^{2+}、Cu^{2+}、Fe^{3+}、Fe^{2+}、Al^{3+}、Cr^{3+}、Mn^{2+}、Co^{2+}、Ni^{2+}、Zn^{2+}中：①哪些离子的盐酸盐属于难溶物？②哪些离子的硫酸盐属于难溶物？③哪些离子的氢氧化物具有两性？④哪些离子的氢氧化物不稳定？⑤哪些离子可以溶于过量的氨水？写出涉及的离子方程式。

(3) 学习离心机的内容，简单归纳使用方法及注意事项。

四、主要仪器与试剂

1. 仪器

离心机，电炉，试管架，点滴板(黑色，白色)，离心管，试管。

2. 试剂

$NaBiO_3(s)$，HNO_3(6 mol·L^{-1}，2 mol·L^{-1})，HCl(6 mol·L^{-1}，2 mol·L^{-1})，H_2SO_4(3 mol·L^{-1}，2 mol·L^{-1}，1 mol·L^{-1})，HAc(6 mol·L^{-1}，2 mol·L^{-1})，NaOH(6 mol·L^{-1}，2 mol·L^{-1})，$NH_3·H_2O$(6 mol·L^{-1}，2 mol·L^{-1})，NH_4Cl(2 mol·L^{-1})，NaAc(2 mol·L^{-1})，茜素磺酸钠(0.1%)，NH_4F 饱和溶液，NH_4SCN饱和溶液，H_2O_2(3%)，邻二氮菲(1%)，丁二酮肟(1%)，二苯硫腙-CCl_4溶液(0.01%)，乙醚，丙酮。

以下溶液均为 0.1 mol·L^{-1}：$AgNO_3$，$Pb(NO_3)_2$，K_2CrO_4，$CuSO_4$，$FeCl_3$，$K_4[Fe(CN)_6]$，$FeSO_4$，$K_3[Fe(CN)_6]$，$CoCl_2$，$AlCl_3$，$CrCl_3$，$MnSO_4$，$NiCl_2$，$ZnSO_4$。

五、实验步骤

提醒：

(1) 对阳离子混合液进行分离和检出时，应控制混合液的取量。一般以 5～10 滴为宜。过多或过少对分离和检出均有一定影响。

(2) 凡是涉及离心分离的步骤均在离心管内操作。

(3) 沉淀剂的浓度和用量应适量，以保证被沉淀的离子沉淀完全。分离后的沉淀应用水彻底洗涤，以保证分离效果。

(4) 若实验现象不明显，可将小试管或离心管进行水浴加热。

1. 常见阳离子的个别鉴定

(1) Ag^+的鉴定：取 2 滴 0.1 mol·L^{-1} $AgNO_3$于离心管中，加 1 滴 2 mol·L^{-1} HCl，生成白色沉淀。离心分离，弃去上清液。沉淀中滴加 6 mol·L^{-1} $NH_3·H_2O$，沉淀应溶解；再用 6 mol·L^{-1}

HNO_3 酸化时，又有白色沉淀析出，示有 Ag^+ 存在。

(2) Pb^{2+} 的鉴定：取 5 滴 0.1 $mol·L^{-1}$ $Pb(NO_3)_2$ 于小试管中，加 1 滴 6 $mol·L^{-1}$ HAc，再加 1 滴 0.1 $mol·L^{-1}$ K_2CrO_4。若生成黄色沉淀，示有 Pb^{2+} 存在。

(3) Cu^{2+} 的鉴定：取 3 滴 0.1 $mol·L^{-1}$ $CuSO_4$ 于小试管中，加 1 滴 2 $mol·L^{-1}$ HAc 酸化，再加 1 滴 0.1 $mol·L^{-1}$ $K_4[Fe(CN)_6]$。若生成红棕色沉淀，示有 Cu^{2+} 存在。注意 Fe^{3+} 对此鉴定反应有干扰，可用 NH_4F 掩蔽。

$$2Cu^{2+} + [Fe(CN)_6]^{4-} \rightleftharpoons Cu_2[Fe(CN)_6]\downarrow(红棕色)$$

(4) Fe^{3+} 的鉴定：

(i) 取 1 滴 0.1 $mol·L^{-1}$ $FeCl_3$ 于白色点滴板上，加 1 滴 0.1 $mol·L^{-1}$ $K_4[Fe(CN)_6]$。若生成蓝色沉淀(俗称普鲁士蓝)，示有 Fe^{3+} 存在。

$$K^+ + Fe^{3+} + [Fe(CN)_6]^{4-} \rightleftharpoons [KFe(CN)_6Fe]\downarrow(蓝色)$$

(ii) 取 1 滴 0.1 $mol·L^{-1}$ $FeCl_3$ 于白色点滴板上，加 2 滴 NH_4SCN 饱和溶液。若生成血红色溶液，示有 Fe^{3+} 存在。

(5) Fe^{2+} 的鉴定：

(i) 取 5 滴 0.1 $mol·L^{-1}$ $FeSO_4$ 于白色点滴板上，滴加 0.1 $mol·L^{-1}$ $K_3[Fe(CN)_6]$。若生成蓝色沉淀，示有 Fe^{2+} 存在。

$$K^+ + Fe^{2+} + [Fe(CN)_6]^{3-} \rightleftharpoons [KFe(CN)_6Fe]\downarrow(蓝色)$$

(ii) 取 10 滴 0.1 $mol·L^{-1}$ $FeSO_4$，滴加 1%邻二氮菲溶液。若生成红橙色溶液，示有 Fe^{2+} 存在。

(6) Al^{3+} 的鉴定：取 1 滴 0.1 $mol·L^{-1}$ $AlCl_3$ 于小试管中，加 2 $mol·L^{-1}$ HAc 酸化，再加 2 滴 0.1%茜素磺酸钠(结构式见图 3-2)，滴加 2 $mol·L^{-1}$ $NH_3·H_2O$ 至微碱性，仍有鲜红色絮状沉淀，示有 Al^{3+} 存在。Al^{3+} 与茜素磺酸钠在 HAc-NaAc 缓冲体系(pH 4～5)下，生成鲜红色配合物。若体系为弱碱性并加热，可促进鲜红色絮状沉淀的生成。

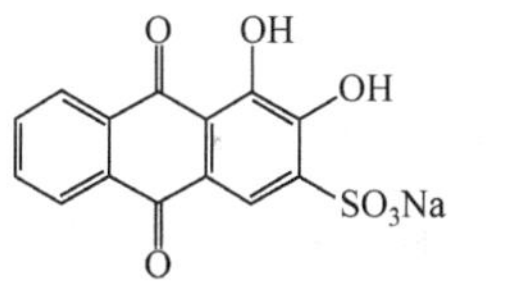

图 3-2　茜素磺酸钠的结构式

(7) Cr^{3+} 的鉴定：取 5 滴 0.1 $mol·L^{-1}$ $CrCl_3$ 于小试管中，滴加 6 $mol·L^{-1}$ NaOH 至溶液变为亮绿色(注 1)，滴入 6～7 滴 3% H_2O_2，水浴加热使溶液变为黄色。将黄色溶液分为两份，分别进行如下实验：①先用 6 $mol·L^{-1}$ HNO_3 酸化，再滴加 0.1 $mol·L^{-1}$ $Pb(NO_3)_2$，若生成黄色沉淀，示有 Cr^{3+} 存在；②先用 6 $mol·L^{-1}$ HNO_3 酸化至 pH 2～3，再加入半滴管乙醚和 2 mL 3% H_2O_2，振荡，若乙醚层呈蓝色，示有 Cr^{3+} 存在。

(8) Mn^{2+} 的鉴定：取 2 滴 0.1 $mol·L^{-1}$ $MnSO_4$ 于小试管中，加入 10 滴 6 $mol·L^{-1}$ HNO_3，再加少许 $NaBiO_3$ 固体，水浴中微热。若溶液呈紫红色，示有 Mn^{2+} 存在。

(9) Co^{2+} 的鉴定：取 5～6 滴 0.1 $mol·L^{-1}$ $CoCl_2$ 于小试管中，加入 2 滴 2 $mol·L^{-1}$ HCl、5～6 滴 NH_4SCN 饱和溶液以及 10 滴丙酮，振荡。若溶液出现蓝色，示有 Co^{2+} 存在(注 2)。

$$Co^{2+} + 4SCN^- \rightleftharpoons [Co(SCN)_4]^{2-}(蓝色)$$

(10) Ni^{2+} 的鉴定：取 1 滴 0.1 $mol·L^{-1}$ $NiCl_2$ 于点滴板上，加 1 滴 2 $mol·L^{-1}$ $NH_3·H_2O$，再加 1 滴 1%丁二酮肟(结构式见图 3-3)。若有鲜红色沉淀生成，示有 Ni^{2+} 存在(注 3)。

(11) Zn^{2+} 的鉴定：取 3 滴 0.1 $mol·L^{-1}$ $ZnSO_4$ 于小试管中，依次加入 6～7 滴 2 $mol·L^{-1}$ NaOH 和半滴管 0.01%二苯硫腙-CCl_4 溶液(注 4)，振荡。若水层呈淡粉红色(或玫瑰红色)，CCl_4 层由绿色变为棕色，示有 Zn^{2+} 存在。二苯硫腙合锌的结构式见图 3-4。

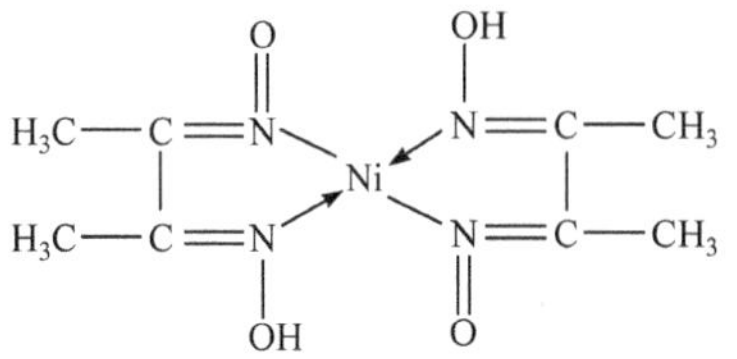

图 3-3 丁二酮肟合镍的结构式 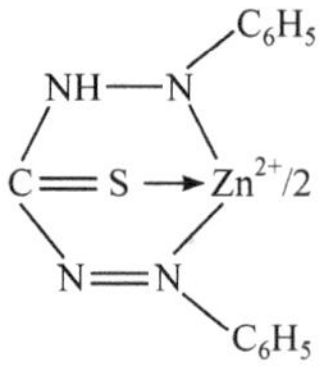   图 3-4 二苯硫腙合锌的结构式

注 1：随着 NaOH 的加入，依次出现以下现象：灰绿色沉淀→沉淀溶解→亮绿色溶液。

注 2：Fe^{3+} 和大量 Cu^{2+} 会干扰鉴定，可用 NH_4F 饱和溶液掩蔽 Fe^{3+}，用 Na_2SO_3 溶液还原 Cu^{2+}。

注 3：Fe^{2+} 在氨性溶液中与丁二酮肟生成红色可溶性螯合物。为了消除干扰，可先用 H_2O_2 将 Fe^{2+} 氧化成 Fe^{3+}，再用柠檬酸或酒石酸进行掩蔽。

注 4：二苯硫腙-CCl_4 溶液的相对密度较大，取用时需将滴管倾斜，否则易流在滴管外面。

2. 已知阳离子混合液的分离和检出

(1) Fe^{3+}、Cr^{3+}、Mn^{2+}、Ni^{2+} 混合液的分离和检出(图 3-5)。

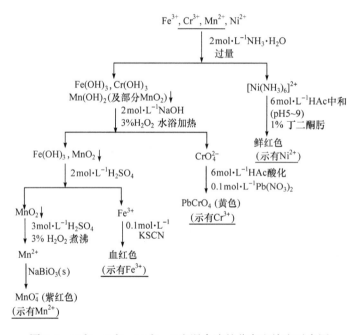

图 3-5 Fe^{3+}、Cr^{3+}、Mn^{2+}、Ni^{2+} 混合液的分离和检出示意图

(i) 取 10 滴混合阳离子溶液于离心管中，加 10 滴 2 mol·L^{-1} NH_3·H_2O，振荡，离心分离，沉淀待用。取 2 滴上清液于白色点滴板上，加入 2～3 滴 6 mol·L^{-1} HAc 酸化，加 2 滴 1%丁二酮肟，观察现象，判断是否有 Ni^{2+} 存在。

(ii) 在(i)的沉淀中加 8 滴 2 mol·L^{-1} NaOH 及 10 滴 3% H_2O_2，水浴加热，离心分离，沉淀待用。取 5 滴上清液，加 2～3 滴 6 mol·L^{-1} HAc 酸化，加 2 滴 0.1 mol·L^{-1} $Pb(NO_3)_2$，观察现象，判断是否有 Cr^{3+} 存在。

(iii) 将(ii)的沉淀用水洗涤一次，离心分离，弃去上清液。沉淀中加 3 滴 2 mol·L^{-1} H_2SO_4，水浴加热，离心分离，沉淀待用。在上清液中加 1 滴 0.1 mol·L^{-1} KSCN，观察现象，判断是否有 Fe^{3+} 存在。

(iv) 在(iii)的沉淀中加 2 滴 3 mol·L^{-1} H$_2$SO$_4$ 及 3 滴 3% H$_2$O$_2$，水浴加热除去过量的 H$_2$O$_2$，使沉淀溶解。取一半溶液，加 4 滴 3 mol·L^{-1} H$_2$SO$_4$ 和米粒大小的 NaBiO$_3$ 固体，水浴加热，观察实验现象，判断是否有 Mn^{2+} 存在。

(2) Ag$^+$、Ba^{2+}、Fe^{3+}、Cu^{2+}、Zn^{2+} 混合液的分离和检出(图 3-6)。

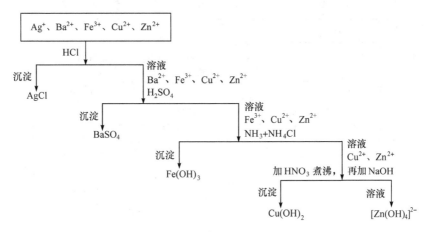

图 3-6　Ag$^+$、Ba^{2+}、Fe^{3+}、Cu^{2+}、Zn^{2+} 混合液的分离和检出示意图

(i) Ag$^+$ 的分离和检出：取 15 滴混合液于离心管中，加 2~3 滴 2 mol·L^{-1} HCl，充分振荡后离心。加 1 滴 2 mol·L^{-1} HCl，观察沉淀是否完全。如沉淀完全，取上清液至另一支试管中供实验(ii)。沉淀用稀 NH$_4$Cl 溶液(自配，2 滴 2 mol·L^{-1} NH$_4$Cl 加 8 滴水)洗涤一次，加 6 mol·L^{-1} NH$_3$·H$_2$O 溶解，再逐滴加入 6 mol·L^{-1} HNO$_3$ 酸化，若重新析出白色沉淀，示有 Ag$^+$ 存在。

(ii) Ba^{2+} 的分离和检出：取(i)的上清液 1 滴于离心管中，加 2~3 滴 1 mol·L^{-1} H$_2$SO$_4$，振荡，离心。将上清液移至另一支离心管中供 Fe^{3+}、Cu^{2+}、Zn^{2+} 的检出。在沉淀中加 2 小匙 Na$_2$CO$_3$ 固体和 10 滴水，搅拌均匀，水浴加热 5 min，离心分离。得到的沉淀用 Na$_2$CO$_3$ 固体和水再处理 1 次，用水洗涤 2 次，最后加入 10 滴 6 mol·L^{-1} HAc，加热，搅拌促使溶解。如仍有不溶解的残渣，则离心分离，上清液供实验(iii)及以下操作。取上清液 2 滴，加 1 滴 2 mol·L^{-1} NaAc 和 5 滴 0.1 mol·L^{-1} K$_2$CrO$_4$，若有黄色沉淀，示有 Ba^{2+} 存在。

(iii) Fe^{3+} 的分离和检出：取(ii)的上清液 2~3 滴，加 4~5 滴 NH$_4$Cl 饱和溶液，逐滴加入浓氨水至碱性，再过量 4~5 滴，充分搅拌，加热 2 min，离心分离。取上清液至另一支试管中供实验(iv)。沉淀用稀 NH$_4$Cl 洗涤两次，弃去洗涤液。沉淀中加入 2 mol·L^{-1} HCl，使沉淀溶解，取 1 滴溶液于白色点滴板上，加 1 滴 0.1 mol·L^{-1} K$_4$[Fe(CN)$_6$]，若生成深蓝色沉淀，示有 Fe^{3+} 存在。

(iv) Cu^{2+} 的分离和检出：取(iii)的上清液于坩埚中，小火蒸干，再灼烧至铵盐分解产生的白烟散尽，冷却后滴加 2 滴浓 HNO$_3$，再蒸干灼烧一次，冷却后加入 10 滴水，检查 NH$_4^+$ 是否除尽。加 2 滴 2 mol·L^{-1} HCl 酸化，转入离心管中。在不断搅拌下，用 6 mol·L^{-1} NaOH 调至 pH≥12，再过量 4~5 滴，水浴加热约 2 min，离心分离，取上清液至另一试管中供实验(v)。沉淀中滴加 6 mol·L^{-1} HCl 直至溶解完全，取 1 滴于白色点滴板上，加 1 滴 0.1 mol·L^{-1} K$_4$[Fe(CN)$_6$]。

若产生红棕色沉淀，示有 Cu^{2+} 存在。

(v) Zn^{2+} 的检测：取(iv)的上清液 2～3 滴，加入半滴管 0.01%二苯硫腙-CCl_4 溶液，水浴加热，并不时振荡。若水层呈淡粉红色或玫瑰红色，CCl_4 层由绿色变为棕色，示有 Zn^{2+} 存在。

(3) Ag^+、Pb^{2+}、Ba^{2+}、Ca^{2+}、Fe^{3+}、Al^{3+}、Cr^{3+}、Mn^{2+} 混合液的分离和检出。

该组混合液的分离和检出示意图见图 3-7，具体的实验步骤及现象不再描述。

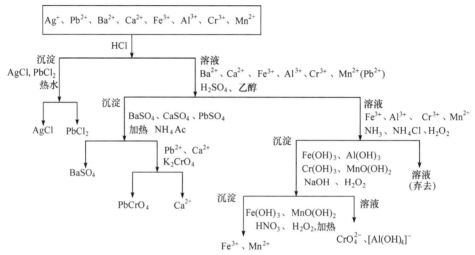

图 3-7　Ag^+、Pb^{2+}、Ba^{2+}、Ca^{2+}、Fe^{3+}、Al^{3+}、Cr^{3+}、Mn^{2+} 混合液的分离和检出示意图

3. 未知阳离子混合液的分离和检出

(1) 取未知液 I 或未知液 II 一份，其中可能含有 Fe^{3+}、Cr^{3+}、Mn^{2+}、Ni^{2+} 中的 2～3 种离子，参照 2.(1)步骤操作，报告未知液 I 或未知液 II 中含有的阳离子。

(2) 领取未知液一份，其中可能含有 Ag^+、Pb^{2+}、Al^{3+}、Fe^{3+}、Cr^{3+}、Mn^{2+}、Cu^{2+}、Ni^{2+}、Zn^{2+}、Co^{2+} 等离子中的 4～6 种，自行设计实验方案检验。在规定时间内完成实验并上交结果。

六、安全与环保

1. 危险操作提示

(1) 在通风橱中取用有机溶剂时，切不可将头探入其中，注意安全。

(2) 加热试管时，不可将试管口朝着有人的地方，且需防止暴沸。

(3) 使用离心机时要注意安全，离心管需要对称放置平衡。若只需离心一支离心管，需取一支空离心管加相近体积的水。离心过程中不可打开离心机盖子，待离心机完全停止后方可打开。

2. 药品毒性及急救措施

(1) HNO_3、$NaOH$、$NH_3·H_2O$ 和 H_2O_2 等溶液具有腐蚀性，使用时要小心。若接触皮肤，先用抹布或吸水纸除去，再立即用水冲洗。

(2) CCl_4 和乙醚等有机溶剂具有挥发性，对人体有害，需戴好防护眼镜及防护手套。若接触皮肤，先用抹布或吸水纸除去，再立即用水冲洗。

3. 实验清理

(1) 离心机清理干净，不留任何物体在腔体内。用过的试管和离心管洗净后，倒置在试管架上。如多次洗涤，管壁上仍有固体残留，可先加入少量去污粉或洗涤液，再用毛刷刷洗。

(2) CCl_4 和乙醚等有机溶剂废液倒入指定的有机废液容器中。

(3) 废弃酸碱溶液收集到一个大烧杯中，中和至中性或用水稀释后倒入水槽。

(4) 含金属离子废液收集后倒入指定的无机废液容器中。

(5) 废弃的实验用防护手套和其他化学固体废物回收到指定容器中。

七、课后思考题

(1) Ag^+ 和 Pb^{2+} 分离和鉴定反应的主要条件是什么？依据是什么？

(2) 本实验 2.(1) 中 Fe^{3+}、Cr^{3+}、Mn^{2+}、Ni^{2+} 混合离子的分离鉴定方案顺序可否改变？若可以改变，列出分离方案。

八、拓展实验

Separation and determination of cation mixture by paper chromatography

 Separation and determination of cation mixture by paper chromatography

实验 6 常见阴离子的分离和鉴定

一、实验目的

(1) 理解常见阴离子的有关分析特性。

(2) 掌握常见阴离子的分离和鉴定原理及方法。

(3) 掌握混合阴离子的分离和鉴定原理及方法。

二、实验导读

化学概念：阴离子分析特性；分别分析法；干扰和掩蔽；分离和鉴定；离心和洗涤。

实验背景：阴离子主要是由非金属元素组成的简单离子或复杂离子，如 X^-($X = F$、Cl、Br、I)、S^{2-}、SO_4^{2-}、ClO_3^- 等。由于大多数阴离子之间干扰较少，可能共存的阴离子也不多，且许多阴离子有特征反应，故常采用分别分析法。只有当先行推测或检出有干扰离子时，才进行适当掩蔽或分离。同种元素可以组成多种阴离子，如硫元素有 S^{2-}、SO_3^{2-}、$S_2O_3^{2-}$、SO_4^{2-} 等，存在形式不同，性质各异。

进行混合阴离子的分析时，一般先利用阴离子的分析特性进行初步试验，确定离子存在的可能范围，然后进行个别离子的鉴定。

(1) 低沸点酸和易分解酸的阴离子与酸反应放出气体，利用产生气体的物理化学性质(表 3-9)，

可初步推断阴离子 CO_3^{2-}、S^{2-}、SO_3^{2-}、$S_2O_3^{2-}$、NO_2^- 是否存在。

表 3-9　阴离子与酸反应的现象与推断

观察到的现象(有气泡产生)			可能的结果		备注
气体颜色	气体气味	析出气体的性质	气体组成	存在的阴离子	
无色	无臭	使石灰水变浑浊	CO_2	CO_3^{2-}	SO_2 也能使石灰水变浑浊
无色	窒息性的臭味	使蓝色 I_2-淀粉溶液褪色 使 $KMnO_4$ 溶液褪色	SO_2	SO_3^{2-}，$S_2O_3^{2-}$	H_2S 也能使 I_2-淀粉溶液 或稀 $KMnO_4$ 溶液褪色
无色	臭鸡蛋气味	使 $Pb(Ac)_2$ 试纸变黑色	H_2S	S^{2-}	
棕色	刺激性臭味		NO，NO_2	NO_2^-	

(2) 除碱金属盐和 NO_3^-、ClO_3^-、ClO_4^-、Ac^- 等阴离子形成的盐易溶解外，其余的盐类大多数难溶于水。一般可以采用钡盐和银盐的溶解性差别，将常见的 15 种阴离子分为三组，见表 3-10。

表 3-10　常见 15 种阴离子的分组

组别	组试剂	组内阴离子	特性
第一组	$BaCl_2$ (中性或弱碱性)	CO_3^{2-}、SO_4^{2-}、SO_3^{2-}、$S_2O_3^{2-}$、SiO_3^{2-}、PO_4^{3-}、AsO_3^{3-}、AsO_4^{3-} (浓溶液中析出)	钡盐都难溶于水；除 $BaSO_4$ 外，其他钡盐可溶于酸。银盐可溶于 HNO_3
第二组	$AgNO_3$ (稀冷 HNO_3)	Cl^-、Br^-、I^-、S^{2-}	银盐难溶于水和稀 HNO_3 (Ag_2S 可溶于热 HNO_3)
第三组	无组试剂	NO_2^-，NO_3^-，Ac^-	钡盐和银盐都溶于水

(3) 除 Ac^-、CO_3^{2-}、SO_4^{2-} 和 PO_4^{3-} 外，绝大多数阴离子具有不同程度的氧化还原性，在溶液中可能相互作用，改变离子原来的存在形式。在酸性溶液中，强还原性的阴离子 S^{2-}、SO_3^{2-}、$S_2O_3^{2-}$ 可被 I_2 氧化。利用加入 I_2-淀粉溶液后是否褪色，可判断这些阴离子是否存在。若能使强氧化剂 $KMnO_4$ 褪色，还可能有 Br^-、I^- 等还原性阴离子存在。不能使 $KMnO_4$ 褪色，则上述还原性阴离子都不存在。Cl^- 的还原性弱，只有在 Cl^- 和 H^+ 浓度较大时，Cl^- 才能将 $KMnO_4$ 还原。

在酸性溶液中，氧化性阴离子 NO_2^- 可氧化 I^- 成为 I_2，不但可以使淀粉溶液变蓝，而且用 CCl_4 萃取后，可使 CCl_4 层显紫红色。NO_3^- 的氧化能力弱，只有在浓度大时才有类似反应。AsO_3^{3-} 氧化 I^- 生成 I_2 的反应是可逆的；若在中性或弱碱性时，I_2 能氧化 AsO_3^{3-} 生成 AsO_4^{3-}。

根据以上分析特性进行初步试验，归纳出离子存在的范围，然后根据存在离子性质的差异和特征反应进行进一步分离鉴定。

常见 15 种阴离子的初步试验及结果列于表 3-11。

表 3-11　常见 15 种阴离子的初步试验及结果

阴离子	H_2SO_4	$BaCl_2$ (中性或弱碱)	$AgNO_3$ (稀 HNO_3)	I_2-淀粉 (稀 H_2SO_4)	$KMnO_4$ (稀 H_2SO_4)	KI-淀粉 (稀 H_2SO_4)
SO_4^{2-}		+				
SO_3^{2-}	+	+		+	+	
$S_2O_3^{2-}$	+	(+)	+	+	+	
CO_3^{2-}	+	+				
PO_4^{3-}		+				
AsO_4^{3-}		+				+
AsO_3^{3-}		(+)			+	
SiO_3^{2-}	(+)	+				
Cl^-			+		(+)	
Br^-			+		+	
I^-			+		+	
S^{2-}			+		+	
NO_2^-					+	+
NO_3^-						(+)
Ac^-						

注：+号为可发生反应；(+)号为阴离子浓度大时才发生反应。

三、课前预习

(1) 学习无机化学中元素性质的相关内容。指出表 3-11 的 15 种离子中，哪些离子能共存，哪些离子能互相发生反应，并写出反应式。

(2) 阴离子的初步试验一般包括哪几项？常见 15 种阴离子在每项初步试验中都发生什么化学反应？有哪些外观特征？如何利用它们进行阴离子分析？

(3) 学习相关离心机的内容，简单归纳使用方法及注意事项。

四、主要仪器与试剂

1. 仪器

离心机，离心管，试管，试管架，点滴板(黑色，白色)。

2. 试剂

$PbCO_3(s)$，$NaNO_2(s)$，$FeSO_4$(晶体)，锌粉(s)，$Pb(Ac)_2$ 试纸，KI-淀粉试纸，H_2SO_4(浓，3 mol·L^{-1}，1 mol·L^{-1})，HNO_3(6 mol·L^{-1}，2 mol·L^{-1})，二苯胺-浓 H_2SO_4 溶液，HCl(6 mol·L^{-1}，2 mol·L^{-1})，NH_3·H_2O(2 mol·L^{-1})，$SrCl_2$(0.5 mol·L^{-1})，$BaCl_2$(0.5 mol·L^{-1})，$KMnO_4$(0.02 mol·L^{-1})，$Na_2[Fe(CN)_5NO]$(3%)，CCl_4，饱和氯水，I_2 溶液，NaClO(新配制)，淀粉溶液(0.2%)。

以下溶液均为 0.1 mol·L^{-1}：Na_2S，Na_2SO_3，$Na_2S_2O_3$，Na_2SO_4，$NaNO_2$，Na_3PO_4，NaCl，

KBr，KI，NaNO₃，AgNO₃，(NH₄)₂MoO₄。

五、实验步骤

提醒：

(1) 对阴离子混合液进行分离和鉴定时，应控制混合液的取量。一般以 5～10 滴为宜。过多或过少对分离和鉴定均有一定影响。

(2) 凡是涉及离心分离的，均在离心管内操作。

(3) 沉淀剂的浓度和用量应适量，以保证被沉淀的离子沉淀完全。分离后的沉淀应用水彻底洗涤，以保证分离效果。

(4) 若实验现象不明显时，可将小试管或离心管进行水浴加热。

(5) 阴离子的分别鉴定只适用于无其他干扰离子的情况，若是混合离子溶液，应先进行分离再鉴定。

1. 常见阴离子的分别鉴定

(1) Cl^- 的鉴定：取 5 滴 $0.1\ mol \cdot L^{-1}$ NaCl，加稀 HNO_3 酸化，滴入 $0.1\ mol \cdot L^{-1}$ AgNO₃，生成白色沉淀。若该白色沉淀可溶于 $NH_3 \cdot H_2O$，当再用 HNO_3 酸化时，重新出现白色沉淀，示有 Ag^+ 存在。

(2) Br^-、I^- 的鉴定：分别取 5 滴 $0.1\ mol \cdot L^{-1}$ KBr 和 $0.1\ mol \cdot L^{-1}$ KI 于两支试管中，各加入 10 滴 CCl_4，再逐滴加入饱和氯水，振荡。若 CCl_4 层呈橙色，示有 Br^-；若 CCl_4 层呈紫红色，示有 I^- 存在。

(3) NO_2^- 的鉴定：取 5 滴 $0.1\ mol \cdot L^{-1}$ NaNO₂，先用 $3\ mol \cdot L^{-1}$ H_2SO_4 酸化，再加入 3 滴 $0.1\ mol \cdot L^{-1}$ KI 和 10 滴 CCl_4，振荡。若 CCl_4 层呈紫红色，示有 NO_2^- 存在。

(4) NO_3^- 的鉴定：

(i) 取数滴 $0.1\ mol \cdot L^{-1}$ NaNO₃，先用 $1\ mol \cdot L^{-1}$ H_2SO_4 酸化，再慢慢地沿试管壁滴加半滴管二苯胺-浓 H_2SO_4 溶液。若在两种溶液的界面处出现蓝色环，示有 NO_3^- 存在。

(ii) 取 5 滴 $0.1\ mol \cdot L^{-1}$ NaNO₃ 于白色点滴板上，加入一粒硫酸亚铁晶体，沿晶体边缘慢慢地滴加浓 H_2SO_4。若硫酸亚铁晶体四周形成棕色圆环，示有 NO_3^- 存在。注意，NO_2^- 对鉴定有干扰，可加 $0.1\ g$ 尿素和数滴稀 H_2SO_4，加热煮沸，使 NO_2^- 分解。

(5) $S_2O_3^{2-}$ 的鉴定：

(i) 取 5 滴 $0.1\ mol \cdot L^{-1}$ Na₂S₂O₃，加数滴 $0.1\ mol \cdot L^{-1}$ AgNO₃。若生成白色沉淀，且沉淀颜色逐渐转化为黄色、棕色和黑色，示有 $S_2O_3^{2-}$ 存在。

(ii) 取 5 滴 $0.1\ mol \cdot L^{-1}$ Na₂S₂O₃，加数滴 $2\ mol \cdot L^{-1}$ HCl，加热。若溶液变浑浊，示有 $S_2O_3^{2-}$ 存在。

(6) SO_3^{2-} 的鉴定：取 5 滴 $0.1\ mol \cdot L^{-1}$ Na₂SO₃，加入 3 滴 I_2-淀粉溶液，用 $2\ mol \cdot L^{-1}$ HCl 酸化。若蓝紫色褪去，示有 SO_3^{2-} 存在。注意，此溶液中要保证无 S^{2-} 和 $S_2O_3^{2-}$，否则会有干扰。

(7) S^{2-} 的鉴定：

(i) 取 5 滴 $0.1\ mol \cdot L^{-1}$ Na₂S，加数滴 $2\ mol \cdot L^{-1}$ HCl。若产生的气体能使 $Pb(Ac)_2$ 试纸变黑，示有 S^{2-} 存在。

(ii) 取 1 滴 0.1 mol·L^{-1} Na$_2$S 于白色点滴板上，加 1 滴 3% Na$_2$[Fe(CN)$_5$NO]。若溶液呈现特殊的红紫色，示有 S^{2-}存在。

(8) SO$_4^{2-}$ 的鉴定：取 5 滴 0.1 mol·L^{-1} Na$_2$SO$_4$，加入 1 滴 0.5 mol·L^{-1} BaCl$_2$。若产生白色沉淀，且不溶于稀 HCl，示有 SO$_4^{2-}$ 存在。注意，为消除 S$_2$O$_3^{2-}$ 对此鉴定的影响，应先用 HCl 酸化，除去沉淀后，再进行 SO$_4^{2-}$ 的鉴定。

(9) PO$_4^{3-}$ 的鉴定：取 3 滴 0.1 mol·L^{-1} Na$_3$PO$_4$，加入 6 滴 6 mol·L^{-1} HNO$_3$ 和 10 滴 0.1 mol·L^{-1} (NH$_4$)$_2$MoO$_4$，微热。若生成黄色沉淀，示有 PO$_4^{3-}$ 存在。若溶液中存在 SO$_3^{2-}$、S$_2$O$_3^{2-}$ 等还原性离子，则六价钼会被还原成低价的"钼蓝"。因此，加入浓 HNO$_3$ 后，应立即加热煮沸，将温度降至 40～50℃，再加入 (NH$_4$)$_2$MoO$_4$，即可鉴定 PO$_4^{3-}$。

2. 阴离子混合液的分离和鉴定

(1) S^{2-}、SO$_3^{2-}$、S$_2$O$_3^{2-}$ 混合液的分离和鉴定(图 3-8)。

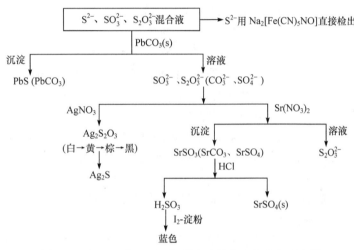

图 3-8　S^{2-}、SO$_3^{2-}$、S$_2$O$_3^{2-}$ 混合液的分离和鉴定示意图

(i) S^{2-}的检出：取 1 滴混合液于点滴板上，加 1 滴 3% Na$_2$[Fe(CN)$_5$NO]。若溶液显示特殊的红紫色，示有 S^{2-}存在。

(ii) 除 S^{2-}：由于 S^{2-}对其他阴离子检出有干扰，必须先除去。取 10 滴混合液，加少量 PbCO$_3$固体，充分搅拌后，离心分离，弃去沉淀。取 1 滴上清液，加 1 滴 3% Na$_2$[Fe(CN)$_5$NO]，检验 S^{2-}是否除尽。若 S^{2-}完全除尽，进行后续 SO$_3^{2-}$、S$_2$O$_3^{2-}$ 的检出实验。注：图中 Sr(NO$_3$)$_2$ 可用 SrCl$_2$ 代替。

(iii) S$_2$O$_3^{2-}$ 的检出：取 1 滴完全除尽 S^{2-}后的溶液于点滴板上，加数滴 0.1 mol·L^{-1} AgNO$_3$。若生成白色沉淀，且沉淀颜色逐渐转化为黄色、棕色、最后为黑色，示有 S$_2$O$_3^{2-}$ 存在。

(iv) SO$_3^{2-}$ 的检出：取 4～5 滴完全除尽 S^{2-}后的溶液于离心管中，滴加 0.5 mol·L^{-1} SrCl$_2$ 至沉淀完全。水浴加热约 3 min，冷却，离心分离。弃去上清液，沉淀用水洗涤一次，离心分离，弃去上清液。沉淀中加 3～4 滴 2 mol·L^{-1} HCl，搅拌。若沉淀不完全溶解，离心分离，弃去残渣。上清液中加 1 滴 I$_2$-淀粉溶液，若蓝色褪去，示有 SO$_3^{2-}$ 存在。

(2) Cl$^-$、Br$^-$、I$^-$ 混合液的分离和鉴定(图 3-9)。

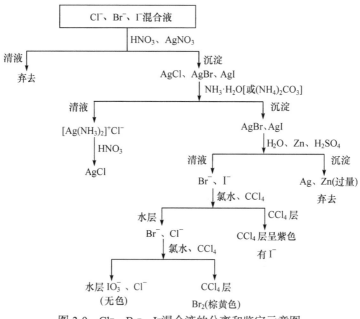

图 3-9　Cl⁻、Br⁻、I⁻混合液的分离和鉴定示意图

(i) AgCl、AgBr、AgI 沉淀的生成：取 1 mL 混合液，先用 2 滴 6 mol·L⁻¹ HNO₃酸化，再加 0.1 mol·L⁻¹ AgNO₃至沉淀完全，水浴加热 2 min，使卤化银沉淀完全。离心分离，弃去上清液。沉淀用水洗涤两次，弃去上清液，沉淀留做实验(ii)。

(ii) Cl⁻的分离和检出：在沉淀上加 1 mL 2 mol·L⁻¹ NH₃·H₂O，搅拌 1 min，离心分离，上清液用 6 mol·L⁻¹ HNO₃酸化。有白色浑浊，示有 Cl⁻存在。沉淀用水洗涤一次，留做实验(iii)。

(iii) Br⁻、I⁻的溶出与检出。

Br⁻、I⁻的溶出：在(ii)的沉淀上加 6 滴水和少量锌粉，搅拌 2～3 min，离心分离，弃去沉淀。上清液留做 Br⁻、I⁻检出实验。

I⁻的检出：取 2 滴 Br⁻、I⁻的溶出步骤的上清液，加 4～5 滴 CCl₄，加少量 NaNO₂固体和 1 滴 1 mol·L⁻¹ H₂SO₄，充分摇匀。若 CCl₄层出现红紫色，示有 I⁻存在。

Br⁻的检出：取 Br⁻、I⁻的溶出步骤剩余的上清液，加 4 滴 CCl₄，加 8～10 滴 3 mol·L⁻¹ H₂SO₄和 1 滴 NaClO 溶液，充分摇匀。若 CCl₄层出现红紫色，示有 I⁻存在。再滴加 NaClO 溶液，充分摇匀。若 CCl₄层的红紫色褪去、出现橘黄色又转变成黄色，示有 Br⁻存在。

六、安全与环保

1. 危险操作提示

(1) 在通风橱中取用浓酸、氯水和有机溶剂等时，切不可将头探入其中，注意安全。

(2) 使用浓酸、氯水和其他有毒易挥发溶液时，需佩戴防护眼镜和防护手套，注意安全。

(3) 加热试管时，不可将试管口朝着有人的地方，且需防止暴沸。

(4) 使用离心机时要注意安全，离心管需要对称放置平衡，若只需离心一支离心管，需取一支空离心管加相近体积的水。离心过程中不可打开离心机盖子，待离心机完全停止后方可打开。

2. 药品毒性及急救措施

(1) HNO₃、NaOH、NH₃·H₂O 等溶液具有腐蚀性，使用时要小心。若接触皮肤，先用抹布或吸水纸除去，再立即用水冲洗。

(2) 饱和氯水等具有刺激性气味，见光易分解，应放置在棕色细口瓶中，于阴暗避光处储存。吸入过量氯水，会严重破坏呼吸道黏膜，导致呼吸困难，甚至可致命。若不慎吸入，需吸入少量乙醇与乙醚的混合气体解毒，严重时需送医院救治。

(3) CCl_4 和乙醚等有机溶剂具有挥发性，并对人体有害。若接触皮肤，先用抹布或吸水纸除去，再立即用水冲洗。

3. 实验清理

(1) CCl_4 和乙醚等有机溶剂废液倒入指定的有机废液容器中。

(2) 饱和氯水等含卤素废液倒入指定的无机废液容器中。

(3) 废弃的实验用防护手套和其他化学固体废物回收到指定容器中。

(4) 废弃酸碱溶液收集到一个大烧杯中，中和至中性或用水稀释后倒入水槽。

(5) 离心机清理干净，不留任何物体在腔体内。用过的试管和离心管洗净后，倒置在试管架上。如多次洗涤，管壁上仍有固体残留，可先加入少量去污粉或洗涤剂，再用毛刷刷洗。

七、课后思考题

(1) 在 Br^- 和 I^- 的分离鉴定中，加入 CCl_4 的目的是什么？

(2) 在鉴定 S^{2-}、SO_3^{2-}、$S_2O_3^{2-}$ 时，这三种离子之间是否存在干扰？应如何消除？

(3) 在离子的分离过程中，如何判断某离子是否沉淀完全？

(4) 某中性的阴离子未知液，加入稀 H_2SO_4，有气泡产生；用钡盐和银盐试验时，得负结果；但用 $KMnO_4$ 和 KI-淀粉检查，都得正结果。何种离子可能存在？何种离子难以确定是否存在？

八、拓展实验

试验 MnO_4^- 在不同介质中的氧化能力强弱。写出涉及的所有反应方程式，总结和分析 MnO_4^- 在不同介质中的氧化性大小。

(1) 在酸性介质中：在三支试管中分别加入适量 0.02 $mol·L^{-1}$ $KMnO_4$ 和少量 3 $mol·L^{-1}$ H_2SO_4。第一支试管中加入少量 Na_2SO_3 固体，并充分振荡；第二支试管中加入 0.1 $mol·L^{-1}$ $FeSO_4$；第三支试管中加入草酸溶液并加热。观察现象。

(2) 在中性介质中：在 1 mL 0.02 $mol·L^{-1}$ $KMnO_4$ 中加入 1 mL 水，然后加入少量 Na_2SO_3 固体，充分振荡，观察现象。

(3) 在碱性介质中：在试管中加入适量 0.02 $mol·L^{-1}$ $KMnO_4$，再加入 6 $mol·L^{-1}$ NaOH 溶液和 Na_2SO_3 固体，充分振荡，观察现象。

实验 7　摩尔气体常量的测定

一、实验目的

(1) 掌握分压定律与气体状态方程的应用。

(2) 学习一种测定摩尔气体常量的方法。

(3) 学习简单实验仪器的安装和使用。

二、实验导读

知识点：分压定律；气体状态方程；量气管等操作。

实验背景：理想气体状态方程如式(3-1)所示

$$pV = nRT \tag{3-1}$$

式中，p 为气体的压力或分压(Pa)；V 为气体的体积(m^3)；n 为气体的物质的量(mol)；T 为气体的热力学温度(K)；R 为摩尔气体常量(文献值：8.31 $Pa \cdot m^3 \cdot K^{-1} \cdot mol^{-1}$ 或 $J \cdot K^{-1} \cdot mol^{-1}$)

因此，只要测定一定温度下给定气体的体积 V、压力 p 与气体的物质的量 n 或质量 m，即可求得摩尔气体常量(R)。

本实验利用金属 Mg 与稀酸反应：$Mg + 2H^+ == Mg^{2+} + H_2\uparrow$。在实验条件下产生的氢气近似地看作理想气体，用排水集气法收集并测量氢气的体积，从而测得摩尔气体常量。

氢气的物质的量 $n(H_2)$ 可根据下式由金属镁的质量求得：

$$n(H_2) = \frac{m(H_2)}{M(H_2)} = \frac{m(Mg)}{M(Mg)}$$

式中，$M(H_2)$ 和 $M(Mg)$ 分别为 H_2 和 Mg 的摩尔质量。

由于实验收集的氢气是被水蒸气所饱和的，根据分压定律，氢气的分压 $p(H_2)$ 应是混合气体的总压 p 与水蒸气分压 $p(H_2O)$ 之差：

$$p(H_2) = p - p(H_2O)$$

将测得的各项数据代入式(3-1)中，根据以下公式可以得到摩尔气体常量(R)：

$$R = \frac{p(H_2)V}{n(H_2)T} = \frac{[p - p(H_2O)]V}{n(H_2)T}$$

三、课前预习

(1) 简述理想气体状态方程和分压定律。
(2) 简述排水集气法收集气体的原理及装置。
(3) 简述氢气的发生、收集和体积测量的原理。

四、主要仪器与试剂

1. 仪器

分析天平，量筒，砂纸，长颈漏斗，温度计，测定摩尔气体常量的装置(量气管、液面调节漏斗或水准瓶、具塞试管、滴定管夹、铁架、铁夹、铁夹座、铁圈、磨口塞、乳胶管)，气压计。

2. 试剂

镁条(s)，H_2SO_4(3 $mol \cdot L^{-1}$)。

五、实验步骤

1. 实验准备与装置气密性检查

(1) 用直接法称量三份表面已擦拭干净的镁条，每份 0.025～0.035 g(称至 0.0001 g)，用称量纸包好，待用。

(2) 按图 3-10 搭好实验装置，打开量气管的塞子，从水准瓶(液面调节漏斗)中注入自来水，使量气管内液面略低于"0"刻度(液面过高或过低会带来什么影响？)。上下移动水准瓶以赶尽附着于橡皮管和量气管内壁的气泡，然后连接反应管和量气管并塞紧塞子。

(3) 将水准瓶下移，至量气管内水的液面位于 25 mL 左右，固定水准瓶。如果量气管内水的液面仅在初始时稍有下降，随后保持不变(3～5 min)，表明装置不漏气。否则，须检查各接口处是否严密，直至不再漏气为止。

(4) 取下反应试管，用长颈漏斗将 4～5 mL 3 mol·L^{-1} H$_2$SO$_4$ 注入试管中，切勿使酸沾在试管壁上。用一滴水将镁条稍稍润湿后贴于试管上部的内壁，确保镁条不与酸接触。装好试管，再次调整水准瓶的高度，使量气管内水的液面稍低于"0"刻度，塞紧磨口塞，再次检查气密性至合格。把水准瓶移至量气管右侧，使两者的液面保持在同一水平面，然后记录量气管内液面读数。

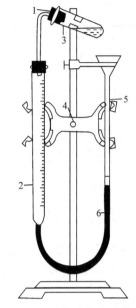

图 3-10　量气法的实验装置
1. 塞子；2. 量气管；3. 试管；4. 蝴蝶夹；
5. 液面调节漏斗；6. 橡皮管

2. 氢气的发生、收集和体积的量度

松开试管上的铁夹，稍微抬高试管底部(注意，整个实验过程中不能使管口的塞子松动，否则实验失败)，使 H$_2$SO$_4$ 与镁条接触，待镁条落入 H$_2$SO$_4$ 溶液中后，再将试管固定。此时，反应产生的氢气进入量气管中，管内水的液面开始下降。为避免量气管内因气压增大而漏气，在液面下降的同时应慢慢向下移动水准瓶，使两管液面大致保持在同一水平面上，直至反应结束。

(1) 反应结束后，待试管冷却至室温，使水准瓶与量气管两管的液面保持在同一水平面，记录量气管内液面位置。然后每隔 1～2 min 记录一次，直至前后两次的读数相差不超过 0.1 mL，表明此时量气管内氢气的温度已与室温一致。

(2) 记录室温及大气压力，并查出该温度下水的饱和蒸气压。

(3) 取下具塞试管，弃去试管内的溶液，洗净试管。平行实验三次。

六、数据记录及处理

完成表 3-12，分析产生误差的原因。

表 3-12　实验数据及处理

编号	1	2	3
m(Mg)/g			
V_1/mL			
V_2/mL			
$V(\text{H}_2) = (V_2 - V_1) \times 10^{-6}/\text{m}^3$			
T/K			
p/Pa			

续表

实验编号	1	2	3
$p(H_2O)/kPa$			
$p(H_2) = [p - p(H_2O)]/kPa$			
$n(H_2) = [m(Mg)/M(Mg)]/mol$			
$R/(J\cdot K^{-1}\cdot mol^{-1})$			
$\bar{R}/(J\cdot K^{-1}\cdot mol^{-1})$			
测定相对误差(E_r)			

七、安全与环保

1. 危险操作提示

(1) 镁条应存放于不接触明火的干燥环境，使用时需确保周围没有明火！

(2) 安装装置时需小心，试管口需朝向无人处，不要让试管中的硫酸溶液喷洒到身上。

2. 实验清理

(1) 实验结束后，小心拆除装置。洗净所有器件，放回原处。

(2) 收集废弃硫酸，与废碱液中和或加水稀释后倒入水槽。

八、课后思考题

(1) 本实验中置换出的氢气的体积是如何测量的？为什么读数时必须使水准瓶内液面与量气管内液面保持在同一水平面？

(2) 量气管内气体的体积是否等于置换出氢气的体积？量气管内气体的压力是否等于氢气的压力？为什么？

(3) 分析下列情况对实验结果的影响：①量气管及其与水准瓶相连接的橡皮管内气泡未赶尽；②镁条表面的氧化膜未擦净；③固定镁条时，不小心使其与稀酸溶液接触；④反应过程中，实验装置漏气；⑤记录液面读数时，量气管内液面与水准瓶内液面不处于同一水平面；⑥反应过程中，因量气管压入水准瓶中的水过多，水从水准瓶中溢出；⑦反应完毕，未等试管冷却到室温即记录体积。

九、拓展实验

若现有一块镁-铜合金，设计一个实验，测定其中的镁含量。

提示：

(1) 需做一个预实验，测出镁含量的大约范围，再精确测定。

(2) 需考虑样品处理。

实验 8 乙酸解离度及解离常数的测定

一、实验目的

(1) 理解弱电解质的解离度和解离常数等概念。

(2) 理解酸度计测定解离常数和解离度的原理和方法。

(3) 掌握酸度计的工作原理和使用方法。

(4) 巩固定量分析的基本操作。

二、实验导读

化学概念：解离度；解离常数；缓冲溶液；离子选择性电极；酸度计及其使用。

实验背景：酸度计测定原理、酸度计结构及其使用，见 1.7.4。

乙酸是一元弱酸，在水溶液中存在下列解离平衡：

$$HAc + H_2O \Longrightarrow H_3O^+ + Ac^-$$

标准解离平衡常数 $K_a^\ominus$ 的表达式如式(3-2)所示：

$$K_a^\ominus = \frac{[c(H^+)/c^\ominus] \cdot [c(Ac^-)/c^\ominus]}{c(HAc)/c^\ominus} \tag{3-2}$$

式中，$c(H^+)$、$c(Ac^-)$、$c(HAc)$分别为 H^+、Ac^-、HAc 在水溶液中的平衡浓度。若 HAc 的起始浓度为 c，则平衡时 $c(HAc) = c - c(H^+)$及 $c(H^+) = c(Ac^-)$，而 HAc 的解离度 α 可表示为

$$\alpha = \frac{c(H^+)}{c} \tag{3-3}$$

因此 $K_a^\ominus$ 的表达式可改写为

$$K_a^\ominus = \frac{[c(H^+)/c^\ominus]^2}{c(HAc)/c^\ominus} = \frac{c\alpha^2}{1-\alpha} \tag{3-4}$$

用酸度计(pH 计)测出已知准确浓度乙酸的 pH，代入式(3-3)和式(3-4)，即可计算出一定温度下乙酸的解离度(α)和解离常数($K_a^\ominus$)。

对于 NaAc-HAc 缓冲溶液，pH 可采用下式计算：

$$pH = pK_a^\ominus + \lg\frac{c(Ac^-)}{c(HAc)} \tag{3-5}$$

当 $c(Ac^-) = c(HAc)$时，$pK_a^\ominus = pH$，可得 $K_a^\ominus = c(H^+)$。

三、课前预习

(1) 简述酸度计(pH 计)的结构、工作原理及其使用方法。

(2) 写出弱酸的解离平衡、解离常数和解离度的定义及表达式。

四、主要仪器与试剂

1. 仪器

酸度计，磁力搅拌器，滴定管，烧杯，移液管，容量瓶。

2. 试剂

HAc 标准溶液(0.1 mol·L^{-1})，未知一元弱酸(0.1 mol·L^{-1})，NaOH(0.1 mol·L^{-1})，酚酞(0.2%)，

标准缓冲溶液(pH 4.00 和 pH 6.86)。

五、实验步骤

1. 系列标准溶液的配制

准确移取 5.00 mL、10.00 mL、20.00 mL 0.1 mol·L⁻¹ HAc 标准溶液于 3 个 50 mL 容量瓶中，加水定容，充分摇匀。将配制好的系列标准溶液倒入 3 个干燥的 50 mL 小烧杯中，编号依次为 1#、2#、3#。再取 50 mL 未稀释的 0.1 mol·L⁻¹ HAc 标准溶液于 50 mL 小烧杯中，编号为 4#。计算这四种溶液的浓度，填入表 3-13 中。

2. pH 的测定

(1) 按照浓度由低到高的顺序，用 pH 计测定系列标准溶液的 pH，记录数据及室温。

(2) 准确移取 10.00 mL 0.1 mol·L⁻¹ 未知一元弱酸溶液于干燥的 50 mL 小烧杯中(编号为 5#)，加入 1～2 滴酚酞，边搅拌边用 0.1 mol·L⁻¹ NaOH 溶液滴定至淡粉红色，且 30 s 不褪色。再准确移取 10.00 mL 该未知一元弱酸溶液加入上述滴定液中，搅拌均匀，测定混合液的 pH，将数据记录在表 3-13 中。

六、数据记录及处理

完成表 3-13，计算 HAc 溶液的 $c(H^+)$、α 和 $K_a^\ominus$ 以及未知一元弱酸的 $K_a^\ominus$ 值。

表 3-13　pH 数据记录及处理　　　　室温_____℃

编号	$c(HAc)/(mol·L^{-1})$	pH	$c(H^+)/(mol·L^{-1})$	$c(Ac^-)/(mol·L^{-1})$	$K_a^\ominus$	α
1						
2						
3						
4						
					$\overline{K_a^\ominus}=$	
5	—			—		—

七、安全与环保

1. 危险操作提示

取用酸碱溶液时需小心，戴好防护眼镜，需要时戴防护手套。

2. 实验清理

(1) 废弃酸碱溶液收集到一个大烧杯中，中和至中性或用水稀释后倒入水槽。

(2) 废弃的实验用防护手套和其他化学固体废物回收到指定容器中。

八、课后思考题

(1) 测定不同浓度的 HAc 溶液 pH 时，为什么要按浓度由低到高的顺序进行？

(2) $K_a^\ominus$ 值与 α 值是否随着酸浓度的变化而变化？α 越大，溶液中 $c(H^+)$ 是否越大？

(3) 在本实验中，测定 HAc 的 $K_a^\ominus$ 值时，需精确测定 HAc 溶液的浓度；但在测定未知酸的 $K_a^\ominus$ 时，则只要正确掌握滴定终点即可，而酸和碱的浓度都不必测定，为什么？

九、拓展实验

弱电解质的解离度和解离常数还可以通过测定溶液的电导率求得。电导率法测定原理、电导率仪结构及其使用见 1.7.4。

当溶液无限稀释时，弱电解质可看成全部解离，此时测得的电导率为极限摩尔电导率。在一定温度下，弱电解质的极限摩尔电导率是一定的(表 3-14)。

表 3-14　乙酸溶液的极限摩尔电导率

温度/℃	0	18	25	30
Λ_m^∞/(S·m²·mol⁻¹)	245×10⁻⁴	349×10⁻⁴	390.7×10⁻⁴	421.8×10⁻⁴

弱电解质的解离度 α 等于其摩尔电导率 Λ_m 与极限摩尔电导率 Λ_m^∞ 之比：$\alpha=\dfrac{\Lambda_m}{\Lambda_m^\infty}$。

电导率可由电导率仪测出，摩尔电导率 Λ_m 与乙酸溶液的浓度 c 及电导率 κ 之间关系式为：$\Lambda_m=\dfrac{\kappa}{1000c}$。式中，$\Lambda_m$ 的单位为 S·m²·mol⁻¹，c 的单位为 mol·L⁻¹，κ 的单位为 S·m⁻¹。

将 Λ_m、Λ_m^∞ 代入 $\alpha=\dfrac{\Lambda_m}{\Lambda_m^\infty}$，即可算出解离度 α，从而求出乙酸的解离常数。

按浓度由低到高的顺序测定上述乙酸溶液的电导率，将数据记录在表 3-15 中。

表 3-15　电导率法数据记录及处理　　　室温_____℃

编号	$c(HAc)$/(mol·L⁻¹)	κ/(μS·cm⁻¹)	κ/(S·m⁻¹)	Λ_m/(S·m²·mol⁻¹)	$K_a^\ominus$
1					
2					
3					
4					
					$\overline{K_a^\ominus}=$

十、实验思考

(1) 比较并分析电导率法与 pH 法测定的乙酸解离常数和解离度。
(2) 电解质溶液导电的特点是什么？
(3) 为什么 Λ_m 与 Λ_m^∞ 之比即为乙酸的解离度？

实验 9　电导率法测定硫酸钡的溶度积常数

一、实验目的

(1) 学习硫酸钡沉淀的制备方法。

(2) 了解电导率法测定硫酸钡溶度积的原理和方法。

(3) 掌握电导率仪的使用。

二、实验导读

化学概念：溶度积；电导率；电导率仪及其使用；倾析法操作。

实验背景：电导率法测定原理、电导率仪结构及其使用，见 1.7.4。

硫酸钡是难溶强电解质，在饱和溶液中的解离平衡及其溶度积常数的表达式如下所示：

$$BaSO_4(s) \rightleftharpoons Ba^{2+}(aq) + SO_4^{2-}(aq)$$

$$K_{sp}(BaSO_4) = c(Ba^{2+})\,c(SO_4^{2-}) = c^2(BaSO_4)$$

只需测出 $c(Ba^{2+})$ 或 $c(SO_4^{2-})$，即可求出 $K_{sp}(BaSO_4)$。$BaSO_4$ 的溶解度很小，因此其饱和溶液的浓度很低，很难直接定量测定。

$BaSO_4$ 饱和溶液可以看作无限稀释的溶液，离子的活度与浓度近似相等，因此可采用电导率法测出 $BaSO_4$ 饱和溶液的电导率，再根据电导率 κ 与摩尔电导率 Λ_m 以及极限摩尔电导率 Λ_m^∞ 的关系导出 $BaSO_4$ 饱和溶液的浓度，最后可求出 $K_{sp}(BaSO_4)$。

25℃时，$BaSO_4$ 溶液的 $\Lambda_m^\infty(BaSO_4) = 286.9 \times 10^{-4}\ S \cdot m^2 \cdot mol^{-1}$。

$$\Lambda_m^\infty(BaSO_4) = \frac{\kappa(BaSO_4)}{1000c(BaSO_4)}$$

$$c(BaSO_4) = \frac{\kappa(BaSO_4)}{1000\Lambda_m^\infty(BaSO_4)}$$

$$K_{sp}(BaSO_4) = c^2(BaSO_4) = \left[\frac{\kappa(BaSO_4\text{溶液}) - \kappa(H_2O)}{1000\Lambda_m^\infty(BaSO_4)}\right]^2$$

式中，$\kappa(H_2O)$ 为去离子水的电导率；$\kappa(BaSO_4$溶液$)$ 为 $BaSO_4$ 饱和溶液的电导率，包括了 H_2O 解离出的 H^+ 和 OH^- 的电导率。

三、课前预习

(1) 简述电导率仪结构及其工作原理。

(2) 归纳电导率法测定 $BaSO_4$ 的溶度积常数的原理。

四、主要仪器与试剂

1. 仪器

电导率仪，电炉，烧杯，量筒，点滴板。

2. 试剂

$H_2SO_4(0.05\ mol \cdot L^{-1})$，$AgNO_3(0.10\ mol \cdot L^{-1})$，$BaCl_2(0.05\ mol \cdot L^{-1})$。

五、实验步骤

1. $BaSO_4$ 沉淀的制备

将 20 mL 0.05 mol·L^{-1} H_2SO_4 置于 100 mL 烧杯中，加热到刚有气泡出现为止。取下烧杯，

在搅拌下将 20 mL 0.05 mol·L^{-1} BaCl$_2$ 慢慢滴入(每秒 2~3 滴)热的 H$_2$SO$_4$ 溶液中，形成白色沉淀。将盛有沉淀的烧杯置于沸水浴中加热，并缓慢搅拌 10 min，再于 40℃左右水浴中静置陈化 20 min。倾析法弃去上层清液，再用 50 mL 煮沸后冷至 60~70℃ 的水洗涤沉淀，直到清液中无 Cl$^-$ 为止(在点滴板上用 AgNO$_3$ 检验)。

2. BaSO$_4$ 饱和溶液的制备

在洗净的 BaSO$_4$ 沉淀中加入 40 mL 煮沸后冷至 60~70℃ 的水，搅拌 5~10 min，静置，冷却到室温。为确保溶液饱和，烧杯底部一定要有 BaSO$_4$ 固体。说明：若不制备沉淀，可直接称取 0.02 g 灼烧至恒量后的 BaSO$_4$ 固体。

3. 测定电导率

分别测定 BaSO$_4$ 饱和溶液及 30 mL 室温下去离子水的电导率(注意，测定操作要迅速！以免溶液吸收 CO$_2$ 造成电导偏大)。实验所用水的电导率应小于 5 × 10^{-4} S·m^{-1}，这样测得的 K_{sp}(BaSO$_4$) 才能接近文献值。

六、数据记录及处理

完成表 3-16，根据文献值 K_{sp}(BaSO$_4$) = 1.07 × 10^{-10}，计算相对误差，并分析误差产生的原因。

表 3-16 电导率仪测定数据记录及处理

室温/℃	κ(BaSO$_4$ 溶液) /(μS·cm^{-1})	κ(BaSO$_4$ 溶液) /(S·m^{-1})	κ(H$_2$O) /(μS·cm^{-1})	κ(H$_2$O) /(S·m^{-1})	κ(BaSO$_4$) /(S·m^{-1})	K_{sp}(BaSO$_4$)

七、安全与环保

(1) 本实验室基本不涉及危险操作和危险试剂，参照实验室规范完成即可。实验结束后，将电导率仪整理并关闭，电极洗净擦干并悬挂。若电极长期不用，置于专用储存盒中。

(2) 废弃酸碱溶液收集到一个大烧杯中，中和至中性或用水稀释后倒入水槽。

八、课后思考题

(1) BaSO$_4$ 沉淀制备中，为什么要反复洗涤至溶液中无 Cl$^-$ 为止？

(2) 如何制备 BaSO$_4$ 沉淀？为了减少测定误差，对制得的 BaSO$_4$ 沉淀有何要求？

(3) 计算 K_{sp}(BaSO$_4$) 时，为什么要考虑水的电导率 κ(H$_2$O)？

(4) 为什么测定水的电导率的操作要迅速？

实验 10 化学反应速率和活化能的测定

一、实验目的

(1) 掌握浓度、温度和催化剂等因素对化学反应速率的影响。

(2) 掌握反应速率和活化能的测定方法。

(3) 掌握利用 Excel 或 Origin 等计算机软件处理数据和作图的方法。

二、实验导读

化学概念：化学动力学；基元反应；质量作用方程；反应级数；化学反应速率；化学反应速率常数；活化能；恒温操作。

实验背景：化学动力学研究反应的快慢及历程。本实验研究 $K_2S_2O_8$ 和 KI 氧化还原反应的动力学，先确定其反应级数，再测定其活化能。该反应中 $K_2S_2O_8$ 为氧化剂、KI 为还原剂，其离子方程式见反应式(3-6)或反应式(3-7)。

$$S_2O_8^{2-} + 2I^- \longrightarrow 2SO_4^{2-} + I_2 \tag{3-6}$$

$$S_2O_8^{2-} + 3I^- \longrightarrow 2SO_4^{2-} + I_3^- \tag{3-7}$$

由于尚不知反应式(3-6)或反应式(3-7)是否为基元反应，因此其反应速率只能先用式(3-8)表示，再通过实验确定。

$$v = k[S_2O_8^{2-}]^m[I^-]^n \tag{3-8}$$

式中，v 为在此条件下反应的瞬时速率($mol \cdot L^{-1} \cdot s^{-1}$)；$k$ 为反应速率常数$[(mol \cdot L^{-1})^{-(m+n-1)} \cdot s^{-1}]$，其值与反应级数有关，而与反应物的浓度无关，并且与温度的关系较大；m 与 n 分别为两种反应物的反应级数(量纲一的量)，m 与 n 之和为总反应级数。从式(3-8)可知，在相同温度下，反应速率随着反应物的浓度增大而加快。

实验测出的是在一段时间(Δt)内反应的平均速率($\bar{v}$)，由于 Δt 时间内反应物浓度变化很小，因此可近似用平均速率代替起始速率，式(3-8)可改写为

$$v = \bar{v} = \frac{\Delta[S_2O_8^{2-}]}{\Delta t} = k[S_2O_8^{2-}]^m[I^-]^n \tag{3-9}$$

由于反应式(3-7)中反应物和生成物均为无色物质，无法通过肉眼观察判断反应的进程，因此引入反应式(3-10)起指示作用。

$$2S_2O_3^{2-} + I_3^- \longrightarrow S_4O_6^{2-} + 3I^- \tag{3-10}$$

反应(3-10)比主反应(3-7)的速率快很多，当加入的 $Na_2S_2O_3$ 的量少于 $K_2S_2O_8$ 的量，并加入淀粉，即可指示反应(3-7)的进程。反应(3-7)生成的 I_3^- 迅速与 $Na_2S_2O_3$ 反应，经过 Δt 时间后恰好将加入的 $Na_2S_2O_3$ 消耗完，则反应(3-7)继续生成的 I_3^- 立即与淀粉作用显示蓝色。

当溶液变蓝色时，表明 $Na_2S_2O_3$ 已经消耗完，此时 $\Delta[S_2O_3^{2-}]$ 就等于其起始浓度，再结合反应(3-10)和反应(3-7)的计量关系，则式(3-9)可以变化成式(3-11)，对式(3-11)取对数得到式(3-12)。

$$v = \bar{v} = \frac{-\Delta[S_2O_8^{2-}]}{\Delta t} = \frac{-\Delta[S_2O_3^{2-}]}{2 \times \Delta t} = \frac{[S_2O_3^{2-}]_0}{2 \times \Delta t} = k[S_2O_8^{2-}]^m[I^-]^n \tag{3-11}$$

$$\lg v = \lg \frac{[S_2O_3^{2-}]_0}{2 \times \Delta t} = \lg k + m\lg[S_2O_8^{2-}] + n\lg[I^-] \tag{3-12}$$

从式(3-12)可知，当$[I^-]$不变时，以 $\lg v$ 对 $\lg[S_2O_8^{2-}]$ 作图可得一条直线，其斜率为 m。同理，当$[S_2O_8^{2-}]$不变时，以 $\lg v$ 对 $\lg[I^-]$作图可求得 n，由此可推出反应的总级数。最后将求得的 m

和 n 代入式(3-8)可求得反应速率常数 k。

温度对化学反应速率的影响很大，温度每升高 10 K，反应速率增大 2～4 倍(范特霍夫近似规则)。反应速率常数与温度之间的定量关系可用式(3-13)表示。

$$\lg k = -\frac{E_a}{2.303RT} + \lg A \tag{3-13}$$

式中，E_a 为反应的活化能(kJ·mol^{-1})；R 为摩尔气体常量，其值为 8.314×10^{-3} kJ·mol^{-1}·K^{-1}；T 为热力学温度(K)；A 为常数(指前因子)，只与反应物的性质有关，与温度和浓度无关。

当保持 $K_2S_2O_8$ 和 KI 浓度不变时，测定不同温度下的反应时间可以获得相应的反应速率常数，再根据式(3-13)以 $\lg k$ 对 $1/T$ 作图，可以得到一条直线，通过其斜率可以求得活化能。

此外，离子强度和催化剂等因素对反应速率也有一定影响。

三、课前预习

(1) 简单归纳反应速率、反应速率常数、反应级数和活化能等基本概念。
(2) 简单描述本实验如何测定反应级数和活化能。

四、主要仪器与试剂

1. 仪器

恒温水浴锅，锥形瓶，烧杯，量筒，移液管，计时器，温度计。

2. 试剂

KNO$_3$(0.20 mol·L^{-1})，KI(0.20 mol·L^{-1})，K$_2$S$_2$O$_8$(0.10 mol·L^{-1})，K$_2$SO$_4$(0.10 mol·L^{-1})，Cu(NO$_3$)$_2$(0.02 mol·L^{-1})，Na$_2$S$_2$O$_3$(0.020 mol·L^{-1})，淀粉(0.2%)。

五、实验步骤

1. K$_2$S$_2$O$_8$ 浓度对反应速率的影响

室温下进行，测定各组的反应时间。按照表 3-17 中编号，在一个 150 mL 锥形瓶中分别倒入所需体积的 0.20 mol·L^{-1} KI、0.020 mol·L^{-1} Na$_2$S$_2$O$_3$、0.2%淀粉、0.20 mol·L^{-1} KNO$_3$ 和 0.10 mol·L^{-1} K$_2$SO$_4$。再用 25 mL 量筒量取所需体积的 0.10 mol·L^{-1} K$_2$S$_2$O$_8$(注 1)，迅速将其倒入上述锥形瓶中混合，同时立即启动计时，并摇动锥形瓶(注 2)，观察反应体系的颜色变化。当溶液一出现蓝色，立即停止计时，记录反应时间，将数据填入表 3-17 中。(提示：Na$_2$S$_2$O$_3$ 和淀粉可用移液枪移取，或按实验室规定移取)

表 3-17　K$_2$S$_2$O$_8$ 浓度对反应速率的影响　　　　温度：_____℃

编号	K$_2$S$_2$O$_8$/mL	KI/mL	Na$_2$S$_2$O$_3$/mL	淀粉/mL	KNO$_3$/mL	K$_2$SO$_4$/mL	总体积/mL	反应时间/s
1	25	25	5.0	2.0	0.0	0.0	57	
2	20	25	5.0	2.0	0.0	5.0	57	
3	15	25	5.0	2.0	0.0	10	57	
4	10	25	5.0	2.0	0.0	15	57	
5	5.0	25	5.0	2.0	0.0	20	57	

2. KI 浓度对反应速率的影响

室温下，按上面的方法完成表 3-18 中的 5 组实验，记录各组的反应时间，将数据填入表中。

表 3-18　KI 浓度对反应速率的影响　　　　　　　　　　温度：_____℃

编号	$K_2S_2O_8$/mL	KI/mL	$Na_2S_2O_3$/mL	淀粉/mL	KNO_3/mL	K_2SO_4/mL	总体积/mL	反应时间/s
6	25	25	5.0	2.0	0.0	0.0	57	
7	25	20	5.0	2.0	5.0	0.0	57	
8	25	15	5.0	2.0	10	0.0	57	
9	25	10	5.0	2.0	15	0.0	57	
10	25	5.0	5.0	2.0	20	0.0	57	

3. 温度对反应速率的影响

按表 3-17 中 3 号的用量，在一个 150 mL 锥形瓶中分别倒入所需体积的 0.20 mol·L^{-1} KI、0.020 mol·L^{-1} $Na_2S_2O_3$、0.2%淀粉和 0.20 mol·L^{-1} KNO_3；在另一个 150 mL 锥形瓶中分别倒入所需体积的 0.10 mol·L^{-1} $K_2S_2O_8$ 和 0.10 mol·L^{-1} K_2SO_4，在分别比室温高约 5℃、10℃、15℃ 和 20℃ 的恒温水浴锅中重复上面实验(注 3)。反应开始前，将这两个锥形瓶同时置于同一个已恒温的水浴锅中加热(注 4)，待两瓶溶液都恒温后(注 5)，一边混合一边立即启动计时，同时摇动在水浴锅内的锥形瓶，观察反应体系的颜色变化。溶液一出现蓝色时，立即停止计时，记录反应时间，并测定反应体系的温度，将数据填入表 3-19 中。

表 3-19　温度对反应速率的影响

编号	11	12	13	14
反应温度/℃				
反应时间/s				

4. 催化剂对反应速率的影响

室温下，按表 3-17 中 3 号的用量和操作，但先在其中一个锥形瓶中加入 2 滴 0.02 mol·L^{-1} $Cu(NO_3)_2$，记录反应时间和温度。

5. 离子强度对反应速率的影响

室温下，按表 3-17 中 3 号和表 3-18 中 8 号的用量及操作，但用相同体积的水替代 K_2SO_4 或 KNO_3 溶液，记录反应时间和温度。

注 1：$K_2S_2O_8$ 的量筒需专用，以免提前反应而产生蓝色。
注 2：摇动锥形瓶的速率对反应速率有影响，因此每次摇动速率尽量相同。
注 3：不一定要恒温到上述的准确温度，只要两个锥形瓶恒温并记录准确温度即可。
注 4：$K_2S_2O_8$ 溶液不能事先与 KI、$Na_2S_2O_3$ 等混合。
注 5：先恒温 5 min，再测定 1 min 前后温度的变化，若没有变化，视为恒温。注意不能长时间恒温，否则溶剂蒸发，反应物浓度改变，从而影响实验结果。

六、数据记录及处理

(1) 先利用计算机编程得到表 3-20 中的数据及结果，再利用计算机作图软件绘制 lg$v$-

$lg[K_2S_2O_8]_0$ 图形，标出直线的线性方程和 R^2，从而得到 m。

表 3-20　$K_2S_2O_8$ 浓度对反应速率的影响　　　　　　温度：_____℃

实验编号	1	2	3	4	5
$[K_2S_2O_8]_0/(mol \cdot L^{-1})$					
反应时间 $\Delta t/s$					
反应速率/$(mol \cdot L^{-1} \cdot s^{-1})$					
$lg[K_2S_2O_8]_0$					
lgv					

(2) 先利用计算机编程得到表 3-21 中的数据及结果，再利用计算机作图软件绘制 lgv-$lg[KI]_0$ 图形，标出直线的线性方程和 R^2，从而得到 n。

表 3-21　KI 浓度对反应速率的影响　　　　　　温度：_____℃

实验编号	6	7	8	9	10
$[KI]_0/(mol \cdot L^{-1})$					
反应时间 $\Delta t/s$					
反应速率/$(mol \cdot L^{-1} \cdot s^{-1})$					
$lg[KI]_0$					
lgv					

(3) 先利用计算机编程，根据表 3-19 原始数据得到表 3-22 的数据及结果，再利用计算机作图软件绘制 lgk-$1/T$ 图形，标出直线的线性方程和 R^2，再推算出 E_a。

表 3-22　温度对反应速率的影响

编号	3	11	12	13	14
反应温度/℃					
反应时间/s					
反应速率/$(mol \cdot L^{-1} \cdot s^{-1})$					
$1/T/K^{-1}$					
k					
lgk					

(4) 分别归纳催化剂和离子强度对反应速率的影响，并进行解释。

七、安全与环保

1. 药品毒性及急救措施

(1) 实验中产生碘单质，若黏附在皮肤上，可用稀硫代硫酸钠或碳酸钠溶液洗去。

(2) 由于碘单质在室温下容易挥发，使用时必须保证充分通风。

2. 实验清理

(1) 含碘废液倒入指定的无机废液容器中。

(2) 及时洗涤用过的烧杯。若有固体残留，可用毛刷蘸去污粉去除。

八、课后思考题

(1) 以 I_3^- 或 I^- 的浓度变化表示反应速率时，反应速率常数 k 是否一致？
(2) $Na_2S_2O_3$ 的用量过多或过少，对实验结果有什么影响？

实验 11　$KI + I_2 \rightleftharpoons KI_3$ 平衡常数的测定

一、实验目的

(1) 理解化学平衡和平衡移动的基本概念及原理。
(2) 掌握采用化学分析法测定平衡常数的原理和方法。
(3) 掌握碘量法的基本原理及实验操作。

二、实验导读

化学概念：化学平衡；化学平衡常数；平衡浓度；碘量法。

实验背景：$I_2(s)$ 溶于 KI 溶液中，可以形成 KI_3 溶液，该反应在一定温度下达到平衡，涉及的平衡反应式及平衡常数表达式如下所示：

$$KI + I_2 \rightleftharpoons KI_3，即 I_2 + I^- \rightleftharpoons I_3^-$$

$$K = \frac{c(I_3^-)}{c(I_2)c(I^-)}$$

上式中的浓度全部为平衡浓度，因此只要测得平衡时各组分的浓度，即可得到平衡常数 K。为了测定平衡时的 $c(I_3^-)$、$c(I^-)$ 和 $c(I_2)$，可用过量的固体 I_2 与已知浓度的 KI 溶液一起充分振荡。达到平衡后，定量移取上层清液，用 $Na_2S_2O_3$ 标准溶液测定。

$$2S_2O_3^{2-} + I_2 \longrightarrow S_4O_6^{2-} + 2I^-$$

由于溶液中存在平衡 $I_2 + I^- \rightleftharpoons I_3^-$，因此用 $Na_2S_2O_3$ 标准溶液测定的是 I_2 和 I_3^- 的总浓度，设该浓度为 c，则 $c = c(I_2) + c(I_3^-)$。

溶液中 I_2 的饱和浓度 $c(I_2)$ 可用相同温度条件下碘的饱和水溶液中碘的浓度代替。设该浓度为 c'，即 $c' = c(I_2)$，则 $c(I_3^-) = c - c'$。

从上面平衡反应式可以看出，平衡时 I^- 的浓度为 $c(I^-) = c(I^-)_0 - c(I_3^-)$，其中 $c(I^-)_0$ 为 KI 的起始浓度。将 $c(I^-)$、$c(I_2)$、$c(I_3^-)$ 代入平衡常数表达式，即可求得在此温度条件下的平衡常数 K。

三、课前预习

(1) 简单归纳平衡常数的概念及其表达式。
(2) 本实验中各组分的平衡浓度如何测得？
(3) 什么是碘量法？采用碘量法测定时，要注意什么？
(4) 碘量法测定的主要误差来源是哪几个方面？

四、主要仪器与试剂

1. 仪器

恒温振荡器，量筒，移液管，滴定管，碘量瓶，锥形瓶。

2. 试剂

I_2(s，研细)，KI 标准溶液(0.0200 mol·L^{-1}，0.0150 mol·L^{-1}，0.0100 mol·L^{-1})，$Na_2S_2O_3$ 标准溶液(0.00500 mol·L^{-1})，淀粉(0.5%)。

五、实验步骤

取三个干燥的 100 mL 碘量瓶(分别标为 1 号、2 号和 3 号)和一个 250 mL 碘量瓶(标为 4号)。按表 3-23 配制 4 份溶液，盖好瓶塞，以免挥发。

表 3-23　各种反应物的配比

编号	1	2	3	4
c(KI)/(mol·L^{-1})	0.0100	0.0150	0.0200	—
V(KI)/mL	30.0	30.0	30.0	—
m(I_2)/g	0.3	0.3	0.3	0.3
V(H_2O)/mL	—	—	—	90.0

将上述四个碘量瓶在室温下振荡 30 min，然后静置 10 min，确保过量的 I_2 固体完全沉于瓶底，小心移取上清液，进行以下滴定操作(注 1)。

从 1 号瓶中准确移取 5.00 mL 上清液于 100 mL 锥形瓶中，加入 20 mL 水，立即用 0.00500 mol·L^{-1} $Na_2S_2O_3$ 标准溶液滴定至呈淡黄色，加入 2 mL 0.5%淀粉，此时溶液呈现蓝色。继续用 $Na_2S_2O_3$ 标准溶液滴定至蓝色刚好消失，且 30 s 不变色(注 2)。记录滴定体积。平行测定两次。用同样方法滴定 2 号和 3 号瓶的上清液。平行测定两次。

从 4 号瓶中准确移取 20.00 mL 上清液于 100 mL 锥形瓶中，立即用 0.00500 mol·L^{-1} $Na_2S_2O_3$ 标准溶液滴定，方法同上。平行测定两次(注 3)。

注 1：吸取上清液时，不能吸入碘单质固体，否则测定误差会很大。吸取上清液后应立即加水稀释，并尽快滴定。

注 2：淀粉需在临近终点前加入，以防淀粉吸附碘单质，使终点推迟。加入淀粉之前，滴定速度要快、振摇锥形瓶要缓慢，以防止碘单质挥发；加入淀粉之后，滴定速度要慢，每加入一滴 $Na_2S_2O_3$ 标准溶液，需剧烈振摇锥形瓶。达到终点后，静置观察 30 s，不要用力摇，否则空气中的氧气会使其返色。

注 3：化学平衡常数是温度的函数，测定过程应记录实验温度并控制恒温。本反应为放热反应，温度越高，平衡常数越小。

六、数据记录及处理

完成表 3-24 的数据记录及处理，计算 $K_{平均}$，并与文献值(6.7×10^2)比较。

表 3-24　实验数据记录与处理

编号		1	2	3	4
V(上清液)/mL		5.00	5.00	5.00	25.00
V(Na$_2$S$_2$O$_3$)/mL	Ⅰ				
	Ⅱ				
	平均				
c(Na$_2$S$_2$O$_3$)/(mol·L^{-1})			0.00500		
$c = c(I_2) + c(I_3^-)$ /(mol·L^{-1})					—
水溶液中碘平衡浓度 $c(I_2)$/(mol·L^{-1})		—	—	—	
$c(I_2)$/(mol·L^{-1})					—
$c(I_3^-)$ /(mol·L^{-1})					—
$c(I^-)_0$/(mol·L^{-1})		0.0100	0.0150	0.0200	—
$c(I^-)$/(mol·L^{-1})					—
K					—
$K_{平均}$					—

七、安全与环保

1. 药品毒性及急救措施

碘单质具有毒性，易通过接触、吸入和误食等途径使人体受损。碘单质在室温下很容易挥发成有毒的烟雾，使用时必须保证充分通风。与皮肤接触可引起严重烧伤，应立即用肥皂水和流动清水彻底冲洗皮肤。若吸入，应迅速离开至新鲜空气处，保持呼吸通畅；若误食，立即饮两杯温水，不要催吐。黏附在皮肤上的碘单质可用稀硫代硫酸钠或碳酸钠溶液洗去。

2. 实验清理

(1) 含碘废液倒入指定的无机废液容器中。
(2) 废弃的实验用防护手套和其他化学固体废物回收到指定容器中。

八、课后思考题

(1) 为什么可以用碘水中 I$_2$(s)的平衡浓度代替反应体系中 I$_2$(s)的平衡浓度？
(2) 振荡 30 min 时，若没有充分振荡，对实验有何影响？

九、拓展实验

可采用分光光度法测定本实验的反应平衡常数，该法具有简单方便、省时等优点，避免了多次滴定操作。由于 I$_3^-$ 在 350 nm 有吸收峰，而 I$^-$和 I$_2$ 在此波长没有吸收，因此测定 I$_2$-KI 混合溶液在 350 nm 处的吸光度 A，即可得到 I$_3^-$ 浓度，从而求出反应平衡常数。

1. 实验步骤

(1) 配制 I₂-KI 混合溶液。准确称取 0.16~0.18 g KI(M_r = 166.0，称至 0.0001 g)置于 100 mL 烧杯中，加少量水溶解，加入 0.13 g 研细的固体 I₂(M_r = 253.8，称至 0.0001 g)，搅拌至完全溶解。定量转移至 100 mL 容量瓶中，加水定容，充分摇匀。注意：只能加少量水搅拌溶解 KI，否则 KI 浓度低，不易将固体 I₂ 溶解完全，可以加入少量乙醇促进溶解。

(2) 配制 KI 溶液。准确称取 0.09~0.11 g KI(称至 0.0001 g)置于 100 mL 烧杯中，加水溶解完全，定量转移至 250 mL 容量瓶中，加水定容，充分摇匀。

(3) 配制系列标准溶液。取 8 个 50 mL 容量瓶(或比色管)，先加入 10.00 mL I₂-KI 混合溶液，然后分别加入 1.00 mL、2.00 mL、3.00 mL、4.00 mL、5.00 mL、6.00 mL、7.00 mL、8.00 mL KI 溶液，加水定容，充分摇匀。25℃水浴中恒温 30 min，使体系充分平衡。

(4) 测定吸光度。以水为参比，用 1 cm 比色皿，测定以上溶液在 350 nm 处的吸光度。

2. 数据处理

(1) 查阅资料，得到 I_3^- 的摩尔吸光系数 ε；由 ε 和吸光度 A 计算 I_3^- 的浓度。
(2) 求出不同浓度下的反应平衡常数。
(3) 求出 25℃时的平均反应平衡常数。
(4) 与化学分析法进行比较，总结两种方法的优缺点，并分析原因。

实验 12　十二水合硫酸铝钾的制备

一、实验目的

(1) 理解以铝粉为原料制备明矾的原理及过程。
(2) 掌握溶解、结晶、过滤等无机制备基本操作。

二、实验导读

化学概念：两性物质；复盐；溶解度曲线；无机制备操作。

实验背景：十二水合硫酸铝钾[KAl(SO₄)₂·12H₂O]是一种复盐，俗称明矾或铝钾矾，易溶于水。在 64.5℃时失去 9 个结晶水，200℃时失去 12 个结晶水。水解后生成吸附能力很强的 Al(OH)₃ 胶状沉淀，可以吸附水中悬浮杂质，并形成沉淀，使水澄清，因此可作为净水剂。

Al 粉与 NaOH 反应，生成可溶性的 NaAl(OH)₄(四羟基合铝酸钠)，其他不溶于 NaOH 溶液的杂质可过滤除去。

$$2Al + 2NaOH + 6H_2O \Longrightarrow 2NaAl(OH)_4 + 3H_2\uparrow$$

调节 NaAl(OH)₄ 溶液至 pH 8~9，产生 Al(OH)₃ 沉淀。加入 H₂SO₄，使 Al(OH)₃ 沉淀溶解，得到 Al₂(SO₄)₃ 溶液，再加入适量的 K₂SO₄ 溶液，形成硫酸铝钾复盐体系。由于硫酸铝钾的溶解度小于组成它的单盐(表 3-25)，即可析出硫酸铝钾晶体。

$$3H_2SO_4 + 2Al(OH)_3 \Longrightarrow Al_2(SO_4)_3 + 6H_2O$$

$$Al_2(SO_4)_3 + K_2SO_4 + 24H_2O \Longrightarrow 2KAl(SO_4)_2\cdot12H_2O\downarrow$$

表 3-25　相关硫酸盐的溶解度									单位：g·(100 g 水)$^{-1}$
T/℃	0	10	20	30	40	50	60	70	80	90
明矾	3.0	4.0	5.9	8.4	11.7	17	24.8	40	71.0	109
硫酸钾	7.4	9.3	11.1	13.0	14.8	16.5	18.2	19.8	21.4	22.9
硫酸铝	31.2	33.5	36.4	40.4	45.7	52.2	59.2	66.2	73.1	86.8

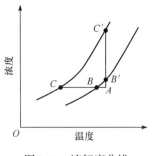

图 3-11　溶解度曲线

图 3-11 为无机盐的溶解度曲线，其中 BB' 为溶解度曲线，CC' 为过饱和曲线。欲从不饱和区域 A 点状态的溶液中析出晶体可采用两种方法，一种是采取 $A{\to}B$ 过程的冷却法；另一种是采取 $A{\to}B'$ 过程的蒸发浓缩法。通过冷却和蒸发浓缩，可进入 BB' 线上方区域，伴随着晶核的产生和成长；若溶液不析出晶体，则成为过饱和溶液。过饱和溶液不稳定，一旦达到某种限度，稍加震动(如摩擦器壁)就会有晶体析出。在 CC' 和 BB' 之间的区域为介稳区域。要使晶种长成规则的大晶体，就应当使溶液处于介稳区域，让它慢慢地成长，而不析出大量的小晶体。

三、课前预习

(1) 什么是两性物质？它们具有什么性质？

(2) 什么是复盐？复盐的溶解度具有什么特性？

(3) 为什么要调节溶液至 pH 8~9 生成 Al(OH)$_3$ 沉淀？通过理论计算解释。

四、主要仪器与试剂

1. 仪器

电炉，循环水真空泵，抽滤瓶，布氏漏斗，烧杯，蒸发皿，温度计，丝线或涤纶线。

2. 试剂

铝粉(s)，K$_2$SO$_4$(s)，NaOH(s)，H$_2$SO$_4$(9 mol·L^{-1}，3 mol·L^{-1})，硫酸铝钾晶种(制备方法：先配制高于室温 20~30℃的硫酸铝钾饱和溶液，将其注入大而浅的平底搪瓷盘，使溶液深度为 2~3 cm，自然冷却 24 h，盘底有大量的小晶体析出，选择八面体晶形完整的晶体作为晶种)。

五、实验步骤

1. Al(OH)$_3$ 的制备

用 100 mL 烧杯称取 2.3 g NaOH 固体(称至 0.01 g)，加入 30 mL 水，搅拌溶解，得到 NaOH 溶液。称取 1 g 铝粉(称至 0.01 g)，分 5~6 次加入 NaOH 溶液中(注 1)。待反应平稳后，可适当进行水浴加热(注 2)，直至反应完全(如何判断？)，加水至总体积约为 40 mL，趁热用两层滤纸抽滤以防止抽穿。滤液转入 100 mL 烧杯中，边搅拌边滴加 3 mol·L^{-1} H$_2$SO$_4$(6~8 mL)至溶液 pH 8~9(注 3)，此时产生大量的 Al(OH)$_3$ 胶状沉淀。将 Al(OH)$_3$ 沉淀在沸水浴中静置陈化 10 min(此过程中不能搅拌)。采用两层滤纸抽滤，尽量抽干，再用水洗涤沉淀 2~3 次至中性(注

4)，最后抽滤至白色沉淀表面出现裂痕为止。

2. $Al_2(SO_4)_3$ 的制备

将 $Al(OH)_3$ 沉淀转移至 100 mL 烧杯中，先加入 10 mL 9 mol·L^{-1} H_2SO_4，沸水浴中加热、搅拌片刻，再加入 10 mL 水，继续搅拌至沉淀完全溶解(注 5)，得到澄清透明的 $Al_2(SO_4)_3$ 溶液。

3. 明矾小晶体的制备

在 $Al_2(SO_4)_3$ 溶液中加入 3.3 g K_2SO_4 固体(称至 0.01 g)，沸水浴中搅拌使其完全溶解(注 6)，再置于冷水浴或冰水浴中充分冷却，析出晶体。若无晶体析出，可用玻璃棒快速摩擦烧杯内壁，则立即析出大量白色小晶体。抽滤，尽量抽干，称量。

4. 明矾大晶体的培养

称取 10 g 硫酸铝钾小晶体，加入一定量的水(自行计算所需水的量)，搅拌溶解，先配成略高于室温 20~30℃的饱和溶液，再冷却，常压过滤除去多余的小晶体。用丝线或涤纶线(不可用棉线)的一端把晶种系好，剪去多余线头，另一端缠在玻璃棒上，将其悬挂在过滤得到的饱和溶液中部位置。观察晶种是否有溶解现象，如有溶解现象，应立即取出晶种，待溶液温度进一步降低，晶种不再溶解时重新放入。若干天后即可得到棱角齐全、晶莹透明的正八面体大晶体(注 7)。

注 1：会产生大量的热和气泡，铝粉一定要分批加入，边加边搅拌，否则极易暴沸。
注 2：100 mL 小烧杯套上水浴圈，置于装有大半杯去离子水的 250 mL 烧杯内。
注 3：pH 一定要调节好，否则沉淀不完全、产率下降。若加入 H_2SO_4 过量，用 NaOH 溶液反调。
注 4：洗涤时不能用玻璃棒用力搅拌，以免滤纸破裂或造成沉淀散开、难以过滤。
注 5：若不能完全溶解，可适量补加 1~2 mL 9 mol·L^{-1} H_2SO_4，但不要多加，否则后续的硫酸铝钾晶体较难析出。若补加 9 mol·L^{-1} H_2SO_4 后仍为浑浊，可进行抽滤，取滤液继续实验。
注 6：可补加少量水，直至溶解完全。水不能多加，否则产率降低，且难析出。
注 7：培养大晶体需注意以下几点：①配制略高于室温的饱和溶液。若有晶体产生，采用常压过滤的方法除去；②烧杯一定要干净，内表面不能粗糙；③在大晶体的生长过程中，经常观察，若发现晶种上长出小晶体，应及时去掉，若杯底有小晶体也要及时滤去，以免影响大晶体的生长。

六、安全与环保

1. 危险操作提示

铝粉与 NaOH 溶液反应剧烈，产生大量的热和氢气，极易暴沸，一定要分批加入，且不能加热。使用 NaOH 固体时需小心。全程佩戴防护眼镜和防护手套，注意安全!

2. 药品毒性及急救措施

(1) NaOH 固体及其浓溶液具有强烈的腐蚀性，酸溶液具有腐蚀性。使用时小心，防止接触皮肤和眼睛。若接触皮肤，应立即用流水冲洗至少 15 min；若接触眼睛，应立即提起眼睑，用流动清水或生理盐水彻底冲洗至少 15 min。受碱性试剂伤害，清水冲洗后可用 3%硼酸溶液湿敷后冲洗干净；受酸性试剂伤害，清水冲洗后可用 3%肥皂水或 3%碳酸氢钠溶液湿敷后冲洗干净。

(2) 明矾含有铝而具有很大的毒害性。若大脑中有沉积铝，容易产生老年痴呆、记忆力减退和智力下降等症状。注意，切勿入口。

3. 实验清理

(1) 及时处理洒落的 NaOH 固体及其溶液。如果称量时洒落在天平或桌上，应用吸水纸及时清除和擦拭干净。废弃酸碱溶液收集到一个大烧杯中，中和至中性或用水稀释后倒入水槽。

(2) 含铝废液倒入指定的无机废液容器中。

(3) 废弃的实验用防护手套和其他化学固体废物回收到指定容器中。

七、课后思考题

(1) 如何能将细小的胶状沉淀有效地进行减压过滤？简单归纳其原理。

(2) 如何制备得到一颗晶莹剔透、八面体完美的明矾大晶体？

八、拓展实验

1. 返滴定法测定产品中的铝含量

准确称取 0.22～0.23 g 明矾($M_r = 474.4$，称至 0.0001 g)样品，置于 100 mL 烧杯中，加入 40 mL 水，搅拌溶解，定量转移至 100 mL 容量瓶中，加水定容，充分摇匀。准确移取 20.00 mL 明矾样品溶液于锥形瓶中，加入 20.00 mL 0.01 mol·L⁻¹ EDTA 标准溶液和 15 mL HAc-NaAc 缓冲溶液，煮沸 1～2 min，加入 1～3 滴 PAN，稍冷至 90℃左右，用 0.01 mol·L⁻¹ CuSO₄ 标准溶液滴定，直至溶液由黄色变为亮紫色，记录滴定体积。平行测定三次，计算产品中的铝含量。

2. 直接滴定法测定产品中的铝含量

准确称取 0.12～0.13 g 明矾($M_r = 474.4$，称至 0.0001 g)样品，置于锥形瓶中，加入 40 mL 水，搅拌溶解。准确加入 20.00 mL 0.02 mol·L⁻¹ EDTA 标准溶液和 2 滴二甲酚橙，小心滴加氨水(1∶1，体积比)，直至溶液恰好变成紫红色，再加入 3 滴 3 mol·L⁻¹ HCl，煮沸 3 min，冷却，加入 20 mL 20%六次甲基四胺溶液，此时溶液应呈黄色或橙黄色，否则用 3 mol·L⁻¹ HCl 逐滴调节。再次加入 2 滴二甲酚橙，用 0.01 mol·L⁻¹ Zn²⁺标准溶液滴定，直至溶液由黄色变成紫红色(此时不计滴定体积)。再加入 10 mL 20% NH₄F 溶液，摇匀，加热至微沸，冷却，再加 2 滴二甲酚橙，此时溶液应为黄色或橙黄色，否则用 3 mol·L⁻¹ HCl 逐滴调节，最后用 0.01 mol·L⁻¹ Zn²⁺标准溶液滴定，直至溶液由黄色变成紫红色，记录滴定体积。计算产品中的铝含量。

3. 重量分析法测定产品中的 SO₄²⁻ 含量

以 0.1 mol·L⁻¹ BaCl₂ 作沉淀剂，设计实验方案，采用重量分析法测定产品中的 SO₄²⁻ 含量。

实验 13　硫酸亚铁铵的制备及质量鉴定

一、实验目的

(1) 了解复盐的一般特性和制备方法。

(2) 掌握蒸发浓缩、结晶、减压过滤等基本操作。

(3) 掌握高锰酸钾滴定法测定亚铁含量的方法和原理。

二、实验导读

化学概念：复盐；氧化还原滴定；高锰酸钾滴定法；自身指示剂。

知识背景：硫酸亚铁铵$[(NH_4)_2SO_4·FeSO_4·6H_2O]$俗称莫尔盐，为浅绿色或浅蓝色单斜晶体，在空气中比一般亚铁盐稳定，不易被氧化，溶于水、不溶于乙醇，是一种常用的化学试剂。

如表 3-26 所示，硫酸亚铁铵在水中的溶解度比组成它的单盐 $FeSO_4$ 和$(NH_4)_2SO_4$的溶解度都小。因此，将含有硫酸亚铁铵的溶液进行蒸发浓缩和冷却结晶，可以得到$(NH_4)_2SO_4·FeSO_4·6H_2O$复盐晶体。

表 3-26　相关物质的溶解度　　　　　　　　　　单位：$g·(100 \text{ g } 水)^{-1}$

温度/℃	10	20	30	70
$FeSO_4$ ($M_r = 151.9$)	20.5	26.6	33.2	56.0
$(NH_4)_2SO_4$ ($M_r = 132.1$)	73.0	75.4	78.1	91.9
$(NH_4)_2SO_4·FeSO_4·6H_2O$ ($M_r = 392.1$)	18.1	21.2	24.5	38.5

$(NH_4)_2SO_4·FeSO_4·6H_2O$ 的制备有多种方法，本实验先用铁屑或铁粉与稀硫酸反应制得 $FeSO_4$ 溶液。在得到的 $FeSO_4$ 溶液中加入$(NH_4)_2SO_4$，经蒸发浓缩和冷却结晶，得到$(NH_4)_2SO_4·FeSO_4·6H_2O$晶体。

$$Fe + H_2SO_4 =\!=\!= FeSO_4 + H_2\uparrow$$

$$FeSO_4 + (NH_4)_2SO_4 + 6H_2O =\!=\!= (NH_4)_2SO_4·FeSO_4·6H_2O$$

硫酸亚铁铵的质量鉴定(产品中铁含量测定)采用 $KMnO_4$ 滴定法。酸性介质中，Fe^{2+} 可被 $KMnO_4$ 定量氧化为 Fe^{3+}。$KMnO_4$ 溶液为紫红色，而产物 Mn^{2+} 几乎无色，稍微过量的 $KMnO_4$ (2×10^{-6} $mol·L^{-1}$)使溶液由无色变成浅红色，因此 $KMnO_4$ 溶液可作为自身指示剂。

$$10FeSO_4 + 2KMnO_4 + 8H_2SO_4 =\!=\!= 5Fe_2(SO_4)_3 + 2MnSO_4 + K_2SO_4 + 8H_2O$$

$KMnO_4$ 溶液的浓度用 $Na_2C_2O_4$ 基准物质进行标定。标定过程应注意以下几点：

(1) 酸度为 $0.5\sim1$ $mol·L^{-1}$。当酸度过高时，草酸会发生分解；当酸度过低时，MnO_4^- 会部分还原成 MnO_2。为了防止诱导氧化 Cl^-，需用硫酸调节酸度。

(2) 温度为 $75\sim85$℃。当温度低时，反应很慢；当温度过高时，草酸会发生分解。

(3) 滴定速度为 慢→稍快→慢。该反应是自身催化反应，产物 Mn^{2+} 是催化剂。开始 Mn^{2+} 不存在或极少，反应很慢，滴定速度要慢。随着 Mn^{2+} 增多，滴定速度可稍加快。临近终点，滴定速度又要变慢。

$$5C_2O_4^{2-} + 2MnO_4^- + 16H^+ =\!=\!= 10CO_2\uparrow + 2Mn^{2+} + 8H_2O$$

三、课前预习

(1) 什么是基准物质？基准物质具有哪些特点？

(2) $KMnO_4$ 标准溶液应该如何配制？

(3) $KMnO_4$ 标准溶液的标定要注意哪几个方面？为什么？

(4) 用 KMnO₄ 测定硫酸亚铁铵产品中铁含量可常温进行，为什么？

四、主要仪器与试剂

1. 仪器

电炉，循环水真空泵，抽滤瓶，布氏漏斗，烧杯，锥形瓶，容量瓶，滴定管，移液管，量筒，蒸发皿，表面皿。

2. 试剂

铁屑或铁粉，$Na_2C_2O_4(s)$，$(NH_4)_2SO_4(s)$，H_2SO_4 (3 mol·L⁻¹)，$KMnO_4$ (0.02 mol·L⁻¹)，无水乙醇。

五、实验步骤

1. 铁屑的净化

称取 1.0 g 铁屑，置于 100 mL 烧杯中，加入适量的 Na_2CO_3 溶液，小火加热煮沸约 10 min，以除去铁屑表面上的油污。用倾析法除去碱液，用水洗至中性。备注：当实验室提供的铁粉纯度很高时，此步骤可省略。

2. 硫酸亚铁的制备

称取 1.0 g 铁粉或净化后的铁屑($M_r = 55.85$，称至 0.01 g)置于 100 mL 烧杯中，加入 8 mL 3 mol·L⁻¹ H_2SO_4，用水浴圈固定，放入装有适量水的 250 mL 烧杯中，水浴烧杯内水的液面稍高于 100 mL 烧杯内的反应液面，水浴加热。水浴温度控制在微沸，反应过程中适量补充水。反应约 10 min，至不再有大量气泡冒出，补水至 30 mL，充分摇匀。用两层滤纸趁热抽滤(注 1)，弃去黑色泥状物，得到浅绿色的硫酸亚铁溶液(注 2)。

3. 硫酸亚铁铵的制备

根据反应式计算所需加入 $(NH_4)_2SO_4$ ($M_r = 132.1$，称至 0.01 g)的质量。将称好的 $(NH_4)_2SO_4$ 固体转入蒸发皿，滤液迅速转入 100 mL 蒸发皿中。将蒸发皿放在合适的烧杯上进行水蒸气浴加热(注 3)，先充分搅拌使 $(NH_4)_2SO_4$ 固体完全溶解，再蒸发浓缩至液面出现大量晶膜为止(注 4)。取下蒸发皿，静置，自然冷却至室温，抽滤，用 10 mL 无水乙醇分三次洗涤晶体(注 5)，以除去晶体表面附着的水分。将产品转入表面皿，于 50℃左右烘干 5～10 min，称量，记录产品质量，观察产品的颜色和晶形，计算产率。

注 1：若过滤前有白色固体析出，需先加少量水溶解；若滤液中仍有浑浊，需重新抽滤；控制溶液的体积，否则后续蒸发浓缩需要很长时间。

注 2：若得到的溶液显黄色，需思考产生原因及解决方法。

注 3：烧杯内装大半杯去离子水作为水浴。若水太少，蒸气升到蒸发皿时会降温；若水太多，沸腾后水会溢出。

注 4：浓缩过程中不要搅拌，若壁上析出固体，用玻璃棒将其轻轻拨入溶液中。晶膜为形成晶花之前的状态。

注 5：乙醇洗涤产品时，抽滤瓶底部会有较多的固体析出，这是母液中无机盐在弱极性乙醇体系中溶解度降低而析出的，此固体应弃去不用。

4. 0.02 mol·L^{-1} KMnO$_4$ 标准溶液的配制与标定

称取 3.2 g KMnO$_4$(M_r = 158.0，称至 0.01 g)固体，加入 1000 mL 水，加热至微沸 15 min，冷却后室温下于暗处放置一周，用玻璃棉或微孔玻璃砂芯漏斗过滤，滤液收集于 1 L 棕色试剂瓶中，盖好瓶塞，充分摇匀。

用差减法准确称取 0.12～0.15g Na$_2$C$_2$O$_4$(M_r = 134.0，称至 0.0001 g)，置于锥形瓶中，加 50 mL 水，振荡溶解。再加入 10 mL 3 mol·L^{-1} H$_2$SO$_4$，加热至 75～85℃(注 6)。趁热用 0.02 mol·L^{-1} KMnO$_4$ 标准溶液滴定，至溶液变为微红色，且 30 s 内不褪色，记录滴定体积(注 7)。平行测定三次。

5. 硫酸亚铁铵产品纯度的测定

准确称取约 3.5 g (NH$_4$)$_2$SO$_4$·FeSO$_4$·6H$_2$O(M_r = 392.2，称至 0.0001 g)产品，置于 100 mL 烧杯中，加入 2 mL 3 mol·L^{-1} H$_2$SO$_4$ 和少量水，搅拌使完全溶解，定量转移到 100 mL 容量瓶中，加水定容，充分摇匀。准确移取 20.00 mL 产品溶液于 150 mL 锥形瓶中，加入 5 mL 3 mol·L^{-1} H$_2$SO$_4$，用 0.02 mol·L^{-1} KMnO$_4$ 标准溶液滴定，至溶液变为橙红色(Fe^{3+}和 MnO$_4^-$ 的混合色)，且 30 s 不变色，记录滴定体积。平行测定三次。

注 6：注意不能使用温度计测温，以免溶质损失。观察到锥形瓶口有较多水汽即可，此时为 75～85℃。
注 7：需戴上棉纱手套操作锥形瓶，以防烫伤。由于 KMnO$_4$ 标准溶液颜色较深，读取其体积时取滴定管内两侧液面的最高处。

六、数据记录及处理

(1) 根据测定结果，计算 KMnO$_4$ 标准溶液的浓度。
(2) 根据测定结果，计算产品中铁含量及其纯度。

七、安全与环保

1. 危险操作提示

高温加热时，需注意安全！戴好防护眼镜、防护手套和防热手套！

2. 药品毒性及急救措施

KMnO$_4$ 有毒，可助燃，具有腐蚀性和刺激性。若与皮肤接触，立即用流动清水冲洗至少 15 min；若与眼睛接触，立即提起眼睑，用流动清水或生理盐水彻底冲洗至少 15 min。

3. 实验清理

(1) 润洗滴定管及滴定管中剩余的 KMnO$_4$ 溶液不能直接倒入水槽，否则水槽构件会被腐蚀，应倒入指定的 KMnO$_4$ 废液容器中或用还原性废液相互反应至无明显红色。
(2) 使用后的 KMnO$_4$ 滴定管，先用容量瓶中剩余的产品溶液洗涤，或者用专门的草酸洗液浸泡，然后用去离子水冲洗干净。该滴定管不能直接用自来水洗，否则会由于 MnO$_2$ 析出变棕色。

(3) 废弃酸碱溶液收集到一个大烧杯中，中和至中性或用水稀释后倒入水槽。

八、课后思考题

(1) 反应过程中哪些物质是过量的？简单说明理由。

(2) 制备硫酸亚铁铵时，溶液合适的 pH 在什么范围？简要阐述原因。

(3) 制备硫酸亚铁铵时，可以从哪些方面提高产率？

(4) 产品中其他离子如何定性鉴定？

实验 14　硫酸四氨合铜的制备及表征

一、实验目的

(1) 学习利用氧化铜制备硫酸四氨合铜的原理和方法。

(2) 了解无机化合物或配合物结晶和提纯的原理。

(3) 了解影响铜氨配离子平衡移动的因素。

(4) 掌握用碘量法测定铜含量的原理和方法。

二、实验导读

化学概念：配合物；碘量法；结晶；减压过滤；沉淀吸附。

实验背景：硫酸四氨合铜($[Cu(NH_3)_4]SO_4 \cdot H_2O$)为深蓝色晶体，主要用于印染、纤维、杀虫剂及制备某些含铜化合物。

本实验先利用粗 CuO 和 H_2SO_4 反应得到 $CuSO_4$ 溶液，再加入过量的氨水得到$[Cu(NH_3)_4]SO_4$溶液，最后加入乙醇析出$[Cu(NH_3)_4]SO_4 \cdot H_2O$ 晶体。

$$CuO + H_2SO_4 == CuSO_4 + H_2O$$

$$CuSO_4 + 4NH_3 \cdot H_2O == [Cu(NH_3)_4]SO_4 \cdot H_2O + 3H_2O$$

由于原料不纯含有杂质，利用 H_2O_2 将 $CuSO_4$ 溶液中 $FeSO_4$ 杂质氧化，再调节溶液至 pH 3，加热煮沸使 Fe^{3+} 水解为 $Fe(OH)_3$ 沉淀，在过滤时和其他不溶性杂质一起除去。可用 KSCN 检验溶液中的 Fe^{3+} 是否除净。

$$2Fe^{2+} + 2H^+ + H_2O_2 == 2Fe^{3+} + 2H_2O$$

$$Fe^{3+} + 3H_2O == Fe(OH)_3\downarrow + 3H^+$$

$$Fe^{3+} + nSCN^- == [Fe(SCN)_n]^{3-n} \quad (n = 1\sim6，深红色)$$

采用间接碘量法测定产品中的铜含量，因为 Cu^{2+} 与过量 KI 反应定量析出 I_2。

$$2Cu^{2+} + 4I^- == 2CuI\downarrow + I_2$$

$$I_2 + 2S_2O_3^{2-} == 2I^- + S_4O_6^{2-}$$

CuI 沉淀表面会吸附 I_2 致使测定结果偏低，因此接近终点时需加入 KSCN 使 CuI 沉淀($K_{sp} = 2.1 \times 10^{-12}$)转化为溶解度更小的 CuSCN 沉淀($K_{sp} = 4.8 \times 10^{-15}$)，即

$$CuI + SCN^- == CuSCN\downarrow + I^-$$

为了防止 I^- 受 Cu^{2+} 催化而被氧化，反应不能在强酸性溶液中进行。由于 Cu^{2+} 的水解及 I_2

易被碱分解，反应也不能在碱性溶液中进行，需在酸性(pH 3～4)溶液中进行。

三、课前预习

(1) 简述 $Na_2S_2O_3$ 标准溶液的配制和标定。
(2) 简述间接碘量法的原理及操作。

四、主要仪器与试剂

1. 仪器

分析天平，电炉，循环水真空泵，抽滤瓶，布氏漏斗，滴定管，移液管，容量瓶，烧杯，量筒，蒸发皿，白瓷点滴板，锥形瓶，表面皿，试管。

2. 试剂

$CuO(s)$，$KI(s)$，$H_2SO_4(3 \text{ mol·L}^{-1})$，氨水(1∶1，体积比)，$NaOH(2 \text{ mol·L}^{-1})$，$H_2O_2(3\%)$，$Na_2S(0.1 \text{ mol·L}^{-1})$，$KSCN(0.1 \text{ mol·L}^{-1})$，$Na_2S_2O_3$ 标准溶液(0.1 mol·L^{-1})，无水乙醇，淀粉(0.5%)，精密 pH 试纸。

五、实验步骤

1. 粗 $CuSO_4$ 溶液的制备

称取 2.0 g 粗 CuO(称至 0.01 g)，置于 100 mL 烧杯中，加入 11 mL 3 mol·L^{-1} H_2SO_4，充分搅拌，以免 CuO 结块或黏结在烧杯底部。用水浴圈固定 100 mL 烧杯，放入 250 mL 烧杯中水浴加热(注 1)，水浴温度控制在微沸，并不时搅拌。待黑色 CuO 基本溶解后，加入 10～15 mL 水，微热使析出的 $CuSO_4$ 溶解，得到蓝色溶液(注 2)。

2. $CuSO_4$ 溶液的精制

在粗 $CuSO_4$ 溶液中滴加 2 mL 3% H_2O_2，水浴加热并搅拌 2～3 min，边搅拌边缓慢加入约 7 mL 2 mol·L^{-1} NaOH，使溶液 pH 为 3.0 左右(用 pH 试纸检验)(注 3)。用玻璃棒蘸取数滴溶液于点滴板上，加入 1 滴 0.1 mol·L^{-1} KSCN，如果呈现红色，说明 Fe^{3+} 未沉淀完全，需继续滴加 2 mol·L^{-1} NaOH。待 Fe^{3+} 沉淀完全后，继续加热溶液片刻，然后趁热减压过滤，将蓝色的 $CuSO_4$ 滤液转移至干净的蒸发皿中。

3. $[Cu(NH_3)_4]SO_4·H_2O$ 晶体的制备

采用水蒸气加热，将滤液蒸发浓缩至 15 mL 左右，冷却至室温。用氨水(1∶1，体积比)调 $CuSO_4$ 溶液至 pH 为 6～8，再补加 15 mL 氨水(1∶1，体积比)，充分搅拌，得到深蓝色透明溶液。将上述溶液水浴加热到 60～70℃，缓慢加入约 12 mL 95%乙醇，迅速搅拌均匀(注 4)，盖上表面皿，静置冷却到室温，析出深蓝色$[Cu(NH_3)_4]SO_4·H_2O$ 晶体。抽滤，用自配 20 mL 乙醇-氨水混合液洗涤晶体 4 次(注 5)，尽量抽干，称量，记录产品质量，观察产品的颜色和晶形，计算产率。

注 1：250 mL 烧杯中的水不必太多，其液面只需稍高于 100 mL 烧杯中的反应液。

注 2：不能使溶液的 pH≥4，否则将析出碱式硫酸铜沉淀而影响产品的质量和产量。

注 3：若 CuO 纯度较高，可以省略精制和过滤。如果不过滤，CuO 溶解后，控制加入水量，使反应溶液总体积为 15 mL 左右。

注 4：为了得到好的针状晶体，加入乙醇后，溶液需在水浴中继续加热搅拌，使析出的小晶体彻底溶解，溶液清澈后再自然冷却结晶。

注 5：乙醇-氨水混合液配制方法：10 mL 乙醇与 10 mL 氨水(1∶1，体积比)混合。

4. [Cu(NH₃)₄]SO₄·H₂O 的性质实验

称取 0.3 g 产品于小烧杯中，加入 2 mL 氨水(1∶1，体积比)和 8 mL 水，搅拌溶解，得到深蓝色溶液。各取 10 滴溶液于 5 个试管中，完成下列实验。其中，实验(1)～(2)可各取 2 滴在白色点滴板上进行。

(1) 在 1 号试管中滴加 3 mol·L^{-1} H₂SO₄ 至溶液呈酸性，观察现象并解释。

(2) 在 2 号试管中滴加 2 mol·L^{-1} NaOH 溶液，观察现象并解释。

(3) 在 3 号试管中加入 0.1 mol·L^{-1} Na₂S 溶液，观察现象并解释。

(4) 在 4 号试管中滴加一定量的乙醇，观察现象并解释。

(5) 将 5 号试管放入沸水浴中加热，观察现象并解释。

5. 0.1 mol·L^{-1} Na₂S₂O₃ 标准溶液的配制和标定

称取 12.4 g Na₂S₂O₃·5H₂O(M_r = 248.2，称至 0.01 g)，置于 250 mL 烧杯中，加入约 0.1 g 固体 Na₂CO₃，再加入适量刚煮沸并已冷却的水，搅拌溶解，转移至 500 mL 棕色试剂瓶中，加水至总体积为 500 mL，盖好瓶塞，充分摇匀，避光保存 7～10 天后标定。Na₂S₂O₃ 标准溶液不稳定，最好现配现用；欲保存较长时间，则要加入少量 Na₂CO₃，使其浓度为 0.2 g·L^{-1}。

准确称取 0.28～0.35 g KIO₃(M_r = 214.0，称至 0.0001 g)，置于 100 mL 小烧杯中，加入 30 mL 水，搅拌溶解，定量转移至 100 mL 容量瓶中，加水定容，充分摇匀，得到 KIO₃ 标准溶液。

准确移取 20.00 mL KIO₃ 标准溶液，置于 150 mL 锥形瓶中，加入 0.7 g KI 固体，轻缓振摇至溶解完全，加入 5 mL 3 mol·L^{-1} H₂SO₄ 并迅速摇匀，立即加入 70 mL 水以稀释碘液，迅速用 0.1 mol·L^{-1} Na₂S₂O₃ 标准溶液滴定，直至溶液变为淡黄色，再加入 1 滴管 0.5%淀粉溶液(约 1 mL)，此时溶液变蓝色，继续用 0.1 mol·L^{-1} Na₂S₂O₃ 标准溶液滴定，直至溶液变为无色，30 s 不变色(注 6)，记录滴定体积。平行测定三次。

6. [Cu(NH₃)₄]SO₄·H₂O 产品中铜含量的测定

准确称取 2.0～2.5 g [Cu(NH₃)₄]SO₄·H₂O 产品(称至 0.0001 g)，置于 100 mL 烧杯中，加入 6 mL 3 mol·L^{-1} H₂SO₄ 和 15～20 mL 水，搅拌溶解，定量转移至 100 mL 容量瓶中，加水定容，充分摇匀，得到产品溶液。

准确移取 20.00 mL 产品溶液于 150 mL 锥形瓶中，加入 50 mL 水和 1 g KI 固体，充分振摇。用 0.1 mol·L^{-1} Na₂S₂O₃ 标准溶液滴定至淡黄色后，再加入 1 滴管 0.5%淀粉溶液(约 1 mL)，此时溶液变蓝灰色，再加入 8 mL 10% KSCN，最后用 0.1 mol·L^{-1} Na₂S₂O₃ 标准溶液滴定至蓝灰色刚好消失即为终点，此时为米色或肉色浊液，记录滴定体积。平行测定三次。

注 6：淀粉需在临近终点前加入，以防淀粉吸附碘单质，使终点推迟。加入淀粉之前，滴定速度要快、振摇锥形瓶要缓慢，以防止碘单质挥发；加入淀粉之后，滴定速度要慢，每加入一滴 $Na_2S_2O_3$ 标准溶液，需剧烈振摇锥形瓶。达到终点后，静置观察 30 s，不要用力摇，否则空气中的氧气会使其返色。

六、数据记录及处理

(1) 自行设计表格，记录制备过程中的用量、产量和产品外观。

(2) 自行设计表格，记录产品中铜含量测定的数据、结果和相对平均偏差。

(3) 自行设计表格，记录 $Na_2S_2O_3$ 溶液标定的数据、结果和相对平均偏差。

七、安全与环保

1. 危险操作提示

实验过程中涉及较多酸碱溶液及其加热操作，严禁用手直接拿取温度过高的器皿，要戴棉纱手套操作。全程佩戴防护眼镜，必要时戴防护手套，注意实验安全！

2. 药品毒性及急救措施

(1) 氨水有挥发性，浓氨水可刺激皮肤，其蒸气对眼睛和黏膜有害，使用时必须保证充分通风。避免与皮肤或眼睛接触，避免吸入。

(2) 使用酸碱试剂需小心。若与皮肤接触，立即用流动清水冲洗至少 15 min；若与眼睛接触，立即提起眼睑，用流动清水或生理盐水彻底冲洗至少 15 min。受碱性试剂伤害，清水冲洗后可用 3%硼酸溶液湿敷后冲洗干净；受酸性试剂伤害，清水冲洗后可用 3%肥皂水或 3%碳酸氢钠溶液湿敷后冲洗干净。

3. 实验清理

(1) 及时清洗蒸发皿。若长时间洗涤后仍有残留，视残留物的酸碱性用稀碱或稀酸浸泡中和，再用毛刷刷拭后冲洗干净。

(2) 废弃酸碱溶液收集到一个大烧杯中，中和至中性或用水稀释后倒入水槽。

(3) 滴定废液倒入指定的无机废液容器中。

八、课后思考题

(1) 除 Fe^{3+} 时，为什么溶液 pH 要调到 3 左右？pH 太大或太小有何影响？

(2) 解释测定产品中铜含量的实验过程中的颜色变化，写出涉及的反应式。

(3) 配合物与复盐的主要区别是什么？

(4) 测定铜含量时，体系的酸度对测定结果有何影响？

九、拓展实验

(1) 醇析法制备产品：向制得的[Cu(NH_3)_4]SO_4 深蓝色溶液中沿烧杯壁慢慢滴加 35 mL 95%乙醇，盖上表面皿；静置结晶，减压过滤，晶体用乙醇与浓氨水(1∶2，体积比)混合液洗涤，60℃烘干。

(2) 配位滴定法测定产品中的铜含量：准确移取 20.00 mL 0.01 mol·L^{-1} EDTA 标准溶液于 150 mL 锥形瓶中，加入 4 mL HAc-NaAc 缓冲溶液(pH 4.3)和 15 mL 水，加热至微沸。取下锥形瓶，加入 1 滴 0.3% PAN，用 0.01 mol·L^{-1} [Cu(NH_3)_4]SO_4·H_2O 产品溶液滴定。开始时溶液呈

黄色，随着[Cu(NH₃)₄]SO₄·H₂O 溶液的加入，颜色逐渐变绿并加深，直至再加入一滴突然变亮紫，即为终点。计算产品中 Cu^{2+}含量。

(3) 分光光度法测定产品中的铜含量：依次取浓度为 0.020 $mol·L^{-1}$、0.016 $mol·L^{-1}$、0.010 $mol·L^{-1}$、0.004 $mol·L^{-1}$ 的 $CuSO_4$ 溶液和水各 10.00 mL 于 5 支比色管中，分别加入 10.00 mL 2 $mol·L^{-1}$ 氨水溶液，测定它们在 610 nm 处的吸光度，绘制标准曲线。称取 0.65~0.70 g [Cu(NH₃)₄]SO₄·H₂O 产品(称至 0.0001 g)，加水溶解，用 6 $mol·L^{-1}$ H_2SO_4 调至蓝色，定量转入 250 mL 容量瓶，加水定容，充分摇匀，得到产品溶液。准确移取 10.00 mL 产品溶液于第 6 支比色管中，加入 10.00 mL 1 $mol·L^{-1}$ 氨水，混合均匀，相同条件下测定吸光度。计算 Cu^{2+}含量。

(4) 蒸馏-返滴定法测定产品中的氨含量：准确称取 0.25~0.30 g [Cu(NH₃)₄]SO₄·H₂O 产品(称至 0.0001 g)，置于 250 mL 三口烧瓶中，加入 80 mL 水溶解。三口烧瓶上端分别连接冷凝管、磨口塞和装有 15 mL 10% NaOH 溶液的滴液漏斗。蒸出的氨气经冷凝管上端连接的导管，通入装有准确体积的 30~35 mL 0.5 $mol·L^{-1}$ HCl 标准溶液的锥形瓶中(置于冰浴中冷却)，导管下端时刻保持在 HCl 溶液液面以下 2~3 cm，以防倒吸。10% NaOH 溶液滴加完后，继续微沸 30 min。取下导管，用水冲洗导管内外，洗涤液收集在氨吸收瓶中。加入 2 滴 0.2%甲基红于所得的氨收集液中，用 0.5 $mol·L^{-1}$ NaOH 标准溶液返滴定，计算产品中的氨含量。

(5) 重量分析法测定产品中的 SO_4^{2-} 含量：准确称取约 0.65 g[Cu(NH₃)₄]SO₄·H₂O 产品(称至 0.0001 g)，置于烧杯中，加水溶解，稀释至 200 mL。加入 2 mL 6 $mol·L^{-1}$ HCl，盖上表面皿，加热至近沸。边搅拌边滴加 30~35 mL 0.1 $mol·L^{-1}$ $BaCl_2$ 热溶液，静置，检验 SO_4^{2-} 是否沉淀完全。加热陈化约 30 min，冷却至室温。将沉淀过滤，洗涤，干燥，灼烧至恒量，称量。根据 $BaSO_4$ 的质量计算产品中硫酸根含量。

实验 15　盐析法和醇析法合成过碳酸钠

一、实验目的

(1) 学习过碳酸钠的制备原理及方法。
(2) 了解过碳酸钠的氧化性和还原性。
(3) 掌握高锰酸钾滴定法测定活性氧含量的方法。

二、实验导读

化学概念：过氧化物；活性氧；氧化-还原滴定；高锰酸钾滴定法。

实验背景：过碳酸钠(2Na₂CO₃·3H₂O₂，俗称过氧碳酸钠或固体双氧水)是一种无味、无毒、易溶于水的白色固体，是过氧化氢与碳酸钠的加合物，分解后产生氧气、水和碳酸钠，其有效活性氧含量相当于 14%的双氧水。本实验利用过氧化氢与碳酸钠反应制备过碳酸钠母液，再利用盐析法和醇析法提高过碳酸钠产品的产率。由于过碳酸钠溶于水后释放出活性氧，因此可采用高锰酸钾滴定法测定其活性氧含量。

$$2Na_2CO_3 + 3H_2O_2 =\!\!= 2Na_2CO_3·3H_2O_2$$

过碳酸钠的氧化还原性通过定性实验进行测试，活性氧含量采用高锰酸钾滴定法测定。

$$5H_2O_2 + 2MnO_4^- + 6H^+ =\!\!= 2Mn^{2+} + 5O_2\uparrow + 8H_2O$$

三、课前预习

(1) 简述氧化还原滴定及其指示剂的作用原理。

(2) 简述用 $Na_2C_2O_4$ 标定 $KMnO_4$ 溶液的注意事项。

(3) 简述过碳酸钠的氧化性和还原性,并用反应式表示。

四、主要仪器与试剂

1. 仪器

分析天平,烘箱,磁力搅拌器,循环水真空泵,布氏漏斗,抽滤瓶,玻璃砂芯漏斗(60 mL),滴定管(棕色),移液管(10 mL,2 mL),容量瓶,锥形瓶,温度计,表面皿。

2. 试剂

无水 $Na_2CO_3(s)$,$MgSO_4 \cdot 7H_2O(s)$,$Na_2SiO_3 \cdot 9H_2O(s)$,$NaCl(s)$,H_2SO_4(3 mol·L^{-1}),H_2O_2(30%),$KMnO_4$ 标准溶液(0.02 mol·L^{-1}),无水乙醇,冰块。

五、实验步骤

1. 产品 I 的制备(常规法)

称取 0.15 g $MgSO_4 \cdot 7H_2O$,置于 50 mL 烧杯中,加入 25 mL 30% H_2O_2,搅拌至溶解,得到 $MgSO_4$ 溶液。分别称取 0.15 g $Na_2SiO_3 \cdot 9H_2O$ 和 15 g 无水 Na_2CO_3,置于 150 mL 烧杯中,分批加入适量水中,搅拌至溶解,得到 Na_2SiO_3 溶液。将 $MgSO_4$ 溶液分批加入 Na_2SiO_3 溶液中(如有需要,可添加少许水),磁力搅拌,控制反应温度低于 30℃,加完后继续搅拌 5 min。冰水浴中冷却至 0~5℃,析出产品。采用玻璃砂芯漏斗抽滤,滤液定量转移至量筒内,记录体积,供后面实验使用。产品用无水乙醇洗涤 2~3 次,抽干,转移至表面皿中,于 50℃烘干 60 min,冷却后称量,得到产品 I。

2. 产品 II 的制备(盐析法)

将量筒中的滤液平均分成两部分,分别置于两个烧杯中,如有沉淀物需搅拌混合均匀。在其中一个烧杯中加入 5.0 g NaCl 固体,磁力搅拌 5 min(如有需要,可添加少许水),再置于冰水浴中,随后按产品 I 制备的后续步骤进行,得到产品 II。

3. 产品 III 的制备(醇析法)

在另一个烧杯中加入 10 mL 无水乙醇,磁力搅拌 5 min,再置于冰水浴中,随后按产品 I 制备的后续步骤进行,得到产品 III。

4. 产品中活性氧含量的测定

准确称取 0.20~0.23 g 产品(M_r = 314.0,称至 0.0001 g),置于锥形瓶中,加入 25 mL 水和 5 mL 3 mol·L^{-1} H_2SO_4,振荡使完全溶解,立即用 0.02 mol·L^{-1} $KMnO_4$ 标准溶液滴定,直至溶液由无色恰变为微红色,且 30 s 内不变色,记录滴定体积。每种产品平行测定三次。

六、数据记录及处理

(1) 根据产品 I、II 和 III 的质量,计算过碳酸钠的总产率。

(2) 计算产品中活性氧含量。

七、安全与环保

1. 危险操作提示

实验过程中涉及 30% H_2O_2，操作时全程戴防护眼镜和防护手套，注意实验安全!

2. 药品毒性及急救措施

H_2O_2 是爆炸性强氧化剂，能与许多化合物反应引起爆炸；pH 3.5～4.5 时最稳定，碱性中极易分解，强光下发生分解；100℃以上急剧分解；重金属及其化合物等能加速分解。若与皮肤接触，立即脱去被污染衣物，用大量流动清水冲洗。若与眼睛接触，立即提起眼睑，用流动清水或生理盐水彻底冲洗 15 min 以上。若吸入，迅速离开现场至空气新鲜处，保持呼吸通畅。

3. 实验清理

(1) 过碳酸钠、30% H_2O_2、$KMnO_4$ 等废液具有强氧化性，会腐蚀管道，不能倒入水槽。可以先收集在一起，酸化后发生氧化还原反应，然后倒入无机废液容器中。

(2) 装过 $KMnO_4$ 的滴定管或其他玻璃器皿不能直接用自来水洗，需先用去离子水反复冲洗。若仍有棕色物质残留，可用酸化后的还原性物质溶液处理。

(3) 废弃的实验用防护手套或其他化学固体废物回收到指定容器中。

八、课后思考题

(1) 查阅资料，简述过氧化物的合成及应用现状。
(2) $KMnO_4$ 溶液的标定和产品测定时的温度条件不同，用理论知识加以解释。
(3) 比较常规法、盐析法和醇析法对无机盐制备的影响，并加以解释。

九、拓展实验

过氧化尿素的合成及其活性氧含量测定

 扫一扫　过氧化尿素的合成及其活性氧含量测定

实验 16　常规法和微波法合成碳酸钠及双指示剂法测定

一、实验目的

(1) 了解联合制碱法的反应原理。
(2) 学习利用盐类溶解度的差异制备和提纯无机盐。
(3) 掌握无机化合物制备的基本操作。
(4) 了解微波法在化合物制备中的作用。

二、实验导读

化学概念：微波合成；酸碱滴定；双指示剂法；混合碱测定。

实验背景：Na_2CO_3 固体俗称纯碱，是一种重要的化工原料。工业上一般采用我国化学家侯德榜提出的联合制碱法：将 CO_2 和 NH_3 通入 NaCl 溶液中制得 $NaHCO_3$，再将 $NaHCO_3$ 高温灼烧成 Na_2CO_3。主要化学反应可表示如下。

$$NH_3 + CO_2 + H_2O + NaCl \Longrightarrow NaHCO_3\downarrow + NH_4Cl$$
$$2NaHCO_3 \Longrightarrow Na_2CO_3 + CO_2\uparrow + H_2O$$

第一个反应式可以看成是 NH_4HCO_3 和 NaCl 在水溶液中的复分解反应，因此可以直接利用 NH_4HCO_3 和 NaCl 制备 $NaHCO_3$，再通过控制温度析出产品(表 3-27)。

$$NH_4HCO_3 + NaCl \Longrightarrow NaHCO_3\downarrow + NH_4Cl$$

表 3-27 NaCl、NH₄Cl、NaHCO₃ 和 NH₄HCO₃ 的溶解度　　　单位：$g\cdot(100\ g\ 水)^{-1}$

温度/℃	0	10	20	30	40	50	60	70	80	90	100
NaCl	35.7	35.8	36.0	36.3	36.6	37.0	37.3	37.8	38.4	39.0	39.8
NH_4HCO_3	11.9	15.8	21.0	27.0	—	—	—	—	—	—	—
$NaHCO_3$	6.9	8.15	9.6	11.1	12.7	14.45	16.4	—	—	—	—
NH_4Cl	29.4	33.3	37.2	41.4	45.8	50.4	55.2	60.2	65.6	71.3	77.3

本实验采用粗盐和 NH_4HCO_3 为原料，其中粗盐中所含的钙、镁等杂质通过调节溶液的酸碱度，使其形成 $CaCO_3$ 和 $Mg_2(OH)_2CO_3$ 沉淀而除去。

产品纯度(Na_2CO_3 含量)测定采用双指示剂法，用 HCl 标准溶液滴定。先以酚酞作指示剂(消耗体积为 V_1)，第一化学计量点的 pH 为 8.32，滴定产物为 $NaHCO_3$；再以甲基橙作指示剂(消耗体积为 V_2)，第二化学计量点的 pH 为 3.89，滴定产物为 NaCl 和 CO_2。

$$Na_2CO_3 + HCl \Longrightarrow NaHCO_3 + NaCl$$
$$NaHCO_3 + HCl \Longrightarrow NaCl + H_2O + CO_2\uparrow$$

由于 Na_2CO_3 消耗的 HCl 标准溶液为 $2V_1$，而 $NaHCO_3$ 消耗的 HCl 标准溶液为 $(V_2 - V_1)$，因此产品中 Na_2CO_3 和 $NaHCO_3$ 的质量分数可按下式计算：

$$w(Na_2CO_3)/\% = \frac{c(HCl)\times 2V_1 \times M(Na_2CO_3)\times 100}{2000m_s}$$

$$w(NaHCO_3)/\% = \frac{c(HCl)\times(V_2 - V_1)\times M(NaHCO_3)\times 100}{1000m_s}$$

工业碱(主要成分为 Na_2CO_3)、食用或医用小苏打(主要成分为 $NaHCO_3$)中 Na_2CO_3 和 $NaHCO_3$ 的含量测定都可采用双指示剂法。由于人眼难以准确判断酚酞由红色变成粉红色，可采用甲酚红-百里酚蓝混合指示剂(变色点 pH 8.3，酸色为黄色，碱色为紫色)，化学计量点时溶液由紫色变为粉红色，变色敏锐，容易判断。

三、课前预习

(1) 简述采用酸碱滴定直接准确测定一元弱酸弱碱的条件。

(2) 简述混合酸(碱)滴定中直接准确进行分步滴定的条件。

(3) 简述双指示剂法测定混合碱含量的方法和原理。

四、主要仪器与试剂

1. 仪器

马弗炉，微波炉，分析天平，水浴锅，真空泵，布氏漏斗(常规法)，玻璃砂芯漏斗(微波法)，抽滤瓶，滴定管，容量瓶，蒸发皿，瓷坩埚，温度计，广泛 pH 试纸。

2. 试剂

粗盐(s)，NH_4HCO_3(s)，HCl(6 $mol·L^{-1}$，0.1 $mol·L^{-1}$)，$NH_3·H_2O$(6 $mol·L^{-1}$)，混合碱溶液[配制方法：3 $mol·L^{-1}$ Na_2CO_3 和 3 $mol·L^{-1}$ NaOH 混合(1∶1，体积比)]，酚酞，甲基橙。

五、实验步骤

1. 产品制备

1) $NaHCO_3$ 的制备

称取一定量的粗盐(按实验室提供的纯度自行计算质量)，置于 150 mL 烧杯中，加入 50 mL 水，充分搅拌，得到 NaCl 浓度为 24%～25%的粗盐溶液。用混合碱溶液调节 pH 至 11 左右，得到胶状沉淀 $Mg_2(OH)_2CO_3·CaCO_3$。水浴加热陈化 15～20 min(注 1)，冷却，抽滤，弃去沉淀。滤液转移至小烧杯中，用 6 $mol·L^{-1}$ HCl 调节溶液至 pH 为 7(此处能用其他酸调节 pH 吗？)，置于 30～35℃水浴中(为何选此温度范围？)，边搅拌边分批加入 10 g NH_4HCO_3 固体。加完后水浴中反应 30 min，并不时搅拌。取出静置，抽滤，得到白色的 $NaHCO_3$ 固体，用少量水洗涤两次，除去表面附着的铵盐，抽干。将母液收集于小烧杯中，用于"九、拓展实验"中"氯化铵的回收"部分。

2) Na_2CO_3 的制备

常规法：将 $NaHCO_3$ 固体转移到瓷坩埚(或蒸发皿)中，置于马弗炉中 300℃灼烧 20 min(或烘箱 300℃烘 30～40 min)，取出稍冷，置于干燥器中，冷却后称量，得到 Na_2CO_3。

微波法：将 $NaHCO_3$ 固体转移到蒸发皿中，置于微波炉中，将火力调节到高挡，微波加热 10～20 min，取出冷却，称量(注 2)。

3) Na_2CO_3 的恒量

将 Na_2CO_3 置于 300℃马弗炉(或高温烘箱)中再灼烧 20 min，重复上述步骤。如果前后两次称量的质量相差不到 0.3 mg，则视为恒量。

2. 产品分析

1) 0.1 $mol·L^{-1}$ HCl 标准溶液的配制与标定

配制方法 1(用浓盐酸配制)：量取 248 mL 水于 250 mL 试剂瓶中，在通风橱内小心加入 2 mL 浓 HCl，盖好瓶塞，充分摇匀。

配制方法 2(用 6 $mol·L^{-1}$ HCl 配制)：量取 245 mL 水和 5 mL 6 $mol·L^{-1}$ HCl 于 250 mL 试剂瓶中，盖好瓶塞，充分混匀。

标定方法 1(用无水碳酸钠标定)：用差减法准确称取 0.10～0.12 g Na_2CO_3(M_r = 106.0，称至 0.0001 g)，置于 150 mL 锥形瓶中，加入 20～30 mL 水，振荡溶解，加入 1～2 滴甲基橙，用 0.1 $mol·L^{-1}$ HCl 标准溶液滴定，直至溶液由黄色变为橙色，且 30 s 不变色，记录滴定体积。平行测定三次。为了更好地判断滴定终点，可以采用甲基红-溴甲酚绿混合指示剂，终点时溶液由绿色变为暗红色。

标定方法 2(用硼砂标定)：用差减法准确称取 0.28～0.38 g 硼砂(M_r = 381.4，称至 0.0001 g)，置于 150 mL 锥形瓶中，加入 20～30 mL 水，微热溶解，冷却至室温，加入 1～2 滴甲基红，用 0.1 mol·L^{-1} HCl 标准溶液滴定，至溶液由黄色变为橙色，且 30 s 不变色，记录滴定体积。平行测定三次。(此处可以采用甲基红-溴甲酚绿混合指示剂)

　　2) 产品纯度的测定

　　准确称量 0.1～0.11 g Na$_2$CO$_3$(M_r = 106.0，称至 0.0001 g)产品，置于锥形瓶中，加入 30 mL 水，振荡溶解，加入 1～2 滴酚酞，用 0.1 mol·L^{-1} HCl 标准溶液滴定，直至溶液由红色变为粉红色，记录所消耗滴定剂的体积 V_1。再加入 1～2 滴甲基橙，继续用 0.1 mol·L^{-1} HCl 标准溶液滴定，直至溶液由黄色变为橙色，且 30 s 不变色，记录第二次所消耗滴定剂的体积 V_2(注 3)。平行测定三次。(此处可以采用甲基红-溴甲酚绿混合指示剂)

　　注 1：胶状沉淀难以过滤，需加热陈化使其形成大颗粒的絮状物。若直接加热极易暴沸，因此采用水浴加热陈化。陈化过程中不要搅动沉淀，以免破坏形成的大絮状物。

　　注 2：采用微波法时，需使用砂芯漏斗过滤 NaHCO$_3$ 产品，否则残留在产品中的滤纸会在微波炉中燃烧起火，造成危险。

　　注 3：第一化学计量点由红色变为粉红色，难以准确判断，可用加了酚酞的 0.05 mol·L^{-1} NaHCO$_3$ 溶液作为参比。由于产生的 CO$_2$ 影响体系的酸度，临近第二计量点的终点时需剧烈振摇溶液，使 CO$_2$ 逸出。

六、数据记录及处理

(1) 若粗盐纯度为 90%，计算纯碱的理论产量。

(2) 计算产品中 Na$_2$CO$_3$ 和 NaHCO$_3$ 的质量分数：w(Na$_2$CO$_3$)和 w(NaHCO$_3$)。

(3) 由产品质量× w(Na$_2$CO$_3$)计算纯碱的实际产量。

七、安全与环保

1. 危险操作提示

使用微波炉和马弗炉时，注意实验安全! 微波炉和马弗炉工作时，切勿开启炉门。全程佩戴防护眼镜，必要时戴防护手套。

2. 药品毒性及急救措施

以上酸碱试剂，若与皮肤接触，立即用流动清水冲洗至少 15 min；若与眼睛接触，立即提起眼睑，用流动清水或生理盐水彻底冲洗至少 15 min。受碱性试剂伤害严重，清水冲洗后可用 3%硼酸溶液湿敷后冲洗干净；受酸性试剂伤害严重，清水冲洗后可用 3%肥皂水或 3%碳酸氢钠溶液湿敷后冲洗干净。

3. 实验清理

(1) 废弃酸碱溶液收集到一个大烧杯中，中和至中性或用水稀释后倒入水槽。

(2) 微波炉和马弗炉使用后需及时清理，炉腔内不能有任何残留。

八、课后思考题

(1) 如果临近第二化学计量点时不剧烈振摇溶液，对测定结果有何影响？通过计算说明。

(2) 测定某一批烧碱或碱灰样品时，若分别出现 $V_1<V_2$、$V_1 = V_2$、$V_1>V_2$、$V_1 = 0$、$V_2 = 0$

共五种情况，则各样品的组成有什么不同？其组成含量如何表示？

(3) 为什么要根据 NaCl 的用量计算 Na_2CO_3 产率？影响 Na_2CO_3 产率的因素有哪些？

九、拓展实验

(1) 氯化铵的回收(废液回收利用)。

将母液加热至沸腾，滴加约 2 mL 6 mol·L^{-1} NH$_3$·H$_2$O 至溶液为碱性(用 pH 试纸测试)，蒸发浓缩至接近饱和(注意控制温度，防止暴沸)，冰水浴冷却，使 NH$_4$Cl 充分结晶，抽干，称量。

(2) 甲酚红-百里酚蓝混合指示剂和甲基橙法测定。

与前面测定步骤相同，先加入 3~5 滴甲酚红-百里酚蓝混合指示剂，滴定至溶液由紫色变为粉红色(V_1)；再加入 1~2 滴甲基橙指示剂，继续滴定溶液由黄色变为橙色(V_2)。平行测定三次。与前面测定的现象及结果进行比较。

实验 17　天然水硬度的测定

一、实验目的

(1) 掌握测定天然水总硬度的原理及方法。
(2) 掌握铬黑 T 和钙指示剂的变色原理及实验条件。
(3) 了解 NH$_3$-NH$_4$Cl 缓冲溶液在配位滴定中的作用。

二、实验导读

化学概念：配位滴定；EDTA 的特性；金属指示剂；水硬度测定。

实验背景：Ca^{2+}、Mg^{2+}是生活用水中的主要金属离子，另外还有微量的 Fe^{3+}、Al^{3+}等。由于 Ca^{2+}、Mg^{2+}含量远比其他几种离子的含量高，所以通常用 Ca^{2+}、Mg^{2+}总量表示水的硬度，即水的总硬度。水的硬度原先是指沉淀肥皂的程度，水中的钙盐、镁盐是使肥皂沉淀的主要原因，铁、铝、锰、锶、锌等离子也有影响。国际上水硬度的表示方法尚未统一，我国采用 Ca^{2+}、Mg^{2+}总量折合成 CaO 计算水的硬度，单位为度(°)，1 个硬度单位代表 1 L 水中含 10 mg CaO，水硬度在 0°~4°为很软水，4°~8°为软水，8°~16°为中等硬水，16°~30°为硬水，>30°为很硬水。一般饮用水的总硬度不得超过 25°。各种工业用水对水的硬度有不同的要求，如锅炉用水必须是软水。

水总硬度的测定采用配位滴定法。此法适用于生活用水、工业用水、地下水以及没被污染的地下水总硬度的测定。在 pH 10 的氨缓冲溶液中，以铬黑 T(EBT)为指示剂，用 EDTA 标准溶液直接滴定 Ca^{2+}、Mg^{2+}的总量，终点时溶液由酒红色变为纯蓝色。

测定水中 Ca^{2+}含量时，先用 NaOH 调节溶液的 pH 12~13，使 Mg^{2+}生成难溶的 $Mg(OH)_2$ 沉淀；再采用钙指示剂，用 EDTA 标准溶液直接滴定至溶液由红色变为蓝色。水中 Mg^{2+}含量可由 Ca^{2+}、Mg^{2+}总量减去 Ca^{2+}含量而得。

测定中，Fe^{3+}、Al^{3+}等干扰离子可用三乙醇胺掩蔽，Cu^{2+}、Pb^{2+}、Zn^{2+}等重金属离子可用 KCN、Na$_2$S 或巯基乙酸等掩蔽。

配位滴定中的常用滴定剂是 EDTA(乙二胺四乙酸，H$_4$Y)。EDTA 有六个配位原子，能与绝大多数金属离子形成能溶于水的 1：1 配合物(MY)。因为 EDTA 在水中的溶解度很小 [0.02 g·(100 g 水)$^{-1}$]，所以 EDTA 标准溶液常用 Na$_2$H$_2$Y·2H$_2$O 配制[溶解度为 11.1 g·(100 g 水)$^{-1}$，浓度为 0.3 mol·L^{-1}，pH 为 4.4]。酸性范围内，常用基准物质 ZnO 标定；碱性范围内，常用基准物质 CaCO$_3$ 标定。

配位滴定中使用的指示剂为金属指示剂(In)。In 与少量被测金属离子反应，形成一种与指示剂本身颜色不同的配合物(MIn)。

$$M + In(颜色 1) \Longrightarrow MIn(颜色 2)$$

随着 EDTA 的滴入，金属离子逐渐与 EDTA 配位。当达到化学计量点时，MIn 中的金属离子被 EDTA 争夺并配位形成 MY，从而释放出 In，指示滴定终点，终点的颜色是 MY 和 In 两种物质颜色的混合色。

$$MIn(颜色 2)+ Y \Longrightarrow MY + In(颜色 1)$$

三、课前预习

(1) 归纳 EDTA 的特性。
(2) 归纳金属指示剂的作用原理。

四、主要仪器与试剂

1. 仪器

分析天平，细口试剂瓶，滴定管，移液管，容量瓶，锥形瓶，烧杯，量筒。

2. 试剂

Na$_2$H$_2$Y·2H$_2$O(s)，CaCO$_3$(s，基准物质)，HCl(6 mol·L^{-1})，NaOH(6 mol·L^{-1})，NH$_3$-NH$_4$Cl 缓冲溶液(pH 10)，铬黑 T 指示剂(EBT，1%)，钙指示剂(s，配制方法：1 g 钙指示剂与 100 g NaCl 研磨搅匀)。

五、实验步骤

1. 0.01 mol·L^{-1}EDTA 标准溶液的配制与标定

称取 2 g Na$_2$H$_2$Y·2H$_2$O(M_r = 372.4，称至 0.01 g)，置于 250 mL 烧杯中，加入适量水，加热溶解后，稀释至 500 mL，得到 0.01 mol·L^{-1} EDTA 溶液。

准确称取 0.20～0.25 g CaCO$_3$(M_r=100.1，称至 0.0001 g)，置于 100 mL 烧杯中，用少量水润湿，盖上表面皿，从烧杯尖嘴处滴加 5 mL 6 mol·L^{-1} HCl，使 CaCO$_3$ 溶解。再用少量水润洗表面皿、烧杯内壁和玻璃棒，冷却后，将溶液定量转移至 250 mL 容量瓶中，加水定容，充分摇匀。

准确移取 20.00 mL 上述标准溶液于 150 mL 锥形瓶中，加入 25 mL 水、2 mL 6 mol·L^{-1} NaOH 及黄豆大小的钙指示剂，摇匀，用 0.01 mol·L^{-1} EDTA 标准溶液滴定，直至溶液由红色变纯蓝色为止。平行测定三次。

2. Ca^{2+}的测定

准确移取 50.00 mL 水样于 250 mL 锥形瓶中，加入 50 mL 水、2 mL 6 mol·L^{-1} NaOH 和黄

豆大小的钙指示剂。用 0.01 mol·L^{-1}EDTA 标准溶液滴定，直至溶液由红色变纯蓝色为止。平行测定三次。

3. Ca^{2+}、Mg^{2+}总量的测定

准确移取 50.00mL 水样于 250 mL 锥形瓶中，加入 50 mL 水、5 mL NH$_3$-NH$_4$Cl 缓冲溶液(pH 10)和 3 滴铬黑 T 指示剂，用 0.01 mol·L^{-1}EDTA 标准溶液滴定，直至溶液由紫红色变纯蓝色为止。平行测定三次。

4. 空白测定

准确移取 50.00 mL 水，加入 5 mL NH$_3$-NH$_4$Cl 缓冲溶液(pH 10)和 3 滴铬黑 T 指示剂，若溶液变纯蓝色，说明水中无 Ca^{2+}、Mg^{2+}。若溶液变紫红色，说明水中有 Ca^{2+}、Mg^{2+}，用 EDTA 标准溶液滴定，溶液由酒红色变纯蓝色为终点。在计算水的硬度时扣除此体积。

六、数据记录及处理

先设计表格记录实验数据，再用以下公式分别计算总硬度、钙硬度和镁硬度，式中 V_1(EDTA)和 V_2(EDTA)分别表示测定总硬度和钙硬度时 EDTA 的滴定体积。

$$总硬度(°) = \frac{c(EDTA)V_1(EDTA)M(CaO)\times1000}{V(水样)\times10}$$

$$钙硬度(°) = \frac{c(EDTA)V_2(EDTA)M(CaO)\times1000}{V(水样)\times10}$$

$$镁硬度=总硬度-钙硬度$$

七、安全与环保

1. 危险操作提示

使用酸碱溶液时需小心，戴好防护眼镜，必要时戴好防护手套！氨水和盐酸溶液具有挥发性，需保持实验室门窗敞开，空气流动通畅。

2. 药品毒性及急救措施

以上酸碱试剂，若与皮肤接触，立即用流动清水冲洗至少 15 min；若与眼睛接触，立即提起眼睑，用流动清水或生理盐水彻底冲洗至少 15 min。受碱性试剂伤害，清水冲洗后可用3%硼酸溶液湿敷后冲洗干净；受酸性试剂伤害，清水冲洗后可用 3%肥皂水或 3%碳酸氢钠溶液湿敷后冲洗干净。

3. 实验清理

废弃酸碱溶液收集到一个大烧杯中，中和至中性或用水稀释后倒入水槽。

八、课后思考题

(1) 如果只有铬黑 T 指示剂，能否测定水样中 Ca^{2+}的含量？如何测定？
(2) 若水样中有少量的 Fe^{3+}、Cu^{2+}，对总硬度、钙硬度和镁硬度有什么影响？

九、拓展实验

离子交换法软化硬水：732 强酸型阳离子交换树脂由苯乙烯和二乙烯苯交联聚合而成，其活性基团为磺酸钠，可用 R—SO₃Na 表示。干树脂浸泡溶胀后，用 HCl 酸化，将钠型树脂处理成为氢型树脂。氢型树脂可与水样中各种阳离子(M)发生交换，其化学反应式可表述如下：

$$2R—SO_3H(s) + M^{2+}(aq) == (R—SO_3)_2M(s) + 2H^+(aq)$$

将一根离子交换柱固定在铁架上，关闭底部旋塞，在柱子底部填充少量玻璃棉或脱脂棉(如果交换柱底部带有砂芯滤层，则不必填充)。将处理好的强酸型阳离子交换树脂连同水一起注入交换柱，直至树脂高度 15 cm，轻轻敲击交换柱使树脂紧密且无气泡。用水反复洗涤树脂，直至流出液为中性为止，再调节水的凹液面正好与树脂最上端相切，关闭旋塞。

将 50 mL 水样慢慢加入交换柱中，同时调节旋塞，控制流速为每分钟 25～30 滴。弃去开始的 20 mL 流出液，接着用锥形瓶收集约 30 mL 流出液。再次检验流出液的酸度，并与未交换前的比较。在收集的流出液中加入 5 mL NH₃-NH₄Cl 缓冲溶液和 3 滴铬黑 T 指示剂，观察溶液的颜色，与软化前水样进行对照。

注意：①若装好的树脂内有气泡，可用木棒或带有橡皮管的玻璃棒轻敲柱身使气泡排出；②交换过程中，水样液面要始终高于树脂最上端。

实验 18 半微量测定复方氢氧化铝药片中铝、镁含量

一、实验目的

(1) 掌握返滴定法的原理和方法。
(2) 理解控制酸度分别测定金属离子含量的原理。
(3) 学会采样和试样前处理方法。
(4) 理解半微量分析的设计思路。

二、实验导读

化学概念：EDTA 的特性；金属指示剂及其封闭和僵化；共存离子干扰的消除；样品采集和试样的处理；半微量滴定操作。

实验背景：复方氢氧化铝药片(胃舒平)是一种抗酸的胃药，其主要成分为氢氧化铝、三硅酸镁及少量颠茄流浸膏。用 EDTA 滴定法可测定药片中 Al³⁺、Mg²⁺ 的含量。

1. Al₂O₃ 的测定

复方氢氧化铝药片的成分之一是氢氧化铝，《中华人民共和国药典》(以下简称《中国药典》)要求按 Al₂O₃ 计算，氢氧化铝的测定可以用配位滴定法。pH 较低时，Al³⁺ 与 EDTA 的配位反应速度较慢；pH 较高时，Al³⁺ 易发生水解，无合适的 pH 范围，且 Al³⁺ 易封闭指示剂，因此不能用直接滴定法，需采用返滴定法。先加入定量过量的 EDTA 标准溶液，加热溶液以加速配位反应，再用 CuSO₄ 标准溶液滴定剩余的 EDTA 标准溶液，其反应可简单表示如下：

$$Al^{3+} + 2H_2Y^{2-}(定量过量) == AlY^-(无色) + 2H^+ + H_2Y^{2-}(剩余)$$

$$H_2Y^{2-}(剩余) + Cu^{2+} == CuY^{2-}(蓝色) + 2H^+$$

$$Cu^{2+} + PAN(黄色) = Cu\text{-}PAN(深红色)$$

化学计量点后，稍过量的 Cu^{2+} 与 PAN 指示剂配位，终点时溶液变为亮紫色(终点时溶液可能是紫红色或紫色或红紫色，取决于 Cu-EDTA 和 Cu-PAN 的用量)。

2. MgO 的测定

复方氢氧化铝药片中的三硅酸镁，《中国药典》要求按氧化镁(MgO)计算。三硅酸镁的测定是用铬黑 T 作指示剂，以 EDTA 直接滴定法测定。

三、课前预习

(1) 简述配位滴定的原理。
(2) 归纳金属指示剂的作用原理。
(3) 简述返滴定法的原理和方法。

四、主要仪器与试剂

1. 仪器

分析天平，电炉，烧杯，容量瓶，锥形瓶，量筒，滴定管，移液管，研钵，玻璃漏斗，脱脂棉。

2. 药品

复方氢氧化铝药片(s)，HCl(6 mol·L^{-1})，CuSO$_4$ 标准溶液(0.01 mol·L^{-1})，HAc-NaAc 缓冲溶液(pH 4.3)，NH$_3$-NH$_4$Cl 缓冲溶液(pH 10)，EDTA 标准溶液(0.05 mol·L^{-1})，三乙醇胺溶液(1∶1，体积比)，铬黑 T 指示剂(1%)，PAN 指示剂(0.3%)。

五、实验步骤

1. 试样处理

用直接法准确称取复方氢氧化铝药片 5 片(称至 0.0001 g，m_1，可供多人共用)，置于研钵中，研细后混合均匀成药粉(注 1)。准确称取药粉 0.2 g(称至 0.0001 g，m_2)，置于 100 mL 烧杯中，不断搅拌下加入 8 mL 6 mol·L^{-1} HCl，再加入 20 mL 水，加热煮沸 2 min，冷却静置，常压过滤(用脱脂棉代替滤纸)，滤液收集于 100 mL 容量瓶中，用水洗涤沉淀数次，洗涤液也转移到玻璃漏斗上(注 2)。过滤结束后，取下容量瓶，加水定容，充分摇匀。

2. 0.01 mol·L^{-1} EDTA 标准溶液的配制

实验室提供已知准确浓度的 0.05 mol·L^{-1} EDTA 标准溶液，将其稀释 5 倍使用。稀释方法：准确移取 20.00 mL EDTA 标准溶液于 100 mL 容量瓶中，加水定容，充分摇匀。

3. 0.01 mol·L^{-1} CuSO$_4$ 标准溶液的标定

从滴定管放出 5.00 mL 0.01 mol·L^{-1} EDTA 标准溶液于 100 mL 锥形瓶中，加入 5 mL HAc-NaAc 缓冲溶液(pH 4.3)和 15 mL 水，煮沸 1～2 min。取下锥形瓶，加入 1 滴 0.3% PAN 指示剂，以 0.01 mol·L^{-1} CuSO$_4$ 标准溶液滴定，滴定速度一定要慢。开始时溶液呈黄色，随着 CuSO$_4$

标准溶液的加入，颜色逐渐变绿并加深，直至再加入一滴突然变亮紫色，即为终点。平行测定三次。

4. Al_2O_3 的测定

准确移取 3.00 mL 滤液于 100 mL 锥形瓶中，从滴定管中放出约 7.50 mL 0.01 mol·L^{-1} EDTA 标准溶液(需准确读数，并记录)，加入 6 mL HAc-NaAc 缓冲溶液(pH 4.3)和 10 mL 水，煮沸 1~2 min。取下锥形瓶，加入 1 滴 0.3% PAN 指示剂，趁热用 0.01 mol·L^{-1} CuSO$_4$ 标准溶液滴定。开始时溶液呈黄色，逐渐变绿并加深、再变茶色、暗紫色，直至再加入一滴突然变亮紫色，即为终点。平行测定三次。

5. MgO 的测定

准确移取 10.00 mL 滤液于 100 mL 锥形瓶中，加入 10 mL 水和 8 mL 三乙醇胺溶液(1∶1，体积比)，摇匀使其充分掩蔽 Al^{3+}。加入 4 mL NH$_3$-NH$_4$Cl 缓冲溶液(pH 10)和 2 滴 1%铬黑 T 指示剂，用 0.01 mol·L^{-1} EDTA 标准溶液滴定，直至溶液由紫色转变为纯蓝色，即为终点。平行测定三次(注 3)。

注 1：试样是指在分析工作中用来进行分析的物质。分析化学对试样的基本要求是其组成和含量具有代表性，能代表被分析的总体。为避免样品不均匀，实际取样时先随机取较多样品，通过一定的处理使样品均匀一致，再取合适的量进行分析。

注 2：玻璃漏斗最下端尖嘴需悬空插入容量瓶瓶口下方 2~3 cm，以防滤液从瓶口处往外漏。

注 3：相对于常量滴定分析，半微量滴定分析主要有三大优点：①减少试剂用量；②减少环境污染；③减少测定时间。10 mL 半微量滴定管的最小刻度为 0.05 mL，最小可估读到 0.01 mL。读数时，估读十分位数乘以最小刻度值，如凹液面在 0.10~0.15 mL 的 6/10 处，则读数为：0.10 + 6/10 × 0.05 = 0.13(mL)。

六、数据记录及处理

(1) 设计表格记录实验数据。

(2) 计算 CuSO$_4$ 标准溶液的浓度。

(3) 按以下公式分别计算每片药片中 Al_2O_3 和 MgO 的含量：

$$w(Al_2O_3)/(g·片^{-1}) = [c(EDTA)V(EDTA) - c(CuSO_4)V(CuSO_4)] \times \frac{M(Al_2O_3)}{2000} \times \frac{100}{3.00} \times \frac{m_1}{m_2 \times 5}$$

$$w(MgO)/(g·片^{-1}) = \frac{c(EDTA)V(EDTA)M(MgO)}{1000} \times \frac{100.0}{10.00} \times \frac{m_1}{m_2 \times 5}$$

七、安全与环保

1. 危险操作提示

加热煮沸时，注意安全。操作高温器皿时，戴好隔热手套，防止烫伤。使用酸碱溶液时需小心，戴好防护眼镜，必要时戴好防护手套！

2. 药品毒性及急救措施

(1) 氨水和盐酸溶液有挥发性，需保持实验室门窗敞开，空气流动通畅。

(2) 酸碱溶液会刺激皮肤和眼睛，需注意安全。若与皮肤接触，立即用流动清水冲洗至少 15 min；若与眼睛接触，立即提起眼睑，用流动清水或生理盐水彻底冲洗至少 15 min。受碱性试剂伤害，清水冲洗后可用 3%硼酸溶液湿敷后冲洗干净；受酸性试剂伤害，清水冲洗后可用 3%肥皂水或 3%碳酸氢钠溶液湿敷后冲洗干净。

3. 实验清理

废弃酸碱溶液收集到一个大烧杯中，中和至中性或用水稀释后倒入水槽。

八、课后思考题

(1) 归纳实验中加入的几种缓冲溶液及其作用。
(2) 分析和比较每项平行测定的相对平均偏差。

实验 19　水体中化学需氧量的测定(高锰酸钾法)

一、实验目的

(1) 掌握高锰酸钾法测定的原理。
(2) 理解化学需氧量的概念及意义。
(3) 掌握化学需氧量测定的原理和方法。

二、实验导读

化学概念：化学需氧量；氧化还原滴定；高锰酸钾法。

实验背景：化学需氧量(chemical oxygen demand，COD)是指在一定条件下，用强氧化剂处理水样时所消耗氧化剂的量，通常用相应氧量(O_2，$mg \cdot L^{-1}$)表示。COD 反映了水体受还原性物质污染的程度，是水体质量好坏的重要指标之一。水中还原性物质除 NO_2^-、S^{2-}、Fe^{2+}等无机物外，主要是有机物，因此 COD 是用来衡量水体中有机物相对含量高低的指标。化学需氧量的测定主要有高锰酸钾法和重铬酸钾法。对于工业废水及生活污水等含有较多成分的复杂污染物质，一般采用重铬酸钾法测定；对于地表水、河水等污染不严重的水样，一般采用酸性高锰酸钾法测定。酸性高锰酸钾法具有简便和快速的优点。

本实验采用酸性高锰酸钾法测定水样中化学需氧量。废水经硫酸酸化后，加入定量过量的 $KMnO_4$ 标准溶液，加热煮沸使水中有机物充分被 $KMnO_4$ 氧化，过量的 $KMnO_4$ 用定量过量的 $Na_2C_2O_4$ 还原，剩余的 $Na_2C_2O_4$ 再用 $KMnO_4$ 标准溶液返滴定，从而得到水样的 COD。

$$4KMnO_4 + 6H_2SO_4 + 5C = 2K_2SO_4 + 4MnSO_4 + 5CO_2\uparrow + 6H_2O$$

$$2KMnO_4 + 5Na_2C_2O_4 + 8H_2SO_4 = 2MnSO_4 + 10CO_2\uparrow + K_2SO_4 + 5Na_2SO_4 + 8H_2O$$

当水样中的 Cl^-大于 300 $mg \cdot L^{-1}$ 时，$KMnO_4$ 和 $Na_2C_2O_4$ 的反应促进了 $KMnO_4$ 和 Cl^-的反应，从而使 COD 偏高，可通过稀释降低 Cl^-的浓度。

三、课前预习

(1) 简述化学需氧量的概念及测定方法。
(2) 简述 $KMnO_4$ 标准溶液的配制及标定的方法。
(3) 列出水样中 COD 的计算公式，以 $O_2/(mg \cdot L^{-1})$表示。

四、主要仪器与试剂

1. 仪器

分析天平，电炉，滴定管(棕色)，移液管，锥形瓶，烧杯。

2. 试剂

$Na_2C_2O_4(s)$，$Ag_2SO_4(s)$，H_2SO_4(3 mol·L^{-1})，$KMnO_4$标准溶液(0.02 mol·L^{-1})，水样，沸石。

五、实验步骤

1. 0.005 mol·L^{-1} $Na_2C_2O_4$ 标准溶液的配制

准确称取 0.18~0.20 g $Na_2C_2O_4$(M_r = 134.0，称至 0.0001 g)，置于 100 mL 烧杯中，加入 40 mL 水，搅拌溶解，定量转入 250 mL 容量瓶中，加水定容，充分摇匀。

2. 0.02 mol·L^{-1} $KMnO_4$ 标准溶液的标定及稀释

0.02 mol·L^{-1} $KMnO_4$ 标准溶液的标定见实验 13。将 0.02 mol·L^{-1} $KMnO_4$ 标准溶液准确稀释 10 倍，配制成 0.002 mol·L^{-1} $KMnO_4$ 标准溶液。

3. 水样中 COD 的测定

根据水样污染程度准确移取 10~100 mL 水样(取至 0.01 mL)(注1)，置于 250 mL 锥形瓶中，加入 20 mL 3 mol·L^{-1} H_2SO_4，从滴定管放出 10.00 mL 0.002 mol·L^{-1} $KMnO_4$ 标准溶液，加入 2~3 粒沸石(注2)，加热至沸后煮沸 10 min(注3)。取下锥形瓶，稍冷后趁热加入 10.00 mL 0.005 mol·L^{-1} $Na_2C_2O_4$ 标准溶液，充分摇匀(注4)。用 0.002 mol·L^{-1} $KMnO_4$ 标准溶液滴定至浅红色，且 30 s 内不褪色，记录滴定体积。平行测定三次。

4. 空白实验

准确移取 10~100 mL 水(取至 0.01 mL)代替水样，按上述水样测定步骤进行操作，测定空白值，计算水体 COD 时应扣除空白值。

注1：水样采集后，应立即用 H_2SO_4 调至 pH 1~2，置于暗处或冰箱内保存，并尽快测定。
注2：务必加入沸石后再加热。绝对不可以将沸石加到热溶液中，否则易暴沸。
注3：溶液需呈红色，否则补加 $KMnO_4$ 标准溶液。
注4：溶液需呈无色，否则补加 $Na_2C_2O_4$ 标准溶液。

六、数据记录及处理

(1) 计算 $KMnO_4$ 标准溶液的浓度。
(2) 计算水样的 COD，以 O_2/(mg·L^{-1})表示。

七、安全与环保

1. 危险操作提示

涉及强氧化剂溶液的高温加热，全程佩戴防护眼镜和防护手套，注意实验安全！

2. 药品毒性及急救措施

KMnO₄ 具有腐蚀性，可助燃，与有机物、还原剂、易燃物接触或混合时存在引起爆炸危险，操作时注意防护。若 KMnO₄ 溶液与皮肤接触或入眼，应立即用大量流动清水冲洗。

3. 实验清理

(1) KMnO₄ 废液具有强氧化性和腐蚀性，不能随意排放，需集中收集和处理。
(2) 将 KMnO₄ 废液和 Na₂C₂O₄ 废液相互反应，至没有明显红色，再倒入废液桶中。
(3) 装过 KMnO₄ 的滴定管和烧杯不能直接用自来水洗，否则易变棕色。需先用去离子水洗涤，如仍有棕色残留，可用酸化的 Na₂C₂O₄ 等溶液洗涤或浸泡。
(4) 废弃的实验用防护手套和其他化学固体废物回收到指定容器中。

八、课后思考题

(1) 用 Na₂C₂O₄ 标定 KMnO₄ 时，应严格控制哪些反应条件？
(2) 查阅资料，回答以下问题：①化学需氧量是如何产生的？②高浓度的化学需氧量对水体有何影响？③工业和生活中，如何降低水体的化学需氧量？

九、拓展实验

水体中化学需氧量的测定(重铬酸钾法)

 扫一扫　水体中化学需氧量的测定(重铬酸钾法)

实验 20　离子选择性电极测定茶叶中的氟含量

一、实验目的

(1) 掌握电位法测定物质浓度的原理及操作。
(2) 了解氟离子选择性电极的结构及工作原理。
(3) 掌握标准曲线法和标准加入法。

二、实验导读

化学概念：电位分析法；离子选择性电极；总离子强度调节缓冲液；标准曲线法；标准加入法。

实验背景：氟是人体必需的微量元素之一，在人体骨骼和牙齿形成过程中起重要的作用。适量的氟可促进牙齿和骨骼的钙化，尤其能使牙釉质形成坚硬细密的氟磷灰石表面保护层，从而能抗酸腐蚀和预防龋齿。但过量的氟会造成人体氟中毒而造成氟斑牙、氟骨病，甚至危及人的健康和生命。人体中的氟主要来自饮用水和食物。国际卫生组织推荐的饮用水中氟含量为 $1.0\sim1.5$ mg·L⁻¹。茶叶中 F⁻含量的标准应小于 2×10^{-4} mol·L⁻¹，一般茶叶中的 F⁻含量为 $5\times10^{-7}\sim1.76\times10^{-4}$ mol·L⁻¹。用氟离子选择性电极测定茶叶中氟含量快速简便，也适用于水样和食品中氟含量的测定，但不适用于脂肪含量高又未经灰化的试样。

电位法(电势分析法)是通过测定包括待测物溶液在内的化学电池的电位值,根据能斯特方程求得溶液中待测组分活(浓)度的一种电化学分析方法。该测定中要用到两种功能不同的电极,其中电位值能响应待测离子活度的电极称为指示电极(indicate electrode,又称工作电极),而电位值固定不变的电极称为参比电极(reference electrode)。本实验中指示电极为氟离子选择性电极,参比电极为饱和甘汞电极。氟离子选择性电极简称氟电极,采用对 F^- 具有不同程度的选择性响应的 LaF_3 单晶敏感膜制成。当氟电极与饱和甘汞电极插入溶液时,可以组成以下电池:

$$Hg\text{-}Hg_2Cl_2, KCl(饱和) \parallel 试液(F^-) \mid 氟离子选择性电极$$

一定条件下,电池的电位值(E)与 F^- 活度(a_{F^-})的对数值呈线性关系:

$$E = b - 0.0592 \lg a_{F^-}$$

式中,b 在一定条件下为一常数。当一组待测液中加入相同量的 NaCl,且 NaCl 的量远大于其他离子,待测液的总离子强度基本由 NaCl 控制,这一组待测液的离子强度相同,活度系数也相同,为一个定值,则 E 与 F^- 浓度(c_{F^-})的对数值呈线性关系。

$$E = K - 0.0592 \lg c_{F^-}$$

测定时存在以下两个主要问题:

(1) 体系 pH 应保持在 5~6。当 pH<5 时,溶液中的 H^+ 与游离 F^- 形成 HF 或 HF_2^-,使得电极没有响应;当 pH>6 时,溶液中的 OH^- 与膜表面的 LaF_3 发生反应,生成的 $La(OH)_3$ 沉积在晶体膜表面,使膜表面性质发生变化,而置换出来的 F^- 又使电极表面附近 F^- 的浓度增大。

(2) 能与 F^- 生成稳定配合物的 Al^{3+}、Fe^{3+} 或难溶化合物的成分会干扰测定,需要加掩蔽剂消除干扰。

为了解决这两个问题,需要加入总离子强度调节缓冲液(total ionic strength adjustment buffer,TISAB)。

本实验的 TISAB 由氯化钠、乙酸-乙酸钠、柠檬酸组成,以控制一定的离子强度和酸度,并消除其他共存离子的干扰。氟电极的电位值与 pF($-\lg c_{F^-}$)在 10^{-6}~1 mol·L^{-1} 呈直线关系。

三、课前预习

(1) 简述电位法和标准加入法的原理。

(2) 简述氟离子选择性电极的组成及作用原理。

(3) 简述总离子强度调节缓冲液的主要组成及其作用。

四、主要仪器与试剂

1. 仪器

电热板,磁力搅拌器,酸度计,氟离子复合电极(内含氟电极和饱和甘汞电极),容量瓶,聚四氟乙烯烧杯,塑料烧杯,移液管。

2. 试剂

茶叶(s),F^- 标准溶液(1.00×10^{-1} mol·L^{-1}),TISAB(58 g 氯化钠和 10 g 柠檬酸钠溶于 800 mL 水中,加入 57 mL 乙酸,用 40% NaOH 调节 pH 5,稀释至 1 L)。

五、实验步骤

提醒：本实验用水必须全部为去离子水，不能用自来水，否则会引入额外的氟离子。

1. 氟离子复合电极的准备

将长久未用的氟离子复合电极浸泡在 1.0×10^{-3} mol·L^{-1} F$^-$ 溶液中约 30 min，然后置于水中搅拌洗涤，直至空白电位为 360 mV 以上(注 1)。实验结束后，若氟离子复合电极暂不使用，宜将其悬空挂于电极杆上。

2. 系列氟离子标准溶液的配制

准确移取 5.00 mL 1.00×10^{-1} mol·L^{-1} F$^-$标准溶液于 50 mL 容量瓶中，加入 5.00 mL TISAB，加水定容，充分摇匀，得到 1.00×10^{-2} mol·L^{-1} F$^-$标准溶液(标为 1$^\#$)；另取一个 50 mL 容量瓶，用移液管加入 5.00 mL 上述 1.00×10^{-2} mol·L^{-1} F$^-$标准溶液，加入 4.50 mL TISAB，加水定容，充分摇匀，得到 1.00×10^{-3} mol·L^{-1} F$^-$标准溶液(标为 2$^\#$)；按同样方法配制 1.00×10^{-4} mol·L^{-1}(标为 3$^\#$)、1.00×10^{-5} mol·L^{-1}(标为 4$^\#$)、1.00×10^{-6} mol·L^{-1}(标为 5$^\#$)的 F$^-$标准溶液。

3. 测定系列氟离子标准溶液的电位值

将上述系列 F$^-$标准溶液分别倒入 5 个洁净干燥的塑料烧杯中，从低浓度到高浓度(5$^\#$→4$^\#$→3$^\#$→2$^\#$→1$^\#$)依次测定电位值 E(注 2)。测定时，先将氟离子复合电极浸入溶液内，磁力搅拌 1 min 后，停止搅拌，待读数稳定后，将数据记录于表 3-28 中。测定下一组溶液时，先用水反复冲洗电极，再用吸水纸吸干。

4. 茶叶中氟含量的测定

称取约 2 g 打散的茶叶(称至 0.01 g)，置于 100 mL 聚四氟乙烯烧杯中，加入 40 mL 水，在电热板上加热 45 min。冷却至室温，用塑料漏斗进行常压过滤(用少许棉花堵住漏斗颈)，将茶叶滤液收集于 50 mL 容量瓶中，用少量水洗涤烧杯及茶叶 2～3 次，洗涤液转至漏斗上过滤。过滤结束后，取下容量瓶，加水定容，充分摇匀，得到茶叶滤液(注 3)。

标准曲线法：移取 25.0 mL 茶叶滤液于 50 mL 容量瓶中，加入 5.00 mL TISAB，加水定容，充分摇匀。将溶液全部转至洁净干燥的塑料烧杯中，插入氟离子复合电极，如前法测定电位值 E_x。

标准加入法：在测完 E_x 的溶液中，用刻度移液管加入 0.30～1.0 mL 1.00×10^{-1} mol·L^{-1} F$^-$标准溶液(需准确记录加入的体积)，测定其电位值 E_1(注 4)。

注 1：搅拌一段时间后换水，反复洗涤多次。不能用自来水洗涤，因为自来水中含微量氟离子。

注 2：先测定低浓度的溶液，再测定较高浓度的溶液。电极在接触浓的 F$^-$溶液后再测定稀的 F$^-$溶液时，会产生迟滞效应。电位值的读数应考虑电极达到平衡电位的时间，溶液浓度越低，时间越长。在实际测量中，可不断搅拌待测溶液，加快电极的响应和平衡。

注 3：①茶叶需冷却后方可过滤；②塑料漏斗需悬空插入容量瓶瓶口下方 2～3 cm，以防滤液从瓶口处往外漏；③控制洗涤液的体积，以免超过容量瓶的标线；④接近标线时若泡沫太多，可加几滴乙醇消泡。

注 4：先由测得的 E_x 数值估计需要加入 F$^-$ 标准溶液的体积，为减少测定误差，一般要求加入后电位值增加 20 mV 以上。或者磁力搅拌下，边慢慢加入 F$^-$标准溶液边观察 E_1 读数至适宜范围，准确加入的体积由刻度移液管中剩余溶液的体积得到。

六、数据记录及处理

(1) 标准曲线的绘制：完成表 3-28，再利用计算机作图软件绘制 E-pF 图形，标出直线的线性方程和 R^2。

表 3-28　系列标准溶液的电位值

编号	1	2	3	4	5
c_{F^-} /(mol·L^{-1})					
pF					
E/mV					

(2) E_x = _____mV；E_1 = _____mV。①计算标准曲线法测得的茶叶中氟含量；②利用以下两个公式，计算标准加入法测得的茶叶中氟含量。

$$c_x = \frac{\Delta c}{10^{\Delta c/s} - 1} \times n \qquad \Delta c = \frac{c_s V_s}{50 + V_s}$$

式中，n 为稀释倍数；s 为电极的实际斜率，可以采用标准曲线方程中的斜率；ΔE 为 E_1 与 E_x 的差值；Δc 为浓度的增量；c_s 和 V_s 分别为加入 F$^-$ 标准溶液的浓度和体积。

七、安全与环保

1. 危险操作提示

(1) 使用电热板时注意实验安全，需戴好防热手套！
(2) 避免直接接触 F$^-$溶液，若不慎沾染，应尽快用水冲洗。

2. 实验清理

(1) 茶叶残渣不能倒入水槽，以免堵塞下水道，需倒入指定回收容器中。
(2) 高浓度的含氟废液不能倒入水槽，需倒入指定容器中。

八、课后思考题

(1) 比较标准曲线法和标准加入法得到的结果，并加以分析。
(2) 对于茶叶中氟含量测定，还有哪些方法？简单归纳一下。

九、拓展实验

(1) 水样中氟含量的测定。

准确移取 10.00 mL 水样于 50 mL 容量瓶中，加入 5.00 mL TISAB，加水定容，充分摇匀。将溶液倒入一个洁净干燥的塑料烧杯中，插入氟离子复合电极，测定电位值 E_x。再加入 0.50 mL 1.00×10^{-3} mol·L^{-1} F$^-$标准溶液(具体加入体积可视水样中 F$^-$含量而定)，混匀后测定电位值 E_1。数据的处理与茶叶中氟含量的测定相同。

(2) 牙膏中氟含量的测定。

称取 2.00 g 含氟牙膏(称至 0.01 g)，置于 50 mL 烧杯中，加入 20 mL 水溶解，转入 50 mL 容量瓶中，再加入 5.00 mL TISAB，加水定容，充分摇匀。倒入一个洁净干燥的塑料烧杯中，插入氟离子复合电极，测定其电位值 E_x。再加入 0.50 mL 1.000×10^{-3} mol·L^{-1} F$^-$标准溶液(具体加入体积可视牙膏中 F$^-$含量而定)，混匀后测定电位值 E_1。数据的处理与茶叶中氟含量的测定相同。

实验 21　乙醇的简单蒸馏

一、实验目的

(1) 了解简单蒸馏的基本原理及其意义。
(2) 掌握简单蒸馏的操作技术。

二、安全警示

乙醇易燃、易挥发，具刺激性。

三、实验导读

化学概念：蒸馏。

实验背景：将液体加热到沸腾状态使液体气化，再将蒸气冷凝为液体的过程称为蒸馏。蒸馏是分离和提纯液态有机化合物最常用的重要方法之一，当液体混合物受热时，由于低沸点物质易挥发，首先被蒸出，高沸点物质因不易挥发或挥发的少量气体易被冷凝而滞留在蒸馏瓶中，从而使混合物中某些组分纯度得以提高，通过蒸馏可除去不挥发性杂质。纯的液体有机化合物在一定的压力下具有一定的沸点，可用蒸馏的方法测定物质的沸点和定性检验物质的纯度。某些有机化合物也能与其他组分形成二元或三元恒沸混合物。

本实验将 50%乙醇水溶液作为实验对象，搭建简单蒸馏装置，加热混合液体，对馏分进行分段收集。可绘制蒸馏曲线,也可拓展性地利用乙醇比重计等对收集得到的沸点范围为 78～80℃的主馏分进行乙醇含量测定。

四、课前预习

(1) 预习实验基本操作中以下实验技术：蒸馏的原理、蒸馏装置的安装与拆卸。
(2) 什么是沸点？液体的沸点和大气压有何关系？
(3) 蒸馏时加入沸石的作用是什么？如果蒸馏前忘加沸石，能否立即将沸石加至将近沸腾的液体中？如中途停止蒸馏，当重新进行蒸馏时，用过的沸石能否继续使用？

五、主要仪器与试剂

1. 仪器

圆底烧瓶，蒸馏头，温度计及温度计套管，直形冷凝管，接引管，锥形瓶，量筒，玻璃漏斗，乙醇比重计。

2. 试剂

乙醇水溶液(50%)，无水乙醇。

六、实验步骤

50%乙醇水溶液的蒸馏：量取 60 mL 50%乙醇水溶液，通过长颈玻璃漏斗加入 100 mL 干燥的圆底烧瓶中，加入 2～3 粒沸石(注 1)。按图 2-21 搭建蒸馏装置。注意使各连接处紧密、不漏气，缓慢开通冷凝水，用电热套加热，注意观察蒸馏瓶中的实验现象和温度计读数的变化。当瓶内液体开始沸腾时，蒸气前沿逐渐上升，待到达温度计时，温度计读数急剧上升。这时应适当调小火力，让水银球上的液滴和蒸气达到平衡，然后再稍微加大火力进行蒸馏(注2)。调节蒸馏速度，通常以每秒 1～2 滴为宜。用一个接收瓶收集 78℃以前的馏分，再用另一个洁净干燥的接收瓶收集 78～80℃的馏分。注意观察，每收集 3 mL 馏出液，记录一次该馏出液的沸点和馏出液的总体积(注 3)。当温度计读数上升至 80℃时停止加热，关闭冷凝水，待降至室温后拆除蒸馏装置(注 4)，计算收率。以温度(馏出液的沸点)为纵坐标、馏出液体积为横坐标作图，将实验结果绘成蒸馏曲线。

无水乙醇为无色液体，沸点 78℃，折光率 n_D^{20} 为 1.3611，相对密度 0.789。

注 1：沸石应在加热前加入，蒸馏过程中，若发现未加沸石，则应先停止加热，稍冷，待液体温度下降到沸点以下，方可加入沸石。

注 2：蒸馏时液体不能蒸干，即使温度计读数仍在沸点范围内，也应在被蒸馏液体剩 0.5～1 mL 时停止蒸馏，以免蒸馏瓶破裂或发生其他意外事故。

注 3：因沸点高低受大气压的影响，记录沸点时，应同时记录当时的大气压。

注 4：结束蒸馏操作时，应先停止加热，移去热源，稍冷再关冷凝水。拆除仪器的顺序与安装仪器顺序相反。

七、数据记录及处理

记录各馏分体积及沸程，计算收集到 78～80℃的馏分的收率。

八、安全与环保

1. 药品毒性及急救措施

乙醇是无色、易燃、易挥发的液体，乙醇蒸气对眼、上呼吸道黏膜有轻度刺激作用，应避免与皮肤和眼睛接触。若与皮肤或眼睛接触，用大量流动清水冲洗。

2. 实验清理

收集得到的前馏分、主馏分、残留液回收到贴有分类标签的收集瓶中。

九、课后思考题

(1) 蒸馏时，为什么需要选择大小合适的蒸馏瓶，使得蒸馏物液体的体积一般不超过蒸馏瓶容积的 2/3，也不少于 1/3？

(2) 如果液体具有恒定的沸点，能否认为它是纯物质？

(3) 假如馏出物对水和空气敏感、易挥发、易燃或有毒，实验时应分别采取什么措施？

(4) 能否仅采用简单蒸馏的方法将工业乙醇进行蒸馏，以得到纯度为 99.9%的乙醇?

十、拓展实验

乙醇含量的测定可用乙醇比重计法，可将收集得到的馏分倒入 50 mL 量筒中，用乙醇比重计测定该乙醇-水混合馏出液的质量分数，也可采用气相色谱法。

实验 22　乙醇的分馏

一、实验目的

(1) 掌握分馏的基本原理与操作。
(2) 了解分馏柱的种类和选用方法。
(3) 掌握共沸的原理。

二、安全警示

(1) 实验须佩戴防护眼镜和合适的手套，实验操作在通风橱中进行。
(2) 乙醇易燃、易挥发，具有刺激性。

三、实验导读

化学概念：分馏。

实验背景：蒸馏和分馏都是分离、提纯液体有机化合物的重要方法。蒸馏和分馏都是利用有机物质的沸点不同，在蒸馏过程中低沸点的组分先蒸出，高沸点的组分后蒸出，从而达到分离提纯的目的。对沸点相近的混合物中各组分的分离，由于简单蒸馏时气相中各组分的摩尔分数相差不大，很难把各组分进行完全分离。分馏可使沸点相近的互溶液体混合物(甚至沸点仅相差 1～2℃)得到分离和纯化。采用分馏柱将几种沸点相近的混合物进行分离的方法称为分馏。将几种具有不同沸点而又可以完全互溶的液体混合物加热，当其总蒸气压等于外界压力时，开始沸腾气化，蒸气中易挥发液体的成分比在原混合液中多。在分馏柱内，当上升的蒸气与下降的冷凝液互相接触时，上升的蒸气部分冷凝放出热量使下降的冷凝液部分气化，两者之间发生热量交换，其结果是上升蒸气中易挥发组分增加，而下降的冷凝液中高沸点组分(难挥发组分)增加，如此继续多次，就等于进行了多次气液平衡，即达到了多次蒸馏的效果。这样靠近分馏柱顶部易挥发物质的组分比例高，而在烧瓶中高沸点组分(难挥发组分)的比例高。只要分馏柱足够高，就可将这种组分完全彻底分开。

为了提高分馏效率，在操作中采取了两项措施：一是柱身装有保温套，保证柱身温度与待分馏物质的沸点相近，以利于建立平衡；二是控制一定的回流比。值得提出的是，效率再高的分馏也不能将共沸混合物分开，只能以较高的效率得到共沸组成。

本实验将50%乙醇水溶液作为实验对象，搭装好分馏装置，加热混合液体，分段收集馏分，绘制分馏曲线。也可利用乙醇比重计对收集得到不同沸点范围的各段馏分进行乙醇含量测定。

四、课前预习

(1) 预习实验基本操作中以下实验技术：分馏的原理、分馏装置的安装与拆卸。

(2) 分馏和蒸馏在原理及装置上有哪些异同？

五、主要仪器与试剂

1. 仪器

圆底烧瓶，分馏柱，直形冷凝管，接引管，锥形瓶，温度计，量筒，玻璃漏斗，电热套，乙醇比重计。

2. 试剂

乙醇水溶液(50%)。

六、实验步骤

1. 50%乙醇水溶液的分馏

量取 60 mL 50%乙醇水溶液，通过长颈玻璃漏斗加入 100 mL 干燥的圆底烧瓶中，加入 2～3 粒沸石。按图 2-24 搭建分馏装置。注意使各连接处紧密不漏气，缓慢开通冷凝水，开始加热。注意观察第一滴馏出液进入接收瓶时的温度，待温度计读数趋于稳定，调节液体馏出速度为每 2～3 s 1 滴(注 1)。用三个接收瓶分别接收前馏分、78～80℃和 80～90℃的馏分(注 2)。注意观察，每收集 3 mL 馏出液记录一次该馏出液的沸点。当温度计度读数达到 90℃时停止加热(注 3)，量出所收集的各馏分体积。以温度(馏出液的沸点)为纵坐标、馏出液体积为横坐标作图，将实验结果绘成分馏曲线。

2. 馏分浓度的测定

将 78～80℃馏分倒入 50 mL 量筒中，用乙醇比重计测定该液体样品的质量分数，记录体积和质量分数；量出 80～90℃馏分的体积并记录。分别计算收率。

无水乙醇为无色液体，沸点 78℃，折光率 n_D^{20} 为 1.3611，相对密度 0.789。

注 1：分馏一定要缓慢进行，控制好恒定的蒸馏速度，可以得到较好的分馏效果。

注 2：尽量减少分馏柱的热量损失和波动。柱的外围可用石棉包住，可以减少柱内热量的散发，从而减少热量的损失和波动，使加热均匀，保证分馏操作平稳进行。

注 3：结束分馏操作时应先停止加热，移去热源，稍冷再关冷凝水。拆除仪器的顺序与安装仪器顺序相反。

七、数据记录及处理

(1) 以温度(馏出液的沸点)为纵坐标、馏出液体积为横坐标，绘制分馏曲线。
(2) 记录乙醇比重计测出收集到 78～80℃馏分的密度。
(3) 计算乙醇的质量分数。

八、安全与环保

1. 药品毒性及急救措施

乙醇是无色、易燃、易挥发的液体，乙醇蒸气对眼、上呼吸道黏膜有轻度刺激作用，应避免与皮肤和眼睛接触。若与皮肤或眼睛接触，用大量流动清水冲洗，并就医。

2. 实验清理

(1) 产品乙醇回收到相应的甲类(不含卤素)回收瓶中。

(2) 收集得到的前馏分、主馏分、残留液回收到贴有分类标签的收集瓶中。

九、课后思考题

(1) 影响分馏效率的因素有哪些?

(2) 比较分馏和蒸馏的原理、装置、操作的异同。

(3) 用分馏法提纯液体时,为了取得较好的分离效果,为什么分馏柱必须保持回流液?

(4) 什么是共沸混合物?为什么不能用分馏法分离共沸混合物?

十、拓展实验

可尝试用 picoSpin-45 微型核磁共振波谱仪(软件：MestReNova)内标法分析乙醇的含量。向 78~80℃的馏分中加入一定质量的内标物,进行 ^{1}H NMR 内标法分析。

实验 23　有机化合物的基本化学性质

实验目的

(1) 掌握基本有机化合物的主要化学性质。

(2) 加深理解有机化合物结构与性质的关系。

 扫一扫　实验 23　有机化合物的基本化学性质

实验 24　天然有机化合物的化学性质

实验目的

(1) 验证和巩固糖类、氨基酸、蛋白质的主要化学性质。

(2) 了解二糖和多糖的水解条件及水解产物。

(3) 了解蛋白质的定性鉴定方法。

 扫一扫　实验 24　天然有机化合物的化学性质

实验 25　糖类水溶液的旋光度测定

一、实验目的

(1) 了解旋光度和比旋光度的意义。

(2) 掌握有机化合物旋光度测定的原理和方法。

二、实验导读

化学概念：旋光度；比旋光度。

实验背景：有些化合物，特别是许多天然有机化合物，因其分子具有手性，能使平面偏振光的振动方向发生旋转，称为旋光性物质。偏振光通过旋光性物质后，其振动方向旋转的角度称为旋光度，用 α 表示。使偏振光振动平面向右旋转的为右旋性物质，用 "+" 表示；使偏振光振动平面向左旋转的为左旋性物质，用 "–" 表示。

旋光度的大小，除与物质的结构有关外，还随待测液的浓度、样品管的长度、测定时的温度、光源波长以及溶剂的性质而改变。因此，表示旋光度时应注意温度、波长及所用溶剂等条件。为比较各种物质的旋光性能，规定：每毫升含 1 g 旋光性物质的溶液，放在 1 dm 长的样品管中，所得的旋光度称为比旋光度，用 $[\alpha]$ 表示，它与旋光度的关系为

$$[\alpha]_\lambda^t = \frac{\alpha}{cl}$$

式中，α 为旋光仪上直接读出的旋光度；c 为待测液的浓度 (g·mL^{-1})，如待测物本身为液体，此外 c 可改为密度为 ρ；l 为样品管长度 (dm)；t 为测定时的温度；λ 为所用光源的波长，常用的单色光源为钠光的 D 线 $(\lambda = 589.3 \text{ nm})$，可用 D 表示。比旋光度是旋光性物质理常数之一，手册、文献上多有记载。

本实验利用数字式自动旋光仪测定葡萄糖和果糖水溶液的旋光度，通过旋光度的测定计算被测液的浓度。

三、课前预习

预习实验基本操作中以下实验技术：旋光度的测定。

四、主要仪器与试剂

1. 仪器

全自动旋光仪。

2. 试剂

葡糖糖和果糖水溶液。

五、实验步骤

1. 配制溶液

分别准确称取 2.5 g 葡萄糖和果糖，放入 50 mL 容量瓶中配成溶液(注 1)，通常选水作为溶剂。常见糖的比旋光度见表 3-29。

表 3-29　常见糖的比旋光度

名称	$[\alpha]/(°)$	名称	$[\alpha]/(°)$
D-葡萄糖	+52.5	麦芽糖	+136
D-果糖	−92	乳糖	+55
D-半乳糖	+84	蔗糖	+66.5
D-甘露糖	−14	纤维二糖	+35

2. 测旋光度

在测定样品前，先校正旋光仪的零点。将放样品用的管子洗净，装上蒸馏水，使液面凸出管口，将玻璃盖沿管口边缘轻轻平推盖好，尽量不要带入气泡，然后旋上螺丝帽盖，使其不漏水，样品管螺帽不宜旋得过紧，以免产生应力，影响读数。若管内有小气泡，让气泡浮在样品管凸颈处，以保证光路中无气泡。将已装好蒸馏水的样品管擦干，用软布擦干通光面两端的雾状水滴，放入旋光仪内，置零。

测定之前必须用已配制的溶液洗旋光管两次，以免有其他物质影响测定。依上法将样品装入旋光管测定旋光度。每个样品重复读数 3 次以上。记下样品管的长度、溶液种类和温度。

计算葡萄糖和果糖水溶液的浓度。

注1：由于葡萄糖溶液具有变旋光现象，需至少提前24 h配制，以消除变旋光现象导致的仪器读数不稳定。

六、安全与环保

葡萄糖和果糖溶液回收到水相废液回收瓶中。

七、课后思考题

测定旋光度时，光路上为什么不能有气泡？

八、拓展实验

变旋现象实验：新配制的葡萄糖溶液在测定过程中，会发生变旋现象。这是由于所用葡萄糖是 D-葡萄糖，而 D-葡萄糖有 α 和 β 两种互变异构体。这两种互变异构体的旋光度相差较大，α 异构体的旋光度为+112°，β 异构体的旋光度为+18.7°。α 和 β 两种异构体相互转化，只有转化平衡时旋光度才能恒定，测得葡萄糖的旋光度，这就是葡萄糖溶液的变旋现象。

如果在被测葡萄糖溶液中加入氨试液，反应被催化，约10 min 后变旋达到平衡，即可测得葡萄糖的旋光度。

当所测样品含量很少时，可以采用高精度旋光仪进行测定。目前市场上有不同类型的旋光管，容积最小为 0.02 mL，能满足微量测定的需求。

实验 26　薄层色谱法分离偶氮苯和苏丹Ⅲ

一、实验目的

(1) 了解薄层色谱法分离有色物质的方法。

(2) 掌握薄层色谱法的实验操作技术。

二、安全警示

(1) 甲苯会刺激呼吸系统和皮肤。

(2) 偶氮苯和苏丹Ⅲ有低毒性，需谨慎使用。

三、实验导读

化学概念：薄层色谱法。

背景：偶氮类染料是迄今为止仍在普遍使用的最重要的染料之一，它是指用偶氮基(—N=N—)连接两个芳环所形成的一类化合物。为改善颜色和提高染色效果，偶氮类染料通常需要含有成盐的基团，如酚羟基、氨基、磺酸基、羧基等。

由于偶氮类化合物染色的衣服，尤其是内衣，对人体有一定的刺激性和不良作用，许多国家都设立了相当高的贸易绿色壁垒，对进口服装中偶氮类染料残留量进行严格的限定。我国是服装出口大国，近年来经常因偶氮类染料残留量过高而蒙受很大的损失。因此，有必要建立良好的检测偶氮类化合物的有效方法。

本实验以偶氮苯和苏丹Ⅲ为样本，利用两者的极性不同，用薄层色谱法进行分离，并进行鉴定。两者的结构式如下：

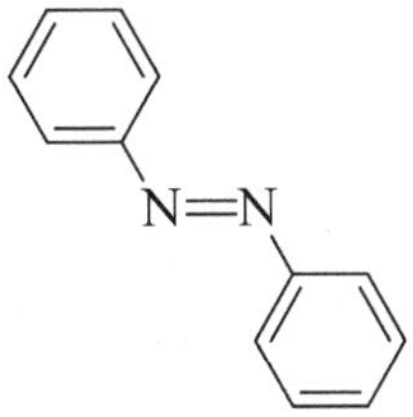

偶氮苯 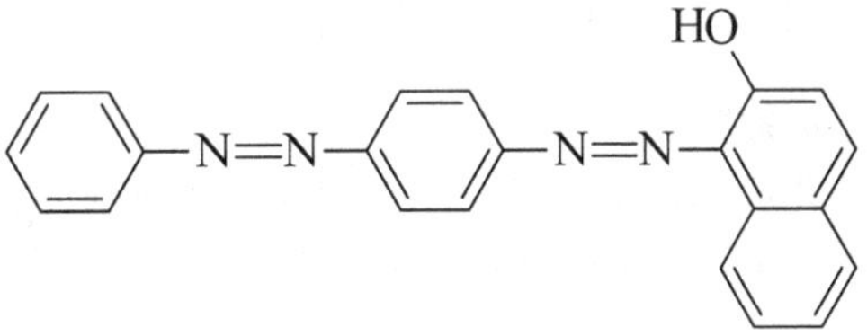　　　　　　　　　　　　　　　苏丹Ⅲ

四、课前预习

(1) 预习实验基本操作中以下实验原理：薄层色谱、色谱分离。

(2) R_f 值的定义是什么？展开剂极性对样品 R_f 值有何影响？

(3) 展开剂的高度若超过点样线，对薄层实验有何影响？

五、主要仪器与试剂

1. 仪器

广口瓶，展开缸(20 cm×10 cm)，毛细管，研钵，滴管，载玻片(7.5 cm × 2.5 cm，20 cm × 20 cm)。

2. 试剂

硅胶 GF_{254}，羧甲基纤维素钠(CMC)水溶液(0.25%)，偶氮苯(1%甲苯溶液)，苏丹Ⅲ(1%甲苯溶液)，偶氮苯和苏丹Ⅲ(1%混合甲苯溶液)，展开剂(石油醚∶乙酸乙酯=5∶1，体积比)

六、实验步骤

1. 制板

取三片 7.5 cm × 2.5 cm 载玻片(注 1)。将 3 g 硅胶与 8 mL 0.25%羧甲基纤维素钠(CMC)水

溶液调成均匀的糊状铺于载玻片上(可铺 5~6 片)，用手将带浆的载玻片在水平的桌面上进行上下轻微的颠动，并不时转动方向，制成厚薄均匀、表面光洁平整的薄层板(注 2)。在室温下放置 30 min 左右后，放入烘箱，先在 50℃烘烤 15 min，再缓慢升温至 110℃左右，活化 30 min，稍冷后置于干燥器中备用。

2. 点样

取两块上述制好的薄层板，分别在距一端 1 cm 处用铅笔轻轻地画一条横线作为起始线。用点样毛细管(注 3)在一块薄层板上点 1%偶氮苯的甲苯溶液和混合溶液两个点，在另一块薄层板上点 1%苏丹Ⅲ的甲苯溶液和混合溶液两个点，样点间相距 1~1.5 cm(也可在同一块薄层板上点偶氮苯、苏丹Ⅲ和混合溶液三个点)。若样点的颜色较浅，可重复点样，重复点样需等前一次样的溶剂挥发后再进行。样点的直径不应超过 2 mm。

3. 展开

待样点上的溶剂挥发后，将薄层板用展开剂(注 4)在 125 mL 广口瓶(展开缸)中进行展开。在广口瓶内壁放置一张高 5 cm、环绕周长约 4/5 的滤纸，点样一端浸入展开剂 0.5 cm(注 5)，盖上瓶盖，使瓶内被展开剂蒸气饱和。待展开剂前沿离薄层板的上端 1 cm 左右时，取出薄层板并尽快用铅笔标记展开剂前沿，晾干后直接观察分离的情况。

计算各点的比移值，并得出实验结论。

注 1：载玻片要洗净晾干。
注 2：制板时要求薄层平滑均匀。因此，吸附剂不宜调得太稠，否则很难做到均匀。
注 3：点样用的毛细管必须专用，不得弄混。点样时，使毛细管液面刚好接触到薄层即可，切勿将薄层破坏。
注 4：展开缸中展开剂的量要合适，不能浸没薄层板上的样品点。
注 5：将薄层板放入展开缸时一定要端正，以免展开过程中溶剂前沿线偏斜。

七、数据记录及处理

记录薄层色谱的实验结果，计算 R_f 值。

八、安全与环保

1. 危险操作提示

实验过程中涉及烘箱使用，注意戴好防护手套，以免烫伤，注意实验安全!

2. 药品毒性及急救措施

(1) 甲苯会刺激呼吸系统和皮肤，应避免与皮肤和眼睛接触。若与皮肤或眼睛接触，立即用大量流动清水冲洗，并就医。

(2) 偶氮苯和苏丹Ⅲ属于有机染料，注意防护，勿粘在皮肤上。

3. 实验清理

(1) 硅胶按粉尘垃圾回收到相应的固体废物垃圾桶中。
(2) 展开剂等回收到相应的非甲类(不含卤素)回收瓶中。

九、课后思考题

(1) 在一定的操作条件下为什么可利用 R_f 值鉴定化合物？

(2) 举例说明薄层色谱在跟踪有机反应中的应用。

(3) 试述薄层色谱实验中产生拖尾的原因。同样浓度的苏丹Ⅲ和偶氮苯在同样条件下展开，为什么苏丹Ⅲ容易产生拖尾现象？

(4) 久置的偶氮苯溶液在展开和分离时会出现两个斑点，分析斑点产生的原因。

十、拓展实验

探讨苏丹Ⅲ和偶氮苯混合溶液其他薄层色谱的分离条件。选用不同的溶剂和展开剂，比较分离效果和 R_f 值。例如，选用环己烷作溶剂，用环己烷与乙酸乙酯或乙醇的混合溶剂作为展开剂，探索得到满意的分离结果的展开剂比例。

实验 27　柱色谱法分离甲基橙和亚甲基蓝

一、实验目的

(1) 了解柱色谱的分离原理和应用。

(2) 掌握柱色谱法的实验操作技术。

二、安全警示

甲基橙和亚甲基蓝对环境有危害，对水体应给予特别注意，需谨慎使用，且避免与皮肤和眼睛接触。

三、实验导读

化学概念：色谱分离技术：柱色谱。

实验背景：柱色谱是色谱分析方法中的一种，柱色谱能够有效地分离和提纯有机化合物，广泛应用于化学分析、药物研究、天然物质提取和医学研究等领域。柱色谱的原理与薄层色谱、纸色谱、气相色谱及高效液相色谱等相同，是利用混合物各组分在某一物质中的吸附或溶解性能(分配)的不同，或者其他亲和作用性能的差异，混合物的溶液流经该物质，进行反复吸附或分配等作用，从而将各组分分开。流动的混合物称为流动相，固定的物质称为固定相。由于吸附剂对各组分的吸附能力不同，当流动相流过固体表面时，混合物各组分在液、固两相间分配。吸附强的组分在流动相分配少，吸附弱的组分在流动相分配多。流动相流过时各组分以不同的速率向下移动，吸附弱的组分以较快的速率向下移动。随着流动相的移动，在新接触的固定相表面上又依这种吸附-溶解过程进行新的分配，新鲜流动相流过已趋平衡的固定相表面时也重复这一过程，结果是吸附弱的组分随着流动相移动在前面，吸附强的组分移动在后面，吸附特别强的组分甚至不随流动相移动，各种化合物在色谱柱中形成带状分布，实现混合物的分离。

甲基橙和亚甲基蓝均为指示剂，它们的结构式如下所示：

甲基橙　　　　　　　　　　　　　　　　亚甲基蓝

由于甲基橙和亚甲基蓝的结构不同，极性不同，吸附剂对它们的吸附能力不同，洗脱剂对它们的解析速度也不同。在正相色谱中，极性小的组分先解吸出来，所以亚甲基蓝先被洗脱下来，而极性大、吸附能力强、解吸速度慢的甲基橙后被洗脱下来，从而使两种物质得以分离。

本实验以中性氧化铝作为吸附剂，95%乙醇作为洗脱剂，先分离出亚甲基蓝，再用蒸馏水作洗脱剂将甲基橙洗脱下来，从而分离得到甲基橙和亚甲基蓝。

四、课前预习

(1) 预习实验基本操作中以下实验技术：色谱的原理、柱色谱的原理、柱色谱装柱方法。
(2) 正相柱色谱中为什么极性大的组分要用极性大的洗脱剂？
(3) 在洗脱过程中，为什么不能使洗脱剂液面低于氧化铝平面？

五、主要仪器与试剂

1. 仪器

锥形瓶，玻璃漏斗，色谱柱(内径 10 mm，长 200 mm 并带有砂芯)。

2. 试剂

中性氧化铝(100～200 目)，石英砂，乙醇(95%)，甲基橙，亚甲基蓝。

六、实验步骤

取一支色谱柱(10 mm × 200 mm)，将色谱柱垂直固定在铁架台上，往柱内加适量 95%乙醇溶液至柱高的 1/3 处。通过一个干燥的玻璃漏斗慢慢装入约 8 g 中性氧化铝(100～200 目)。待氧化铝粉末在柱内有一定沉积高度时，打开活塞，用 50 mL 锥形瓶作接收器，控制滴速为每秒 1 滴，并用木棒或带有橡皮管的玻璃棒轻轻敲打柱身下部，使氧化铝装填紧密，装满 100 mm 高度后在上面加一层约 5 mm 的石英砂(注 1)。

当溶剂的液面刚好流至石英砂平面相切时，立即关闭活塞，向柱内滴加 10 滴甲基橙和亚甲基蓝混合溶液。打开活塞，待液面降至石英砂层时用少量 95%乙醇洗下附在管壁的色素，然后用 95%乙醇作洗脱剂洗出全部亚甲基蓝，用锥形瓶收集淋洗液(注 2)。再改用蒸馏水继续洗脱，用另外的锥形瓶收集，待甲基橙全部被洗脱下来，即分离完全(注 3)。用量筒分别量取所分离出来的亚甲基蓝和甲基橙溶液的体积后，倒入指定的回收瓶中。

注 1：装柱时吸附剂装填要紧密，要求无断层、无缝隙，无气泡，吸附剂的上端平整，无凹凸面。
注 2：在装柱、洗脱过程中，始终保持有溶剂覆盖吸附剂。一个色带与另一色带的洗脱液的接收不要交叉。注意洗脱时切勿使溶剂流干。
注 3：实验结束后，应让溶剂尽量流干，然后倒置，用洗耳球从活塞口向管内挤压空气，将吸附剂从柱顶挤压出。使用过的吸附剂倒入固体废物桶中，切勿倒入水槽，以免堵塞水槽。

七、数据记录及处理

记录甲基橙和亚甲基蓝的溶液体积，考察柱色谱分析情况。

八、安全与环保

1. 危险操作提示

实验过程中戴好防护眼镜，注意实验安全！

2. 药品毒性及急救措施

(1) 甲基橙属微毒类，对眼睛有刺激作用；有致敏作用，可引起皮肤湿疹；对环境有危害，对水体可造成污染。若与皮肤或眼睛接触，用大量流动清水冲洗，并就医。

(2) 亚甲基蓝对环境可能有危害，对水体应给予特别注意。若不慎与眼睛接触，立即用大量清水冲洗，并就医。

3. 实验清理

(1) 甲基橙溶液、亚甲基蓝溶液回收到贴有分类标签的收集瓶中。
(2) 乙醇回收到相应的甲类(不含卤素)回收瓶中。

九、课后思考题

(1) 装柱不均匀或者有气泡、裂缝，将会造成什么后果？如何避免？
(2) 在氧化铝柱子上分离下列各组混合物，哪一个组分先被洗脱下来？

(i) 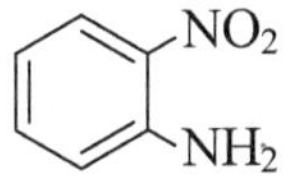 与

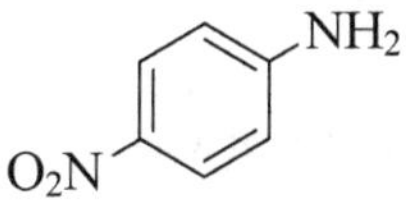

(ii) 偶氮苯与苏丹Ⅲ(结构式见实验 26)。
(3) 实验中是先用乙醇将亚甲基蓝洗脱，再用水或稀氨水将甲基橙洗脱。如果先用稀氨水或水洗脱，再用乙醇洗脱，甲基橙是否会先于亚甲基蓝被洗脱出来？

实验 28　正丁醚的合成

一、实验目的

(1) 掌握醇分子间脱水制备醚的原理和方法。
(2) 学习分水器的使用方法。

二、安全警示

浓硫酸具有腐蚀性，需谨慎使用，避免皮肤接触和吸入。

三、实验导读

化学概念：醇脱水反应；分水器；醚的合成。

实验背景：醚的制备方法很多，常用的方法为醇脱水和威廉森(Williamson)合成法。

伯醇的分子间脱水是制备简单醚(也称对称醚)的常用方法，如甲醚、乙醚、四氢呋喃等，为 S_N2 反应。实验室常用的脱水剂是浓硫酸，其作用是通过羟基的质子化将醇分子的羟基转变为更好的离去基团。除硫酸外，还可用磷酸和离子交换树脂作为脱水剂。

$$RCH_2\overset{..}{\underset{|}{\overset{}{O}}}: \ + \ RCH_2\overset{+}{-}OH_2 \xrightarrow{S_N2} RCH_2OCH_2R + H_3O^+$$
$$\qquad\quad H$$

由于反应是可逆的，通常采用蒸出反应产物(醚或水)的方法，使反应向有利于生成醚的方向移动。同时必须严格控制反应温度，以减少副产物烯及二烷基硫酸酯的生成。

仲醇和叔醇的脱水反应通常为单分子亲核取代反应(S_N1)，并伴随较多的消去反应。因此，用醇脱水制备醚时，最好使用伯醇，获得的产率较高。

威廉森合成法是通过卤代烷或硫酸酯与醇钠或酚钠反应制备醚，该法既可以合成简单醚，也可以合成混合醚。主要用于合成混合醚，特别是制备芳烷基醚时产率最高。其反应机理是烷氧基(酚氧基)负离子对卤代烷或硫酸酯的亲核取代反应(S_N2)。

$$R—O—Na + R'—L \xrightarrow{S_N2} R—O—R' + NaL$$
$$L：Br, I, OSO_2R''或OSO_2OR''$$

制备正丁醚时，由于正丁醇(沸点 117.7℃)和正丁醚(沸点 142℃)的沸点都较高，故可使反应在装有分水器的回流装置中进行，控制加热温度，将生成的水或水的共沸物不断蒸出。虽然蒸出的水中会夹带原料正丁醇等有机物，但正丁醇在水中的溶解度较小，相对密度又比水小，浮于水层之上，因此用分水器可使绝大部分正丁醇等自动连续地返回反应瓶中，而水则沉于分水器的下部。根据分出的水的体积以及水量变化情况，可估计反应的进行程度。

反应式：

$$2\,CH_3CH_2CH_2CH_2OH \xrightarrow{\text{浓}H_2SO_4} (CH_3CH_2CH_2CH_2)_2O + H_2O$$

副反应：

$$CH_3CH_2CH_2CH_2OH \xrightarrow{\text{浓}H_2SO_4} H_2C \!=\! CHCH_2CH_3 + H_2O$$

本实验利用醇分子间脱水制备醚。

四、课前预习

(1) 预习实验基本操作中以下实验原理：醇脱水制备醚的原理、分水器的使用。

(2) 查阅正丁醇、正丁醚和水可能生成以下二元和三元恒沸混合物的沸点和组成：正丁醇-水，正丁醚-水，正丁醇-正丁醚，正丁醚-正丁醇-水。

(3) 根据实验中正丁醇的用量计算理论上可分出的水量。

五、主要仪器与试剂

1. 仪器

三口烧瓶，球形冷凝管，分水器，温度计和温度计套管，蒸馏弯头，直形冷凝管，接引管，分液漏斗，锥形瓶。

2. 试剂

正丁醇，浓硫酸(1.84 g·mL^{-1})，硫酸(50%)，无水氯化钙。

六、实验步骤

在 100 mL 三口烧瓶中加入 31 mL(0.034 mol)正丁醇、5 mL 浓硫酸，边加边摇边冷却，混合均匀，加两粒沸石。在烧瓶口上装分水器和温度计，分水器(图 3-12)上端再连一回流冷凝管。

先在分水器中加水至支管下约 0.5 cm。将烧瓶加热，保持回流约 1 h。随着反应的进行，分水器中的水层不断增加，反应液的温度也逐渐上升。如果分水器中的水层超过了支管而流回烧瓶时，可打开活塞放掉一部分水。当生成的水量达到 4.5～5 mL，瓶中反应液温度达到 150℃左右时，停止加热。如果加热时间过长，溶液会变黑并有大量副产物丁烯生成。

待反应液冷却至室温后，拆除分水器，将仪器改装成蒸馏装置，再加两粒沸石，进行蒸馏至无馏出液为止。

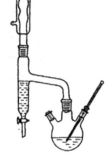

图 3-12　分水装置

将馏出液倒入分液漏斗中，分去水层。粗产品先用两份 15 mL 冷的 50%硫酸洗涤两次，再依次用饱和食盐水、10% Na$_2$CO$_3$、饱和食盐水各洗一次，最后用 1～2 g 无水氯化钙干燥。干燥后的粗产品倒入 50 mL 蒸馏烧瓶中(注意不要把氯化钙倒进去！)进行蒸馏，收集 140～144℃的馏分。产量为 7～8 g。

纯正丁醚为无色液体，沸点 142.4℃，折光率 n_D^{20} 为 1.3992。

注 1：加料时，正丁醇和浓硫酸若不混合均匀，浓硫酸局部过浓，加热后易使反应溶液变黑。

注 2：计算出本实验的理论失水量，实际分出的体积略大于计算量，否则产率很低。

注 3：本实验利用恒沸混合物(表 3-30)蒸馏方法将反应生成的水不断从反应物中除去。正丁醇、正丁醚和水可能生成恒沸混合物，含水的恒沸混合物冷凝后分层，上层主要是正丁醇和正丁醚，下层主要是水。在反应过程中利用分水器将上层液体不断送回反应器中。

表 3-30　几种恒沸混合物的沸点及组成

恒沸混合物		沸点/℃	组成(质量分数)/%		
			正丁醚	正丁醇	水
二元	正丁醇-水	93.0	—	55.5	45.4
	正丁醚-水	94.1	66.6	—	33.4
	正丁醇-正丁醚	117.6	17.5	82.5	—
三元	正丁醇-正丁醚-水	90.6	35.5	34.6	29.9

注 4：正丁醇能溶于 50%硫酸，而正丁醚很少溶解。因此，用 50%硫酸可以除去粗制正丁醚中的正丁醇。

七、安全与环保

1. 危险操作提示

实验过程中涉及浓硫酸的使用及有机化合物的反应和加热，戴好防护眼镜，注意实验安全！

2. 药品毒性及急救措施

(1) 正丁醇会刺激呼吸系统和皮肤，对眼睛有严重伤害，其蒸气可能引起困倦和眩晕。若与皮肤或眼睛接触，立即用大量流动清水冲洗，并就医。

(2) 浓硫酸具有强腐蚀性，量取浓硫酸时应戴手套做好防护措施。若与皮肤接触，先用抹布或吸水纸擦去，再用大量清水冲洗。

(3) 无水氯化钙会刺激眼睛，使用过程中应避免与皮肤接触。

3. 实验清理

(1) 产品正丁醚和残留液回收到相应的非甲类(不含卤素)回收瓶中。
(2) 浓硫酸洗涤废液和水相废液等回收到相应的无机废液回收瓶中。
(3) 废弃的实验用防护手套和溶剂挥发后的干燥剂分别回收到指定容器中。

八、课后思考题

(1) 描述所得粗产品和纯化后产品的物理性能(颜色和状态)，报告所得产品的质量和产率。解释可能造成低产率的原因。

(2) 如果反应温度过高，反应时间过长，将导致什么后果？

(3) 粗产品洗涤时各步洗涤的目的何在？

(4) 能否用本实验的方法由乙醇和2-丁醇制备乙基仲丁基醚？采用什么方法比较合适？

九、拓展实验

(1) 可以略去第一步蒸馏，将冷的反应物倒入盛有 50 mL 饱和食盐水的分液漏斗中，按下段的方法做下去。将两种实验方法得到的产率进行比较，并分析原因。

(2) 略去第一步蒸馏，将反应液倒入盛有 50 mL 水的分液漏斗中洗涤后，先依次用 25 mL 水、16 mL 5%氢氧化钠溶液、16 mL 水和 16 mL 氯化钙饱和溶液洗涤，然后用无水氯化钙干燥，再进行蒸馏。将两种方法得到的产率进行比较，并分析原因。

实验 29　1-溴丁烷的合成

一、实验目的

(1) 学习由醇、溴化钠和浓硫酸制备 1-溴丁烷的方法，加深对 S_N2 反应机理的理解。
(2) 练习带有有毒气体吸收装置的回流加热操作。
(3) 液体有机化合物的干燥及干燥剂的选用。
(4) 巩固萃取及简单蒸馏的操作方法。

二、安全警示

浓硫酸具有腐蚀性，需谨慎使用，避免皮肤接触和吸入。

三、实验导读

化学概念：S_N2 反应；卤代烃的制备。

　　实验背景：卤代烃是一类重要的有机合成中间体。通过卤代烃的取代反应，能制备多种有用的化合物，如腈、胺、醚等。在无水乙醚中，卤代烃和金属镁生成格氏(Grignard)试剂 RMgX，其能与羰基化合物(醛、酮、二氧化碳等)作用，制取不同结构的醇和羧酸。

　　卤代烃可以通过多种方法和试剂制得，其中醇和氢卤酸反应是制备卤代烃的一个重要方法。醇与氢卤酸的反应难易随所用醇的结构与氢卤酸不同而有所不同。反应的活性次序为叔醇＞仲醇＞伯醇，HI＞HBr＞HCl。醇转变为溴化物也可以用溴化钠及过量的浓硫酸代替氢溴酸，该方法适用于制备分子量较小的溴化物(如 1-溴丁烷)。

　　本实验利用氢溴酸和正丁醇反应制备 1-溴丁烷：

$$CH_3CH_2CH_2CH_2OH + HBr \xrightarrow{\triangle} CH_3CH_2CH_2CH_2Br + H_2O$$

　　溴化钠与浓硫酸作用生成氢溴酸：

$$KBr + H_2SO_4 \longrightarrow HBr + KHSO_4$$

　　过量的硫酸通过产生更高浓度的氢溴酸而使反应加速。硫酸还使正丁醇的羟基质子化，使亲核取代反应容易进行。在浓硫酸的作用下，正丁醇容易脱水形成 1-丁烯，因此加入少量的水以降低硫酸的浓度。反应是通过 S_N2 机理进行的。

主反应：

$$CH_3CH_2CH_2CH_2OH + H^+ \underset{}{\overset{快}{\rightleftharpoons}} CH_3CH_2CH_2CH_2\overset{+}{O}H_2$$

$$CH_3CH_2CH_2CH_2\overset{+}{O}H_2 + Br^- \xrightarrow[S_N2]{慢} CH_3CH_2CH_2CH_2Br + H_2O$$

副反应：

$$CH_3CH_2CH_2CH_2OH + H^+ \xrightarrow{\triangle} CH_3CH_2CH =\!\!= CH_2 + H_2O$$

$$CH_3CH_2CH_2CH_2OH + H^+ \xrightarrow{\triangle} (CH_3CH_2CH_2CH_2)_2O + H_2O$$

　　在 1-溴丁烷的分离过程中，用浓硫酸洗涤除去未作用的正丁醇，并可利用副产物的碱性特征除去反应的副产物(如丁醚等)。

四、课前预习

(1) 预习带有有毒气体吸收装置的回流操作。

(2) 回顾学过的制备卤代烃的方法。

(3) 本实验中浓硫酸的作用是什么？其用量和浓度对实验有何影响？

五、主要仪器与试剂

1. 仪器

圆底烧瓶，球形冷凝管，三角漏斗，弯接管塞，量筒，温度计及温度计套管，直形冷凝管，蒸馏头，接引管，分液漏斗，锥形瓶。

2. 试剂

浓硫酸(1.84 g·mL^{-1})，正丁醇，溴化钠，NaOH(5%)，碳酸钠(饱和溶液)，亚硫酸氢钠(饱和溶液)，无水氯化钙。

六、实验步骤

在 100 mL 圆底烧瓶中加入 15 mL 水，慢慢加入 15 mL 浓硫酸，混合均匀并冷至室温后，加入 12 mL(9.7 g，0.13 mol)正丁醇。混合均匀冷至室温后，再加入研细的 17.5 g(0.17 mol)溴

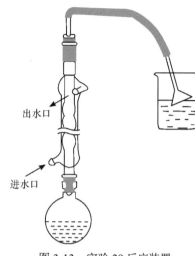

化钠，充分摇动后投入搅拌子,按图 3-13 搭好反应装置(勿使漏斗全部浸入 NaOH 溶液中，以免倒吸)。磁力搅拌下加热回流 30~40 min。稍冷后，拆下回流冷凝管，加入 10 mL 水，改成蒸馏装置，蒸馏至 1-溴丁烷全部蒸出为止(注 1)。

将馏出液转移至分液漏斗中，加入适量水洗涤后分去水层(注 2)，有机层转入另一干燥的分液漏斗，用适量浓硫酸洗涤，分离硫酸层。有机层依次用水、碳酸钠饱和溶液、水洗涤，直至中性(注 3、注 4)。将粗产品收集在干燥的锥形瓶中，加入适量无水氯化钙干燥。

搭好蒸馏装置,将干燥后的粗产品转入圆底烧瓶中进行蒸馏，收集 98~103℃的馏分。称量，计算产率。测定折光率。

出水口

进水口

图 3-13　实验 29 反应装置

注 1：1-溴丁烷粗产品是否蒸完，可用以下三种方法判断：①馏出液是否由浑浊变澄清；②蒸馏瓶中上层的油层是否消失；③取一支试管收集几滴馏出液，加入少许水摇动，若无油珠出现，说明 1-溴丁烷已蒸完。

注 2：分液时，根据密度判断产物在上层还是下层，若一时难以判断，应暂时保留两相。

注 3：如果水洗后产物还呈红色，是由于浓硫酸氧化作用生成游离溴，可加入少量亚硫酸氢钠饱和溶液洗涤除去。

注 4：浓硫酸可溶解粗产品中少量的正丁醇、正丁基醚及丁烯，所以应使用干燥的分液漏斗，以防漏斗中残余水分稀释硫酸而降低洗涤效果。正丁醇与 1-溴丁烷可形成共沸物(沸点 98.6℃，含正丁醇 13%)，蒸馏时难以除去，因此用浓硫酸洗涤时应充分振荡。分液时硫酸应尽量分干净。

七、安全与环保

1. 危险操作提示

实验过程中涉及浓硫酸的使用及有机化合物的反应和加热，戴好防护眼镜，注意实验安全!

2. 药品毒性及急救措施

(1) 正丁醇会刺激呼吸系统和皮肤，对眼睛有严重伤害，其蒸气可能引起困倦和眩晕。若与皮肤或眼睛接触，立即用大量流动清水冲洗，并就医。

(2) 浓硫酸具有强腐蚀性，量取浓硫酸时应戴手套做好防护措施。若与皮肤接触，先用抹布或吸水纸擦去，再用大量水冲洗。

3. 实验清理

(1) 含浓硫酸的反应残留液、产品和蒸馏后的残留液回收到相应的甲类(含卤素)回收瓶中。

(2) 分液时将水层废液回收到相应的非甲类(不含卤素)回收瓶中。

(3) 废弃的实验用防护手套和溶剂挥发后的干燥剂分别回收到指定容器中。

八、课后思考题

(1) 加料时，能否先将溴化钠与浓硫酸混合，再加正丁醇和水？为什么？

(2) 反应过程中，加入硫酸起什么作用？硫酸的量对实验结果有什么影响？

(3) 从反应混合物中分离出产品 1-溴丁烷时，为什么用蒸馏的方法，而不直接用分液漏斗分离？

(4) 精制中各步洗涤的目的是什么？为什么用碳酸钠饱和溶液洗涤之前，先用水洗涤？

九、拓展实验

本实验中采用的实验操作是先回流反应，再蒸馏粗产品。有学生在回流装置改蒸馏装置的过程中，发生反应瓶破裂导致实验失败的情况。查阅文献，设计一个操作简便、安全、有效的实验装置。

提示：

(1) 可采用三口烧瓶作为反应瓶，便于加料，瓶中插入温度计控制反应温度。

(2) 将恒压滴液漏斗置于反应瓶和回流冷凝管之间，既可用于滴加硫酸溶液，又可作为粗产品蒸馏的容器，省去了改装蒸馏装置的步骤。

实验 30　环己烯的制备

一、实验目的

(1) 学习以浓硫酸催化环己醇脱水制备环己烯的原理及方法。

(2) 学习分馏原理及分馏柱的使用方法。

(3) 掌握蒸馏、分液、干燥等实验操作方法。

二、安全警示

环己醇会刺激呼吸系统和皮肤，浓硫酸具有强腐蚀性，需谨慎使用。

三、实验导读

化学概念：分馏；萃取；干燥；烯烃的制备。

实验背景：烯烃作为化工原料，工业上可由石油裂解或在氧化铝等催化剂存在下由醇进行高温裂解获取；在实验室中则常用醇的脱水或卤代烃在碱作用下脱卤化氢制取。

醇的脱水可用氧化铝或分子筛在高温(350～400℃)进行催化脱水，也可用酸催化脱水的方法，常用的脱水剂有硫酸、磷酸、对甲苯磺酸及硫酸氢钾等。氧化铝或分子筛脱水温度较高，危险性大，不适合本科生化学实验。实验室制备少量烯烃建议采用醇的酸催化脱水的方法进行。

本实验用环己醇在浓 H_2SO_4 催化下经分子内脱水制备得到环己烯，反应式如下：

$$\text{环己醇} \xrightarrow[\triangle]{H_2SO_4} \text{环己烯} + H_2O$$

通常认为该反应为 E_1 机理, 且为可逆反应:

$$\text{环己醇} \underset{\ce{-H^+}}{\overset{\ce{H^+}}{\rightleftharpoons}} \overset{+}{OH_2} \underset{}{\overset{-H_2O}{\rightleftharpoons}} \overset{+}{} \underset{}{\overset{-H^+}{\rightleftharpoons}} \text{环己烯}$$

四、课前预习

(1) 预习实验基本操作中以下实验技术: 分馏的原理、分馏柱的使用、分液漏斗的使用、干燥及干燥剂的选用、蒸馏。

(2) 试写出环己烯与溴水、碱性高锰酸钾溶液及浓硫酸作用的反应式。

五、主要仪器与试剂

1. 仪器

分馏柱,圆底烧瓶,直形冷凝管,量筒,温度计及温度计套管,蒸馏头,接引管,分液漏斗,锥形瓶。

2. 试剂

环己醇,浓硫酸(1.84 g·mL^{-1}),精盐,碳酸钠溶液(5%),无水氯化钙。

六、实验步骤

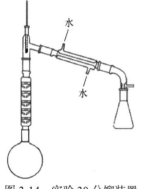

将 9.6 g(0.096 mmol)环己醇、0.5~1 mL 浓硫酸依次加入 50 mL 干燥的圆底烧瓶中,充分振摇使混合均匀(注 1)。在圆底烧瓶上装一根分馏柱,安装分馏装置(图 3-14)。接收瓶用冷水冷却,慢慢加热反应瓶,控制加热速度,缓慢蒸出生成的环己烯及水(每 2~3 s 1 滴),并使分馏柱上端的温度不超过 90℃(注 2)。当烧瓶中只剩下很少量的残液,温度计读数明显波动时,停止蒸馏。全部蒸馏时间需 30 min 左右。

馏出液用精盐饱和,然后加入 1~2 mL 5%碳酸钠溶液中和微量的酸,将该液体倒入分液漏斗中,振摇后静置分层。待分层清晰后将下层水溶液放出,上层的粗产品倒入干燥的锥形瓶中,用 2~3 g 无水氯化钙干燥(注 3)。溶液清亮后,直接倒入干燥的 25 mL 蒸馏烧瓶中(注意:不要倒入干燥剂!)进行蒸馏(注 4),收集 80~85℃的

图 3-14 实验 30 分馏装置

馏分于一个已称量的干燥小锥形瓶中(注 5)。产量 4~5 g。

使用阿贝折光仪测定所收集产品的折光率。

纯环己烯为无色液体,沸点 83.0℃,折光率 n_D^{20} 为 1.4665,相对密度 0.81。

注 1: 环己醇在常温下是黏稠状液体(熔点 24℃),用量筒量取时应注意过程中的损失。环己醇与硫酸应充分混合,否则在加热过程中可能会局部炭化。

注 2: 反应中环己烯与水形成共沸物(沸点 70.8℃,含水 10%),环己醇与水形成共沸物(沸点 97.8℃,含水 80%)。因此,加热时温度不可过高,蒸馏速度不可以太快,以减少未作用的环己醇蒸出。

注 3：水层应尽可能分离完全，否则将增加无水氯化钙的用量，使产物更多地被干燥剂吸附而造成损失。这里用无水氯化钙干燥较适宜，因为它还可除去少量环己醇。

注 4：在蒸馏已干燥的产物时，蒸馏所用仪器应充分干燥。

注 5：若在 80℃以下已有较多液体馏出，或者蒸出产物浑浊，可能是干燥不够完全所致(氯化钙用量过少或放置时间不够)，应将这部分产物重新干燥蒸馏。

七、安全与环保

1. 危险操作提示

实验过程中涉及浓硫酸的使用及有机化合物的反应和加热，戴好防护眼镜，注意实验安全!

2. 药品毒性及急救措施

(1) 环己醇会刺激呼吸系统和皮肤，应避免与皮肤和眼睛接触。若与皮肤或眼睛接触，立即用大量流动清水冲洗，并就医。

(2) 浓硫酸具有强腐蚀性，量取浓硫酸时应戴手套做好防护措施。若与皮肤接触，先用抹布或吸水纸擦去，再用大量流动清水冲洗。

(3) 无水氯化钙会刺激眼睛，使用过程中应避免与皮肤接触。

3. 实验清理

(1) 含浓硫酸的反应残留液和产品环己醇回收到相应的非甲类(不含卤素)回收瓶中。

(2) 洗涤用碳酸钠溶液等回收到相应的无机废液回收瓶中。

(3) 废弃的实验用防护手套和溶剂挥发后的干燥剂回收到指定容器中。

八、课后思考题

(1) 描述所得粗产品和纯化后产品的物理性能(颜色和状态)，报告所得产品的质量和产率。解释可能造成低产率的原因。

(2) 所得到的产物的折光率与文献所报道的数据有否差别? 如果差别较大，试给出可能的原因。

(3) 在该反应过程中，每种试剂分别起什么作用?

九、拓展实验

常用的脱水剂有硫酸、磷酸、对甲苯磺酸及硫酸氢钾等，本实验采用浓硫酸作为脱水剂。尝试在其他实验条件下进行合成实验，如采用不同的脱水剂，并将实验现象和结果与浓硫酸作为脱水剂时的情况进行比较和分析。

实验 31　蒽与马来酸酐的第尔斯-阿尔德反应

一、实验目的

(1) 学习通过蒽与马来酸酐的第尔斯-阿尔德(Diels-Alder)反应得到环加成产物的实验方法

及技术。

(2) 掌握固体样品混合溶剂重结晶的原理及实验操作。

(3) 了解绿色化学的原则和方法。

二、安全警示

蒽具有毒性，能刺激呼吸道、呼吸器官及皮肤。勿接触皮肤或眼睛，操作时要做好防护措施，以免引起损伤。

三、实验导读

化学概念：混合溶剂重结晶；绿色化学；第尔斯-阿尔德反应；环加成反应。

实验背景：六元环由于其稳定性而在自然界中普遍存在。许多药物分子中也含有六元环，因此有关六元环的合成和研究在制药工业中非常重要。第尔斯-阿尔德反应是形成六元环的重要反应之一。

蒽的中心环上具有双烯烃结构,在 9, 10-位上能与亲双烯试剂马来酸酐发生 1,4-加成反应，生成稳定的加成产物。该反应是典型的第尔斯-阿尔德反应，其反应式为

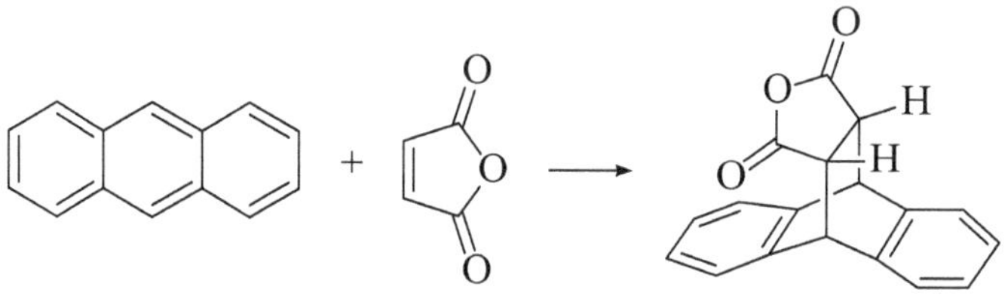

融合绿色化学理念，本实验设计采用低毒、水溶性、高沸点的二甘醇二甲醚作为蒽与马来酸酐发生第尔斯-阿尔德反应的溶剂，绿色、有效地合成 9, 10-二氢蒽-9, 10-α, β 马来酸酐。选择高沸点的二甘醇二甲醚作为反应溶剂，反应温度能升高到 160℃ 左右，从而提高反应转化率。本实验采用二甘醇二甲醚-石油醚混合溶剂体系进行重结晶，纯化合成的环加成产物。

四、课前预习

(1) 预习第尔斯-阿尔德反应。

(2) 预习实验基本操作中以下实验技术：混合溶剂重结晶。

五、主要仪器与试剂

1. 仪器

三口烧瓶，球形冷凝管，展开瓶，薄层色谱板，布氏漏斗，抽滤瓶，热过滤漏斗，烧杯。

2. 试剂

蒽，马来酸酐，二甘醇二甲醚，石油醚(60～90℃)，二氯甲烷。

六、实验步骤

1. 9, 10-二氢蒽-9, 10-α, β 马来酸酐的制备

在干燥的 50 mL 三口烧瓶中加入 1.78 g(10.0 mmol)蒽、1.08 g(11.0 mmol)马来酸酐和

20 mL 二甘醇二甲醚，搭好回流装置，在回流冷凝管上端连接氯化钙干燥管(注 1)。采用磁力搅拌加热装置，加热反应液使其保持回流。用薄层色谱法跟踪反应进程[展开剂可采用石油醚：二氯甲烷= 1：1(体积比)，紫外灯配合碘蒸气显色]，每隔 10 min 取反应液点样分析。反应约需 30 min。

停止反应，稍冷，将反应液倒入盛有 30 mL 冷水的烧杯中，使固体产物析出。抽滤，得粗产品。

注 1：马来酸酐和产物遇水会水解成二元酸，因此反应仪器和试剂必须干燥。

2. 产品的纯化

粗产品可在二甘醇二甲醚-石油醚溶剂体系中进行混合溶剂重结晶(二甘醇二甲醚与石油醚的体积比约 4：1)，得到 9, 10-二氢蒽-9, 10-α, β-马来酸酐纯品。真空干燥后称量。测定产品熔点，并经 IR、^{1}H NMR 等分析表征。

纯 9, 10-二氢蒽-9, 10-α, β-马来酸酐为白色固体，熔点 261～262℃，其 IR 谱图和 ^{1}H NMR 谱图分别见图 3-15 和图 3-16。

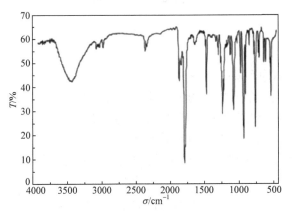

图 3-15　9, 10-二氢蒽-9, 10-α, β-马来酸酐的 IR 谱图

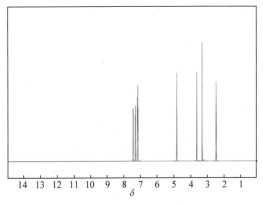

图 3-16　9, 10-二氢蒽-9, 10-α, β-马来酸酐的 ^{1}H NMR 谱图

七、安全与环保

(1) 粗产品洗涤时的水相洗涤废液回收到无机废液回收瓶中。

(2) 活性炭回收到固体废物回收瓶中。

(3) 产品回收到相应的产品回收瓶中。

八、课后思考题

(1) 影响第尔斯-阿尔德反应转化率的因素有哪些？如何才能提高本实验的产率？

(2) 什么是混合溶剂？试述混合溶剂重结晶的一般步骤。本实验采用二甘醇二甲醚-石油醚混合溶剂体系进行重结晶纯化合成产物的原因是什么？

九、拓展实验

单晶培养：本实验产物可以采用气相扩散法培养单晶，具体做法如下：取 9, 10-二氢蒽-9,

10-α, β-马来酸酐纯品约 30 mg 置于 2 mL 二甘醇二甲醚中，加热回流至完全溶解，过滤，除去不溶物。将溶液转移至小菌种瓶中，小菌种瓶置于有 4 mL 不良溶剂石油醚的大菌种瓶中，密封，采用气相扩散法培养单晶。6 天后，小菌种瓶内壁有晶体析出。用毛细点样管将瓶壁上的晶体轻轻推入溶剂中，将晶体过滤到滤纸上，再将晶体转移到干燥滤纸上，防止母液腐蚀晶体表面。晶体结构可经 X 射线单晶衍射仪分析。

实验 32　肉桂酸的合成

一、实验目的

(1) 学习珀金(Perkin)反应的原理和肉桂酸的合成方法。

(2) 熟练水蒸气蒸馏和重结晶操作。

(3) 掌握回流操作。

二、安全警示

乙酸酐有腐蚀性，浓盐酸极易挥发并具有强烈的腐蚀性，勿接触皮肤或眼睛，操作时要做好防护措施，以免引起损伤。

三、实验导读

化学概念：水蒸气蒸馏；珀金反应；α, β-不饱和酸的制备。

实验背景：肉桂酸是生产某些治疗冠心病药物的重要中间体，其酯类衍生物是配制香精或食品香料的重要原料，在农药、塑料、感光树脂等精细化工产品生产中也有广泛应用。

肉桂酸等 α, β-不饱和芳香酸类化合物是通过芳香醛和酸酐在碱性催化剂作用下发生类似羟醛缩合的反应制得，称为珀金反应。碱性催化剂通常是相应酸酐的羧酸钾或钠盐，也可用碳酸钾或叔胺代替，典型的例子是肉桂酸的制备：

$$C_6H_5CHO + (CH_3CO)_2O \xrightarrow[170\sim180℃]{CH_3COOK} C_6H_5CH=CHCOOH + CH_3COOH$$

碱的作用是促使酸酐烯醇化，生成乙酸酐碳负离子，第二步碳负离子与芳醛发生亲核加成，第三步是中间产物的氧酰基交换产生更稳定的 β-酰氧基丙酸负离子，最后经 β-消去生成肉桂酸盐。若用碳酸钾代替乙酸钾，反应周期可明显缩短。反应过程可表示如下：

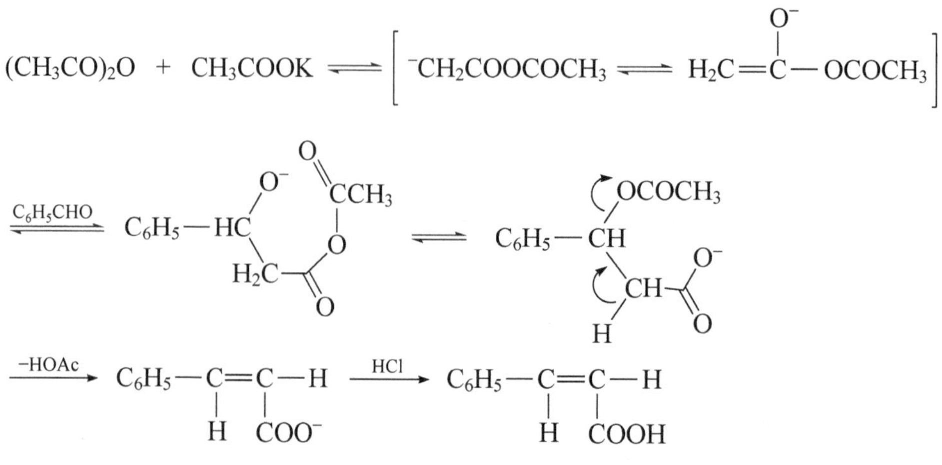

　　理论上肉桂酸存在顺反异构体，但珀金反应只得到反式肉桂酸(熔点 133℃)。因为顺式异构体(熔点 68℃)不稳定，在较高的反应温度下很容易转变为热力学更稳定的反式异构体。

　　本实验利用珀金反应合成肉桂酸。

四、课前预习

　　(1) 预习实验基本操作中以下实验技术：水蒸气蒸馏。

　　(2) 在珀金反应中，若使用与酸酐不同的羧酸盐，会得到两种不同的芳基烯丙酸，为什么？

　　(3) 用苯甲醛和丙酸酐在无水丙酸钾作用下反应，得到什么产物？写出反应式。

五、主要仪器与试剂

1. 仪器

　　圆底烧瓶，球形冷凝管，水蒸气发生器，三口烧瓶，直形冷凝管，蒸馏头，接引管，锥形瓶，热过滤漏斗。

2. 试剂

　　方法 1：苯甲醛(新蒸)，乙酸酐(新蒸)，无水乙酸钾，碳酸钠，浓盐酸，乙醇。

　　方法 2：苯甲醛(新蒸)，乙酸酐(新蒸)，无水碳酸钾，NaOH(10%)，浓盐酸，乙醇。

六、实验步骤

1. 方法 1：用无水乙酸钾作缩合剂

　　在 250 mL 三口烧瓶中混合 3 g(0.03 mol)无水乙酸钾(注 1)、7.5 mL(0.08 mol)新蒸乙酸酐(注 2)和 5 mL(0.05 mol)新蒸苯甲醛(注 3)，油浴加热回流 1.5～2 h。反应完毕后，加入适量(5～7.5 g)固体碳酸钠，使溶液呈微碱性，进行水蒸气蒸馏至馏出液基本无油珠为止。

　　残留液中加少量活性炭脱色，煮沸后趁热过滤。在搅拌下往热滤液中小心加入浓盐酸至呈酸性。冷却，待结晶全部析出后，抽滤收集，用少量冷水洗涤，干燥。可在热水或水：乙醇体积比为 3：1 的稀乙醇中进行重结晶(注 4)，熔点 131.5～132℃。

　　注 1：无水乙酸钾需新鲜熔焙。将含水乙酸钾放入蒸发皿中加热，则盐先在所含的结晶水中溶解，水分挥发后又结成固体。强热使固体再熔化，并不断搅拌，待水分散发后，趁热倒在金属板上，冷后用研钵研碎，放入干燥器中待用。

　　注 2：乙酸酐久置后因吸潮和水解转变为乙酸，故在实验前需要重新蒸馏。

　　注 3：久置的苯甲醛由于自动氧化而生成较多的苯甲酸。这不仅影响反应的进行，而且苯甲酸混在产品中不易除去，影响产品纯度，故本反应所需的苯甲醛需要重新蒸馏。

　　注 4：肉桂酸有顺反异构体，通常制得的是其反式异构体。

2. 方法 2：用无水碳酸钾作缩合剂

　　在 250 mL 三口烧瓶中混合 7 g(0.07 mol)无水碳酸钾、5 mL(0.05 mol)新蒸苯甲醛和 14 mL(0.15 mol)新蒸乙酸酐，将混合物在 170～180℃的油浴中加热回流 45 min。由于有二氧化碳逸出，反应初期有泡沫产生。

　　待反应物冷却后，加入约 40 mL 水浸泡几分钟，用玻璃棒或不锈钢刮刀轻轻捣碎瓶中的固体，进行水蒸气蒸馏，直至基本无油状物蒸出为止。将烧瓶冷却后，加入 40 mL 10% NaOH

溶液，使生成的肉桂酸形成钠盐而溶解。再加入约 70 mL 水，加热煮沸后加入少量活性炭脱色，趁热过滤。待滤液冷至室温后，在搅拌下，小心加入 20 mL 浓盐酸和 20 mL 水的混合液，至溶液呈酸性。冷却结晶，抽滤析出的晶体，并用少量冷水洗涤，干燥后称量，粗产品约 4 g。可用水：乙醇体积比为 3：1 的稀乙醇重结晶。

肉桂酸为无色晶体，熔点 131.5～132℃，沸点 300℃，d_4^{20} 为 1.2475，其 IR 谱图和 ^{1}H NMR 谱图分别见图 3-17 和图 3-18。

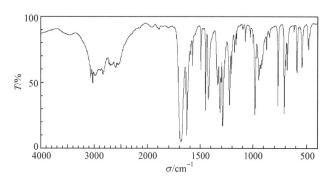

图 3-17　肉桂酸的 IR 谱图

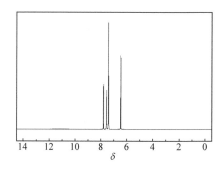

图 3-18　肉桂酸的 ^{1}H NMR 谱图

七、安全与环保

1. 危险操作提示

实验过程中涉及浓盐酸的使用，戴好防护眼镜和手套，并在通风橱中进行，注意实验安全!

2. 药品毒性及急救措施

(1) 苯甲醛对眼睛、呼吸道黏膜有一定的刺激作用。若与皮肤接触，用流动清水冲洗；若与眼睛接触，提起眼睑，用流动清水冲洗后就医。

(2) 乙酸酐易燃，具有腐蚀性和刺激性。吸入对呼吸道有刺激作用，蒸气对眼睛有刺激性，液体直接接触眼睛和皮肤可致灼伤。若与皮肤或眼睛接触，立即脱去污染的衣物或提起眼睑，用大量流动清水冲洗，并就医。

(3) 浓盐酸遇水放热，具有强腐蚀性和刺激性，可致人体灼伤。若与皮肤或眼睛接触，立即脱去污染的衣物或提起眼睑，用大量流动清水冲洗至少 15 min，并就医。

3. 实验清理

(1) 水蒸气蒸出的液体及产品苯甲酸分别回收到相应的非甲类(不含卤素)回收瓶中。
(2) 粗产品洗涤时水相洗涤废液回收到无机废液回收瓶中。
(3) 活性炭回收到固体废物回收瓶中。
(4) 废弃的实验用防护手套回收到指定容器中。

八、课后思考题

(1) 描述所得粗产品和纯化后产品的物理性能(颜色和状态)，报告所得产品的质量和产率。解释可能造成低产率的原因。

(2) 用无水乙酸钾作缩合剂，回流结束后加入固体碳酸钠使溶液呈碱性，此时溶液中有哪几种化合物，各以什么形式存在？

(3) 方法 1 中，水蒸气蒸馏前若用 NaOH 溶液代替 Na_2CO_3 碱化有什么不好？

(4) 实验中水蒸气蒸馏的目的是什么？

(5) 水蒸气蒸馏时通常有棕色黏稠物生成，是什么原因造成的？如何除去？

九、拓展实验

本实验采用水蒸气蒸馏的方法除去未反应的苯甲醛，用碱液溶解残留液，再酸化析出肉桂酸粗产品。也可以用化学反应除去杂质，替代水蒸气蒸馏的方法，如利用氨水与苯甲醛反应的性质及其碱性，可以同时除去苯甲醛和溶解肉桂酸。试查阅资料，设计实验合理方案。

实验 33　扁桃酸的合成

一、实验目的

(1) 了解相转移催化反应。

(2) 熟悉相转移催化法制备扁桃酸的实验方法。

(3) 掌握萃取、蒸馏、干燥、重结晶等实验操作技术。

二、安全警示

(1) 实验须佩戴防护眼镜和合适的手套，实验操作在通风橱中进行。

(2) 三氯甲烷具有麻醉作用，对心、肝、肾有损害。在光照下，三氯甲烷遇空气逐渐被氧化生成剧毒的光气，使用时须注意安全。

(3) 氢氧化钠是具有强腐蚀性的强碱，使用时须注意安全。

(4) 乙醚和石油醚(30~60℃)是易燃的低沸点溶剂，使用时务必保证实验室为无明火环境。

三、实验导读

化学概念：相转移催化；二氯卡宾；扁桃酸的合成；搅拌；萃取。

实验背景：扁桃酸又名苦杏仁酸、苯乙醇酸、α-羟基苯乙酸，为白色结晶性粉末。扁桃酸是有机合成的中间体和口服治疗尿路感染的药物，可以作为合成三甲基环己基扁桃酸酯(血管扩张剂)、扁桃酸乌洛托品(尿路消毒剂)、苯异妥因(抗抑郁剂)和扁桃酸苄酯(解痉剂)等药品的原料。

传统制备扁桃酸的方法有两种：一种是将苯乙酮氯化为 α,α-二氯苯乙酮[$C_6H_5COCHCl_2$]，再经稀碱水解得到；另一种是先将苯甲醛溶于氯仿，加入无水氢氰酸，得扁桃腈[$C_6H_5CH(OH)CN$]，再水解制得。上述两种方法步骤较多、操作不便。

用相转移催化(phase transfer catalysis, PTC)合成扁桃酸，由于产率较高、反应条件温和、操作比较简单，受到了人们的广泛重视。本实验采用相转移催化反应，以苯甲醛和氯仿为原料，在氢氧化钠存在下经一步反应得到产物。反应式如下：

可能的反应机理如下：首先反应产生的二氯卡宾与苯甲醛的羰基发生加成反应，加成物再经重排及水解生成扁桃酸。

$$CHCl_3 + NaOH \longrightarrow \ :CCl_2 + NaCl + H_2O$$

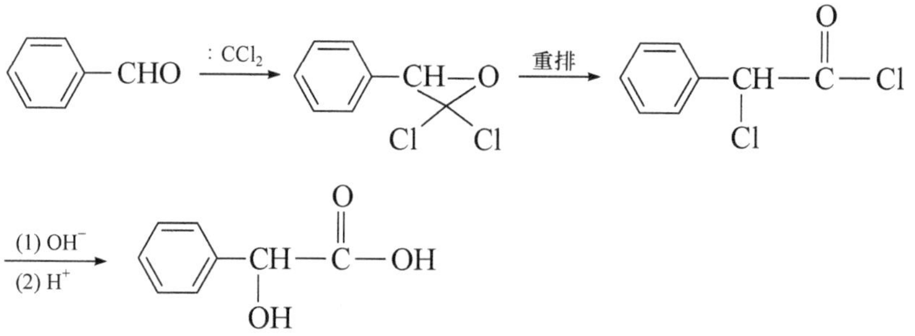

相转移催化反应过程可表示如下：

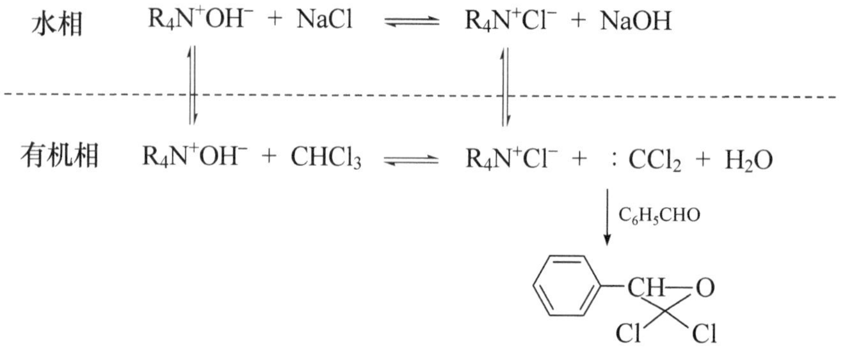

扁桃酸含有一个手性碳原子，用化学方法合成得到的是外消旋扁桃酸，用具有旋光性的碱(如麻黄碱)可将其拆分为右旋体和左旋体。

四、课前预习

(1) 预习实验基本操作中以下实验技术：搅拌、回流、萃取、洗涤、干燥及干燥剂的选用、蒸馏、重结晶。

(2) 相转移催化法有何特点？常用的相转移催化剂有哪些？

五、主要仪器与试剂

1. 仪器

搅拌器，回流冷凝管，三口烧瓶，直形冷凝管，温度计及温度计套管，蒸馏头，接引管，分液漏斗，锥形瓶，圆底烧瓶，布氏漏斗，漏斗，抽滤瓶，循环水真空泵。

2. 试剂

苯甲醛，氯仿，氢氧化钠，三乙基苄基氯化铵(TEBA)，乙醚，硫酸(50%)，无水硫酸钠，甲苯-无水乙醇(8:1，体积比)，石油醚(30~60℃)。

六、实验步骤

在装有搅拌器(注1)、回流冷凝管和温度计的 100 mL 三口烧瓶中加入 6.8 mL(67 mmol)苯甲醛、1.0 g(4.4 mmol)TEBA 和 12 mL(150 mmol)氯仿。开动机械搅拌，水浴加热，待温度上升至 50～60℃时，自冷凝管上口慢慢滴加配制的 50%氢氧化钠溶液(注 2)。滴加过程中控制反应温度为 60～65℃或稍高，但不宜超过 70℃，需 45～60 min 加完。滴加完毕后，保持此温度继续搅拌约 1 h。此时，可取反应液用试纸测其 pH，当反应液 pH 近中性时方可停止反应，否则需继续延长反应时间至反应液 pH 为中性。

将反应液用 140 mL 水稀释，再用乙醚 15 mL × 2 萃取两次(注 3)，将乙醚萃取液倒入指定容器中。此时水层为亮黄色透明状，用 50%硫酸酸化至 pH 为 1～2 后，再每次用 30 mL 乙醚萃取两次，合并酸化后的乙醚萃取液，用无水硫酸钠干燥。在水浴上蒸除乙醚，减压抽净残留的乙醚(注 4)(产物在醚中溶解度大)，得粗产品 6～7 g。

将粗产品用甲苯-无水乙醇(注 5)(8：1)进行重结晶(每克粗产品约需 3 mL)，热滤，母液在室温下放置使结晶慢慢析出。冷却后抽滤，并用少量石油醚(30～60℃)洗涤促使其快干。称量，计算产量、回收率和总产率。

注 1：可用磁力搅拌或电动搅拌，相转移催化反应是非均相反应，搅拌是必需的。

注 2：配制方法：用烧杯称取 13 g 氢氧化钠，然后量取 13 mL 水加入其中，搅拌至全溶。配制的氢氧化钠溶液呈黏稠状，腐蚀性极强，应小心操作。所用的滴液漏斗滴毕后要立即清洗干净，以防活塞被腐蚀而黏结。

注 3：除去反应液中未反应完的氯仿。

注 4：回收溶剂和重结晶均为无水操作，切忌将水蒸气和水带入相关的容器中。

注 5：可单独用甲苯重结晶(每克约需 1.5 mL)。

产品为白色结晶，产量 4～5 g，熔点 118～119℃。

扁桃酸的 IR 谱图见图 3-19。

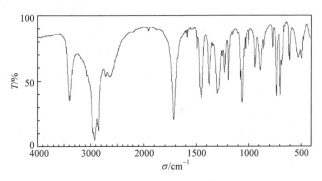

图 3-19　扁桃酸的 IR 谱图

七、安全与环保

1. 危险操作提示

实验过程中涉及氢氧化钠和三氯甲烷的使用、搅拌和加热，以及低沸点溶剂乙醚和石油醚的使用，戴好防护眼镜，注意实验安全!

2. 药品毒性及急救措施

(1) 氢氧化钠有强烈刺激和腐蚀性，若与皮肤接触，用 5%～10%硫酸镁溶液清洗；若与眼睛接触，立即提起眼睑，用 3%硼酸溶液冲洗。

(2) 三氯甲烷主要作用于中枢神经系统，具有麻醉作用，对心、肝、肾有损害。吸入或经皮肤吸收可引起急性中毒。液态三氯甲烷还可致皮炎、湿疹，甚至皮肤灼伤。如果皮肤或眼睛接触三氯甲烷，立即用大量流动水冲洗至少 15 min，然后就医。如不小心吸入，应迅速离开现场至空气新鲜处，保持呼吸通畅。

3. 实验清理

(1) 萃取后的水相废液回收到无机废液回收瓶中。
(2) 第一次乙醚萃取液回收到相应的非甲类(含卤素)回收瓶中。
(3) 蒸馏后收集的乙醚及重结晶的母液回收到相应的非甲类(不含卤素)回收瓶中。
(4) 溶剂挥发后的干燥剂回收到固体废物收集瓶中。
(5) 产品回收到产品回收瓶中。

八、课后思考题

(1) 该反应过程中为什么必须保持充分搅拌?
(2) 该反应为放热反应，为什么待反应加热到55℃才滴加氢氧化钠水溶液?
(3) 反应过程中为什么要控制反应温度，使反应液处于缓慢回流状态?
(4) 本实验中酸化前后两次用乙醚萃取的目的何在?
(5) 本实验可能的副反应有哪些? 操作上应如何避免?

九、拓展实验

扁桃酸为手性分子，有 R-(-)-扁桃酸和 S-(+)-扁桃酸两种构型。单一构型的扁桃酸是不对称合成反应中非常重要的手性中间体，广泛应用于光学纯的氨基酸、血管紧张肽转化酶抑制剂、辅酶 A 的不对称合成。与外消旋的扁桃酸(或扁桃酸衍生物)相比，单一构型的扁桃酸(或扁桃酸衍生物)合成的药物不仅药效提高一倍，更关键的是副作用下降，而且在许多生物技术方面应用必须要求是单一构型化合物。目前市场上对 R-构型或 S-构型扁桃酸单体的需求远远大于对其外消旋体的需求。因此，手性扁桃酸的制备越来越受到关注。

目前制备扁桃酸的旋光性单体大致有 3 种方法：不对称合成法、生物合成法和光学异构体拆分法。可以进行拆分拓展实验：先用化学方法合成得到外消旋扁桃酸，再用旋光性的碱(如麻黄碱)将其拆分为 R-型或 S-型扁桃酸单体。

实验 34　107 胶的制备

一、实验目的

(1) 熟练水浴加热、温度控制、机械搅拌等基本操作技术。
(2) 掌握 107 胶的制备方法，加深对缩聚反应的反应机理和反应过程的理解。
(3) 了解胶黏剂黏合性能的测定及简易黏度计的使用方法。

二、安全警示

(1) 实验必须佩戴防护眼镜和合适的手套，实验操作在通风橱中进行。
(2) 甲醛刺激鼻子、眼睛、喉咙、皮肤等，并具有强烈的致癌和促癌作用；浓盐酸和氢氧化钠具有腐蚀性，需谨慎使用，避免皮肤接触和吸入。

三、实验导读

化学概念：缩聚反应。

实验背景：黏合剂又称胶黏剂，分为有机与无机两大类，有广泛的用途和大量品种。它与人们的日常生活关系密切，如墙纸的黏合、地毯的黏合、玻璃和陶瓷的黏合等，为家庭生活提供了不少方便。黏合剂不但可以黏合性质相同的材料，也可以黏合性质不同的材料。与焊接、铆接和螺钉联结等相比，它不仅具有方便、快速、经济和节能的优点，而且黏合接头光滑、应力分布均匀、质量小、密封、防腐、绝缘。现在，黏合剂的发展更加迅速，在航天、原子能、农业、交通运输、木材加工、建筑、轻纺、机械、电子、化工、医疗和文教等方面都具有广泛应用。

聚乙烯醇缩甲醛(PVF)胶黏剂俗称 107 胶，是聚乙烯醇与甲醛在盐酸条件下进行缩合，再经 NaOH 调节 pH 而成的有机黏合剂，其用途相当广泛。自 107 胶工业化生产以来，最初作为图书工业、办公和民用胶水被利用。由于它具有很强的黏性，20 世纪 60 年代作为水泥改性高分子材料、涂料用成膜物质引入建筑行业，并逐渐得到广泛使用，曾被认为是建筑业中首屈一指的胶料，推动了我国合成高分子改性传统建筑材料和建筑用化学材料的发展。反应式如下：

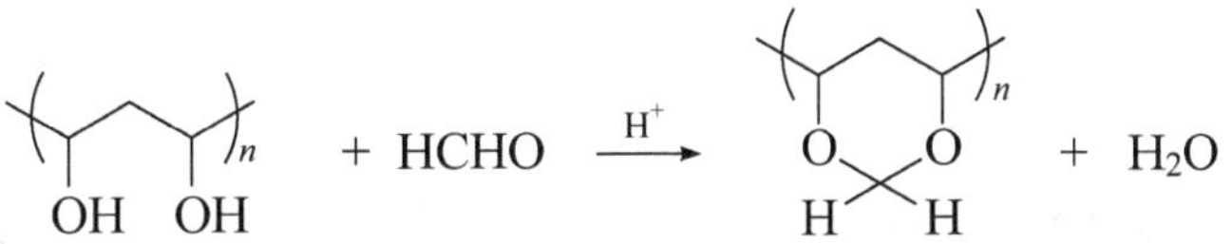

上述反应的进行必须有 H^+ 催化，甲醛与聚乙烯醇的缩合反应是分步进行的。首先形成半缩醛 **1**，且在 H^+ 存在下转化成正碳离子 **2**，然后与聚乙烯醇作用得缩醛 **3**。

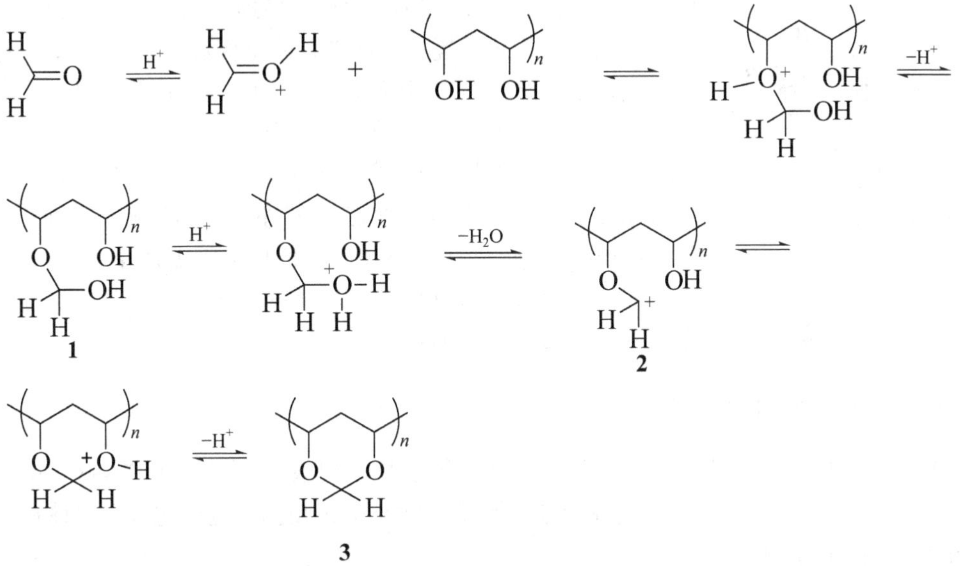

由上述反应可见，整个反应是可逆的，因此必须用稀碱洗去剩余的酸，否则将导致产物分解。

使用 NDJ-5 黏度计(涂-4 黏度计)测定制备的 107 胶的黏度。NDJ-5 黏度计测定的黏度是条件黏度，即为一定量的试样在一定温度下从规定孔径的孔中流出的时间，单位用秒(s)表示。用以下公式可将试样流出时间(s)换算成运动黏度值($mm^2 \cdot s^{-1}$)：

$$\gamma = (t - 6.0)/0.223 \qquad (30\ s \leqslant t \leqslant 100\ s)$$

式中，γ 为运动黏度($mm^2 \cdot s^{-1}$)；t 为流出时间(s)。

四、课前预习

(1) 预习实验基本操作中以下实验技术：水浴加热、机械搅拌及黏度计的使用。
(2) 试述缩醛反应的机理及催化剂作用。
(3) 最终产物处理时，为什么要把 pH 调到 7~8？试讨论缩醛对酸和碱的稳定性。

五、主要仪器与试剂

1. 仪器

水浴锅，三口烧瓶，回流冷凝管，滴液漏斗，温度计(360℃)，量筒，机械搅拌器，500 N 拉力试验机，白棉布，胶合板，涂-4 黏度计。

2. 试剂

盐酸，聚乙烯醇，甲醛，NaOH(10%)。

六、实验步骤

1. 聚乙烯醇缩甲醛胶黏剂的制备

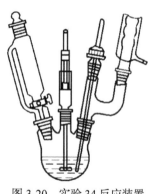

在 250 mL 三口烧瓶中加入 150 mL 蒸馏水和 12.5 g 聚乙烯醇，装上温度计、回流冷凝管和机械搅拌装置(图 3-20)，然后将其放在水浴中，开动搅拌，加热，使反应温度升至 90℃，并在保温和搅拌下使聚乙烯醇全部溶解(注 1)。向水浴中加入冷水，使反应液温度降至 80℃。量取适量盐酸(约 0.8 mL)，在搅拌下用滴液漏斗慢慢滴加至反应瓶中，调节反应液 pH 为 1.5~2，继续搅拌 15 min，并保持水浴温度在 80℃左右。然后慢慢滴加 5 mL 甲醛，在搅拌下继续反应 0.5 h。降低反应液温度至 40~50℃，用 10% NaOH 溶液调节反应液 pH 7~8，冷却后即得 107 胶，为微黄色或无色透明胶状液体。

图 3-20　实验 34 反应装置

2. 107 胶黏剂的黏合性能测试

根据《中华人民共和国建材行业标准 水溶性聚乙烯醇建筑胶粘剂》(JC/T 438—2019)，用白棉布、胶合板进行 107 胶黏剂的黏合性能测试，并与市售胶黏剂进行比较。具体操作方法可扫描下列二维码学习。

 水溶性聚乙烯醇建筑胶黏剂黏结强度的测定

3. 黏度的测定

按图 3-21 将洁净、干燥的涂-4 黏度计(注 2)置于固定架上，用水平调节螺丝调节涂-4 黏度计固定架，使其处于水平状态。关上黏度计下部流出孔开关阀，待胶水冷至室温，倒入涂-4 黏度计的样品杯至满后，用玻璃棒沿水平方向抹去多余部分。将承接杯置于黏度计下方，打开开关阀，同时按下秒表，测定并记录胶水由细流状转变为滴流状流出所需的时间。

注 1：整个反应过程中搅拌要充分均匀，使聚乙烯醇完全溶解。
注 2：涂-4 黏度用于测定黏度在 150 s 以下(以涂-4 黏度计为标准)的低黏度胶水。

七、数据记录及处理

记录 107 胶的黏度值和测定时的温度。

图 3-21　涂-4 黏度计

八、安全与环保

1. 危险操作提示

实验过程中涉及浓盐酸、氢氧化钠和甲醛的使用，戴好防护眼镜，注意实验安全！

2. 药品毒性及急救措施

(1) 甲醛是无色、具有强烈气味的刺激性气体。实验中注意勿吸入甲醛蒸气或与皮肤接触。若与皮肤接触，用大量流动清水冲洗，并就医。
(2) 浓盐酸和氢氧化钠具有腐蚀性，需谨慎使用，避免皮肤接触和吸入。

3. 实验清理

(1) 胶水回收到 107 胶回收桶中。
(2) 黏度计及时清理干净。
(3) 废弃的实验用防护手套回收到指定容器中。

九、课后思考题

(1) 缩醛化反应能否达到 100%？为什么？
(2) 为什么缩醛度增加，水溶性下降，当达到一定的缩醛度之后产物完全不溶于水？
(3) 为什么选择盐酸和氢氧化钠调节 pH？
(4) 影响本实验的主要因素有哪些？
(5) 如何防止不溶物产生或胶水不粘？
(6) 聚乙烯醇缩醛化反应除用来制备胶黏剂或涂料外，还可制备哪些材料？

十、拓展实验

本实验由聚乙烯醇和甲醛在水溶液中缩合制备聚乙烯醇缩甲醛。由于甲醛反应不完全，在 107 胶成品中仍然含有游离的甲醛。甲醛毒性较大，通过对聚乙烯醇和甲醛在水溶液中缩合机理的研究，乙二醛可以替代甲醛。乙二醛中有两个醛基，反应既可以发生聚乙烯醇的分子内缩合，又可以发生聚乙烯醇分子间缩合，从而提高胶黏剂的质量。具体实验过程如下：在三口烧瓶中加入 12.5 g 聚乙烯醇和 150 mL 蒸馏水，开动搅拌缓慢升温至 90~95℃，搅拌至固体全部溶解。降温至 80℃左右，然后滴加盐酸调节 pH，再慢慢滴加 5 g 乙二醛，滴加完毕继续保温反应 45 min。降温至 40~50℃，用氢氧化钠溶液调节反应液 pH 7~8，得到产物。

实验 35　聚乙烯醇水凝胶的制备

一、实验目的

(1) 熟练水浴加热、温度控制、机械搅拌等基本操作。
(2) 掌握聚乙烯醇凝胶的制备原理和方法，加深对缩聚反应的机理和反应过程的理解。
(3) 了解黏性测定以及日用化工产品的制备过程。

二、安全警示

(1) 实验必须佩戴防护眼镜和合适的手套，实验操作在通风橱中进行。
(2) 硼砂有一定的毒性。

三、实验导读

化学概念：缩聚反应；水凝胶。

实验背景：在适当条件下，一定浓度的高分子溶液或溶胶黏度逐渐增大，最后失去流动性，整个体系变成外观均匀并保持一定形态的弹性半固体，称为凝胶。

水凝胶(hydrogel)是以水为分散介质的凝胶。在具有网状交联结构的水溶性高分子中引入一部分疏水基团和亲水基团，亲水基团与水分子结合，将水分子连接在网状内部，而疏水基团遇水膨胀。水凝胶是一种高分子网络体系，性质柔软，能保持一定的形状，能吸收大量的水。

本实验利用聚乙烯醇羟基与硼酸羟基交联脱水缩聚形成网状结构，吸收水分，从而形成水凝胶。反应式如下：

$$B_4O_7^{2-} + 7H_2O \rightleftharpoons 4H_3BO_3 + 2OH^-$$

$$H_3BO_3 + 2H_2O \rightleftharpoons B(OH)_4^- + H_3O^+$$

聚乙烯醇(polyvinyl alcohol, PVA)是为数不多的已工业化生产、可从天然气制备的水溶性高分子聚合物，其性能介于橡胶和塑料之间。聚乙烯醇结构具有多羟基和强氢键的特性，使其具有良好的黏结力和乳化性、卓越的耐油脂和耐溶剂性能、优良的成膜性和力学性能；由其制备的聚乙烯醇膜还具有优良的阻氧性、透明性、抗静电性、印刷性和耐磨性能。聚乙烯醇水凝胶具有毒性低、力学性能较好、吸水量高和生物相容性好等优点，广泛应用于农林、医药、日用化工、环保等领域。

四、课前预习

(1) 预习实验基本操作中以下实验技术：水浴加热、机械搅拌及黏度计的使用。
(2) 水凝胶的制备方法。

五、主要仪器与试剂

1. 仪器

水浴锅，三口烧瓶，回流冷凝管，温度计(360℃)，量筒，机械搅拌器，烧杯，涂-4 黏度计。

2. 试剂

聚乙烯醇，硼砂，荧光素乙醇溶液，曙红 Y(eosin Y)乙醇溶液。

六、实验步骤

1. 聚乙烯醇的溶解

在 250 mL 三口瓶中加入 12.5 g 聚乙烯醇和 150 mL 水，将三口烧瓶置于恒温水浴中，依次安装机械搅拌(注 1)、温度计和回流冷凝管(图 3-22)，开动搅拌(注 2)。加热，使反应液温度升温至 90℃，并在保温和搅拌下使聚乙烯醇完全溶解(与 107 胶制备步骤相同)。

此时，停止搅拌和加热，拆除装置，将三口烧瓶中的溶液转移到 500 mL 烧杯中，冷却至 30℃以下。用涂-4 黏度计测试其水溶液的黏度(注 3)。

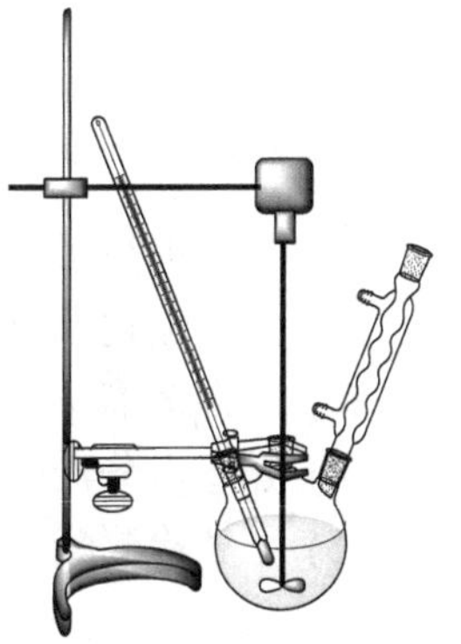

2. 水凝胶的制备

测试黏度后将聚乙烯醇水溶液回收到烧杯中，加入约 1 mL 荧光素乙醇溶液或曙红 Y 乙醇溶液搅拌均匀。称取 3 g 四硼酸钠(硼砂)，倒入 100 mL 烧杯中，加入 75 mL 水，在水浴中加热搅拌溶解(或直接加入 80℃热水搅拌溶解)。将硼砂水溶液倒入聚乙烯醇溶液中，边倒边迅速用搅拌棒搅拌(注 4)，形成荧光水凝胶(此时若有过量水剩余，可以将水倒出，测量水的体积)。

图 3-22　实验 35 反应装置

将凝胶倒入模具中制作相应形状的凝胶模型，并观察其在日光和紫外灯 365 nm 紫外光下的不同，拍照记录。将凝胶转移到封口袋中保存(保湿)。

注 1：机械搅拌装置须端正、牢固、松紧适度，搅拌顺畅均匀。
注 2：搅拌杆要旋紧，搅拌杆高度要适当(使下端的叶片顺瓶底打开，但以不碰到烧瓶底部为宜)，装置须正直、牢固、松紧适度，热源高度可调，搅拌顺畅均匀。温度计浸入液面下，但不能碰到转动的叶片。
注 3：测定黏度时将流量杯和承接杯清洗干净。
注 4：两种溶液混合时，搅拌尽量均匀，以免有过多气泡。

七、数据记录及处理

计算 PVA 水溶液的黏度值，测定时记录温度和水凝胶形成后的残余水体积。

八、安全与环保

1. 危险操作提示

实验过程涉及机械搅拌，戴好防护眼镜，注意实验安全！

2. 药品毒性及急救措施

硼砂有毒性，实验中注意勿与皮肤伤口接触。若皮肤沾有硼砂，用水清洗，以防误食。

3. 实验清理

(1) 凝胶回收到固体废物桶中。
(2) 黏度计及时清理干净。

九、课后思考题

(1) 影响本实验的主要因素有哪些？
(2) 聚乙烯醇水凝胶有哪些用途？

实验 36　羧酸酯类的合成

一、实验目的

(1) 掌握提高可逆反应产率的原理和方法。
(2) 学习酯化反应的原理和实验方法。
(3) 掌握蒸馏、回流、干燥、液态样品折光率测定等技术。
(4) 熟悉水分器的使用方法及减压蒸馏操作技术。
(5) 了解检测酯类样品纯度的方法。

二、安全警示

酯类合成中乙酸乙酯的制备、乙酸正丁酯的制备、乙酸异戊酯的制备等实验使用的冰醋酸虽为弱酸，但具有腐蚀性，其蒸气对眼和鼻有刺激作用；浓硫酸具有腐蚀性。苯甲酸乙酯的制备实验使用的苯易燃、毒性高；乙醚易燃、易挥发。以上危险药品需谨慎使用，避免皮肤接触和吸入。

三、实验导读

化学概念：酯化反应；可逆反应；减压蒸馏；折光率。
实验背景：羧酸酯在工业和商业上有着广泛的用途，其可由羧酸和醇在催化剂存在下直接酯化制备，或者采用酰氯、酸酐和腈的醇解。有时也可利用羧酸盐与卤代烷或硫酸酯的反应制备。
羧酸与醇或酚在无机或有机强酸催化下发生反应生成酯和水，这个过程称为酯化反应。常用的催化剂有浓硫酸、氯化氢和对甲苯磺酸等。酸的作用是使羰基质子化，从而提高羰基的反应活性。

$$RCOOH + R'OH \underset{}{\overset{H^+}{\rightleftharpoons}} RCOOR' + H_2O$$

该反应是一个可逆反应。在酯化反应中，为了使反应向有利于生成酯的方向移动，通常采用过量的羧酸或醇，或者除去反应中生成的酯或水，或者二者同时采用。

根据质量作用定律，酯化反应平衡混合物的组成可表示为

$$K_E = \frac{[酯][水]}{[酸][醇]}$$

对于乙酸和乙醇作用生成乙酸乙酯的反应，平衡常数 K_E 约为 4，即用等物质的量的原料进行反应，达到平衡后只有 2/3 的羧酸和醇转变为酯。为了得到较高产率的酯，通常使用过量的酸或醇，促进平衡向产物方向移动。至于采用何种原料过量，取决于原料的易得和价廉程度。另外，也可以采用将反应中生成的酯或水及时从体系中除去的方法来促使反应趋于完成。

在实验室制备中，多采用除去产生的水的方法来提高酯的产率。但是，在某些酯化反应中，醇、酯和水之间可以形成二元或三元最低恒沸物，也可以在反应体系中加入能与水、醇形成恒沸物的第三组分，如三氯乙烯、四氯化碳等，以除去反应中不断生成的水。例如，乙酸乙酯制备过程中将产生乙酸乙酯-水(91.9：8.1，体积比，下同)和乙酸乙酯-乙醇-水(82.6：8.4：9.0)两种共沸物，其沸点分别为 70.4℃ 和 70.2℃，比原料的沸点低很多，因而容易被蒸馏出来与原料分离。将蒸出的粗馏液用干燥剂去除共沸物中的水分，再精馏便可得到纯的酯化产品，该方法称为共沸酯化。

酯化反应的速率受羧酸和醇结构的影响，特别是空间位阻效应。随着羧酸 α 及 β 位取代基数目的增多，反应速率可能变得很慢甚至完全不反应。对于位阻大的羧酸，最好先转化为酰氯再与醇反应，或者在叔胺的催化下利用羧酸盐和卤代烷反应。

实验 36-1　乙酸乙酯的制备

本实验用乙酸与乙醇在少量浓硫酸催化下反应生成乙酸乙酯：

$$CH_3COOH + C_2H_5OH \underset{120\sim150℃}{\overset{H_2SO_4}{\rightleftharpoons}} CH_3COOC_2H_5 + H_2O$$

副反应：

$$2C_2H_5OH \underset{140℃}{\overset{H_2SO_4}{\rightleftharpoons}} C_2H_5OC_2H_5 + H_2O$$

四、课前预习

预习实验基本操作中以下实验技术：分液漏斗的使用、液体化合物的干燥及干燥剂的选择、折光率。

五、主要仪器与试剂

1. 仪器

三口烧瓶，滴液漏斗，蒸馏弯头，温度计，直形冷凝管，分液漏斗，锥形瓶，梨形瓶，蒸馏头，阿贝折光仪。

2. 试剂

无水乙醇，浓硫酸，冰醋酸，Na_2CO_3(饱和溶液)，NaCl(饱和溶液)，$CaCl_2$(饱和溶液)，无

水硫酸镁。

六、实验步骤

在 100 mL 三口烧瓶中加入 5 mL(0.086 mol)无水乙醇，然后边摇动边缓慢滴加 5 mL 浓硫酸，再加入几粒沸石。在滴液漏斗中加入 20 mL(0.34 mol)无水乙醇和 14.3 mL(0.25 mol)冰醋酸的混合液。三口烧瓶的三个口上分别安装温度计(水银球插入液面以下)、滴液漏斗(末端应浸入液面下且距瓶底 0.5～1 cm)、连接蒸馏装置的蒸馏弯管。

先向三口烧瓶中滴加 1.5～2 mL 滴液漏斗中的混合液，再加热反应瓶，至瓶内液体温度为 120℃左右时(注 1)，将滴液漏斗中剩余的混合液慢慢地滴入反应瓶中，控制滴加速度，使滴加速度与馏出速度大致相等(注 2)。滴加时间约需 60 min，维持瓶内温度为 120～125℃。滴加完毕，继续加热反应瓶 10 min 左右，至不再有液体馏出。

将 Na_2CO_3 饱和溶液缓慢地加入馏出液中，至无 CO_2 放出。把混合液倒入分液漏斗中，用等体积 NaCl 饱和溶液洗涤，再用等体积 $CaCl_2$ 饱和溶液洗涤两次。从分液漏斗上口将酯层倒入干燥的锥形瓶中，加无水硫酸镁干燥(注 3)。将干燥好的酯层转入 25 mL 梨形瓶中蒸馏，收集 74～80℃的馏分。用阿贝折光仪测定其折光率。

纯乙酸乙酯的沸点 77.2℃，n_D^{20} 为 1.3720。

产品的纯度可分别用气相色谱仪进行检测，GC9790 系列气相色谱仪分析条件如下：

FID 检测器的气相色谱分析条件：毛细管柱：SE-45，30 m × 0.32 mm × 0.33 m；程序升温：40℃保留 1 min，以 40℃·min^{-1} 升温 120℃保留 5 min，FID：160℃，气化温度：200℃。

TCD 检测器的气相色谱分析条件：色谱柱：chromsorb-102，80～100 目，2 m × 3 mm；载气：氢气；桥电流 110 mA；程序升温：120℃保留 2 min，以 5℃·min^{-1} 升温 160℃保留 1 min，TCD：180℃，气化温度：250℃。

注 1：反应的温度太高会增加副产物乙醚的生成量，温度太低反应速率和产率都会降低。在加热过程中可能会局部炭化。因此，要严格控制反应温度。

注 2：滴加速度要严格控制，速度太快，反应温度会迅速下降，同时乙醇和乙酸来不及发生反应而被蒸出，影响产量。

注 3：由于水和乙醇、乙酸乙酯形成二元或三元共沸物(表 3-31)，故在未干燥前溶液清亮透明。因此，不要以产品是否透明作为判断是否干燥好的标准，应以干燥剂加入后吸水情况而定。若水洗不净或干燥不够会使沸点降低，影响产率。

表 3-31　几种恒沸混合物的沸点及组成

恒沸混合物		沸点/℃	组成(质量分数)/%		
			乙酸乙酯	乙醇	水
二元	乙酸乙酯-乙醇	71.8	69	31	—
	乙酸乙酯-水	70.4	91.9	—	8.1
三元	乙酸乙酯-乙醇-水	70.2	82.6	8.4	9

七、安全与环保

1. 药品毒性及急救措施

(1) 冰醋酸具有腐蚀性，其蒸气对眼和鼻有刺激性作用，能导致皮肤烧伤，眼睛永久失明以及黏膜发炎。处理冰醋酸时应戴上特制的手套，如丁腈橡胶手套。若与皮肤接触，先用水冲洗，再用肥皂彻底洗涤。若与眼睛接触，用水冲洗。

(2) 浓硫酸具有强腐蚀性，量取浓硫酸时应戴手套做好防护措施。若与皮肤接触，先用抹布或吸水纸擦去，再用大量水冲洗。

2. 实验清理

(1) 反应残留液、产品分别回收到相应的甲类(不含卤素)回收瓶中。
(2) 洗涤产生的水相废液等回收到相应的无机废液回收瓶中。
(3) 废弃的实验用防护手套和溶剂挥发后的干燥剂分别回收到指定容器中。

八、课后思考题

(1) 本实验是否可以采用乙酸过量？为什么？
(2) 粗乙酸乙酯中含有哪些杂质？
(3) 能否用浓 NaOH 溶液代替 Na_2CO_3 饱和溶液洗涤？为什么 Na_2CO_3 一定要洗去？若不洗会带来什么影响？
(4) 如果 Na_2CO_3 饱和溶液加入过量，是否会对实验结果产生影响？
(5) 用 $CaCl_2$ 饱和溶液洗涤能除去什么？为什么要用 NaCl 饱和溶液洗涤？是否能用水代替？

九、拓展实验

本实验采用滴液漏斗滴加冰醋酸和部分乙醇进行实验，是否可以采用一锅法进行合成乙酸乙酯的实验？设计实验，并将两种实验方法得到的结果进行比较。

实验 36-2　乙酸正丁酯的制备

本实验用正丁醇与冰醋酸在少量浓硫酸催化下反应生成乙酸正丁酯：

$$CH_3COOH + n\text{-}C_4H_9OH \underset{}{\overset{H_2SO_4}{\rightleftharpoons}} CH_3COOC_4H_9\text{-}n + H_2O$$

四、课前预习

(1) 预习实验基本操作中以下实验技术：分水器的使用、液体化合物的干燥及干燥剂的选用、折光率。
(2) 写出正丁醇、乙酸正丁酯与水形成的二元和三元共沸物的组成及沸点。
(3) 比较乙酸乙酯与乙酸正丁酯的合成装置及浓硫酸用量的区别。

五、主要仪器与试剂

1. 仪器

圆底烧瓶，分水器，球形冷凝管，温度计，直形冷凝管，分液漏斗，锥形瓶，梨形瓶，蒸馏头，阿贝折光仪。

2. 试剂

冰醋酸，正丁醇，浓硫酸，Na_2CO_3(10%)，无水硫酸镁。

六、实验步骤

在 50 mL 干燥的圆底烧瓶中加入 11.5 mL(0.125 mol)正丁醇和 7.2 mL(0.125 mol)冰醋酸,再加入 3～4 滴浓硫酸(注 1),混合均匀,投入沸石。

安装分水器及回流冷凝管,并在分水器中预先加水至略低于支管口,加热回流,反应一段时间把水逐渐分去。保持分水器中水在原来高度,约 40 min 后不再有水生成,表示反应完毕,停止加热,记录出水量。

冷却后卸下回流冷凝管,分水器中加水将油层排入反应瓶中(注 2、注 3)。将反应瓶中的液体倒入分液漏斗中,用 10 mL 水洗涤,分去水层,酯层用 10 mL 10% Na₂CO₃ 洗涤,检验是否仍有酸性(若仍有酸性,继续用 10% Na₂CO₃ 洗涤至微碱性),分去水层,将酯层用 10 mL 水洗涤至中性。酯层倒入小锥形瓶中,加少量无水硫酸镁干燥。

将干燥后的乙酸正丁酯倒入干燥的 25 mL 梨形瓶中,加入沸石,加热蒸馏,收集 124～125℃的馏分,用阿贝折光仪测定其折光率。

注 1:浓硫酸在反应中起催化作用,故只需少量。

注 2:本实验利用恒沸混合物除去酯化反应中生成的水。含水的恒沸混合物(表 3-32)冷凝为液体时分为两层,上层为含水量少的酯和醇,下层主要是水。

表 3-32　几种恒沸混合物的沸点及组成

恒沸混合物		沸点/℃	组成(质量分数)/%		
			正丁醇	乙酸正丁酯	水
二元	正丁醇-水	93.0	55.5	—	44.5
	乙酸正丁酯-水	90.7	—	72.9	27.1
	正丁醇-乙酸正丁酯	117.6	67.2	32.8	—
三元	正丁醇-乙酸正丁酯-水	90.7	8.0	63.0	29.0

注 3:根据分出的总水量(注意扣去预先加到分水器中的水量),可以粗略地估计酯化反应完成的程度。

纯乙酸正丁酯的沸点 126.1℃,n_D^{20} 为 1.394,其 IR 谱图和 ¹H NMR 谱图分别见图 3-23 和图 3-24。

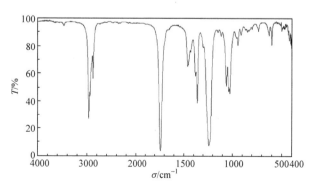

图 3-23　乙酸正丁酯的 IR 谱图

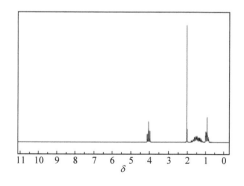

图 3-24　乙酸正丁酯的 ¹H NMR 谱图

七、安全与环保

1. 药品毒性及急救措施

正丁醇会刺激呼吸系统和皮肤，对眼睛有严重伤害，其蒸气可能引起困倦和眩晕。若与皮肤或眼睛接触，用大量流动清水冲洗，并就医。

2. 实验清理

(1) 反应残留液、产品分别回收到相应的非甲类(不含卤素)回收瓶中。
(2) 分水器中的水和洗涤产生的水相废液等回收到相应的无机废液回收瓶中。
(3) 废弃的实验用防护手套和溶剂挥发后的干燥剂分别回收到指定容器中。

八、课后思考题

(1) 本实验中浓硫酸是否可以多加？试说明原因。
(2) 本实验用什么方法提高转化率？
(3) 为什么洗涤粗产品时不用 NaOH 溶液？
(4) 能否选用 $CaCl_2$ 为干燥剂？为什么？

九、拓展实验

产品的纯度可分别用气相色谱仪进行检测。
FID 检测器的气相色谱分析条件: 毛细管柱: SE-45, 30 m × 0.32 mm × 0.33 m; FID: 160℃, 柱温: 120℃, 气化温度: 200℃。

实验 36-3　乙酸异戊酯的制备

本实验用乙酸和异戊醇酯化制备乙酸异戊酯：

$$CH_3COOH + (CH_3)_2CHCH_2CH_2OH \overset{H^+}{\rightleftharpoons} CH_3COOCH_2CH_2CH(CH_3)_2 + H_2O$$

　扫一扫　实验 36-3　乙酸异戊酯的制备

实验 36-4　苯甲酸乙酯的制备

本实验用苯甲酸和乙醇酯化制备苯甲酸乙酯：

$$C_6H_5COOH + C_2H_5OH \overset{H_2SO_4}{\rightleftharpoons} C_6H_5COOC_2H_5 + H_2O$$

　扫一扫　实验 36-4　苯甲酸乙酯的制备

实验 36-5　邻苯二甲酸二丁酯的制备

本实验用邻苯二甲酸酐(简称苯酐)和正丁醇在无机酸催化下制备邻苯二甲酸二丁酯。反应经历两个阶段。首先苯酐发生醇解生成邻苯二甲酸单丁酯，由于酸酐的反应活性较高，醇解反应十分迅速，当苯酐固体溶于丁醇中受热全部溶解后，醇解完成。新生成的单酯在无机酸的催化下发生酯化反应生成二酯。在酯化反应阶段，需要升高反应温度，延长反应时间，并通过共沸蒸馏除去生成的水，促进反应向生成二酯的方向移动，提高酯的产量。

$$\text{苯酐} + n\text{-}C_4H_9OH \longrightarrow \begin{array}{c} \text{COOC}_4H_9\text{-}n \\ \text{COOH} \end{array}$$

$$\begin{array}{c} \text{COOC}_4H_9\text{-}n \\ \text{COOH} \end{array} + n\text{-}C_4H_9OH \longrightarrow \begin{array}{c} \text{COOC}_4H_9\text{-}n \\ \text{COOC}_4H_9\text{-}n \end{array}$$

扫一扫　实验 36-5　邻苯二甲酸二丁酯的制备

实验 37　解热镇痛药乙酰苯胺的制备

一、实验目的

(1) 掌握由不同原料合成乙酰苯胺的方法。
(2) 掌握固体样品重结晶的方法。
(3) 学习分馏柱的使用原理和方法。

二、安全警示

苯胺是有毒物质，应避免触及皮肤。

三、实验导读

化学概念：芳胺的酰化反应；重结晶；分馏。

实验背景：乙酰苯胺是重要的医药、化工原料，也是一种温和的解热镇痛药，可以通过苯胺的乙酰化制备。

芳胺乙酰化试剂通常为酰氯、酸酐或冰醋酸。酰氯酰化法反应剧烈，并且反应放出的 HCl 使部分胺变成胺的盐酸盐，难以参与亲核取代反应，使得产率降低，成本增加。冰醋酸作为酰化试剂较经济，但需要长时间加热，适合规模较大的制备。酸酐作为酰化试剂比酰氯好，实验室合成乙酰苯胺时一般采用乙酸酐作为酰化试剂。乙酸酐的水解速率较慢，可使乙酰化反应在水溶液中进行。用这一方法反应容易控制，产物的纯度高，产率也高。但此法不适用于钝化的胺(弱碱)，如邻或对硝基苯胺。

乙酰苯胺以固体形式沉淀析出后重结晶。酰基化后的胺不易被氧化，在芳香族取代反应中较不活泼，而且不易参与游离胺的许多典型反应。乙酰苯胺通过在酸或碱中的水解作用，氨基很容易再生。因此，乙酰化反应常用于保护伯胺或仲胺官能团。

本实验分别以冰醋酸和乙酸酐作为乙酰化试剂，采用两种方法合成乙酰苯胺，并用重结晶方法进行纯化。反应式如下：

冰醋酸法：

$$CH_3COOH + \langle \bigcirc \rangle-NH_2 \rightleftharpoons \left[\langle \bigcirc \rangle-NH_2 \cdot HO-\overset{\overset{O}{\|}}{C}-CH_3 \right]$$

$$\rightleftharpoons \langle \bigcirc \rangle-NHCOCH_3 + H_2O$$

乙酸酐法：

$$\langle \bigcirc \rangle\text{-}NH_2 + H_3C\text{-}C(=O)\text{-}O\text{-}C(=O)\text{-}CH_3 \longrightarrow \langle \bigcirc \rangle\text{-}NHCOCH_3 + CH_3COOH$$

四、课前预习

预习实验基本操作中以下实验技术：分馏柱的分离原理、重结晶。

实验 37-1　冰醋酸法

五、主要仪器与试剂

1. 仪器

圆底烧瓶，刺形分馏柱，蒸馏头，温度计，直形冷凝管，接引管，烧杯，布氏漏斗，抽滤瓶。

2. 试剂

苯胺(新蒸)，冰醋酸，活性炭。

六、实验步骤

合成：搭好分馏装置(可不用冷凝管，接收瓶外部用冷水浴冷却)，在 50 mL 圆底烧瓶中加入 5 mL(0.055 mol)新蒸苯胺(注 1)、7.4 mL(0.13 mol)冰醋酸和数粒沸石，小火加热 10 min，然后控制加热速度，使温度计读数在 105℃左右反应 40～60 min，反应生成的水及过量冰醋酸被蒸出，温度计读数下降明显，反应即达终点，停止加热。

　　在不断搅拌下(注 2)把反应混合物趁热以细流状慢慢倒入盛有 100 mL 冷水的烧杯中，继续搅拌并使其冷却，使粗乙酰苯胺呈细粒状完全析出，用布氏漏斗抽滤析出固体，压碎，用 5～10 mL 冷水洗涤以除去残留酸液，晾干。

　　重结晶纯化(水为重结晶溶剂)：参考乙酰苯胺 80℃ 下在水中的溶解度，将粗产品配成饱和溶液，再多加 20%～30% 体积的水。稍冷后，加入活性炭并煮沸 5 min 脱色(注 3)，趁热用保温漏斗过滤，冷却滤液，乙酰苯胺呈无色片状晶体析出，减压过滤，尽量挤压除去晶体中的水分，产品放在表面皿上晾干后，测其熔点。

　　纯净的乙酰苯胺为白色晶体，熔点 114.3℃。

　　注 1：久置的苯胺颜色深、有杂质，会影响产品质量，故最好用新蒸的苯胺。

　　注 2：反应物冷却后，固体产物析出。为防止形成块状物将未反应的原料包裹，须趁热在搅动下倒入冷水中，以除去过量的乙酸及未反应的苯胺(也可解释为苯胺乙酸盐溶于水)。

　　注 3：切不可将活性炭加到沸腾或过热的溶液中，否则反应液会发生暴沸而冲出容器。加入活性炭的量由被提纯物的颜色深浅而定，一般加入被提纯物质量的 2%～5% 为宜。

实验 37-2　乙酸酐法

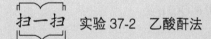　扫一扫　实验 37-2　乙酸酐法

七、安全与环保

　　1. 毒性及急救措施

　　(1) 冰醋酸具有腐蚀性，其蒸气对眼和鼻有刺激性作用，能导致皮肤烧伤，眼睛永久失明以及黏膜发炎。处理冰醋酸时应戴上特制的手套，如丁腈橡胶手套。若与皮肤接触，先用水冲洗，再用肥皂彻底洗涤。若与眼睛接触，用水冲洗。

　　(2) 苯胺有毒，眼睛接触会引起结膜炎或角膜炎，皮肤接触可引起皮炎。若与皮肤或眼睛接触，立即脱去污染的衣物或提起眼睑，用清水彻底冲洗，并就医。

　　2. 实验清理

　　(1) 混合溶剂重结晶产生的废液回收到甲类(不含卤素)回收瓶中。
　　(2) 水做溶剂重结晶产生的废液回收到无机废液回收瓶中。
　　(3) 产品乙酰苯胺回收到产品回收瓶中。
　　(4) 废弃的实验用防护手套、使用后的滤纸和活性炭分别回收到指定容器中。

八、课后思考题

　　(1) 实验 37-1 中，反应时为什么要控制分馏柱上端的温度？温度过高有什么影响？
　　(2) 实验 37-1 中，根据理论计算，反应完成时应产生几毫升水？为什么实际收集的液体远多于理论量？

(3) 实验 37-2 中，有人合成得到的粗乙酰苯胺产量超过理论量，原因是什么？

(4) 重结晶热滤时，若滤纸上析出大量固体物质，原因是什么？该如何处理？

(5) 制备乙酰苯胺时，有的实验方案合成中会加入锌粉，加入锌粉的目的是什么？

九、拓展实验

乙酰苯胺粗产品重结晶也可以在混合溶剂中进行。试采用乙醇：水=1：3(体积比)的混合溶剂重结晶，使乙酰苯胺粗产品在回流状态下刚好溶解，再按所加溶剂体积 20%～30%的量补加乙醇-水混合溶剂。稍冷后，加入活性炭脱色、热滤、结晶，冷至室温后减压过滤，晾干或真空干燥后测熔点。比较用水和混合溶剂作为重结晶溶剂时操作和结果的不同。

实验 38　甲基橙的合成

一、实验目的

(1) 了解重氮化反应原理和染料合成的基本方法。

(2) 掌握重氮化反应及偶联反应合成甲基橙的方法。

(3) 掌握低温反应操作。

二、安全警示

(1) 实验须佩戴防护眼镜和合适的手套，实验操作在通风橱中进行。

(2) 对氨基苯磺酸会刺激眼睛和皮肤，需谨慎使用，避免皮肤接触和吸入；亚硝酸钠有毒；N, N-二甲苯胺吸入、口服或与皮肤接触有毒；浓盐酸、氢氧化钠和冰醋酸具有腐蚀性；乙醚极易挥发，易燃，易爆，有麻醉作用。以上药品需谨慎使用，避免皮肤接触和吸入。

三、实验导读

化学概念：偶氮化合物的制备：重氮化反应和偶联反应。

实验背景：两个烃基分别连接在—N═N—基团两端的化合物称为偶氮化合物，通式为 R—N═N—R′。偶氮化合物具有顺反异构体，反式比顺式稳定。两种异构体在光照或加热条件下可相互转换。偶氮基能吸收一定波长的可见光，是生色团。偶氮染料是品种最多、应用最广的一类合成染料，可用于纤维、纸张、墨水、皮革、塑料、彩色照相材料和食品着色。有些偶氮化合物可用作分析化学中的酸碱指示剂和金属指示剂。有些偶氮化合物加热时容易分解，释放出氮气，并产生自由基，如偶氮二异丁腈(AIBN)等，故可用作聚合反应的引发剂。偶氮化合物主要通过重氮盐的偶联反应制得。

重氮化反应：芳香族伯胺和亚硝酸(在强酸介质下)作用生成重氮盐的反应为重氮化反应(一般在低温下进行)。芳香族伯胺常称为重氮组分，亚硝酸为重氮化剂。因为亚硝酸不稳定，通常使用亚硝酸钠和盐酸或硫酸使反应生成的亚硝酸立即与芳香族伯胺反应，避免亚硝酸分解，重氮化反应后生成重氮盐。

偶联(合)反应：重氮盐在弱酸、中性或碱溶液中与芳胺或酚类作用，偶氮基(—N═N—)将两个分子偶联起来生成偶氮化合物的反应称为偶联反应。

重氮盐与芳胺偶联时，在强碱性介质中，重氮盐易变成重氮酸盐，而在强酸性介质中，游离芳胺则容易转为铵盐。只有溶液的 pH 在某一范围内使两种反应物都有足够的浓度时，才能有效地发生偶联反应。胺的偶联反应通常在中性或弱酸性(pH 4～7)介质中进行。酚类的偶联反应在弱碱性介质中进行。

甲基橙是一种指示剂，由对氨基苯磺酸重氮盐与 *N*, *N*-二甲基苯胺乙酸盐在弱酸性介质中偶合得到。本实验主要应用芳香族伯胺的重氮化反应及重氮盐的偶联反应，碱中和、重结晶制备甲基橙。

甲基橙合成的反应式如下：

$$H_2N-\!\!\!\bigcirc\!\!\!-SO_3H + NaOH \longrightarrow H_2N-\!\!\!\bigcirc\!\!\!-SO_3Na + H_2O$$

$$H_2N-\!\!\!\bigcirc\!\!\!-SO_3Na \xrightarrow[\text{HCl}]{\text{NaNO}_2} \left[NaO_3S-\!\!\!\bigcirc\!\!\!-\overset{+}{N}\!\!=\!\!N\right]Cl^- \xrightarrow[\text{HOAc}]{C_6H_5N(CH_3)_2}$$

$$\left[NaO_3S-\!\!\!\bigcirc\!\!\!-N\!\!=\!\!N-\!\!\!\bigcirc\!\!\!-\overset{\overset{CH_3}{|}}{\underset{\underset{H}{|}}{\overset{+}{N}}}\!\!-CH_3\right]^-OAc \xrightarrow{\text{NaOH}}$$

$$NaO_3S-\!\!\!\bigcirc\!\!\!-N\!\!=\!\!N-\!\!\!\bigcirc\!\!\!-N\overset{CH_3}{\underset{CH_3}{<}} + NaOAc + H_2O$$

四、课前预习

(1) 预习实验基本操作中以下实验技术：重氮化反应的原理、低温反应操作、过滤、洗涤、重结晶。

(2) 什么是重氮化反应和偶联反应？它们需在什么条件下进行？

五、主要仪器与试剂

1. 仪器

机械搅拌器(或磁力搅拌器)，冰浴，三口烧瓶，圆底烧瓶，水浴，烧杯，电热套。

2. 试剂

对氨基苯磺酸晶体，亚硝酸钠，*N*, *N*-二甲基苯胺，浓盐酸，乙醇，乙醚，冰醋酸，氢氧化钠，淀粉-碘化钾试纸。

六、实验步骤

1. 重氮盐的合成

在 100 mL 三口烧瓶中加入 10 mL 5% NaOH 溶液及 2.1 g(0.01 mol)对氨基苯磺酸晶体(注1)，温热使其溶解。另将 0.8 g(0.11 mol)亚硝酸钠溶于 6 mL 水中，加入上述三口烧瓶中，用冰盐浴冷至 0～5℃。在不断搅拌下，将 3 mL 浓盐酸与 10 mL 水配成的溶液缓缓滴加至上述混合溶液中，并控制温度在 5℃以下(注2)。滴加完后用淀粉-碘化钾试纸检验(注3)。然后在冰盐浴中放置 15 min 以保证反应完全。

2. 偶联

在 50 mL 圆底烧瓶中混合 1.2 g(约 1.3 mL, 0.01 mol)*N*, *N*-二甲基苯胺和 1 mL 冰醋酸, 在不断搅拌下慢慢加到上述冷却的重氮盐溶液中。加完后, 继续搅拌 10 min, 然后慢慢加入 25 mL 5% NaOH 溶液, 直至反应物变为橙色。这时反应液呈碱性, 粗制的甲基橙呈细粒状沉淀析出(注 4)。将反应物在沸水浴上加热 5 min, 冷至室温后, 再在冰水浴中冷却, 使甲基橙晶体析出完全。抽滤收集结晶, 依次用少量水、乙醇、乙醚洗涤, 压干。

若要得到较纯产品, 可用溶有少量 NaOH(0.1~0.2 g)的沸水(每克粗产品约需 25 mL)进行重结晶。待结晶析出完全后, 抽滤收集, 沉淀依次用少量乙醇、乙醚洗涤(注 5), 得到橙色的小叶片状甲基橙结晶, 产量约 2.5 g。

注 1: 对氨基苯磺酸为两性化合物, 酸性强于碱性, 以酸性内盐存在, 它能与碱作用成盐, 而不能与酸作用成盐。

注 2: 重氮化过程中, 应严格控制温度。反应温度若高于 5℃, 生成的重氮盐易水解为酚, 降低产率。

注 3: 若试纸不显蓝色, 还需补充亚硝酸钠溶液。

注 4: 发生偶联反应时, 若反应物中含有未作用的 *N*, *N*-二甲基苯胺乙酸盐, 则加入氢氧化钠后会有难溶于水的 *N*, *N*-二甲基苯胺析出, 影响产品的纯度。湿的甲基橙在空气中受光的照射后, 颜色很快变深, 所以一般得到紫红色粗产品。

注 5: 重结晶操作要迅速, 否则由于产物呈碱性, 温度高时易变质, 颜色变深, 用乙醇和乙醚洗涤的目的是使其迅速干燥。

甲基橙的熔点 300℃, 其 IR 谱图和 ^{1}H NMR 谱图分别见图 3-25 和图 3-26。

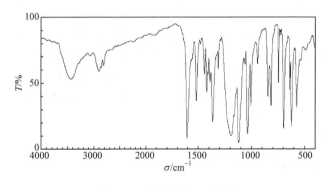

图 3-25　甲基橙的 IR 谱图

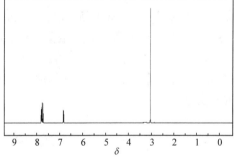

图 3-26　甲基橙的 ^{1}H NMR 谱图

七、安全与环保

1. 危险操作提示

实验过程中涉及浓盐酸、氢氧化钠和乙醚的使用, 戴好防护眼镜, 注意实验安全!

2. 药品毒性及急救措施

(1) 对氨基苯磺酸会刺激眼睛和皮肤, 应避免与皮肤和眼睛接触, 且对环境有危害, 可能对水体和大气造成污染。若与皮肤或眼睛接触, 用大量流动清水冲洗。

(2) 亚硝酸钠有毒, 使用时若不慎接触皮肤, 用肥皂水和清水彻底冲洗皮肤; 若与眼睛接触，用流动清水或生理盐水冲洗，并就医。

(3) N,N-二甲基苯胺吸入、口服或与皮肤接触有毒。若与皮肤接触，立即用大量指定液体冲洗。使用时如有不适感，应请医生诊治。

(4) 浓盐酸和氢氧化钠具有腐蚀性，需谨慎使用。

(5) 乙醚极易挥发、易燃、易爆，有麻醉作用，需在非明火环境和通风橱中使用。

3. 实验清理

(1) 乙醇、乙醚洗涤液回收到相应的甲类(不含卤素)回收瓶中。

(2) 甲基橙回收到产品回收瓶中。

(3) 废弃的实验防护手套回收到指定容器中。

八、课后思考题

(1) 本实验中，制备重氮盐时为什么要把对氨基苯磺酸变成钠盐?

(2) 试解释甲基橙在酸碱介质中变色的原因，并用反应式表示。

(3) 在重氮盐制备前为什么还要加入氢氧化钠? 如果直接将对氨基苯磺酸与盐酸混合后，再加入亚硝酸钠溶液进行重氮化操作是否可行? 为什么?

(4) 制备重氮盐为什么要维持 0~5℃ 的低温? 温度过高对制备反应有何不良影响?

(5) 重氮化为什么要在强酸条件下进行? 偶联反应为什么要在弱酸条件下进行?

九、拓展实验

实验室合成甲基橙的传统方法是在低温下分两步完成，可尝试其他合成途径，如在常温下一步法合成甲基橙，并对合成方法和结果进行比较。参考实验步骤如下: 在 100 mL 三口烧瓶中加入 2.1 g 对氨基苯磺酸晶体、0.8 g 亚硝酸钠和 30 mL 水，搅拌至固体完全溶解，量取 1.3 mL N,N-二甲基苯胺至滴液漏斗中，边搅拌边缓慢滴加，再滴加 3 mL 1.0 mol·L^{-1} NaOH 溶液，滴加完后再搅拌 5 min，将该混合物进行抽滤得粗产品。粗产品用水重结晶后抽滤，并用 10 mL 乙醇洗涤产品，得橙红色片状晶体。干燥，得到产品，然后对产品进行 ^{1}H NMR 和 IR 光谱分析。

实验 39　氢化肉桂酸的制备

一、实验目的

(1) 学习雷尼(Raney)镍的制备方法。

(2) 学习常压催化氢化技术。

(3) 熟悉氢气钢瓶和储气袋的使用。

(4) 熟练掌握蒸馏、减压蒸馏、熔点测定等实验操作。

二、安全警示

(1) 实验须佩戴防护眼镜和合适的手套，实验操作在通风橱中进行。

(2) 氢气易燃易爆，使用氢气时要严格按照操作规程进行，注意实验室通风，禁止明火!

(3) 催化剂雷尼镍暴露于空气中会自燃，在制备、使用及处理过程中都需十分小心。

(4) 氢氧化钠具有很强的腐蚀性，使用时注意安全。

三、实验导读

化学概念：烯烃的催化氢化；雷尼镍；氢化肉桂酸；排水集气。

实验背景：烯烃在铂、钯或镍等金属催化剂的存在下，与氢加成生成烷烃，称为催化氢化。催化氢化具有反应产物纯、价格低廉、催化剂能反复使用和无环境污染等优点，在实验室制备和工业生产中有广泛的用途。

$$RCH = CHR + H_2 \xrightarrow{\text{Pt, Pd, Ni}} RCH_2CH_2R$$

催化氢化反应在催化剂的表面进行，所用催化剂的表面积越大，反应效率越高。实验室中常采用雷尼镍作催化剂，雷尼镍是一种由带有多孔结构的镍铝合金的细小晶粒组成的固态异相催化剂，其制备是将镍铝合金用浓氢氧化钠溶液处理，在这一过程中，大部分铝与氢氧化钠反应而溶解，留下许多大小不一的微孔。雷尼镍表面上是细小的灰色粉末，但从微观角度看，粉末中的每个微小颗粒都是一个立体多孔结构，使其表面积大大增加，从而带来很高的催化活性。因此，雷尼镍作为一种异相催化剂被广泛用于有机合成和工业生产的氢化反应中。

$$Ni(Al) + NaOH \longrightarrow Ni + Na_3AlO_3 + H_2$$
$$\text{雷尼镍}$$

雷尼镍的催化活性取决于不同组成的镍铝合金及不同的加合金方法、所用碱的浓度、溶化时间、反应温度和洗涤条件等。总之，采用不同的制备条件，可以得到不同活性、不同用途的雷尼镍(通常用符号 W 表示，数字 1~7 表示不同的标号)。各种型号的雷尼镍中，W-2 型活性适中，制法也较为简便，能满足一般需要，使用较广泛。

本实验先制备 W-2 型雷尼镍催化剂，然后在常温常压下，用氢气将肉桂酸还原成氢化肉桂酸，反应几乎是定量进行的。

$$\langle\text{苯环}\rangle-CH = CHCOOH + H_2 \xrightarrow[\text{常温常压}]{\text{雷尼镍}} \langle\text{苯环}\rangle-CH_2CH_2COOH$$

生成的氢化肉桂酸熔点为 48.5℃，比肉桂酸的熔点(135.6℃)低得多，因此很容易鉴别。也可用纸色谱和红外光谱对产物进行鉴别。

四、课前预习

(1) 预习实验基本操作中以下实验技术：减压蒸馏、测熔点。

(2) 预习烯烃催化氢化反应的机理。

(3) 预习雷尼镍的制备方法，以及雷尼镍制备过程中的注意事项。

(4) 预习氢气钢瓶、储气袋的使用方法。

(5) 预习氢化前的准备工作，如各种活塞的开启和关闭、抽气、充气的顺序及每步的目的。

五、主要仪器与试剂

1. 仪器

烧杯，磁力搅拌器，圆底烧瓶，三通活塞，量气管，分液漏斗，储气袋，直形冷凝管，温度计及温度计套管，蒸馏头，接引管，锥形瓶，克氏蒸馏头，多尾接引管，熔点仪。

2. 试剂

镍铝合金(含镍 40%~50%，质量分数)，固体氢氧化钠，肉桂酸，氢气，无水乙醇，浓氨水-水-乙醇(6 : 40 : 160，体积比)，溴酚绿[0.2 g·(100 mL)$^{-1}$]，乙酸铅(3%)。

六、实验步骤

1. 雷尼镍的制备

在 400 mL 烧杯中放置 4 g 镍铝合金(含镍 40%~50%)，加入 40 mL 蒸馏水，旋摇烧杯使其混合均匀。分批将 6.5 g(162.5 mmol)固体氢氧化钠投入其中，边加边旋摇，反应强烈放热，产生大量泡沫。控制碱的加入速度，以泡沫不溢出为宜。加完碱，待反应平稳后继续在室温放置 10 min，再移至 70℃水浴中保温 30 min。将烧杯从水浴中取出，静置使镍沉于底部，小心倾去上层清液。用蒸馏水洗涤数次，至洗出液 pH 为 7~8 为止，再用 3×10 mL 无水乙醇洗涤，最后用 10 mL 无水乙醇覆盖备用(注 1)。

2. 肉桂酸的氢化

按照图 3-27 搭好实验装置。肉桂酸的催化氢化装置由磁力搅拌器、氢化瓶、三通活塞、

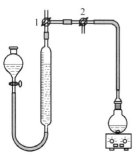

图 3-27　催化氢化装置

量气管、平衡瓶等组成。氢化瓶可使用 250 mL 圆底烧瓶或锥形瓶，平衡瓶可使用 250 mL 分液漏斗。各仪器间用橡皮管连接。三通活塞 1 接氢气储存系统储气袋(注 2)，三通活塞 2 接真空系统。

取下氢化瓶，在氢化瓶中加入 3.7 g(25 mmol)肉桂酸溶于 50 mL 温热的无水乙醇，冷至室温后，将上述已制备好的雷尼镍催化剂连同覆盖的 10 mL 无水乙醇一起迅速转入其中(注意尽可能不使催化剂暴露于空气中)，用 1~2 mL 无水乙醇冲洗瓶口或瓶壁上可能黏附的催化剂，小心放入搅拌磁子，将氢化瓶装回原位。

检查整个系统是否漏气(注 3)。

氢化开始前，打开三通活塞 1，把盛有水的平衡瓶的位置提高，使量气管中充满水，小心赶尽其中空气。关闭三通活塞 1，打开三通活塞 2，使系统与真空系统相连，抽真空排除整个氢化系统中的空气。抽到一定真空度后关闭三通活塞 2，打开与储气袋相连的三通活塞 1 充氢气(注 4)。交替抽真空、充氢气 2~3 次，用氢气置换整个系统中的空气(注 5)。关闭与真空系统相连的三通活塞 2，打开与储气袋相连的三通活塞 1，使氢气与量气管连通，同时降低平衡瓶的位置，用排水集气法使量气管内充满氢气。最后打开三通活塞 1 和 2，使量气管只与氢化瓶接通。取下平衡瓶，使平衡瓶的水平面与量气管的水平面相平，记录量气管中氢气的体积(对应的刻度线读数)。将平衡瓶放至高位，即可开始氢化反应。

启动磁力搅拌器。催化剂被搅起浮于液面上与氢气接触，吸氢开始，量气管中水平面缓缓上升。每隔一定时间后，将平衡瓶的水平面与量气管的水平面置于同一水平线上，记录量气管内氢气的体积，再将平衡瓶放回高位。当吸氢体积无明显变化时，表明氢化反应已经完成。反应时间需 1~1.5 h。

反应结束后，关闭三通活塞 1，打开三通活塞 2，放掉系统中的残余氢气。卸下氢化瓶，用折叠滤纸将溶液滤入蒸馏瓶中，将滤出的催化剂转入指定的回收瓶中(注 6)。

3. 产品的纯化处理

安装简单蒸馏装置，水浴加热蒸馏尽量蒸去乙醇，趁热将产品倒在干净的表面皿中，冷却后固化即得氢化肉桂酸晶体。将固体破碎，在空气中晾干或用干燥器干燥，称量，产量约 3 g

(产率 75%～82%)。

如需进一步纯化，可进行减压蒸馏，收集 145～147℃/2.4 kPa 或 194～197℃/10 kPa 的馏分。

对产品进行熔点测定。

产品可用纸色谱(注 7)等进行纯度和结构鉴别。

注 1：催化剂暴露于空气中会自燃，故用溶剂覆盖。用这种方法制备的催化剂是略带碱性的高活性催化剂。催化剂的储存会导致活性显著降低，因此最好随制随用。催化剂制好后，用不锈钢刮刀挑取少许催化剂到滤纸上，溶剂挥发后催化剂着火自燃，表明活性良好，否则需重新制备。

注 2：所用储气袋由氢气钢瓶进行充气。充气时一定要通过减压阀，在教师指导下严格按照操作规程进行，并注意室内通风，熄灭一切火源。严防室内氢气逸散而造成爆炸事故。若无氢气钢瓶，也可使用专门的氢气发生器。如果用稀盐酸与锌粒在启普发生器中制备氢气，则需经过高锰酸钾溶液、硝酸银溶液、氢氧化钠溶液依次洗涤后方可用于氢化。

注 3：检漏方法：装置安装完毕后，向平衡瓶和量气管加入一定的蒸馏水，如图 3-27 所示。然后将整个氢化系统与带有压力计的水泵(或油泵)相连，开启水泵，当抽至一定压力后，关闭水泵，切断与氢气系统的连接，观察压力计的读数是否发生变化。若系统漏气，应仔细检查各活塞及磨口是否塞紧，橡皮管连接处是否紧密，直到不漏气为止。

注 4：置换氢气时，事先一定要充分熟悉三通活塞的方向，做好准备工作后再进行。

注 5：氢化前必须排除系统中的空气，氢化过程严禁空气进入氢化系统中。

注 6：滤得的催化剂仍有起火燃烧的危险，应回收集中处理，不可乱丢乱倒。

注 7：肉桂酸和氢化肉桂酸分别溶于乙醇,浓氨水-水-乙醇(6∶40∶160)为展开剂,溴酚绿[0.2 g·(100 mL)$^{-1}$]和 3%乙酸铅溶液为显色剂。

纯氢化肉桂酸为白色粉末状晶体，熔点 48.6℃，沸点 279.8℃，d_4^{49} 为 1.071。肉桂酸和氢化肉桂酸的 IR 谱图和 ^{1}H NMR 谱图见图 3-28～图 3-31。

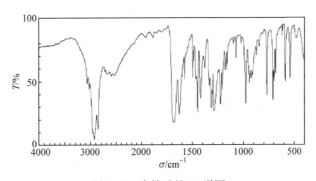

图 3-28　肉桂酸的 IR 谱图

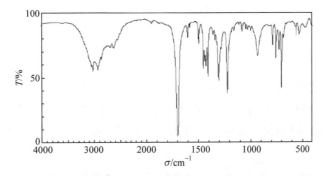

图 3-29　氢化肉桂酸的 IR 谱图

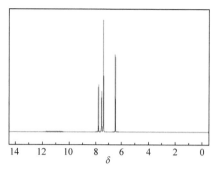

图 3-30　肉桂酸的 ¹H NMR 谱图

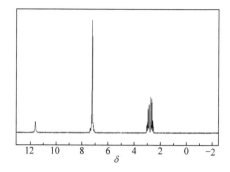

图 3-31　氢化肉桂酸的 ¹H NMR 谱图

七、数据记录及处理

将总吸氢量换算成标准状况下的体积，计算氢化率[①](表 3-33)。以时间为横坐标，以吸氢体积为纵坐标，在坐标纸上作出时间-吸氢体积曲线(图 3-32)。

表 3-33　氢化过程数据记录及处理

时间	时间间隔/min	量气筒刻度/mL	间隔吸氢量/mL	总吸氢量/mL
9:00	0	20	0	0
9:10	10	50	30	30
9:20	10	100	50	80
⋮	⋮	⋮	⋮	⋮

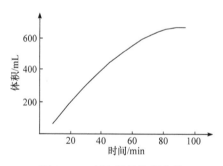

图 3-32　时间-吸氢体积曲线

八、安全与环保

1. 危险操作提示

本实验涉及氢气的使用，当空气中含有 4%～74.2%(体积分数)氢气时，遇火花即可引起爆炸。因此，在使用氢气时要严格按照操作规程进行，注意室内通风，熄灭一切火源。实验必须佩戴防护眼镜和合适的手套，实验操作在通风橱中进行。

---

① 理论吸氢量可按理想气体状态方程 $pV = nRT$ 计算。由于新制备的催化剂雷尼镍是多孔且表面积很大的海绵状细小固体，氢化过程中，催化剂表面也吸附较多的氢，故实际吸氢量略大于理论吸氢量。

催化剂雷尼镍活性很高，暴露于空气中会自燃，在制备、使用以及处理过程中都要十分小心。

2. 药品毒性及急救措施

氢氧化钠有强刺激性和腐蚀性，若与皮肤接触，用 5%～10%硫酸镁溶液清洗；若与眼睛接触，立即提起眼睑，用 3%硼酸溶液冲洗。

3. 实验清理

(1) 雷尼镍制备中的上清液回收到无机废液(不含卤素)回收瓶中。
(2) 乙醇液回收到非甲类(不含卤素)回收瓶中。
(3) 产品回收到产品回收瓶中。
(4) 使用过的催化剂及过滤的滤纸放入指定的回收瓶中。

九、课后思考题

(1) 为什么氢化过程中搅拌或振荡速度对氢化速度有显著的影响？
(2) 氢化肉桂酸与肉桂酸的 IR 谱图的主要差别是什么？

十、拓展实验

雷尼镍有多种型号，可先合成其他型号催化剂，再进行同样的氢化反应，比较不同雷尼镍催化剂活性大小。

实验 40　外消旋α-苯乙胺的拆分

实验目的

(1) 学习外消旋化合物的拆分原理和方法。
(2) 掌握旋光仪测定物质旋光度的方法。

外消旋α-苯乙胺属于碱性外消旋体，可用酸性拆分剂(如酒石酸)进行拆分。本实验通过 L-(+)-酒石酸与外消旋α-苯乙胺反应形成非对映异构体盐，完成拆分。

 实验 40　外消旋α-苯乙胺的拆分

第4章 综合型实验

实验41 分光光度法测定铁条件试验及未知铁试液测定

一、实验目的

(1) 掌握分光光度计的性能、结构及使用方法。
(2) 掌握标准曲线的绘制和试样测定。
(3) 掌握分光光度法测定条件及方案的确定方法。

二、实验导读

化学概念：分光光度法；朗伯-比尔定律；标准曲线；吸收曲线；参比溶液；分光光度计结构及使用。

实验背景：分光光度法原理、分光光度计结构及使用，见 1.7.4。

金属离子对生物体内的代谢起着非常重要的作用。动物体内血红蛋白中的 Fe^{2+} 处于血红蛋白的中心，具有固定氧和输送氧的功能，因此大多数补铁制剂中的铁都以 Fe(II)形态存在。补铁制剂中铁含量的测定有很多方法，本实验提供了 Fe^{2+}-Fe^{3+} 共存溶液中总铁含量测定的方法。

pH 3～9 时，Fe^{2+} 与邻二氮菲(phen)生成稳定的橙红色配合物$[Fe(C_{12}H_8N_2)_3]^{2+}$，该化合物在 508 nm 处有最大吸收，稳定常数为 $10^{21.3}$，摩尔吸光系数ε_{508} 为 1.1×10^4。本方法具有很好的选择性，但是溶液的酸度对显色反应有较大的影响：酸度过高，显色反应速度慢；酸度过低，铁离子水解，影响显色效果。

$$Fe^{2+} + 3 \quad\longrightarrow\quad \left[\quad Fe \quad \right]^{2+}_3$$

欲测定体系中总铁的含量，可先用盐酸羟胺还原溶液中的 Fe^{3+}，再加入邻二氮菲显色。

$$2Fe^{3+} + 2NH_2OH \cdot HCl \Longrightarrow 2Fe^{2+} + N_2 + 2H_2O + 4H^+ + 2Cl^-$$

用分光光度法进行定量分析时，通常要考察显色剂的浓度、有色溶液的稳定性、溶液的酸度、标准曲线的范围和配合物的组成等影响因素。此外，还要考察干扰物质的影响、反应温度、方法的适用范围等。本实验只做几个基本的条件试验，初步了解分光光度法测定条件的选择，注意加入试剂顺序需一致，以确保试验条件的一致性。

分光光度法可以测定金属-配体形成的配合物的化学计量比(配位比)。如图 4-1 所示，以等摩尔系列法为例，保持金属

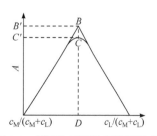

图 4-1 等摩尔系列法测定配位比

离子和配体的总浓度$(c_M + c_L)$不变，在只改变c_M或c_L的条件下测定吸光度，作图可以得到配位比。例如，若图中D值为0.5时，说明金属和配体为1∶1配位。此外，根据B点和C点处吸光度的差值，可以推算该配合物的解离度和解离常数。

三、主要仪器与试剂

1. 仪器

分光光度计，酸度计，容量瓶或比色管(50 mL)，移液管(10 mL，5 mL，2 mL，1 mL)，移液枪(5 mL，1 mL)，枪头。

2. 试剂

HCl(6 mol·L^{-1}，2 mol·L^{-1})，NaOH(0.40 mol·L^{-1})，NaAc(1 mol·L^{-1})，标准缓冲溶液(pH 4.00，6.86，9.18)，Fe^{3+}标准溶液[100 mg·L^{-1}，配制方法：0.8634 g NH$_4$Fe(SO$_4$)$_2$·12H$_2$O 加入10 mL 6 mol·L^{-1} HCl 和少量水，溶解，定量转入 1000 mL 容量瓶中，加水定容，充分摇匀]，未知铁试液，邻二氮菲(1.5 g·L^{-1}，即0.15%)，盐酸羟胺(100 g·L^{-1}，即10%)，铁制剂药片(市售)，补铁口服液(市售)。

四、实验步骤

说明：

(1) 若实验室提供的 Fe^{3+} 标准溶液为 1.00 g·L^{-1}，需要稀释 10 倍后使用。具体稀释方法如下：准确移取 10.00 mL 1.00 g·L^{-1} Fe^{3+}标准溶液于 100 mL 容量瓶中，加水定容，充分摇匀，得到 100 mg·L^{-1} Fe^{3+}标准溶液。

(2) 可用 50 mL 比色管替代 50 mL 容量瓶。

(3) 可用移液枪量取不需准确移取的试剂。

1. 条件试验

1) 吸收曲线的制作

以表 4-1 中 1$^{\#}$溶液作为参比，用 1 cm 比色皿测定 5$^{\#}$溶液在 440～560 nm 的吸光度，数据填入表 4-2 中。绘制 A-λ 曲线(吸收曲线)，确定最佳的测定波长。

表 4-1 标准曲线及未知铁试样的测定

编号	100 mg·L^{-1} Fe^{3+}标准溶液体积/mL	未知铁试液体积/mL	盐酸羟胺体积/mL	NaAc 体积/mL	邻二氮菲体积/mL	吸光度 A	铁含量/(mg·L^{-1})
1$^{\#}$	0.00	0.00	1.00	5.00	2.00		
2$^{\#}$	0.20	0.00	1.00	5.00	2.00		
3$^{\#}$	0.40	0.00	1.00	5.00	2.00		
4$^{\#}$	0.80	0.00	1.00	5.00	2.00		
5$^{\#}$	1.20	0.00	1.00	5.00	2.00		
6$^{\#}$	1.60	0.00	1.00	5.00	2.00		
7$^{\#}$	2.00	0.00	1.00	5.00	2.00		
8$^{\#}$		0.50	1.00	5.00	2.00		

表 4-2 吸收曲线的测定数据

波长/nm	440	450	460	470	480	490	500	506	508	510	520	530	540	550	560
A															

2) 显色剂浓度的影响

在 7 个 50 mL 容量瓶中，先加入 1.00 mL 100 mg·L⁻¹ Fe³⁺标准溶液和 1 mL 10%盐酸羟胺溶液，充分摇匀，再按表 4-3 中的体积加入 0.15%邻二氮菲溶液，最后加入 5 mL 1 mol·L⁻¹ NaAc 溶液，加水定容，充分摇匀。以水作为参比，用 1 cm 比色皿测定这 7 份溶液在 508 nm 处的吸光度，数据填入表 4-3 中。绘制 A-显色剂浓度曲线，分析显色剂浓度对配合物吸光度的影响。

表 4-3 显色剂浓度的影响

编号	1	2	3	4	5	6	7
显色剂体积/mL	0.30	0.50	1.00	1.50	2.00	3.00	4.00
A							

3) 配合物的稳定性

准确移取 1.00 mL 100 mg·L⁻¹ Fe³⁺标准溶液于 50 mL 容量瓶中，加入 1 mL 10%盐酸羟胺溶液，充分摇匀，加入 2 mL 0.15%邻二氮菲溶液和 5 mL 1 mol·L⁻¹ NaAc 溶液，加水定容，充分摇匀。以水作为参比，立即用 1 cm 比色皿测定其在 508 nm 处的吸光度，再按表 4-4 中的时间测定吸光度，数据填入表 4-4 中。绘制 A-t 曲线，分析配合物稳定性的情况。(注意：该配合物能较快达到稳定，因此需关注刚开始很短一段时间内的吸光度变化)

表 4-4 配合物稳定性试验

t/min	0	5	10	15	30	60	90	120
A								

4) 溶液 pH 的影响

量取 10 mL 100 mg·L⁻¹ Fe³⁺标准溶液于 100 mL 容量瓶中，加入 5 mL 2 mol·L⁻¹ HCl 和 10 mL 10%盐酸羟胺溶液，充分摇匀，放置 2 min，加入 20 mL 0.15%邻二氮菲溶液，加水定容，充分摇匀。(备注：以上溶液不需准确量取，均可采用量筒)

准确移取 10.00 mL 上述溶液于 8 个 50 mL 容量瓶中，再按表 4-5 中的体积准确加入 0.40 mol·L⁻¹ NaOH 溶液，加水定容，充分摇匀。以水作为参比，用 1 cm 比色皿测定其在 508 nm 处的吸光度。吸光度测定结束后，用酸度计准确测定这 8 种溶液的 pH，数据填入表 4-5 中。绘制 A-pH 曲线，分析配合物稳定性随体系酸度变化的情况，找出测定的最佳 pH 区间。(注意：如果 pH 变化不明显，需调整加入 NaOH 的量)

表 4-5 溶液 pH 对配合物吸光度的影响

编号	1	2	3	4	5	6	7	8
NaOH 体积/mL	0.00	1.00	2.00	3.00	4.50	6.30	6.70	8.00
pH								
A								

2. 系列标准溶液和试样溶液的配制及吸光度测定

1) 标准曲线的制作

在 7 个 50 mL 容量瓶中,按表 4-1 依次移取各种试剂,加水定容,充分摇匀。以 1#溶液(试剂空白)作为参比,用 1 cm 比色皿分别测定 2#～7#溶液在 508 nm 处的吸光度,数据填入表 4-1 中。(注意:从左到右依次加入各种试剂;加入盐酸羟胺溶液后,需摇匀 5 min 使反应充分)

2) 未知铁试液中铁含量的测定

在 1 个 50 mL 容量瓶中,按表 4-1 中 8#溶液的用量,依次移取未知铁试液和其他试剂,加水定容,充分摇匀。按上面相同方法显色后测定其吸光度,数据填入表 4-1 中。

3) 药片和口服液中铁含量的测定

根据铁制剂药片标注的铁含量,取数片铁制剂药片,准确称其质量(称至 0.0001g),研磨成细粉。再准确称取适量研磨后的药粉,加入适量 6 mol·L^{-1} HCl 和水,常温下超声波振荡后加热陈化,趁热常压过滤,滤液定量收集于容量瓶中,加水定容后得到试样溶液。准确移取试样溶液,按上面相同方法显色后测定其吸光度。

若为补铁口服液,可按未知铁试液方法处理和测定。

注意:加入的试样溶液或补铁口服液的体积需根据实际样品中铁含量进行调整,使其吸光度落在标准曲线范围内。

五、数据记录及处理

(1) 采用 Excel 或 Origin 软件绘制吸收曲线和标准曲线,给出标准曲线的一元线性方程及 R^2。
(2) 根据条件试验的数据及作图结果,归纳出每一项的最佳实验条件。
(3) 根据标准曲线,计算未知铁试液中的铁含量(mg·L^{-1})。
(4) 根据标准曲线,计算药片(mg·片$^{-1}$)或口服液(mg·mg^{-1})中的铁含量。
(5) 根据等摩尔系列法原理,采用"显色剂浓度的影响"实验数据作图,求出 Fe-phen 配位比,并进行分析。

六、安全与环保

1. 药品毒性及急救措施

盐酸羟胺固体为无色结晶,易潮解,有毒,对皮肤有刺激性和腐蚀性。若接触皮肤或眼睛,立即用流动清水冲洗。

2. 实验清理

(1) 使用分光光度计和酸度计后,关闭电源,拔掉插头,并在仪器使用本上登记。
(2) 及时洗涤比色皿并放回比色皿盒内。如有颜色残留,可用盐酸-乙醇溶液浸泡。
(3) 实验废液和化学固体废物等分别倒入指定容器中。

七、课后思考题

(1) 本次测量吸光度时,为什么选光源的波长为 508 nm?
(2) 从实验测得的吸光度计算铁含量的根据是什么?如何求得?

(3) 测定吸光度时，为什么要选择参比溶液？选择参比溶液的原则是什么？

八、拓展实验

Determination of Fe³⁺ content by calibration curve(标准曲线法测定铁含量)

 Determination of Fe³⁺ content by calibration curve

实验 42　分光光度法测定钢样中多种金属组分含量

一、实验目的

(1) 理解分光光度法及其测定原理。
(2) 了解分光光度计的结构及工作原理。
(3) 掌握吸收曲线的制作及应用。
(4) 掌握多组分含量测定的原理和方法。

二、实验导读

化学概念：朗伯-比尔定律；分光光度法；分光光度计及使用；多组分测定。

实验背景：分光光度法原理、分光光度计结构及使用。

铬和锰是钢中的有益金属元素。铬和锰在钢样中除以金属状态存在外，还以碳化物(如 Cr_5C_2、Mn_3C)、硅化物(如 Cr_3Si、$MnSi$、$FeMnSi$)、氧化物(如 Cr_2O_3、MnO_2)、氮化物(如 CrN、Cr_2N)和硫化物(如 MnS)等形式存在。

钢样中铬和锰的测定可以采用分光光度法，分光光度计和分光光度法测定原理具体见 1.7.4。钢样用酸溶解后，生成 Mn^{2+} 和 Cr^{3+}。在 H_2SO_4 介质中，以 $AgNO_3$ 为催化剂、$K_2S_2O_8$ 为氧化剂，将它们分别氧化成 $Cr_2O_7^{2-}$ 和 MnO_4^-。$Cr_2O_7^{2-}$ 和 MnO_4^- 分别在 440 nm 和 545 nm 有最大吸收峰(图 4-2，①为 $Cr_2O_7^{2-}$，②为 MnO_4^-)，此时它们的吸光度不发生相互作用，测得的总吸光度等于两者的吸光度之和。根据吸光度的加和性原理可以联立方程，求出铬和锰的含量。钢样溶液中的 Fe^{3+} 对测定有干扰，采用硫-磷混合液加以掩蔽。

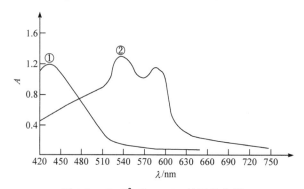

图 4-2　$Cr_2O_7^{2-}$ 和 MnO_4^- 的吸收曲线

三、课前预习

(1) 简述分光光度法及其测定原理。
(2) 简述分光光度计的结构及工作原理。
(3) 简述吸收曲线的制作方法及应用。
(4) 简述摩尔吸光系数及其测定方法。

四、主要仪器与试剂

1. 仪器

可见分光光度计，分析天平，容量瓶，移液管(5 mL，1 mL)，烧杯，锥形瓶，量筒。

2. 试剂

$MnC_2O_4 \cdot 2H_2O$(s)，$CrCl_3 \cdot 6H_2O$(s)，浓硫酸，浓硝酸，浓磷酸，硫-磷混合液(配制方法：700 mL 水中缓慢加入 150 mL 浓硫酸，冷却，再加入 150 mL 浓磷酸，混匀)，$AgNO_3$(0.1 mol·L^{-1})，$K_2S_2O_8$(150 g·L^{-1})，钢试样。

五、实验步骤

提示：

(1) 为了防止剩余 $Cr_2O_7^{2-}$ 和 MnO_4^- 溶液对环境的影响，配制好的 Cr^{3+} 和 Mn^{2+} 标准溶液供多人使用。
(2) 需保持测定温度一致。

1. 1.00 g·L^{-1} Cr^{3+} 标准溶液的配制

准确称取 0.5125 g $CrCl_3 \cdot 6H_2O$(M_r = 266.5)，置于 100 mL 烧杯中，加入适量水溶解，定量转移到 100 mL 容量瓶中，加水定容，充分摇匀。

2. 0.50 g·L^{-1} Mn^{2+} 标准溶液的配制

准确称取 0.1629 g $MnC_2O_4 \cdot 2H_2O$(M_r = 179.0)，置于 100 mL 烧杯中，加入少量浓硫酸溶解，再慢慢加水稀释，定量转移到 250 mL 容量瓶中，加水定容，充分摇匀。

3. $Cr_2O_7^{2-}$ 吸收曲线的绘制

准确移取 5.00 mL Cr^{3+} 标准溶液于 100 mL 烧杯中，依次加入 30 mL 水、10 mL 硫-磷混合液、2 mL 150 g·L^{-1} $K_2S_2O_8$ 溶液和 10 滴 0.1 mol·L^{-1} $AgNO_3$ 溶液，水浴微沸 5~7 min，直至颜色稳定。冷却至室温，定量转移到 100 mL 容量瓶中，加水定容，充分摇匀，得到 $Cr_2O_7^{2-}$ 标准溶液。以水作为参比，用 1 cm 比色皿在 420~560 nm 扫描，绘制 $Cr_2O_7^{2-}$ 吸收曲线，得到最大吸收波长(如 440 nm)。根据 $\varepsilon = A/(bc)$，计算 $Cr_2O_7^{2-}$ 在 440 nm 处的摩尔吸光系数。

4. MnO_4^- 吸收曲线的绘制

准确移取 1.00 mL Mn^{2+} 标准溶液于 100 mL 烧杯中，其余步骤同上，绘制 MnO_4^- 吸收曲线，得到最大吸收波长(如 545 nm)。根据 $\varepsilon = A/(bc)$，计算 MnO_4^- 在 545 nm 处的摩尔吸光系数。

5. 样品处理

准确称取约 0.4 g 钢试样粉末(称至 0.0001 g)，置于 100 mL 烧杯中，依次加入 10 mL 水、3 mL 浓硫酸和 1 mL 浓磷酸，缓慢加热，直至样品完全溶解；稍冷，加入 1 mL 浓硝酸，煮沸，使碳化物完全分解并除尽 NO_2。冷却到室温，定量转移到 100 mL 容量瓶中，加水定容，充分摇匀，得到试样溶液。

6. 样品中铬和锰含量的同时测定

准确移取 1.00 mL 试样溶液于 100 mL 烧杯中，依次加入 20 mL 水、2.5 mL 硫-磷混合液、2 mL 150 $g \cdot L^{-1}$ $K_2S_2O_8$ 溶液和 10 滴 0.1 $mol \cdot L^{-1}$ $AgNO_3$ 溶液，水浴微沸 5~7 min，直至颜色稳定。冷却至室温，定量转移到 50 mL 容量瓶中，加水定容，充分摇匀，得到试样溶液。

以水作为参比，用 1 cm 比色皿测定试样溶液在 440 nm 和 545 nm 处的吸光度，结合二者的摩尔吸光系数，计算钢样品中铬和锰的含量。

六、数据记录及处理

(1) 根据表 4-6 数据，分别绘制 $Cr_2O_7^{2-}$ 和 MnO_4^- 的 A-λ 吸收曲线，得到各自的最大吸收波长。

表 4-6 $Cr_2O_7^{2-}$ 和 MnO_4^- 吸收曲线数据

λ/nm	420	430	440	460	480	500	520	530	550	560
$A(Cr_2O_7^{2-})$										
$A(MnO_4^-)$										

(2) 样品测定：$A_{440\,nm}$ =_____；$A_{545\,nm}$ =_____。
铬和锰的含量可以连解以下两个方程式得到：

$$A_{(Mn+Cr),440\,nm} = A_{Mn,440\,nm} + A_{Cr,440\,nm} = \varepsilon_{Mn,440\,nm} \cdot c_{Mn} + \varepsilon_{Cr,440\,nm} \cdot c_{Cr} \tag{4-1}$$

$$A_{(Mn+Cr),545\,nm} = A_{Mn,545\,nm} + A_{Cr,545\,nm} = \varepsilon_{Mn,545\,nm} \cdot c_{Mn} + \varepsilon_{Cr,545\,nm} \cdot c_{Cr} \tag{4-2}$$

由式(4-1)导出：

$$c_{Mn} = \frac{A_{(Mn+Cr),440\,nm} - \varepsilon_{Cr,440\,nm} \cdot c_{Cr}}{\varepsilon_{Mn,440\,nm}}$$

将上式代入式(4-22)，得

$$c_{Cr} = \frac{\varepsilon_{Mn,440\,nm} \cdot A_{(Mn+Cr),545\,nm} - \varepsilon_{Mn,545\,nm} \cdot A_{(Mn+Cr),440\,nm}}{\varepsilon_{Cr,545\,nm} \cdot \varepsilon_{Mn,440\,nm} - \varepsilon_{Mn,545\,nm} \cdot \varepsilon_{Cr,440\,nm}}$$

七、安全与环保

1. 危险操作提示

实验过程中涉及浓的强酸及高温加热，全程佩戴防护眼镜和防护手套，实验操作在通风橱中进行，注意浓酸操作规范和实验安全!

2. 药品毒性及急救措施

浓硫酸等强酸具有很强的腐蚀性。若接触皮肤或眼睛，立即用大量水冲洗，再涂上 3%～5%碳酸氢钠溶液，严重的应立即送往医院。若滴落在桌面上，需立即用抹布或吸水纸擦干。

3. 实验清理

(1) 比色皿使用后，应尽快洗净。若比色皿被沾污，可用盐酸-乙醇混合液浸泡，再用水冲洗。不能用碱溶液或氧化性强的洗涤液洗涤比色皿。
(2) 废弃酸碱溶液收集到一个大烧杯中，中和至中性或用水稀释后倒入水槽。
(3) 含铬废液需收集在指定的含铬废液容器中。
(4) 其他金属离子废液收集在指定的无机废液容器中。

八、课后思考题

(1) 为什么要先绘制两种溶液的吸收曲线?
(2) 为什么选择最大吸收波长作为样品测定时的入射光波长?
(3) 在什么情况下，可以采用分光光度法进行多组分同时测定?

九、拓展实验

Spectrophotometric analysis of a soft drink containing caffeine and benzoic acid(软饮料中咖啡因和苯甲酸的分光光度法测定)

 Spectrophotometric analysis of a soft drink containing caffeine and benzoic acid

实验 43 非水滴定法测定盐酸环丙沙星药片含量

一、实验目的

(1) 理解非水滴定的原理和操作。
(2) 掌握非水滴定法测定盐酸环丙沙星药片的含量。
(3) 掌握非水滴定中高氯酸标准溶液的配制和标定。

二、实验导读

化学概念：非水滴定；非水溶剂；拉平效应；区分效应。

实验背景：盐酸环丙沙星是一种常用的喹啉类抗菌药，主要用于治疗细菌和支原体感染。由于盐酸环丙沙星为一元有机弱碱，因此在水中不能直接准确滴定，需要采用非水滴定(不能用水作为溶剂)。非水滴定法可测定 $pK<13$ 的弱电解质，广泛应用于有机弱酸和有机弱碱的测定。

溶液酸碱性的强弱除由其本身的性质决定外，还受溶剂的影响。水作为溶剂，对强酸或强碱有拉平效应，使它们的酸度或碱度都相等；对于弱酸或弱碱具有区分效应。因此，酸或碱很弱时，无法在水中直接准确滴定。

在非水体系中，由于溶剂本身有一定酸碱性，可以增强弱酸或弱碱的酸碱强度，此时弱酸或弱碱也可直接准确滴定。盐酸环丙沙星为一元弱碱，不能在水溶液直接准确滴定，因此采用乙酸作为溶剂增强盐酸环丙沙星的碱性，以 $HClO_4$ 标准溶液进行非水滴定。

三、课前预习

(1) 简述一元弱酸(碱)能直接准确滴定的条件。

(2) 什么是非水滴定？何时采用非水滴定？

(3) 高氯酸有哪些特性？使用时需要注意哪些安全事项？

四、主要仪器与试剂

1. 仪器

烘箱，分析天平，滴定管，量筒，锥形瓶。

2. 试剂

邻苯二甲酸氢钾(s，基准物质)，盐酸环丙沙星药片(市售)，$HClO_4$(70%)，乙酸，乙酸汞溶液(配制方法：5 g 研细的乙酸汞加 100 mL 乙酸，溶解完全)，乙酸酐，结晶紫(配制方法：0.5 g 结晶紫加 100 mL 乙酸，溶解完全)，橙黄Ⅳ(配制方法：0.5 g 橙黄Ⅳ加 100 mL 乙酸，溶解完全)。

五、实验步骤

提示：整个操作需在无水体系中进行，必须确保所有器皿干燥。

1. 0.1 mol·L⁻¹ HClO₄ 标准溶液的配制和标定

将 4.3 mL 70% $HClO_4$ 溶于 500 mL 乙酸中，分数次加入 24 mL 乙酸酐，混合均匀，放置过夜，得到 0.1 mol·L⁻¹ $HClO_4$ 标准溶液。

准确称取 0.16～0.18 g 邻苯二甲酸氢钾(M_r = 204.2，称至 0.0001 g)，置于干燥的 150 mL 锥形瓶中，加入 50 mL 乙酸，温热溶解，加入 3～4 滴结晶紫，用 0.1 mol·L⁻¹ $HClO_4$ 标准溶液滴定，直至溶液由紫色变为纯蓝色，且 30 s 不变色，记录滴定体积。平行测定三次。

2. 盐酸环丙沙星含量的测定

称取 0.2～0.3 g 盐酸环丙沙星药片(M_r = 367.8，称至 0.0001 g)，置于干燥的 250 mL 锥形瓶中，加入 25 mL 乙酸和 5 mL 乙酸汞，微热溶解，加入 10 滴橙黄Ⅳ，用 0.1 mol·L⁻¹ $HClO_4$ 标准溶液滴定，直至溶液变为淡粉红色，且 30 s 不变色，记录滴定体积。平行测定三次。

3. 空白测定

分别准确移取 20.00 mL 乙酸和 5.00 mL 乙酸汞于干燥的 250 mL 锥形瓶中，加入 10 滴橙黄Ⅳ，用 0.1 mol·L⁻¹ $HClO_4$ 标准溶液滴定，直至溶液变为粉红色，且 30 s 不变色，记录滴定体积。

六、数据记录及处理

1. $HClO_4$ 标准溶液的标定

将 $HClO_4$ 标准溶液标定的实验数据及结果填入表 4-7 中。

表 4-7　标定的实验数据及结果

编号	1	2	3
m(邻苯二甲酸氢钾)/g			
ΔV_1/mL			
$c(HClO_4)$/(mol·L^{-1})			
$\bar{c}$ $(HClO_4)$/(mol·L^{-1})			
$\overline{d_r}$ /%			

计算公式如下：

$$c(HClO_4) = \frac{m_1}{\Delta V_1 \times 0.2042}$$

式中，$c(HClO_4)$ 为 $HClO_4$ 标准溶液的浓度(mol·L^{-1})；m_1 为邻苯二甲酸氢钾的质量(g)；ΔV_1 为 $HClO_4$ 标准溶液的滴定体积(mL)；0.2042 为与 1.00 mL $HClO_4$ 标准溶液[$c(HClO_4) = 0.1$ mol·L^{-1}] 相当的以 g 表示的邻苯二甲酸氢钾的质量。

2. 盐酸环丙沙星含量的测定

将盐酸环丙沙星含量测定的实验数据及结果填入表 4-8 中。

表 4-8　测定的实验数据及结果

编号	1	2	3
m(盐酸环丙沙星药片)/g			
ΔV_2/mL			
V_3/mL			
c(盐酸环丙沙星)/(mg·g^{-1})			
$\bar{c}$ (盐酸环丙沙星)/(mg·g^{-1})			

盐酸环丙沙星的浓度计算公式如下：

$$c = \frac{367.8 \times (\Delta V_2 - V_3) \times c(HClO_4)}{m_2}$$

式中，$c(HClO_4)$ 为 $HClO_4$ 标准溶液的浓度(mol·L^{-1})；m_2 为盐酸环丙沙星药片的质量(g)；ΔV_2 为 $HClO_4$ 标准溶液的滴定体积(mL)；V_3 为空白实验时 $HClO_4$ 标准溶液的滴定体积(mL)；367.8 为与 1.00 mL $HClO_4$ 标准溶液[$c(HClO_4) = 0.1$ mol·L^{-1}]相当的以 mg 表示的盐酸环丙沙星的质量。

七、注意事项

测定和标定时，$HClO_4$ 标准溶液的温度应相同；若温度不同，应将 $HClO_4$ 标准溶液的浓度修正到测定温度下的浓度数值。$HClO_4$ 标准溶液修正后的浓度[$c(HClO_4)$]按下式计算：

$$c(HClO_4) = \frac{c}{1 + 0.0011(T_1 - T)}$$

式中，c 为标定温度下 $HClO_4$ 标准溶液的浓度($mol \cdot L^{-1}$)；T_1 和 T 分别为测定和标定 $HClO_4$ 标准溶液的温度(℃)；0.0011 为 $HClO_4$ 标准溶液的温度每改变 1℃时的体积膨胀系数。

八、安全与环保

1. 危险操作提示

高浓度的高氯酸和乙酸汞等属于有毒有害化学试剂，操作时应在通风橱中进行，全程佩戴防护眼镜和防护手套，切勿吸入其蒸气，注意实验安全!

2. 药品毒性及急救措施

(1) $HClO_4$ 为酸性最强的无机含氧酸，具有很强的氧化性、腐蚀性和刺激性，可致人体灼伤，与有机物、还原剂、易燃物混合时会引起燃烧爆炸。

(2) 乙酸酐和乙酸对呼吸道、眼和皮肤等有刺激性，重者致灼伤。若不慎吸入，迅速离开现场至空气新鲜处。若不慎食入，立即用水漱口，饮牛奶或蛋清。

(3) 使用以上酸碱等试剂时需小心。若接触皮肤或眼睛，立即脱去污染衣物或提起眼睑，用流动清水或生理盐水冲洗至少 15 min。若受碱性试剂伤害，流水冲洗后可用 3%硼酸溶液湿敷后冲洗干净；若受酸性试剂伤害，流水冲洗后可用 3%肥皂水或 3%碳酸氢钠溶液湿敷后冲洗干净。

3. 实验清理

(1) 高氯酸、乙酸和乙酸酐等废液不能直接倒入水槽，以免水槽材质因酸化或氧化而受损。这些废液收集并稀释后倒入指定的无机废液容器中。

(2) 高浓度的乙酸汞废液要专瓶收集，交专业部门处理。

(3) 废弃的实验用防护手套和其他化学固体废物倒入指定容器中。

九、课后思考题

(1) 为什么采用非水滴定法测定盐酸环丙沙星药片含量?

(2) 在高氯酸标准溶液的配制中，加入乙酸酐并放置过夜的原因是什么?

(3) 在盐酸环丙沙星含量的测定中，为什么要加入乙酸汞?

十、拓展实验

标准对照法测定盐酸环丙沙星药片含量

 标准对照法测定盐酸环丙沙星药片含量

实验 44　常规法和微波法制备二水合磷酸锌及其含量测定

一、实验目的

(1) 学习常规法和微波法制备磷酸锌的方法。
(2) 学习配位滴定法测定磷酸锌中锌的含量。
(3) 理解 EDTA 滴定的酸度控制原理及方法。

二、实验导读

化学概念：微波合成；配位滴定；酸度控制；EDTA。

实验背景：磷酸锌是一种防锈颜料，具有防腐蚀效果好、无毒性和无公害等优点，能够有效地替代含有重金属铅、铬的传统防锈颜料，已被国内外涂料工业广泛应用。常规磷酸锌为正磷酸锌白色粉末，工业上主要采用其二水合物[$Zn_3(PO_4)_2·2H_2O$]与四水合物[$Zn_3(PO_4)_2·4H_2O$]的混合型。

工业上制备二水合磷酸锌的方法较多，最简单的是氧化锌法。本实验中的常规制备法也采用氧化锌法：先将氧化锌制成糊状液（"打浆"），再与磷酸反应。

$$3ZnO + 2H_3PO_4 == Zn_3(PO_4)_2·2H_2O\downarrow + H_2O$$

微波作用下，物质之间产生类似摩擦的作用，处于杂乱的热运动分子获得能量，使得反应体系的温度升高，从而加快反应速度和提高产率。常规条件下，利用硫酸锌、磷酸和尿素[$CO(NH_2)_2$]的水浴加热反应制备磷酸锌需要 4 h；若在微波加热条件下，反应时间可缩短为数分钟。

$$3ZnSO_4 + 2H_3PO_4 + 3CO(NH_2)_2 + 7H_2O == Zn_3(PO_4)_2·4H_2O\downarrow + 3(NH_4)_2SO_4 + 3CO_2\uparrow$$

产品中锌含量的测定采用 EDTA 法，EDTA 标准溶液用氧化锌标定，二甲酚橙作指示剂。

三、课前预习

(1) 简单归纳 EDTA 结构及其型体特征。
(2) 简述配位滴定及其指示剂作用的原理。
(3) 简述用六次甲基四胺调节溶液 pH 的原理。

四、主要仪器与试剂

1. 仪器

微波炉，分光光度计，分析天平，磁力搅拌器，循环水真空泵，布氏漏斗，抽滤瓶，滴定管，容量瓶(或比色管)，移液管，刻度移液管，锥形瓶，烧杯，量筒，表面皿，温度计，搅拌磁子。

2. 试剂

ZnO(s，基准物质)，KH_2PO_4(s，基准物质)，$ZnSO_4$(s)，$CO(NH_2)_2$(s)，EDTA 二钠盐(s)，HCl(3 mol·L^{-1})，H_3PO_4(1∶9，体积比)，六次甲基四胺(20%)，$BaCl_2$(0.1 mol·L^{-1})，二甲酚橙

(0.2%)，钒钼酸铵显色剂(2.5%，配制方法：取 1.25 g 偏钒酸铵和 25.0 g 钼酸铵，加入 250 mL 水溶解，加入 250 mL 浓 HNO_3，稀释至 1 L，充分摇匀，棕色瓶中保存)。

五、实验步骤

1. 二水合磷酸锌的制备

1) 常规法

称取 2.50 g ZnO($M_r = 81.37$)，置于 150 mL 烧杯中，加入 50 mL 水，80℃磁力搅拌 30 min，制成糊状物。80℃磁力搅拌下，缓慢滴加 25 mL H_3PO_4(1∶9，体积比)，加完后继续搅拌 15 min。抽滤，用少量水洗涤，抽干。120℃烘干 45 min，得到白色 $Zn_3(PO_4)_2·2H_2O$。称量，记录产品质量。注意：反应温度控制在 80℃以内；搅拌不能太剧烈，以免溶液溅出，整个过程需适量补水。

2) 微波法

称取 2.00 g $ZnSO_4$($M_r = 81.37$)和 1.50 g 尿素，置于 100 mL 烧杯中，加入 10 mL H_3PO_4(1∶9，体积比)和 10 mL 水，搅拌溶解。将烧杯置于装有适量水的 250 mL 烧杯中，水浴加热，盖上表面皿，放入微波炉内，中高火(约 650 W)微波辐射 7～8 min。当观察到白色泡沫状物质隆起时，停止辐射加热，取出烧杯。加适量水浸取产品，抽滤，用水洗涤产品至无 SO_4^{2-} 残留(用 0.1 mol·L^{-1} $BaCl_2$ 检验)，抽干。120℃烘干 45 min，得到白色 $Zn_3(PO_4)_2·2H_2O$。称量，记录产品质量。

2. 产品中锌含量的测定

1) 0.01 mol·L^{-1} EDTA 标准溶液的配制及标定
见实验 17。

2) 锌含量的测定

准确称取 0.11～0.13 g $Zn_3(PO_4)_2·2H_2O$ 产品(M_r=386.1，称至 0.0001 g)，置于 100 mL 烧杯中，用少量水润湿，加入 5 mL 3 mol·L^{-1} HCl，搅拌至溶解完全，加 20 mL 水混匀，定量转移至 100 mL 容量瓶中，加水定容，充分摇匀，得到产品溶液。

准确移取 20.00 mL 产品溶液于锥形瓶中，加入 30 m 水和 2～3 滴 0.2%二甲酚橙，缓慢滴加 20%六次甲基四胺，直至溶液由黄色变为紫红色，再过量 5 mL 20%六次甲基四胺，使溶液 pH 为 5～6。用 0.01 mol·L^{-1} EDTA 标准溶液滴定，至溶液恰变为亮黄色，且 30 s 不变色，记录滴定体积。平行测定三次。

六、数据记录及处理

(1) 计算 EDTA 标准溶液的浓度。
(2) 计算磷酸锌的理论产量和产率。
(3) 计算产品中的锌含量，并换算成产品纯度。

七、安全与环保

1. 危险操作提示

使用微波炉时，注意实验安全！微波对人体有危害，微波炉内不能有金属容器，以免产生火花。炉门一定要关紧后才可以加热，以免微波泄漏对人体造成伤害。微波炉工作时，切勿开启炉门。全程佩戴防护眼镜，必要时戴防护手套。

2. 药品毒性及急救措施

酸碱溶液具有腐蚀性。若接触皮肤或眼睛，立即脱去污染衣物或提起眼睑，用流动清水或生理盐水冲洗至少 15 min。若受碱性试剂伤害，流水冲洗后可用 3%硼酸溶液湿敷后冲洗干净；若受酸性试剂伤害，流水冲洗后可用 3%肥皂水或 3%碳酸氢钠溶液湿敷后冲洗干净。

3. 实验清理

(1) 废弃酸碱溶液收集到一个大烧杯中，中和至中性或用水稀释后倒入水槽。
(2) 微波炉使用后需及时清理，炉腔内不能有任何残留，以免发生意外。

八、课后思考题

(1) 分析和归纳常规法及微波法制备磷酸锌的优缺点。
(2) 总结并解释以二甲酚橙为指示剂时测定的 pH 范围。
(3) 实验中 EDTA 标准溶液采用 ZnO 基准物质标定，为什么？

九、拓展实验

磷酸锌中磷含量的测定：$Zn_3(PO_4)_2 \cdot 2H_2O$ 产品中磷含量的测定采用可见分光光度法。酸性溶液中，磷酸根与钒钼酸铵生成黄色的磷钼酸铵（$\lambda_{max} = 420$ nm）。

准确称取 0.4394 g KH_2PO_4（M_r=136.1），用容量瓶配成 100 mL 溶液，再定量稀释 10 倍，得到 100 mg·L^{-1} 磷标准溶液。准确移取 1.00 mL、2.00 mL、2.50 mL、3.00 mL、4.00 mL 100 mg·L^{-1} 磷标准溶液于 5 个 50 mL 容量瓶(或比色管)中，分别加入 10.00 mL 2.5%钒钼酸铵显色剂，加水定容，充分摇匀，放置 15 min。以试剂空白为参比，在 420 nm 处测定吸光度，绘制磷的标准曲线。准确移取 1.00 mL 产品溶液于 50 mL 容量瓶中，用相同方法处理并测定吸光度。根据磷的标准曲线，计算产品中磷的含量。

实验 45　饲料添加剂蛋氨酸铜的制备及其配位比的测定

一、实验目的

(1) 学习蛋氨酸铜的制备方法及其配位比的测定。
(2) 掌握碘量法的基本原理和实验操作。
(3) 掌握配位滴定法的基本原理和实验操作。

二、实验导读

化学概念：配位滴定；碘量法；返滴定法；EDTA。
实验背景：EDTA 的特性和金属指示剂的作用原理等见实验 17。
铜是动物体中必需的微量元素，大部分以有机复合物存在，很多是金属蛋白，以酶的形式起功能作用，这些酶对生命过程都是至关重要的。蛋氨酸铜是一种新型的氨基酸螯合物类

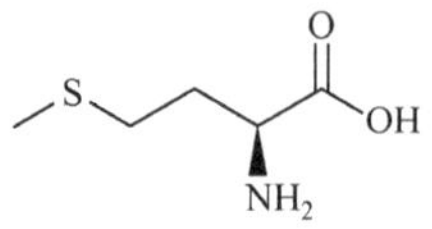

图 4-3 蛋氨酸的结构式

饲料添加剂，其中蛋氨酸为 2-氨基-4-甲硫基丁酸(图 4-3)。蛋氨酸铜通过氨基酸的胞饮吸收，可以缓解微量元素之间吸收时的竞争，不但提高铜离子的吸收利用率，而且增强其他微量元素的吸收。与无机铜盐类饲料添加剂相比，蛋氨酸铜具有副作用小、吸收性能好和利用率高等特点。

本实验中，$CuSO_4$ 和蛋氨酸在 pH 6～8 的体系中直接配位，形成蛋氨酸铜螯合物。产品中蛋氨酸含量的测定采用返滴定的碘量法：在样品溶液中加入定量过量的 I_3^- 标准溶液，一个碘分子和一个蛋氨酸分子发生反应，即两个碘原子加到蛋氨酸的硫原子上；产品中铜含量的测定采用 EDTA 滴定法。通过测定得到的蛋氨酸和铜的含量，即可确定其配位比及结构式。

三、课前预习

(1) 滴定操作有哪几种方法？什么是返滴定法？什么情况下采用返滴定法？
(2) 什么是碘量法？碘量法测定的主要误差来源有哪些？
(3) 什么是配位滴定？简述配位滴定的指示剂变色原理。
(4) EDTA 具有哪些分析特性？

四、主要仪器与试剂

1. 仪器

分析天平，恒温磁力搅拌器，电炉，循环水真空泵，布氏漏斗，抽滤瓶，滴定管，温度计，碘量瓶，锥形瓶，烧杯，表面皿，移液管，点滴板，广泛 pH 试纸。

2. 试剂

$CuSO_4\cdot5H_2O$(s)，KIO_3(s，基准物质)，蛋氨酸(s，含量≥99.5%)，KI(s)，H_2SO_4(3 mol·L^{-1}，1 mol·L^{-1})，HCl(2 mol·L^{-1})，磷酸盐缓冲溶液(pH 6.5)，NaOH(5 mol·L^{-1})，氨水(1∶5，体积比)，NH_3-NH_4Cl 缓冲溶液(pH 9.2)，$Na_2S_2O_3$ 标准溶液(0.1 mol·L^{-1}，用 KIO_3 标定)，EDTA 标准溶液(0.02 mol·L^{-1})，I_3^- 标准溶液(0.05 mol·L^{-1}，配制方法：35 g KI 用少量水溶解，加入 13 g I_2，搅拌使其完全溶解，配成 1 L 溶液，放置 1～2 天后，用 0.1 mol·L^{-1} $Na_2S_2O_3$ 标准溶液标定)，$BaCl_2$(0.5 mol·L^{-1})，淀粉(0.5%)，PAN(0.3%)，乙醇。

五、实验步骤

1. 蛋氨酸铜的制备

将 1.9 g $CuSO_4\cdot5H_2O$(M_r = 249.7，称至 0.01 g)和 8 mL 水置于 100 mL 烧杯中，搅拌至完全溶解，得到蓝色的 $CuSO_4$ 溶液。加入 40 mL 水于 250 mL 烧杯中，加热至沸。取下烧杯，磁力搅拌下，缓慢分批加入 2.3 g 蛋氨酸(M_r = 149.2，称至 0.01 g)，搅拌至完全溶解，得到透明的蛋氨酸溶液。趁热将 $CuSO_4$ 溶液缓慢滴加到蛋氨酸溶液中，加完后 60～70℃下搅拌 5 min。用 3～5 mL 5 mol·L^{-1} NaOH 调节溶液至 pH 6～8，60～70℃下磁力搅拌 10 min(注 1)。抽滤，得到蓝紫色粉末，用水反复洗涤至无 SO_4^{2-} 残留(用 0.5 mol·L^{-1} $BaCl_2$ 检验)，再用乙醇洗涤两次，每次 5 mL。抽滤，尽量抽干，产品转移至表面皿上，尽量摊开，自然晾干或 100℃烘 30 min，称量，计算产率。

2. 0.1 mol·L^{-1} Na$_2$S$_2$O$_3$ 标准溶液的标定

见实验 14。

3. 产品中铜和蛋氨酸配位比的测定

(1) 产品中蛋氨酸含量的测定：准确称取 0.10～0.12 g 产品(M_r = 360.0，称至 0.0001 g)，置于碘量瓶中，加入 10 mL 水和 2 mL 2 mol·L^{-1} HCl，微热溶解，加入 40 mL 磷酸盐缓冲溶液(pH 6.5)，充分摇匀(此时溶液变浑浊)，冷却至室温。准确加入 25.00 mL I$_3^-$ 标准溶液，充分摇匀，立即用 0.1 mol·L^{-1} Na$_2$S$_2$O$_3$ 标准溶液滴定，直至临近终点的淡黄绿色，加入 1 滴管 0.5% 淀粉(约 1 mL)，此时溶液变为深蓝色，继续滴定至天蓝色(Cu^{2+}的颜色)，记录滴定体积(注 2)。平行测定三次。

(2) 产品中铜含量的测定：准确称取 0.10～0.12 g 产品(M_r = 360.0，称至 0.0001 g)，置于锥形瓶中，加入 30 mL 水和 2 mL 2 mol·L^{-1} HCl，微热溶解，缓慢滴加氨水(1：5，体积比)至出现浑浊，再加入 10 mL NH$_3$-NH$_4$Cl 缓冲溶液(pH 9.2)，加热至 80℃左右，加入 1～2 滴 0.3% PAN，趁热用 0.02 mol·L^{-1} EDTA 标准溶液滴定(注 3)，直至溶液变为亮绿色，记录滴定体积。平行测定三次。注意：滴定过程中保持 80℃左右，否则终点颜色难以判断。

4. 空白测定

不加产品，其余操作同上，进行空白测定。

注 1：调至 pH 4 后要慢慢调；若 pH 超过 8，用 1 mol·L^{-1} H$_2$SO$_4$ 回调；控制反应温度，温度偏高会造成蛋氨酸分解，温度偏低不利于配位反应的进行。

注 2：淀粉需在临近终点前加入，以防淀粉吸附碘单质，使终点推迟。加入淀粉之前，滴定速度要快，振摇锥形瓶要缓慢，以防止碘单质挥发；加入淀粉之后，滴定速度要慢，每加入一滴 Na$_2$S$_2$O$_3$ 标准溶液，需剧烈振摇锥形瓶。达到终点后，静置观察 30 s，不要用力摇，否则空气中的氧气会使其返色。若产生的 CuI 吸附碘单质，使终点变色不敏锐或推迟，可在临近终点时加入 3 mL 20% KSCN，使其转化成溶解度更小的 CuSCN。

注 3：若 EDTA 标准溶液为 0.05 mol·L^{-1}，采用以下方法稀释成 0.02 mol·L^{-1}：准确取 40.00 mL 于 100 mL 容量瓶中，加水定容，充分摇匀。

六、数据记录及处理

(1) 计算 Na$_2$S$_2$O$_3$ 标准溶液的浓度及相对平均偏差。
(2) 计算 EDTA 标准溶液的浓度及相对平均偏差。
(3) 计算蛋氨酸铜的配位比，并写出此螯合物的结构式。

七、安全与环保

1. 药品毒性及急救措施

(1) I$_3^-$ 标准溶液有毒，易通过接触和食入等途径使人体受损。若与皮肤接触，立即用肥皂水和清水彻底冲洗皮肤；若食入，立即饮两杯温水，不要催吐。

(2) 酸碱溶液具有一定腐蚀性，使用时需小心。若接触皮肤或眼睛，立即脱去污染衣物或提起眼睑，用流动清水或生理盐水冲洗至少 15 min。若受碱性试剂伤害，流水冲洗后可用 3%

硼酸溶液湿敷后冲洗干净；若受酸性试剂伤害，流水冲洗后可用 3%肥皂水或 3%碳酸氢钠溶液湿敷后冲洗干净。

2. 实验清理

(1) 废弃酸碱溶液收集到一个大烧杯中，中和至中性或用水稀释后倒入水槽。
(2) 碘废液需倒入指定的无机废液容器中。
(3) 废弃的实验用防护手套和其他化学固体废物倒入指定容器中。

八、课后思考题

(1) 碘量法测定时，淀粉指示剂为什么要临近终点时才加入？提前或推后加入对测定结果有什么影响？简述产生的原因。
(2) 查阅资料，推导蛋氨酸铜与碘作用的机理。

九、拓展实验

蛋氨酸铜可采用固相反应法合成。例如，以蛋氨酸和乙酸铜为原料，在固体状态下，通过微波辐射一步快速合成蛋氨酸铜。自行查阅资料，设计实验方案，完成以下实验项目：①微波法合成蛋氨酸铜；②产品配位比测定；③与常规合成方法进行比较，简述优缺点及其产生原因。

实验 46   氯化钴氨配位异构体的合成及表征

一、实验目的

(1) 掌握钴氨配位异构体的合成。
(2) 掌握碘量法测定样品中的钴含量。
(3) 掌握电导法测定配离子的构型。

二、实验导读

化学概念：配位异构体；化学平衡及其移动；碘量法；电导法。

实验背景：由于内界的差异，氯化钴(Ⅲ)的氨合物能形成多种配位异构体，如紫红色的$[Co(NH_3)_5Cl]Cl_2$ 晶体、橙黄色的$[Co(NH_3)_6]Cl_3$ 晶体和砖红色的$[Co(NH_3)_5H_2O]Cl_3$ 晶体等。

$[Co(NH_3)_6]Cl_3$ 的合成是在活性炭催化下，将氯化钴(Ⅱ)与浓氨水混合，用 H_2O_2 将钴(Ⅱ)氧化后形成钴(Ⅲ)配合物，再根据溶解度及化学平衡移动原理，将其从浓盐酸中结晶析出，从而制得$[Co(NH_3)_6]Cl_3$ 晶体。$[Co(NH_3)_5Cl]Cl_2$ 可以采用相同的原料，在不加活性炭的实验条件下合成得到。

$$2CoCl_2 + 10NH_3 + 2NH_4Cl + H_2O_2 \xrightarrow{\text{活性炭}} 2[Co(NH_3)_6]Cl_3 + 2H_2O$$

$$2CoCl_2 + 8NH_3 + 2NH_4Cl + H_2O_2 = 2[Co(NH_3)_5Cl]Cl_2 + 2H_2O$$

样品中钴含量的测定采用碘量法。在强碱和高温下，钴(Ⅲ)配合物发生分解，生成 $Co(OH)_3$ 沉淀：

$$2[Co(NH_3)_6]Cl_3 + 6NaOH = 2Co(OH)_3\downarrow + 12NH_3\uparrow + 6NaCl$$

$$2[Co(NH_3)_5Cl]Cl_2 + 6NaOH === 2Co(OH)_3\downarrow + 10NH_3\uparrow + 6NaCl$$

$Co(OH)_3$ 具有较强的氧化性，能将碘离子氧化成碘单质，后者可采用 $Na_2S_2O_3$ 标准溶液进行滴定，从而计算出产品中钴的含量。

$$2Co(OH)_3 + 3I^- + 6H^+ === 2Co^{2+} + I_3^- + 6H_2O$$

$$2S_2O_3^{2-} + I_3^- === S_4O_6^{2-} + 3I^-$$

此外，$[Co(NH_3)_5Cl]Cl_2$ 和 $[Co(NH_3)_6]Cl_3$ 配合物的构型不同，可以利用这两种溶液的电导率不同来区别(表 4-9)。

表 4-9 $1.0 \times 10^{-3}\ mol \cdot L^{-1}$ 溶液的电导率与化合物构型的关系(25℃)

化合物构型	离子数目	电导率$\kappa/\mu S$
MA	2	120～134
MA$_2$ 或 M$_2$A	3	240～278
MA$_3$ 或 M$_3$A	4	411～451
MA$_4$ 或 M$_4$A	5	533～569

三、课前预习

(1) 简单归纳碘量法的测定原理。
(2) 简单归纳碘量法的主要误差来源及解决方法。
(3) 简述利用电导率测定配合物构型的原理。

四、主要仪器与试剂

1. 仪器

烘箱，电导率仪，恒温水浴锅，电炉，磁力搅拌器，循环水真空泵，抽滤瓶，布氏漏斗，表面皿，容量瓶，滴定管，锥形瓶，温度计，碘量瓶或具塞三角烧瓶。

2. 试剂

$CoCl_2 \cdot 6H_2O(s)$，$NH_4Cl(s)$，$KIO_3(s)$，$KI(s)$，活性炭(s)，HCl(浓，$6\ mol \cdot L^{-1}$)，H_2SO_4($3\ mol \cdot L^{-1}$)，浓氨水，NaOH($5\ mol \cdot L^{-1}$)，H_2O_2(10%)，$Na_2S_2O_3$ 标准溶液($0.1\ mol \cdot L^{-1}$)，淀粉(0.5%)，冰块。

五、实验步骤

提示：
(1) 温度对这两种配合物的合成起重要作用，整个合成过程中应严格控温。
(2) H_2O_2 加完后，需充分振荡使氧化反应完全。

1. 三氯化六氨合钴(Ⅲ)$[Co(NH_3)_6]Cl_3$ 的合成

将 6 g $CoCl_2 \cdot 6H_2O$($M_r = 237.9$，称至 0.01 g)和 4 g NH_4Cl 加入 100 mL 锥形瓶中，加入 8 mL

水，充分混匀，60℃水浴加热 10 min。稍冷后加入 0.3 g 活性炭，振荡摇匀 1 min。在通风橱中加入 15 mL 浓氨水，置于冰水浴中，边振摇边缓慢加入 8 mL 10% H$_2$O$_2$(每次 0.5~1 mL)，全部加完后振荡摇匀 1~2 min，60℃水浴恒温 20 min(需不时振摇锥形瓶)。趁热抽滤，将滤渣转移至 40~60 mL 近沸的 HCl(3∶50，体积比，临用时用热水自配)，迅速搅拌使橙黄色固体全部溶解，趁热过滤。将滤液转移至 100 mL 烧杯中，冰水浴中缓慢加入 15 mL 浓 HCl，搅拌后充分冷却，即有大量橙黄色晶体析出。抽滤，尽量抽干，将产品在表面皿上充分摊开，90℃烘干 20~30 min，称量，记录产品的质量。

2. 二氯化一氯五氨合钴(Ⅲ)[Co(NH$_3$)$_5$Cl]Cl$_2$ 的合成

将 2 g NH$_4$Cl 和 15 mL 浓氨水放入 100 mL 锥形瓶中，充分混匀，不断搅拌下分 2~3 次加入 4 g CoCl$_2$·6H$_2$O(M_r = 237.9，称至 0.01 g)，生成土红色沉淀，同时放出热。稍冷后，边搅拌边慢慢滴入 12 mL 10% H$_2$O$_2$(每次 0.5~1 mL)，全部加完后振荡摇匀 1~2 min，溶液变成深红色。再慢慢倒入 15 mL 浓 HCl，溶液温度升高，并有紫红色晶体生成。将混合物 80℃水浴加热 15 min，然后置于冰水浴中充分冷却。抽滤，尽量抽干，将产品在表面皿上充分摊开，90℃烘干 20~30 min，称量，记录产品的质量。

3. 0.1 mol·L^{-1} Na$_2$S$_2$O$_3$ 标准溶液的标定

见实验 14。

4. 产品中钴含量的测定

准确称取约 0.4 g 产品于 250 mL 碘量瓶(或具塞三角烧瓶)中，加入 20 mL 5 mol·L^{-1} NaOH 和 2~3 粒沸石，加热煮沸 25 min(注 1)。冷却至室温，加入 0.8 g KI 固体，盖上瓶盖，轻缓振摇 1 min，加入 20 mL 6 mol·L^{-1} HCl，暗处放置 20 min。取出后立即加入 70 mL 水，用 0.1 mol·L^{-1} Na$_2$S$_2$O$_3$ 标准溶液滴定，直至紫红色溶液变为黄橙色，再加入 1 mL 0.5%淀粉溶液，此时溶液变成蓝色。继续用 0.1 mol·L^{-1} Na$_2$S$_2$O$_3$ 标准溶液滴定，直至溶液变为纯净的浅红色，记录滴定体积(注 2)。平行测定三次。

注 1：整个过程要防止暴沸；加热时碘量瓶或具塞三角烧瓶绝对不可以密封；加热过程中要及时补水，以防煮干。

注 2：由于 Co^{2+}具有催化作用，终点后溶液易被空气中的氧气返成蓝色。

六、数据记录及处理

将产品合成及测定的数据分别填入表 4-10~表 4-12 中，计算 Na$_2$S$_2$O$_3$ 标准溶液的浓度、产品的纯度；分析产率、测定误差和相对平均偏差。

表 4-10　产品的合成

物质	m(CoCl$_2$·6H$_2$O)/g	产品外观	理论产量/g	实际产量/g	产率/%
[Co(NH$_3$)$_6$]Cl$_3$					
[Co(NH$_3$)$_5$Cl]Cl$_2$					

表 4-11 Na₂S₂O₃ 标准溶液的标定

编号	1	2	3
$m(KIO_3)/g$			
$\Delta V(Na_2S_2O_3)/mL$			
$c(Na_2S_2O_3)/(mol\cdot L^{-1})$			
$\bar{c}\,(Na_2S_2O_3)/(mol\cdot L^{-1})$			
$\overline{d_r}\,/\%$			

表 4-12 产品纯度的测定

编号	1	2	3
$m(产品)/g$			
$\Delta V(Na_2S_2O_3)/mL$			
$w(Co)/\%$			
$\bar{w}(Co)\,/\,\%$			
$\overline{d_r}\,/\%$			
$w(Co，理论)/\%$			
产品纯度/%			

七、安全与环保

1. 危险操作提示

(1) 5 mol·L⁻¹ NaOH 溶液浓度高，具有腐蚀性，使用时要注意防护。加热前一定要加入沸石，碘量瓶或具塞三角烧瓶绝对不可以密封，否则会发生爆炸或暴沸溢出。

(2) 浓盐酸可灼伤皮肤，其蒸气对眼睛、呼吸系统和皮肤等有极强的刺激作用。必须在通风橱内操作浓盐酸，取用时务必小心，必须戴好防护手套，千万不可接触皮肤！取完浓盐酸后，先用薄膜包住容器瓶口，再将容器带离通风橱。

(3) 氨气刺激呼吸系统，并严重刺激眼睛和灼伤皮肤。必须在通风橱内操作浓氨水，取用时务必小心，必须戴好防护手套，千万不可接触皮肤！

(4) 浓盐酸遇浓氨水起白雾，两者不能放在一起，需放在两个隔开的通风橱中。

(5) 高浓度 H₂O₂ 具有强腐蚀性和强氧化性，吸入对呼吸道有强烈刺激性，接触眼睛将致不可逆损伤。使用时务必小心。

(6) CoCl₂·6H₂O 有毒性，使用时务必小心。

(7) 全程佩戴防护眼镜，必要时戴好防护手套，注意实验安全！

2. 药品毒性及急救措施

(1) 浓盐酸(发烟盐酸)会挥发出酸雾。盐酸本身和酸雾都会腐蚀人体组织，可能会造成不可逆的损伤。

(2) 浓氨水对呼吸道、黏膜和皮肤等有腐蚀刺激性，5 mol·L⁻¹ NaOH 对皮肤有腐蚀性。

(3) 以上化学试剂若接触皮肤或眼睛，立即脱去污染衣物或提起眼睑，用流动清水或生理盐水冲洗至少 15 min。若受碱性试剂伤害，流水冲洗后可用 3%硼酸溶液湿敷后冲洗干净；若受酸性试剂伤害，流水冲洗后可用 3%肥皂水或 3%碳酸氢钠溶液湿敷后冲洗干净。

3. 实验清理

(1) 废弃酸碱溶液收集到一个大烧杯中，中和至中性或用水稀释后倒入水槽。
(2) 含碘废液倒入指定的无机废液容器中。
(3) 废弃的实验用防护手套和其他化学固体废物倒入指定容器中。

八、课后思考题

(1) 简述加入浓盐酸的作用。加入浓盐酸过多或过少对产品制备有什么影响？
(2) 简单归纳制备这两种不同配合物的关键点。

九、拓展实验

(1) 化学分析法测定产品中氨含量。
(2) 仪器分析法测定产品中氨含量。
(3) 化学分析法测定产品中氯含量。
(4) 仪器分析法测定产品中氯含量。

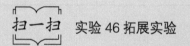 实验 46 拓展实验　　　　　　　　　　　　　　

实验 47　混价双金属铜配合物的制备及表征

一、实验目的

(1) 了解混价金属配合物的概念及形成机理。
(2) 学习混价配合物[Cu(en)$_2$][CuI$_2$]$_2$ 的制备方法。
(3) 巩固碘量法及配位滴定法的原理及操作。

二、实验导读

化学概念：配合物；混价金属配合物；配位滴定；碘量法。

实验背景：瑞士科学家维尔纳于 1893 年首次提出配位键、配位数和配位化合物结构等概念而创立配位化学，并由此获得 1913 年诺贝尔化学奖。100 多年来，配位化学得到迅猛发展，成为现代无机化学的一个重要研究方向。混价金属配合物中含有金属-金属化学键，其中心原子无论相同还是不同，都具有不同的氧化态，因而表现出独特的性质，得到了越来越多的关注。

本实验利用铜离子在不同条件下的性质差异，合成反应物 CuI 和目标产物[Cu(en)$_2$][CuI$_2$]$_2$，并对目标产物铜的混价双金属配合物进行组成分析。实验主要分为四步：①反应物 CuI 和 BaI$_2$ 的制备；②配合物[Cu(en)$_2$][CuI$_2$]$_2$ 的制备；③目标产物的前处理及铜含量的滴定分析；④目标产物的定性分析。

三、课前预习

(1) 了解混价金属配合物的概念及形成机理。

(2) 了解 Cu 的不同价态及转化。

(3) 简述配位滴定的原理及指示剂的选择。

(4) 简述碘量法测定的误差来源及解决方法。

四、主要仪器与试剂

1. 仪器

电炉，循环水真空泵，玻璃砂芯漏斗，布氏漏斗，抽滤瓶，滴定管，锥形瓶，烧杯，表面皿。

2. 试剂

$CuSO_4·5H_2O(s)$, $BaCO_3(s)$, $KI(s)$, $HNO_3(8 \ mol·L^{-1})$, 氯乙酸-乙酸钠缓冲溶液(pH 3.5), HI(25%), KI-$Na_2S_2O_3$ 混合溶液(KI 浓度为 4 $mol·L^{-1}$, $Na_2S_2O_3$ 浓度为 2 $mol·L^{-1}$), 乙二胺(50%), EDTA 标准溶液(0.01 $mol·L^{-1}$), $K_4[Fe(CN)_6]$(1%), PAN(0.1%), 淀粉(0.1%), 无水乙醇。

五、实验步骤

1. 产品制备

1) 制备 CuI

称取 3.75 g $CuSO_4·5H_2O$(0.015 mol)，置于 100 mL 烧杯中，加入 25 mL 水，搅拌至完全溶解。边搅拌边缓慢加入 8.0 mL KI-$Na_2S_2O_3$ 混合溶液。静置，倾析法弃去上层清液，再用 40～60℃温水洗涤沉淀 2 次，每次约 30 mL。用玻璃砂芯漏斗抽滤，CuI 沉淀用水洗涤 6 次，每次 10 mL，最后用少量无水乙醇洗涤沉淀 2～3 次，尽量抽干。得到的 CuI 固体于 110℃烘干 30 min，冷却后称量。

2) 制备 BaI_2 溶液

称取 0.81 g $BaCO_3$(0.005 mol)，置于 100 mL 烧杯中，加入少量水，搅拌至完全溶解。在通风橱内，边搅拌边滴加 5 mL 25% HI 到 $BaCO_3$ 溶液中(注 1)，直至无固体残留且无气泡生成为止。得到 BaI_2 溶液的总体积应控制在 10 mL 内。

3) 制备 $[Cu(en)_2][CuI_2]_2$

称取 1.25 g $CuSO_4·5H_2O$(0.005 mol)，置于 100 mL 烧杯中，加入 15 mL 水，搅拌至完全溶解。边搅拌边滴加 1.4 mL 50%乙二胺，滴加完毕后，继续搅拌 5 min，再滴加上述 BaI_2 溶液，立即生成沉淀。待这两种溶液完全混合后，加热至沸数分钟，注意不断搅拌以防暴沸。盖上表面皿，80℃水浴加热 20 min。先用玻璃砂芯漏斗抽滤，再少量多次地用水洗涤沉淀后抽滤，直至沉淀颜色接近白色。将滤液转移至 150 mL 烧杯中，蒸发浓缩至总体积约 30 mL，得到乙二胺合铜配合物的热溶液。

称取 12.0 g KI(0.07 mol)，置于 100 mL 烧杯中，加 10 mL 水，加热至沸，趁热缓慢分批加入 1.90 g 自制 CuI 固体，充分搅拌。用玻璃砂芯漏斗趁热抽滤，将滤液迅速倒入 100 mL 烧杯中(操作要迅速！)。加热滤液至沸，使析出的沉淀完全溶解。缓慢搅拌下，将此溶液加入乙二胺合铜配合物的热溶液中，搅拌均匀，析出棕色沉淀。静置冷却至室温，冷水浴中再冷却 10 min。用布氏漏斗减压过滤，沉淀用水洗涤 5 次，每次约 15 mL，再用适量无水乙醇洗涤沉淀 2~3 次，抽干，得到$[Cu(en)_2][CuI_2]_2$产品。产品转移至表面皿，110℃烘干 30 min，冷却后称量。

2. 产品定量分析

1) 产品处理

准确称取 0.30~0.35 g 产品(称至 0.0001 g)，置于 100 mL 烧杯中，加入 15 mL 水，加热至沸，直至溶液颜色不再加深且上层漂浮固体为白色。冷却至室温，用定量滤纸进行常压过滤(注 2)。将烧杯中残留的溶液及固体完全转移到滤纸上，用少量水洗涤数次，直至滤纸上无蓝紫色为止。滤液及洗涤液收集于 50 mL 容量瓶中，加水定容，得到产品溶液。保留滤纸上的固体残渣，用于后续的实验。

2) 铜含量测定

方法 1(EDTA 滴定法)：准确移取 2.00 mL 产品溶液于 25 mL 锥形瓶中，加入 1 mL 无水乙醇、1 mL 氯乙酸-乙酸钠缓冲溶液(pH 3.5)和 1 滴 0.1% PAN，用 0.01 mol·L^{-1} EDTA 标准溶液滴定，直至溶液由紫红色恰好变为黄绿色，且 30 s 不变色，记录滴定体积。平行测定三次。

方法 2(碘量法)：自行查阅资料，设计实验方案，标注所需试剂及其用量。

注 1：随着 HI 溶液的加入，不断有气泡生成，需搅拌使反应充分。

注 2：每次将溶液小心转移到滤纸上，固体留在烧杯中。加少量沸水于烧杯中的固体上，搅拌充分，将上清液过滤，固体依旧留在烧杯内，反复洗涤数次，直至烧杯中的固体完全变为白色，且溶液近于无色为止。

六、数据记录及处理

(1) 计算并分析 CuI 和$[Cu(en)_2][CuI_2]_2$的产量和产率。

(2) 计算并分析$[Cu(en)_2][CuI_2]_2$中的铜含量。

七、安全与环保

1. 药品毒性及急救措施

(1) 乙二胺有类似氨的气味，呈强碱性，易燃，低毒，有腐蚀性。

(2) $CuSO_4·5H_2O$ 误服、超量均可引起中毒。中毒后立即口服含丰富蛋白质的食品，如蛋清、牛奶、豆浆等，形成蛋白铜盐而沉淀，阻止胃肠道吸收而保护胃黏膜，再用 1%亚铁氰化钾洗胃解毒。

(3) HNO_3、氯乙酸-乙酸钠缓冲溶液、HI 溶液等具有腐蚀性。

(4) 使用以上化学试剂时需小心。若接触皮肤或眼睛，立即脱去污染衣物或提起眼睑，用流动清水或生理盐水冲洗至少 15 min。若受碱性试剂伤害，流水冲洗后可用 3%硼酸溶液湿敷后冲洗干净；若受酸性试剂伤害，流水冲洗后可用 3%肥皂水或 3%碳酸氢钠溶液湿敷后冲洗干净。

2. 实验清理

(1) 乙二胺废液对环境有危害，需倒入指定的有机废液容器中。

(2) 使用后的玻璃砂芯漏斗依次用 5 mL 8 mol·L^{-1} HNO$_3$、适量水和适量无水乙醇反复洗涤，抽干，直至洗涤液及漏斗上无棕色物质为止。

(3) 废弃酸碱溶液收集到一个大烧杯中，中和至中性或用水稀释后倒入水槽。

八、课后思考题

(1) 写出制备 CuI 的反应式。解释反应过程中的颜色变化。如果体系中加入过多 KI-Na$_2$S$_2$O$_3$ 混合溶液会有何影响？

(2) 制备 [Cu(en)$_2$][CuI$_2$]$_2$ 时，加入过量 KI 的目的是什么？

(3) 写出制备 BaI$_2$ 的反应式，解释溶液呈黄色的原因。

九、拓展实验

自行设计实验方案，对产品进行定性分析，需标注所需试剂及其用量。可供参考的两个途径如下。

途径 1：取约 2 mL 样品溶液于小试管中，加入 5 滴 2 mol·L^{-1} HCl 和几滴淀粉溶液，最后加入几滴 NaNO$_2$，观察体系的变化，记录实验现象，说明样品溶液的基本组成并解释。

途径 2：从定量滤纸上取米粒大小的沉淀于两支离心管中。向其中一支离心管中加入几滴 8 mol·L^{-1} HNO$_3$，待沉淀完全反应后，加少量水，离心分离。向另一支离心管中加入 0.1 mol·L^{-1} AgNO$_3$，离心分离。设计实验，鉴定该沉淀及以上两个反应中反应物的基本组成，并解释实验现象。

实验 48 阿司匹林铜的制备条件探索及铜含量测定

一、实验目的

(1) 了解阿司匹林和阿司匹林铜的理化性质。

(2) 了解以阿司匹林为原料制备阿司匹林铜的原理和方法。

(3) 探究实验条件对产物产率和纯度的影响。

(4) 掌握碘量法测铜的原理。

二、实验导读

化学概念：配位滴定；碘量法；无机化合物合成操作。

实验背景：阿司匹林(aspirin，缩写 Asp)的主要成分是乙酰水杨酸，是国内外广泛使用的解热镇痛药，具有解热、镇痛、抗炎及抗风湿、抑制血小板聚集等作用。阿司匹林虽然疗效良好，但存在严重的消化道不良副作用，血药浓度越高，副作用越明显，从而限制了其在大量给药或长期给药的广泛应用。据文献报道，阿司匹林与铜配位后，抗炎作用增强数十倍，具有一定的研究价值。

阿司匹林铜为亮蓝色结晶粉末，具有无味、不吸湿、不风化、不挥发等性质，不溶于水、醚及氯仿等溶剂，微溶于二甲亚砜。受热不稳定，与强酸反应解离出阿司匹林和铜离子。

本实验采用阿司匹林、NaOH、CuSO$_4$·5H$_2$O 为原料合成阿司匹林铜，反应式如下：

（图：阿司匹林与 NaOH 反应生成阿司匹林钠 + H$_2$O 的结构式方程）

（图：2 阿司匹林钠 + CuSO$_4$ → 阿司匹林铜双核配合物 + Na$_2$SO$_4$ 的结构式方程）

阿司匹林与硫酸铜的物质的量比为 2 : 1，配位方式属于桥式双齿配位，是由两个 Cu(Asp)$_2$ 平面通过羧桥叠加而成的双核配合物。通过条件试验，探究几种因素对阿司匹林铜制备产率和纯度的影响，确定合适的条件范围和最佳条件。

阿司匹林铜中铜含量可用碘量法测定。在硫酸溶液中加热，阿司匹林铜解离出 Cu^{2+}，后者在微酸性溶液中与过量 I$^-$ 作用，生成难溶性的 CuI 沉淀和 I$_2$，反应式如下：

$$2Cu^{2+} + 4I^- \Longrightarrow 2CuI \downarrow + I_2$$

生成的 I$_2$ 用 Na$_2$S$_2$O$_3$ 标准溶液滴定，以淀粉溶液为指示剂，反应式如下：

$$2S_2O_3^{2-} + I_2 \Longrightarrow S_4O_6^{2-} + 2I^-$$

CuI 沉淀表面吸附 I$_2$ 致使测定结果偏低，因此可在大部分 I$_2$ 被 Na$_2$S$_2$O$_3$ 溶液还原后，即溶液由棕色变为浅黄色时，加入 KSCN，使 CuI(K_{sp} = 2.1×10^{-12})沉淀转化为溶解度更小的 CuSCN(K_{sp} = 4.8 × 10^{-15})沉淀，把吸附的 I$_2$ 释放出来，从而提高测定结果的准确度。

$$CuI + SCN^- \Longrightarrow CuSCN \downarrow + I^-$$

根据 Na$_2$S$_2$O$_3$ 标准溶液的浓度及滴定体积计算出试样中的铜含量：

$$w(Cu)/\% = \frac{c(Na_2S_2O_3)V(Na_2S_2O_3)M(Cu) \times 100}{m_s \times 1000}$$

为了防止 I$^-$ 被空气中的 O$_2$ 氧化(Cu^{2+} 催化)，反应不能在强酸性溶液中进行；由于 Cu^{2+} 的水解及 I$_2$ 易被碱分解，反应不能在碱性溶液中进行，因此一般控制溶液 pH 为 3～4。

三、课前预习

(1) 简述配位滴定的原理及其指示剂的工作原理。
(2) 简述碘量法的误差来源及其消除。

四、主要仪器与试剂

1. 仪器

分析天平，循环水真空泵，抽滤瓶，布氏漏斗，电炉，恒温水浴锅，烧杯，锥形瓶，量筒，酸式滴定管。

2. 试剂

NaOH(s)，CuSO$_4$·5H$_2$O(s)，KI(s)，阿司匹林(s)，无水乙醇，Na$_2$S$_2$O$_3$ 标准溶液(0.1 mol·L^{-1})，H$_2$SO$_4$(3 mol·L^{-1})，KSCN(0.1 mol·L^{-1})，淀粉(0.5%)，冰。

五、实验步骤

1. 阿司匹林铜的制备

称取 1.7 g CuSO$_4$·5H$_2$O(M_r = 249.7，称至 0.01 g)，置于 250 mL 烧杯中，加入 60 mL 水，搅拌溶解。称取 0.55 g NaOH 固体于 100 mL 烧杯中，加入 10 mL 水，搅拌溶解并冷却至室温。称取 2.5 g 阿司匹林(M_r = 180.2，称至 0.01 g)，置于 250 mL 烧杯，加入 15 mL 无水乙醇，水浴微热直至阿司匹林完全溶解，冷却到 40℃以下。室温下，将 NaOH 溶液加入阿司匹林的乙醇溶液中，边加边搅拌，得到阿司匹林钠溶液。用滴管将 CuSO$_4$ 溶液滴加到阿司匹林钠溶液中，边加边搅拌，约 5 min 加完，再搅拌 10 min，生成阿司匹林铜沉淀。抽滤，用两层滤纸以防滤穿。先用水洗涤沉淀 3 次，再用 20 mL 无水乙醇分 3 次洗涤，最后将沉淀自然晾干，或于 50℃烘干 15 min，得到亮蓝色的阿司匹林铜固体粉末。

1) 温度对阿司匹林铜制备的影响

只改变温度，其他与上述实验步骤相同。分别在 15℃、25℃、35℃、45℃下制备阿司匹林铜。将 250 mL 烧杯放在水浴锅中，通过加冰或加热调整到所需温度，并保持全程恒定在该温度。比较不同温度下的反应现象、产品的产率和纯度，确定制备的合适温度范围和最佳温度。

2) 阿司匹林和硫酸铜的物质的量之比的影响

室温下，只改变阿司匹林与 CuSO$_4$ 的物质的量之比，其他与前述实验步骤相同。改变 CuSO$_4$ 溶液的用量，使阿司匹林和 CuSO$_4$ 的物质的量之比分别为 2.5∶1、2∶1、1.5∶1、1∶1。比较不同物质的量之比的反应现象、产品的产率和纯度，确定制备的阿司匹林和硫酸铜的最佳物质的量之比。

3) NaOH 的用量对阿司匹林铜制备的影响

室温下，只改变 NaOH 的用量，其他与前述实验步骤相同。NaOH 的用量分别为 0.40 g、0.55 g、0.60 g、0.70 g。比较不同 NaOH 用量时的反应现象、产品的产率和纯度，确定制备的 NaOH 最佳用量。

4) 硫酸铜加入速率对阿司匹林铜制备的影响

室温下，只改变 CuSO$_4$ 溶液的加入速率，其他与前述实验步骤相同。比较不同加入速率的反应现象、产品的产率和纯度，确定制备时加入 CuSO$_4$ 溶液的合适速率。

2. 阿司匹林铜中铜含量的测定

准确称取 0.37 g 阿司匹林铜(M_r = 740.1，称至 0.0001 g)，置于 100 mL 锥形瓶中，加入 2 mL 3 mol·L^{-1} H$_2$SO$_4$ 和 20 mL 水，加热煮沸，充分反应后，加入 10 mL 水，摇匀。冷却至室温后，加入 0.6 g KI，摇匀，用 0.1 mol·L^{-1} Na$_2$S$_2$O$_3$ 标准溶液滴定至溶液变浅黄色时，加入 4 mL 0.1 mol·L^{-1} KSCN 和 1 mL 0.5%淀粉，溶液变为蓝色。继续用 0.1 mol·L^{-1} Na$_2$S$_2$O$_3$ 标准溶液滴定，直至蓝色刚好消失为止，且 10 s 内不返回蓝色，记录滴定体积。平行滴定三次。

六、数据记录及处理

将实验数据及处理结果填入表 4-13～表 4-17 中，并归纳各项最佳实验条件。

表 4-13　温度对阿司匹林铜制备的影响

编号	1	2	3	4
反应温度/℃	15	25	35	45
反应现象				
m(阿司匹林铜)/g				
ρ(阿司匹林铜)/%				
w(铜)/%				

表 4-14　阿司匹林和硫酸铜的物质的量之比对阿司匹林铜制备的影响

编号	1	2	3	4
物质的量之比	2.5 : 1	2 : 1	1.5 : 1	1 : 1
m(阿司匹林)/g	2.50	2.50	2.50	2.50
m(五水合硫酸铜)/g	1.38	1.73	2.30	3.46
反应现象				
m(阿司匹林铜)/g				
ρ(阿司匹林铜)/%				
w(铜)/%				

表 4-15　NaOH 的用量对阿司匹林铜制备的影响

编号	1	2	3	4
m(NaOH)/g	0.40	0.55	0.60	0.70
反应现象				
m(阿司匹林铜)/g				
ρ(阿司匹林铜)/%				
w(铜)/%				

表 4-16　硫酸铜加入速率对阿司匹林铜制备的影响

编号	1	2	3	4
硫酸铜加入速率	一次全部加完	5 min 加完	10 min 加完	15 min 加完
反应现象				
m(阿司匹林铜)/g				
ρ(阿司匹林铜)/%				
w(铜)/%				

表 4-17　阿司匹林铜中铜含量的测定

编号	1	2	3	4	5
m(阿司匹林铜)/g					
V(硫代硫酸钠)$_初$/mL					
V(硫代硫酸钠)$_终$/mL					
ΔV(硫代硫酸钠)/mL					

续表

编号	1	2	3	4	5
w(铜)/%					
$\bar{w}$ (铜)/%					
$\overline{d_r}$ /%					
产品纯度/%					

七、安全与环保

1. 危险操作提示

实验过程中拿取加热容器需戴棉线手套，防止烫伤；使用 NaOH 固体时需小心，需戴防护手套。

2. 药品毒性及急救措施

(1) NaOH 固体具有强腐蚀性和易潮解性，取用后需立即盖紧试剂瓶。

(2) 使用酸碱和其他化学试剂时需小心。若接触皮肤或眼睛，立即脱去污染衣物或提起眼睑，用流动清水或生理盐水冲洗至少 15 min。若受碱性试剂伤害，流水冲洗后可用 3%硼酸溶液湿敷后冲洗干净；若受酸性试剂伤害，流水冲洗后可用 3%肥皂水或 3%碳酸氢钠溶液湿敷后冲洗干净。

3. 实验清理

(1) 及时处理洒落的 NaOH 固体或溶液。

(2) 废弃酸碱溶液收集到一个大烧杯中，中和至中性或用水稀释后倒入水槽。

(3) 较浓的含铜废液倒入指定的无机废液容器中。

(4) 废弃的实验用防护手套和其他化学固体废物倒入指定容器中。

八、课后思考题

(1) 阿司匹林与 NaOH 反应时，为什么在较低温度下进行?

(2) 测定产品中铜含量时，采取哪些措施提高测定的准确度?

(3) 逐项分析每个最佳合成条件。

九、拓展实验

阿司匹林铜结构的表征：将 4 mg 干燥后的阿司匹林铜和 200 mg KBr 粉末研细混匀，置于模具中，再用压片机压成透明薄片，放入红外光谱仪，测定红外光谱并加以分析。

实验 49　铁矿中铁含量的测定及含铬废水的处理

一、实验目的

(1) 掌握用重铬酸钾法测定铁含量的原理和方法。

(2) 掌握 $K_2Cr_2O_7$ 标准溶液的配制方法。

(3) 了解铁氧体法处理含铬废水的原理与方法。

二、实验导读

化学概念：预氧化还原；氧化还原滴定；重铬酸钾法；铁氧体；目视比色法。

实验背景：用 $SnCl_2$-$HgCl_2$-$K_2Cr_2O_7$ 测定铁矿中的铁含量是一种经典方法，具有结果准确和操作简便等优点。但是 $HgCl_2$ 为剧毒物质，为了减少污染，现在多采用无汞测铁法。

铁矿(主要成分为 Fe_2O_3)经盐酸分解，先用 $SnCl_2$ 还原大部分的 Fe^{3+}，再以 Na_2WO_4 为指示剂，用 $TiCl_3$ 还原剩余的少量 Fe^{3+}。过量的 $TiCl_3$ 将 Na_2WO_4 还原为钨蓝，使溶液呈蓝色。在 Cu^{2+} 的催化下，水中溶解的氧使钨蓝消失。以二苯胺磺酸钠为指示剂，用 $K_2Cr_2O_7$ 标准溶液滴定至溶液呈紫红色为终点。

$$6Fe^{2+} + Cr_2O_7^{2-} + 14H^+ = 6Fe^{3+} + 2Cr^{3+} + 7H_2O$$

滴定产生铁的黄色物质会影响终点的观察，可加入 H_3PO_4 使其生成无色配离子$[Fe(PO_4)_2]^{3-}$。此外，H_3PO_4 的加入还降低了 Fe^{3+}/Fe^{2+} 电对的电位值，使二苯胺磺酸钠指示剂的变色范围落在滴定的突跃范围内。

本实验中的 $Cr_2O_7^{2-}$ 废液对环境有较大的危害。我国工业废水排放标准中，铬的化合物被列为第一类有害物质，规定工业废水中 Cr(VI)的最高允许排放浓度为 $0.5\ mg \cdot L^{-1}$，总铬的最高允许排放浓度为 $1.5\ mg \cdot L^{-1}$。

含 Cr(VI)废水的处理方法较多，本实验采用铁氧体法。铁氧体是一种很好的磁性材料，由 Fe_2O_3 和一种或多种其他金属氧化物配制烧结而成。用 $FeSO_4$ 将废水中的 Cr(VI)转化成 Cr(Ⅲ)，用 NaOH 溶液调节体系至碱性，使 Cr^{3+} 和 Fe^{2+}、Fe^{3+} 一起生成铁氧体共沉淀，处理后的废水可以达标排放。Cr(VI)在酸性介质中能与二苯碳酰二肼生成紫红色配位物，可通过目视比色法(半定量)或分光光度法(定量)检验 $K_2Cr_2O_7$ 废水处理的效果。

$$\begin{matrix}Cr^{3+} & & Cr(OH)_3\downarrow \\ Fe^{3+} & \xrightarrow{NaOH} & Fe(OH)_3\downarrow & \xrightarrow{静置，脱水} & FeCr_xFe_{2-x}O_4 \\ Fe^{2+} & & Fe(OH)_2\downarrow\end{matrix}$$

三、课前预习

(1) 简述重铬酸钾法测定铁矿中铁含量的原理及操作要点。

(2) 本实验中为什么要使用 $SnCl_2$、$TiCl_3$ 两种还原剂？只使用其中的一种有什么缺点？

(3) 用重铬酸钾法测定 Fe^{2+} 时，滴定前为什么要加入硫-磷混合酸？混合酸加入后为什么要立即滴定？

(4) 简述铁氧体法处理含铬废水的原理及方法。

四、主要仪器与试剂

1. 仪器

烘箱，电热板，分析天平，超声仪，循环水真空泵，抽滤瓶，布氏漏斗，滴定管，容量瓶，移液管，比色管，磁铁，广泛 pH 试纸。

2. 试剂

K$_2$Cr$_2$O$_7$(s，基准物质)，铁矿试样(s)，FeSO$_4$·7H$_2$O(s)，HCl(6 mol·L^{-1})，H$_2$SO$_4$(3 mol·L^{-1})，H$_3$PO$_4$(6 mol·L^{-1})，硫-磷混合酸(1∶1，体积比)，NaOH(6 mol·L^{-1})，SnCl$_2$(10%)，Na$_2$WO$_4$(10%)，TiCl$_3$(1.5%，用 HCl 溶液配制)，CuSO$_4$(0.2%)，二苯胺磺酸钠(0.5%)，Cr(Ⅵ)标准溶液(0.1000 g·L^{-1})，KMnO$_4$(0.01 mol·L^{-1})，NaNO$_2$(20 g·L^{-1})，尿素(200 g·L^{-1})，二苯碳酰二肼溶液[配制方法：0.2 g 二苯碳酰二肼溶于 100 mL 乙醇，加入 400 mL 硫酸(1∶9，体积比)，低温避光保存]。

五、实验步骤

1. 铁含量的测定

(1) 0.02 mol·L^{-1} K$_2$Cr$_2$O$_7$ 标准溶液的配制：准确称取 0.45~0.55 g K$_2$Cr$_2$O$_7$(M_r = 294.2，称至 0.0001 g)，置于 100 mL 烧杯中，加水溶解，定量转移至 100 mL 容量瓶中，加水定容，充分摇匀。计算该溶液的准确浓度。

(2) 铁矿试样的分解：准确称取 0.25~0.30 g 铁矿试样(称至 0.0001 g)，置于锥形瓶中，加入 30 mL 6 mol·L^{-1} HCl，超声波分散 1~2 min，电热板上低温加热至沸(注 1)，使 Fe$_2$O$_3$ 溶解完全(如何判断？)，得到深黄色溶液，趁热滴加 10% SnCl$_2$ 至溶液变为浅黄色(注 2)。加入 4~8 滴 10% Na$_2$WO$_4$，滴加 1.5% TiCl$_3$ 至恰好出现浅蓝色，加入 80 mL 水，滴加 1 滴 0.2% CuSO$_4$ 溶液，振荡直至蓝色褪去，得到试样溶液。

(3) 铁矿试样的测定：试样溶液中加入 10 mL 硫-磷混合酸和 8 滴二苯胺磺酸钠指示剂，用 0.02 mol·L^{-1} K$_2$Cr$_2$O$_7$ 标准溶液滴定，直至溶液变为紫红色，且 30 s 不变色，记录滴定体积。平行测定三次。注意，多份铁矿试样可以同时分解，但不能同时预还原。

2. 含铬废水的处理

(1) 系列 Cr(Ⅵ)标准溶液的配制：准确移取 10.00 mL Cr(Ⅵ)标准溶液于 100 mL 容量瓶中，加水定容，充分摇匀，得到 0.010 g·L^{-1} Cr(Ⅵ)标准溶液。准确移取 0.00 mL、0.50 mL、1.50 mL、2.50 mL、5.00 mL、7.50 mL 0.010 g·L^{-1} Cr(Ⅵ)标准溶液于 6 个 50 mL 比色管中，分别加入 2.50 mL 二苯碳酰二肼溶液，加水定容，充分摇匀，得到 Cr(Ⅵ)浓度为 0.00~1.50 mg·L^{-1} 的系列标准溶液，将其作为目视比色法中的标准色阶，或者用于制作标准曲线(λ_{max} = 540 nm)。

(2) 含铬废水的处理：将本实验的 K$_2$Cr$_2$O$_7$ 废液置于 250 mL 烧杯中，用 3 mol·L^{-1} H$_2$SO$_4$ 调至 pH 2，加入适量 FeSO$_4$·7H$_2$O 固体(注 3)。搅拌使其完全溶解，用 6 mol·L^{-1} NaOH 调至 pH 11，生成铁氧体。水浴陈化 10~15 min，观察沉淀的形成。取出稍冷，用两层滤纸抽滤，得到的滤液供后续实验用。用水少量多次地将滤渣洗涤至中性，均匀摊于表面皿上，110℃烘干约 30 min 至完全干燥。

3. 含铬废水处理效果的检验

(1) 残留 Cr(Ⅵ)量的测定：准确移取 20.00 mL 滤液于 50 mL 比色管中，用 6 mol·L^{-1} H$_3$PO$_4$ 调至 pH 7，加入 2.50 mL 二苯碳酰二肼溶液，加水定容，充分摇匀，与标准色阶对比，或者于 540 nm 处测定其吸光度。

(2) 总铬含量的测定：准确移取 20.00 mL 滤液于锥形瓶中，加入 25 mL 水和 4.5 mL 6 mol·L^{-1}

H_3PO_4，充分摇匀，逐滴加入 0.01 $mol·L^{-1}$ $KMnO_4$，直至恰好出现稳定的紫红色，注意 $KMnO_4$ 不要过量。加热浓缩至溶液体积约为 20 mL，取下冷却，加入 1 mL 200 $g·L^{-1}$ 尿素，充分摇匀。边摇边滴加 20 $g·L^{-1}$ $NaNO_2$ 至溶液紫红色恰好褪去，注意 $NaNO_2$ 不能过量。振摇锥形瓶，使溶液中气泡全部逸出，将溶液定量转移至 50 mL 比色管中，加入 2.50 mL 二苯碳酰二肼溶液，加水定容，充分摇匀，与标准色阶对比，或者于 540 nm 处测定其吸光度。

(3) 铁氧体磁性的测定：烘干后的滤渣用玻璃棒研细，用磁铁测试其磁性(注 4)。

注 1：根据试样的含铁量调整称量范围，并适当增减 HCl 用量；切忌高温加热，不时用放在锥形瓶内的玻璃棒搅拌，不能蒸干；可滴加数滴 $SnCl_2$ 溶液助溶。

注 2：若 $SnCl_2$ 加入过量使溶液为无色，小心滴加 $KMnO_4$ 直至浅黄色出现。

注 3：自行计算用量。可由 $K_2Cr_2O_7$ 废液的浓度和体积进行估算，确保 Cr(Ⅵ)全部转化为 Cr(Ⅲ)，且 Cr^{3+}、Fe^{3+} 和 Fe^{2+} 按比例共存。只收集滴定管和容量瓶中剩余的 $K_2Cr_2O_7$ 作为废液，滴定管的润洗液不收集，因为浓度太低。如果废液不够，可多人共同完成。

注 4：滤渣一定要烘干并研细，否则磁性不明显。

六、数据记录及处理

(1) 根据下式计算铁矿试样中铁的质量分数：

$$w(\text{Fe})/\% = \frac{6cVM(\text{Fe}) \times 100}{1000m_s}$$

式中：c 为 $K_2Cr_2O_7$ 标准溶液的浓度($mol·L^{-1}$)；V 为滴定试样消耗 $K_2Cr_2O_7$ 标准溶液的体积(mL)；m_s 为试样的质量(g)。

(2) 绘制 Cr(Ⅵ)标准曲线，标出线性方程和 R^2，计算处理后废水中 Cr(Ⅵ)的残留量及总铬量。或者根据目视比色法的结果，估算处理后废水中残留的 Cr(Ⅵ)量及总铬量，均以 $mg·L^{-1}$ 表示。

七、安全与环保

1. 药品毒性及急救措施

(1) $K_2Cr_2O_7$ 中的六价铬为吞入性毒物和吸入性极毒物，皮肤接触(六价铬是最易导致过敏的金属之一，仅次于镍)可能导致过敏，甚至造成遗传性基因缺陷；吸入可能致癌；易被人体吸收，侵害人体。

(2) $SnCl_2$ 溶液和 Na_2WO_4 溶液危害性较小，但可以引起皮肤过敏、眼睛刺激和呼吸道刺激等。

(3) $TiCl_3$ 有毒，可以经吸入、食入或经皮肤吸收而危害人体。对黏膜、呼吸道、眼睛和皮肤有强烈的刺激性。可引起灼烧感、咳嗽、喘息、恶心和呕吐等症状。

(4) $TiCl_3$ 性质不稳定，为强还原剂，易自燃。高温分解放出有毒的腐蚀性气体，在潮湿空气中放出热量和刺激腐蚀性气体 HCl。

(5) 使用以上化学试剂时务必小心，注意安全。若接触皮肤或眼睛，立即脱去污染衣物或提起眼睑，用流动清水或生理盐水冲洗至少 15 min。若受碱性试剂伤害，流水冲洗后可用 3%硼酸溶液湿敷后冲洗干净；若受酸性试剂伤害，流水冲洗后可用 3%肥皂水或 3%碳酸氢钠溶液湿敷后冲洗干净。

2. 实验清理

(1) $K_2Cr_2O_7$ 废液对环境危害很大，不得随意排放，收集后倒入含铬废液容器中。

(2) 其他金属离子废液需倒入无机废液容器中。

(3) 废弃酸碱溶液收集到一个大烧杯中，中和至中性或用水稀释后倒入水槽。

八、课后思考题

(1) 若试液中同时含有 Fe^{2+} 和 Fe^{3+}，试设计测定二者含量的分析方案。

(2) 含铬废水处理实验中两次调节 pH，各有什么意义？

(3) 结合本次实验，谈谈对实验室废水处理的看法，列举几种实验室废水处理的方法。

(4) 查阅资料，归纳工业上含铬废水的主要来源及其排放标准。

九、拓展实验

目前在工业废水处理中常使用无机或有机高分子絮凝剂。如何在铁氧体法处理含铬废水的体系中加入聚铝、聚铁等无机絮凝剂及聚丙烯酰胺高分子絮凝剂，以提高废水的处理效果？自行查阅资料，设计实验方案。

实验 50　水泥熟料分析

一、实验目的

(1) 掌握重量法测定水泥熟料中 SiO_2 含量的原理和操作。

(2) 巩固配位滴定法的原理和金属指示剂的工作原理。

(3) 理解多种离子共存时配位滴定的条件及应用。

(4) 掌握沉淀生成、过滤、洗涤、灰化、灼烧等重量分析的基本操作。

二、实验导读

化学概念：重量分析法；配位滴定法；EDTA；金属指示剂；恒量及其操作。

实验背景：水泥主要由硅酸盐组成。按我国的规定，水泥可以分为硅酸钠水泥(熟料水泥)、普通硅酸钠水泥(普通水泥)、矿渣水泥、火山泥水泥和煤灰水泥等种类。水泥熟料是由水泥生料经 1400℃以上的高温煅烧而成，其主要化学成分是 SiO_2(18%～24%，质量分数，下同)、Fe_2O_3(2.0%～5.5%)、Al_2O_3(4.0%～9.5%)、CaO(60%～67%)和 MgO(<4.5%)。硅酸盐水泥是由水泥熟料加入适量的石膏形成，其主要成分与水泥熟料相似，可以按水泥熟料的化学分析方法进行测定。

1. 试样的分解

水泥熟料中碱性氧化物占 60%以上，主要成分为硅酸三钙(3CaO·SiO_2)、硅酸二钙(2CaO·SiO_2)、铝酸三钙(3CaO·Al_2O_3)和铁铝酸四钙(4CaO·Al_2O_3·Fe_2O_3)。水泥熟料能被盐酸分解，生成硅酸和可溶性的氯化物。用浓盐酸和加热干涸等方法处理后，硅酸析出，利用沉淀分离将硅酸与水泥中的铁、铝、钙和镁等分离。

2. SiO₂ 含量的测定原理

采用重量法测定 SiO₂ 的含量。水泥熟料经盐酸分解形成硅酸水溶胶，其水分在高温下随 HCl 的挥发被带走，成为水凝胶析出；固体氯化铵的水解会加速此脱水过程。

$$NH_4Cl + H_2O == NH_3 \cdot H_2O + HCl$$

硅酸水凝胶的组成不固定，通过过滤、洗涤、灰化、高温灼烧至恒量，转化成 SiO₂。称量 SiO₂ 的质量，可以计算其质量分数。

$$H_2SiO_3 \cdot nH_2O \xrightarrow{110℃} H_2SiO_3 \xrightarrow{950\sim1100℃} SiO_2$$

3. 铁、铝、钙和镁等组分的测定原理

水泥熟料中的铁、铝、钙和镁等组分以 Fe^{3+}、Al^{3+}、Ca^{2+} 和 Mg^{2+} 等离子形式存在于滤液中，它们都能与 EDTA 形成稳定的配离子。但这些配离子的稳定性有较显著差别，通过掩蔽或酸度控制，可用 EDTA 标准溶液进行分别滴定。

铁的测定：采用直接滴定法。溶液的 pH 和温度是两个关键因素。pH≤1.5，测定结果偏低；pH>3，Fe^{3+} 易形成红棕色的氢氧化铁沉淀；温度>75℃，Al^{3+} 也可能与 EDTA 配位，使 Fe_2O_3 的测定结果偏高，而 Al_2O_3 的测定结果偏低；温度<50℃，反应速率缓慢，不易得到准确的终点。

铝的测定：采用返滴定法。Al^{3+} 与 EDTA 的配位很慢，因此先加入定量过量的 EDTA 标准溶液，再以 PAN 为指示剂，用 $CuSO_4$ 标准溶液滴定剩余的 EDTA，至溶液变为紫色为止。溶液中 Cu-EDTA 的量对终点颜色变化的敏锐程度有影响，一般 100 mL 溶液中加入的 EDTA 标准溶液($0.01\sim0.015$ mol·L⁻¹)以过量 10～15 mL 为宜。

钙的测定：通过酸度控制和配位掩蔽，采用直接滴定法。pH>12，Mg^{2+} 形成 $Mg(OH)_2$ 沉淀；Fe^{3+} 和 Al^{3+} 用三乙醇胺进行掩蔽。用钙黄绿素-甲基百里香酚蓝-酚酞(CMP)作为混合指示剂，pH>12 时钙黄绿素呈橘红色，与 Ca^{2+}、Sr^{2+}、Ba^{2+} 等配位后呈绿色荧光。终点时，溶液中的荧光消失，呈现橘红色。由于残余荧光会影响终点，利用甲基百里香酚蓝和酚酞等酸碱指示剂的颜色掩盖。

镁的测定：通过测得的钙镁总量减去钙含量，即可得到镁的含量。调节体系至 pH 10，用三乙醇胺及酒石酸钾钠掩蔽 Fe^{3+} 和 Al^{3+}，用酸性铬蓝 K-萘酚绿 B(K-B)作为混合指示剂，测得钙镁总量，其中萘酚绿 B 在滴定过程中没有颜色变化，只衬托终点颜色。

配位滴定及金属指示剂作用原理见实验 17。

重量分析法操作见 2.3.3。

三、课前预习

(1) 如何分解水泥熟料试样？分解后被测组分以什么形式存在？加入 NH₄Cl 的作用是什么？
(2) 简述重量分析法测定 SiO₂ 含量的原理。简述无定形沉淀(如 SiO₂)形成的条件。
(3) 测定 Fe 含量时，如何消除 Al^{3+}、Ca^{2+}、Mg^{2+} 等的干扰？滴定温度及原因是什么？
(4) 简述重量分析法的原理及基本操作。
(5) 以 $CuSO_4$ 标准溶液滴定 EDTA 溶液为例，简述金属指示剂 PAN 的作用原理。

四、主要仪器与试剂

1. 仪器

分析天平，马弗炉，电热板，电炉，干燥器，滴定管，容量瓶，移液管，长颈漏斗，铁圈，点滴板(黑色)，平头玻璃棒，坩埚，坩埚钳(长、短)，中速定量滤纸。

2. 试剂

水泥熟料试样(s)，NH_4Cl(s)，浓 HNO_3，HCl(浓，6 mol·L^{-1})，氨水(1∶1，体积比)，KOH(20%)，EDTA 标准溶液(0.01 mol·L^{-1})，$CuSO_4$ 标准溶液(0.01 mol·L^{-1})，$AgNO_3$(0.1 mol·L^{-1})，三乙醇胺(1∶2，体积比)，酒石酸钾钠(10%)，HAc-NaAc 缓冲溶液(pH 4.3，配制方法：33.7 g 乙酸钠和80 mL 乙酸，溶解后稀释至 1 L)，NH_3-NH_4Cl 缓冲溶液(pH 10，配制方法：67.5 g NH_4Cl 和 570 mL 浓氨水，溶解后稀释至 1 L)，溴甲酚绿(0.05%)，磺基水杨酸(10%)，PAN(0.3%)，K-B(s，配制方法：将 1 g 酸性铬蓝 K、2.5 g 萘酚绿 B 和 50 g 硝酸钾研磨均匀)，CMP(s，配制方法：将 1 g 钙黄绿素、1 g 甲基百里香酚蓝、0.2 g 酚酞和 50 g 硝酸钾研磨均匀)。

五、实验步骤

1. 试样的分解

准确称取 0.5 g 水泥熟料试样(称至 0.0001 g)，置于干燥的 50 mL 烧杯中，加入 2.0 g 氯化铵，用平头玻璃棒混匀，直至无明显白色颗粒为止。加入 3 mL 浓 HCl 及 3~4 滴浓 HNO_3，搅匀成为淡黄色糊状物。盖上小表面皿，将烧杯放在电热板上加热 10~15 min，蒸发至近干呈白色(注 1)。从电热板上取下烧杯，加入 20 mL 热的稀 HCl(自配，取 3 mL 浓 HCl 稀释至 100 mL，临用时配制)，充分搅拌，使可溶性盐类溶解完全。用中速定量滤纸和长颈漏斗做好水柱，长颈漏斗伸入 250 mL 容量瓶内 2~3 cm，尖嘴紧贴容量瓶内壁。采用倾析法，将上层清液沿玻璃棒倾入滤纸上，尽量不要搅起沉淀，让沉淀留在烧杯底部。上层清液倾完后，用热的稀 HCl 洗涤烧杯内壁和沉淀 3~4 次，再用热水充分洗涤沉淀 10 次以上(注 2)，直至滤液中无 Cl^- 为止(用 $AgNO_3$ 溶液检验)(注 3)。取下 250 mL 容量瓶，加水定容，充分摇匀，得到试样溶液。

2. SiO_2 的测定

(1) 坩埚恒量。记录坩埚及盖子的编号，以免弄错。

(2) SiO_2 的测定。将沉淀及滤纸包裹后，移入已恒量的坩埚内，先在电炉上进行灰化，再放入 800~1000℃马弗炉内灼烧 30 min，取出稍冷，置于干燥器中冷却 20~30 min，称量(称至 0.0001 g)。再次灼烧，直至恒量(注 4)，记录称量质量。

注 1：蒸发过程中，需不时搅拌糊状物，不能完全蒸干。

注 2：洗涤时遵循少量多次原则，每次加少量热的稀 HCl 或热水。否则，溶液在滤纸上变冷，使得过滤速度很慢。

注 3：容量瓶内的滤液收集到 150 mL 以上后，取下长颈漏斗，将尖嘴口的残留液滴到黑色点滴板上，滴入 $AgNO_3$ 溶液，观察是否浑浊。

注 4：恒量操作中，每次灼烧、冷却的时间需要完全相同，且在同一台分析天平上称量。

3. Fe_2O_3 的测定

准确移取 20.00 mL 试样溶液于锥形瓶中，加入 40 mL 水和 2~4 滴 0.05%溴甲酚绿(pH<3.8 呈黄色，pH>5.4 呈绿色)，逐滴滴加氨水(1∶1，体积比)，直至溶液呈绿色，再逐滴滴加 6 mol·L^{-1} HCl，直至溶液呈黄色，再过量 3 滴，此时 pH 1.8~2.0。将溶液加热至 60~70℃(不能使用温度计，观察到瓶口有较多水蒸气即可)，加入 5~8 滴磺基水杨酸，趁热用 0.01 mol·L^{-1} EDTA

标准溶液缓慢滴定，直至溶液由紫红色变为亮黄色(终点时溶液的温度应不低于 60℃，否则变色不敏锐)，记录滴定体积。保留此溶液供 Al_2O_3 测定用。平行测定 2～3 次。注意，此处 EDTA 标准溶液的消耗量小于 2 mL，一定要缓慢滴定。

4. Al_2O_3 的测定

在滴定铁后的溶液中，用滴定管准确放出 18～20 mL 0.01 mol·L^{-1} EDTA 标准溶液(精确至 0.01 mL)，加入 20 mL 水和 10 mL HAc-NaAc 缓冲溶液(pH 4.3)，加热近沸 1～2 min，取下稍冷，加入 4～5 滴 PAN，用 0.01 mol·L^{-1} CuSO$_4$ 标准溶液滴定，直至溶液由黄色变为亮紫色，记录滴定体积。平行测定 2～3 次。

CuSO$_4$ 标准溶液的标定：用滴定管准确放出 10～12 mL 0.01 mol·L^{-1} EDTA 标准溶液于锥形瓶中(精确至 0.01 mL)，加入 70 mL 水和 15 mL HAc-NaAc 缓冲溶液(pH 4.3)，加热近沸 1～2 min，取下稍冷，加入 4～5 滴 PAN，用 0.01 mol·L^{-1} CuSO$_4$ 标准溶液滴定，直至溶液由黄色变为亮紫色，记录滴定体积。平行测定 2～3 次，根据 EDTA 标准溶液的浓度，计算 CuSO$_4$ 标准溶液的准确浓度。

5. CaO 的测定

准确移取 10.00 mL 试样溶液于 250 mL 烧杯中，加入 90 mL 水和 5 mL 三乙醇胺(1∶2，体积比)及少许 CMP 混合指示剂，边搅拌边滴加 20% KOH 溶液至出现绿色荧光，再过量 5～8 mL，此时溶液 pH>13。用 0.01 mol·L^{-1} EDTA 标准溶液滴定，直至绿色荧光消失且溶液呈红色(从烧杯上方向下观察)，记录滴定体积。平行测定 2～3 次。

6. Ca 和 Mg 总量的测定

准确移取 10.00 mL 试样溶液于锥形瓶中，加入 50 mL 水、1 mL 10%酒石酸钾钠和 5 mL 三乙醇胺(1∶2，体积比)，混合均匀，加入 15 mL NH$_3$-NH$_4$Cl 缓冲溶液(pH 10)及少许 K-B 混合指示剂，混合均匀。用 0.01 mol·L^{-1} EDTA 标准溶液滴定，直至溶液由紫红色变为纯蓝色，记录滴定体积。平行测定 2～3 次。

六、数据记录及处理

(1) 列出计算 SiO_2、Fe_2O_3、Al_2O_3、CaO、MgO 含量的公式。

(2) 分别计算水泥熟料中 SiO_2、Fe_2O_3、Al_2O_3、CaO、MgO 含量和它们含量的总和，以质量分数(%)表示。

(3) 查询国家标准，分析实验中水泥熟料的质量。

七、安全与环保

1. 危险操作提示

(1) 操作高温马弗炉时，需戴石棉手套，注意安全，防止烫伤。坩埚需用长柄金属钳放入或取出；开关炉门时，切不可将炽热的炉门内侧朝着有人的地方；样品取出后放在隔热的耐火砖上稍凉，再转入干燥器中冷却。

(2) 需在通风橱中滴加浓 HNO$_3$ 和浓 HCl，务必小心。

(3) 全程佩戴防护眼镜，必要时戴防护手套！

2. 药品毒性及急救措施

(1) 浓 HNO_3 和浓 HCl 等具有强酸性和强腐蚀性，使用时注意安全。若不慎触及皮肤，需立即用干布或吸水纸擦拭，再用流动清水长时间冲洗。若不慎漏出，需及时清理。

(2) 使用酒石酸钾钠和三乙醇胺时，避免与皮肤和眼睛接触。若溅入眼内，应用流动清水长时间冲洗。

(3) 使用以上酸碱等化学试剂时需小心。若接触皮肤或眼睛，立即脱去污染衣物或提起眼睑，用流动清水或生理盐水冲洗至少 15 min。若受碱性试剂伤害，流水冲洗后可用 3%硼酸溶液湿敷后冲洗干净；若受酸性试剂伤害，流水冲洗后可用 3%肥皂水或 3%碳酸氢钠溶液湿敷后冲洗干净。

3. 实验清理

(1) 及时清理马弗炉和电热板等设备，不能有任何残留。
(2) 废弃酸碱溶液收集到一个大烧杯中，中和至中性或用水稀释后倒入水槽。
(3) 有机废液收集后倒入指定的有机废液容器中。
(4) 废弃的实验用防护手套和其他化学固体废物倒入指定容器中。

八、课后思考题

(1) 洗涤 SiO_2 沉淀的操作应注意些什么？如何提高洗涤的效果？
(2) 根据配位滴定基本原理，说明 pH 4.3 测定 Al^{3+} 时，Ca^{2+} 和 Mg^{2+} 是否有干扰。
(3) 本实验为什么不能直接测定 Mg^{2+}？能否设计一个方案，直接测定 Mg^{2+}？

九、拓展实验

水泥熟料中 SiO_2 除以胶凝性组分(采用重量法测定)存在外，还以水溶性组分存在。水溶性 SiO_2 可以采用硅钼蓝分光光度法测定。自行查阅资料(如国家标准等)，设计实验方案并实施。

实验 51　植物色素的提取和分离

一、实验目的

(1) 了解从植物中提取色素的原理和方法。
(2) 进一步熟悉柱色谱原理及其实验操作技术。

二、安全警示

(1) 实验须佩戴防护眼镜和合适的手套，实验操作在通风橱中进行。
(2) 丙酮易燃、易挥发，有刺激性；石油醚易燃、易爆，有刺激性，需谨慎操作。

三、实验导读

化学概念：天然物质的提取；柱色谱。

实验背景：绿色植物如菠菜中含有叶绿素、胡萝卜素和叶黄素等多种天然色素。叶绿素存在两种结构相似的形式，即叶绿素 a 和叶绿素 b，其差别仅是 a 中一个甲基被 b 中的甲酰基所取代。植物中叶绿素 a 的含量通常是 b 的三倍。尽管叶绿素分子中含有一些极性基团，但大多数的烃基结构使它易溶于醚、石油醚等非极性溶剂。

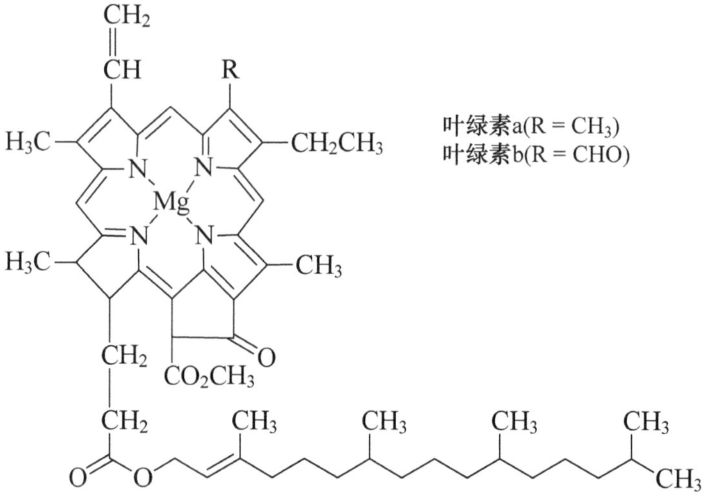

叶绿素a(R = CH₃)
叶绿素b(R = CHO)

叶绿素

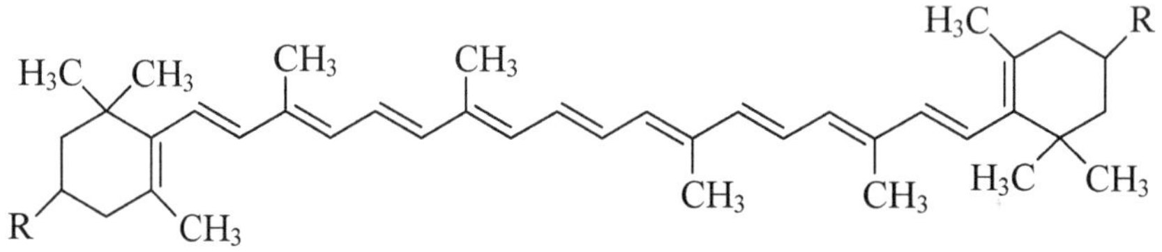

β-胡萝卜素(R = H)，叶黄素(R = OH)

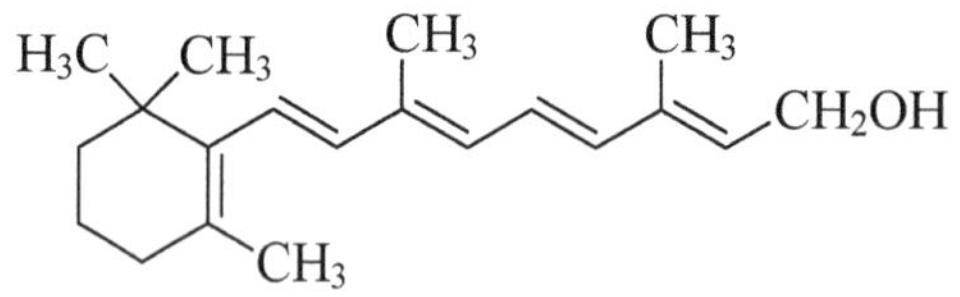

维生素A

胡萝卜素是具有长链结构的共轭多烯，它有三种异构体，即 α-、β 和 γ-胡萝卜素，其中 β 异构体含量最多，也最重要。生长期较长的绿色植物，异构体中 β 异构体的含量多达 90%。β 异构体具有维生素 A 的生理活性，是两个维生素 A 分子在链端失去两个水分子结合而成的。在生物体内，β 异构体受酶催化氧化即形成维生素 A。目前 β 异构体已可进行工业生产，可作为维生素 A 使用，也可作为食品工业中的色素。

叶黄素是胡萝卜素的羟基衍生物，它在绿叶中的含量通常是胡萝卜素的两倍。与胡萝卜素相比，叶黄素较易溶于醇，而在石油醚中溶解度较小。

本实验将从菠菜中提取上述几种色素，并以中性氧化铝为吸附剂，以 4∶1(体积比)石油醚-丙酮为洗脱剂，通过柱色谱进行分离。由于各种色素受吸附剂作用强弱不同，在柱中可观察到不同的色带。实验也可结合薄层色谱法(TLC)预先对样品进行分析以及柱色谱条件选择。

四、课前预习

预习实验基本操作中以下实验技术：萃取、柱色谱的原理、柱色谱装柱方法。

五、主要仪器与试剂

1. 仪器

色谱柱(直径 10 mm，长 200 mm)，研钵，分液漏斗，锥形瓶，玻璃漏斗，滴管，抽滤装置。

2. 试剂

中性氧化铝(150～160 目)，丙酮，乙醇(95%)，石油醚，氯化钠饱和溶液，无水硫酸钠。

六、实验步骤

1. 菠菜色素的提取

将菠菜叶切成丝，用 95%乙醇浸泡 3 h，菜叶和乙醇的质量比为 1：5。取 20 mL 乙醇提取液于分液漏斗中，然后加入 10 mL 石油醚，充分振摇后再加入 50 mL 水洗去乙醇，轻轻振摇(注 1)，此时绿色色素转移到上层的醚层中。静置，分层后打开活塞放出水层(注 2)。同法再用 50 mL 水洗涤一次。最后从分液漏斗上口将醚层倒入 25 mL 干燥的锥形瓶中，加入无水硫酸钠(约 2 g)进行干燥，充分振摇后静置待用。可结合薄层色谱法预先对样品进行分析以及柱色谱条件选择。

2. 柱色谱分离

取一支干燥的带有砂芯的色谱柱(10 mm × 200 mm)，向柱中加入石油醚-丙酮溶液(4：1，体积比)至柱高 1/2 处。用一个干燥的粗颈漏斗向柱中加入 8 g 色谱用中性氧化铝(150～160 目)，边加边用带橡皮塞的玻璃棒或木棒轻轻地敲击柱身下部，使其装填紧密(注 3)，此时可打开活塞，控制流出速度约每秒 2 滴排出液体，但必须保持液面不低于固定相(注 4)。加完后，上面再盖一张圆形滤纸，放出溶剂至液面与滤纸表面相平时，关闭活塞。

用滴管小心加入 1 mL 上述色素溶液，重新打开活塞，使液体流出，当液面流至滤纸面时，用少量石油醚-丙酮溶液(4：1)洗下留在柱壁上的有色物质，如此连续 2～3 次，直到洗净为止，然后继续用石油醚-丙酮(4：1)洗脱(注 5)。当第一个有色成分即将滴出时，用锥形瓶收集，得橙色溶液(为胡萝卜素)。继续用石油醚-丙酮(7：3)溶液作洗脱剂，可分出第二个黄色带(叶黄素)，再用丁醇-乙醇-水(3：1：1)洗脱叶绿素 a(蓝绿色)和叶绿素 b(黄绿色)(注 6)。

注 1：洗涤时要轻轻旋荡，以防止产生乳化，影响分离。
注 2：静置后如分层不明显，可加 5 mL 氯化钠饱和溶液一起振摇。
注 3：装柱时吸附剂装填要紧密，要求无断层、无缝隙、无气泡，吸附剂的上端平整，无凹凸面。
注 4：在装柱、洗脱过程中，始终保持有溶剂覆盖吸附剂。一个色带与另一色带的洗脱液的接收不要交叉。
注 5：注意洗脱时切勿使溶剂流干。
注 6：叶绿素易溶于醇，而在石油醚中溶解度较小。从嫩绿菠菜叶得到的提取液中，叶黄素含量很少，柱色谱中不易分出黄色带。

七、数据记录及处理

记录实验中各色带洗脱下来的先后顺序，以及各色素在 TLC 中的 R_f 值。

八、安全与环保

1. 危险操作提示

实验过程中涉及丙酮和石油醚的使用，戴好防护眼镜，注意实验安全!

2. 药品毒性及急救措施

(1) 丙酮易燃、易挥发、有刺激性，对中枢神经系统有麻醉作用。若与皮肤接触，用肥皂水和清水彻底冲洗；若与眼睛接触，提起眼睑，用流动清水或生理盐水冲洗，并就医。

(2) 石油醚极度易燃，有强刺激性。若不慎接触眼睛、吸入或食入，需立即就医。

3. 实验清理

(1) 胡萝卜素石油醚-丙酮溶液、叶黄素石油醚-丙酮溶液、叶绿素 a 和叶绿素 b 的丁醇-乙醇-水溶液以及水洗的乙醇溶液回收到相应的甲类(不含卤素)回收瓶中。

(2) 干燥剂无水硫酸钠回收到固体废物收集瓶中。

(3) 废弃的实验用防护手套回收到指定容器中。

九、课后思考题

(1) 比较叶绿素、叶黄素和胡萝卜素的极性，为什么胡萝卜素在本实验色谱柱中移动最快?

(2) 本实验中分离不同组分样品，选择洗脱剂的基本原则是什么?

十、拓展实验

柱色谱分离出来的各色素分离带可以用紫外-可见光谱进行鉴定，在 $350\sim700$ nm 扫描出各色素带对应的吸收光谱，并与文献进行比较，结合各色带的颜色、R_f 值，对分离出的各色带归属有较清楚的认识。

实验 52 植物中精油的提取和鉴定

一、实验目的

(1) 了解从天然产物中提取有效成分的方法。
(2) 学习水蒸气蒸馏的原理和操作技术。
(3) 巩固分液漏斗、旋转蒸发仪的使用方法和折光率的测定方法。

二、安全警示

(1) 实验须佩戴防护眼镜和合适的手套，实验操作在通风橱中进行。
(2) 石油醚是易燃、易爆溶剂，使用时务必注意周围应无明火。

三、实验导读

化学概念：精油提取；水蒸气蒸馏；萃取；旋转蒸发仪；折光率。

实验背景：许多植物具有独特的令人愉快的气味，这是由其所含的精油所致。精油中包含很多不同的成分，如玫瑰精油由 250 种以上的不同分子组成。在大自然的安排下，这些分子以完美的比例共同存在，使得每种植物都有其特殊性。

精油是由一些分子量不大的分子所组成，这些高挥发物质可由鼻腔黏膜组织吸收进入身体，将信息直接送到脑部，通过大脑的边缘系统，调节情绪和身体的生理功能。不同种类的精油还有各种不同的功效，对一些疾病也有舒缓和减轻症状的功能。在日常生活中使用精油，可以起到净化空气、消毒、杀菌的功效，同时可以预防一些传染性疾病。

肉桂树皮中精油的含量约为 1%，主要成分是肉桂醛(98%)，其次为 α-水芹烯、1,8-桉叶油素、对伞花烃、樟脑、芳樟醇、β-石竹烯、α-依兰烯、α-松油醇、香叶醇、肉桂酸甲酯、肉桂酸乙酯、丁香酚、肉桂醇等。肉桂醛(反-3-苯基丙烯醛)的沸点为 252℃。

肉桂醛

柑橘类水果(包括橘、橙、柚等)的干品中含有 2%～4%精油，其中主要成分为 α-柠檬烯(一种环状单萜类化合物，占 80%以上)、柠檬醛、橙皮苷等。其中，α-柠檬烯的沸点为 176℃。

α-柠檬烯   柠檬醛   橙皮苷

樟树的根、叶、枝、干中都可提取出精油，不同品种、产地、树龄、部位的精油的主要成分差别很大。樟树精油中的成分有樟脑、芳樟醇、α-蒎烯、1,8-桉叶油素、黄樟素、茨烯、β-石竹烯、橙花叔醇、水芹烯、萜品醇、松油二环烃、柠檬烃、丁香油酚、乙酸香叶醇、异戊醛、香茅醛和胡椒酮等等。

樟脑   芳樟醇 α-蒎烯   1,8-桉叶油素

植物精油易挥发，常用的提取方法有：水蒸气蒸馏法、压榨法、冷浸法、溶剂提取法和超临界 CO_2 萃取法等。

本实验利用水蒸气蒸馏的方法提取植物中的精油，然后对提取得到的精油进行折光率、IR光谱等的测定，并可借助 TLC、GC-MS 等分析技术进行成分分析。

四、课前预习

(1) 了解各种植物精油的主要成分。

(2) 预习实验基本操作中以下实验技术：水蒸气蒸馏、萃取、干燥、旋转蒸发仪的使用、折光率的测定。

(3) 在水蒸气蒸馏过程中，如果安全管的水位迅速上升，并从管口喷出来，这是什么原因造成的？如何处理？

(4) 在水蒸气发生器与蒸馏器之间需连接一个 T 形管,在 T 形管下口再接一根带有螺旋夹的橡皮管,说明此装置有何用途。

(5) 在停止水蒸气蒸馏时，为什么一定要先打开螺旋夹，再停止水蒸气发生器的加热?

五、主要仪器与试剂

1. 仪器

三口烧瓶，球形冷凝管，直形冷凝管，水蒸气蒸馏装置，分液漏斗，锥形瓶，旋转蒸发仪，阿贝折光仪。

2. 试剂

桂皮，橙皮，樟树叶，石油醚(60~90℃)，无水硫酸钠。

六、实验步骤

1. 桂皮中精油的提取和鉴定

取 60 g 粉碎后的桂皮，放入 500 mL 三口烧瓶中，加 110 mL 水，装上球形冷凝管，加热回流(可使用 500 mL 电热套)15 min(注 1)。稍冷后，改成水蒸气蒸馏装置(注 2)，进行水蒸气蒸馏，收集馏出液(注 3)。将馏出液转移到分液漏斗中，用 3 × 30 mL 石油醚(60~90℃)萃取，弃去水层，萃取液用无水硫酸钠干燥 20 min 后倒出萃取液,旋转蒸发蒸去石油醚得肉桂精油(注 4)。称量，计算桂皮中精油的提取率。

取肉桂精油，测其折光率，并与主成分的折光率值进行比较。

将肉桂精油进行 IR 光谱分析，将所得结果与肉桂醛标准谱图对照，并解释 IR 光谱图中的主要特征峰。也可借助 TLC、GC-MS 等对精油进行成分分析。

2. 橙皮中橙油的提取和鉴定

取 60 g 新鲜橙皮，剪碎后放入 250 mL 三口烧瓶中(注 5)，加 100 mL 水，搭好水蒸气蒸馏装置，进行水蒸气蒸馏。收集馏出液观察到基本无油滴产生为止。将馏出液转移到分液漏斗中，用 3 × 30 mL 石油醚(60~90℃)萃取，合并萃取液于锥形瓶中，用无水硫酸钠干燥 20 min 后倒出萃取液，旋转蒸发蒸去石油醚得橙油。称量，计算提取率。

取橙油，测其折光率和旋光度(注 6)，并与主成分的折光率和旋光度值进行比较。

将橙油进行 IR 光谱分析，将所得结果与标准谱图对照，并解释 IR 光谱图中的主要特征峰。也可借助 TLC、GC-MS 等对精油进行成分分析。

3. 樟树叶中樟脑精油的提取

取 40 g 樟树叶，剪碎后放入 250 mL 三口烧瓶中，加 100 mL 水，搭好水蒸气蒸馏装置，进行水蒸气蒸馏。收集馏出液观察到基本无油滴产生为止。将馏出液转移到分液漏斗中，用 3×30 mL 石油醚(60~90℃)萃取，合并萃取液于锥形瓶中，用无水硫酸钠干燥 20 min 后倒出萃取液，旋转蒸发蒸去石油醚得樟脑精油。称量，计算提取率。

　　由于不同樟树叶中主要成分差别很大，可借助 TLC、GC-MS、IR 光谱、^{1}H NMR 谱等对精油进行成分分析。

　　注 1：加热回流前，先用玻棒搅拌片刻，瓶底不应看到干粉，否则容易烧糊。

　　注 2：水蒸气蒸馏时，如果三口烧瓶过小，建议加装 Y 形管，以免过满的桂皮粉浆冲到冷凝管和接收瓶中。

　　注 3：开始的馏出液是浑浊的，待馏出液变清表示基本无油滴产生，可停止水蒸气蒸馏。收集到的乳白色馏出液为 150~200 mL。

　　注 4：旋转蒸发除去溶剂时加热温度和真空度不要过高，以免影响产品质量，而溶剂应尽可能除去。

　　注 5：橙皮要新鲜，剪成小碎片。可以使用食品绞碎机将鲜橙皮绞碎，之后再称量，以备水蒸气蒸馏使用。

　　注 6：α-柠檬烯分子中有手性碳原子，存在光学异构体。水果果皮中的天然柠檬烯以(+)或 d-的形式存在，通常称为 d-柠檬烯，它的绝对构型是 R 型，可测定提取液的旋光度。

七、安全与环保

1. 危险操作提示

(1) 在水蒸气蒸馏过程中，防止被烫伤和触电。

(2) 萃取过程中要注意放气，防止石油醚喷出。

(3) 注意旋转蒸发仪的使用安全。

2. 药品毒性及急救措施

石油醚的蒸气对眼睛、黏膜和呼吸道有刺激性。如大量吸入，迅速至空气新鲜处，保持呼吸通畅。

3. 实验清理

(1) 石油醚回收到相应的非甲类(不含卤素)回收瓶中。

(2) 精油回收到相应的产品回收瓶中。

(3) 干燥剂硫酸钠回收到固体废物收集瓶中。

(4) 水蒸气蒸馏后的植物回收到实验室生活垃圾(普通垃圾)中。

(5) 萃取后的水相废液回收到无机废液回收瓶中。

八、课后思考题

(1) 描述所得粗产品和纯化后产品的物理性能(颜色和状态)，报告所得产品的产率。解释可能造成低产率的原因。

(2) 植物中的精油除用水蒸气蒸馏的方法提取外，还可用什么方法？

(3) 如何定量检测精油中各成分的含量？

(4) 可用什么方法确定实验得到的樟树精油的主要成分？

九、拓展实验

设计实验方案，从感兴趣的桉树叶、薄荷等植物中提取植物精油，并对产品进行分析。

实验 53　三苯甲醇的合成

一、实验目的

(1) 学习无水乙醚的制备方法。
(2) 了解格氏试剂的制备方法、操作及反应。
(3) 掌握水蒸气蒸馏的原理及操作。
(4) 掌握混合溶剂重结晶的原理及操作。
(5) 学习用薄层色谱法分析(粗)产品纯度。

二、安全警示

(1) 实验须佩戴防护眼镜和合适的手套，实验操作在通风橱中进行。
(2) 溴苯、二苯酮有刺激性；乙醚易燃，有麻醉作用；苯甲酸甲酯微毒；使用时避免与皮肤和眼睛接触。

三、实验导读

化学概念：格氏反应。

实验背景：卤代烃在无水乙醚中与金属镁作用生成的烃基卤化镁(RMgX)称为格氏试剂。实验室中，结构复杂的醇主要是由格氏反应制备。

$$R-X + Mg \xrightarrow{\text{无水乙醚}} \begin{bmatrix} R \diagdown \quad \diagup OEt_2 \\ \quad Mg \\ X \diagup \quad \diagdown OEt_2 \end{bmatrix}$$

$$X = Cl, Br, I \qquad \text{格氏试剂}$$

实际上烃基卤化镁为二烃基镁与卤化镁的混合物：

$$2RMgX \longrightarrow R_2Mg + MgX_2$$

芳香族氯化物和氯乙烯型化合物在上述乙醚为溶剂的条件下不生成格氏试剂。但若改用碱性比乙醚稍强、沸点较高的四氢呋喃(66℃)作溶剂，则它们也能生成格氏试剂，且操作比较安全。

格氏反应必须在无水、无氧和无 CO_2 条件下进行。因为微量水分的存在不但会阻碍卤代烷和镁之间的反应，同时会破坏格氏试剂而影响产率。因此，反应时最好用氮气赶走反应瓶中的空气。一般用乙醚作溶剂时，由于乙醚的挥发性大，也可以借此赶走反应瓶中的空气。

此外，格氏反应是放热反应，所以滴加速度不宜过快。必要时反应瓶需要用冷水冷却。

格氏试剂与醛、酮等形成的加成物在酸性条件下水解。例如，通常用稀盐酸或稀硫酸使产生的碱式卤化镁转变成易溶于水的镁盐，便于乙醚溶液和水溶液分层。由于水解反应放热，故要在冷却条件下进行。对于遇酸极易脱水的醇或易发生卤代反应的醇，最好用氯化铵饱和溶液进行水解。

本实验首先是制得苯基溴化镁，反应式为

方法 1：二苯甲酮与苯基溴化镁的反应

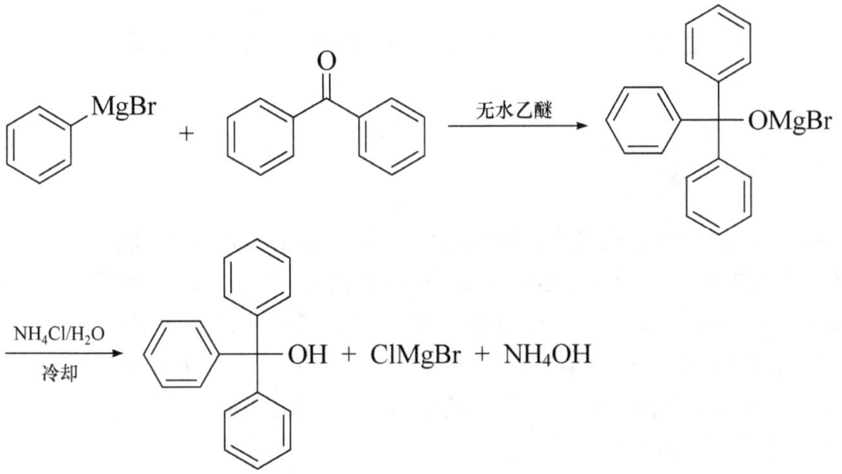

方法 2：苯甲酸甲酯与苯基溴化镁的反应

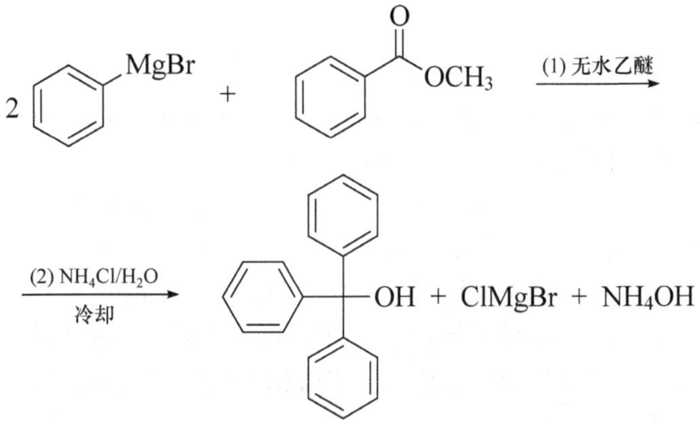

副反应：

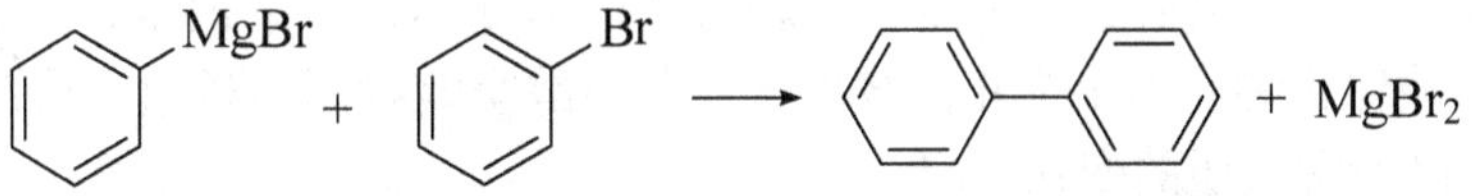

格氏试剂是强亲核试剂，除与羰基化合物加成外，格氏试剂中的烃基负离子还可以与 O=C=O、O₂ 等加成，能被活泼氢分解。格氏试剂在过热光照下会发生偶联生成联苯副产物。因此，实验成功的关键是：彻底干燥的仪器、试剂及恰当地控制反应温度。

本实验采用制备得到的格氏试剂与酮或酯反应制备醇。

四、课前预习

(1) 预习实验基本操作中以下实验技术：机械搅拌、水蒸气蒸馏、混合溶剂重结晶、测熔点。

(2) 本实验在将格氏试剂加成物水解前的各步中，为什么使用的仪器、试剂均须绝对干燥？

五、主要仪器与试剂

1. 仪器

机械搅拌装置，水浴，三口烧瓶，恒压滴液漏斗，回流冷凝管，干燥管，圆底烧瓶，蒸馏头，直形冷凝管，接引管，锥形瓶，温度计，分液漏斗，水蒸气蒸馏装置，重结晶装置。

2. 试剂

镁条，碘，溴苯，无水乙醚，二苯酮或苯甲酸甲酯，氯化铵，乙醇。

六、实验步骤

1. 苯基溴化镁的制备

在 250 mL 三口烧瓶中分别装上冷凝管及恒压滴液漏斗，在冷凝管的上口装上氯化钙干燥管(注 1)。在三口烧瓶内放置 1.5 g(0.06 mol)镁条(或镁屑)(注 2)和一小粒碘。滴液漏斗中放置 6.5 mL 溴苯(9.5 g，0.06 mol)及 25 mL 无水乙醚(注 3)，混合均匀。先滴入 10 mL 混合液至三口烧瓶中，片刻后碘的颜色逐渐消失即发生反应，过几分钟后如不发生反应，可用温水浴温热(注 4)。搅拌中继续缓缓滴入剩余的溴苯乙醚溶液，保持溶液微微沸腾。加毕，用温水浴加热回流约 1 h，使镁基本作用完全(注 5)。

2. 三苯甲醇的合成

1) 方法 1：二苯酮与苯基溴化镁的反应

将三口烧瓶在冷水浴中冷却，搅拌下滴加 11 g 二苯酮(0.06 mol)和 30 mL 无水乙醚的混合溶液。滴加完毕后，加热回流 0.5～1.0 h，促使反应完全。

用冷水浴冷却反应瓶，自恒压滴液漏斗滴入用 12 g 氯化铵配制的饱和溶液(加 43～48 mL 水)，分解加成产物。分出醚层。用薄层色谱法分析杂质的种类。取薄层板，在距一端 1 cm 处用铅笔轻轻画一条线，用毛细管在薄层板上点反应液、三苯甲醇、溴苯、联苯及二苯酮标准样(注 6)。以丙酮-石油醚(1：15，体积比)溶剂为展开剂进行展开，展开后的薄层板放在紫外灯下显色。将含有三苯甲醇样点的薄层色谱板置于磷钼酸乙醇溶液中，取出晾干后，在平板电炉上 110～120℃烘烤 5～10 min，显色。

用热水浴蒸去乙醚，然后进行水蒸气蒸馏(注 7)，除去未反应的溴苯、二苯酮和副产物联苯等，至基本无油珠状物质馏出为止。烧瓶中三苯甲醇呈蜡状固体析出。用薄层色谱法分析水蒸气蒸馏后产品所含杂质的变化情况。

冷却，抽滤收集固体并用水洗涤。粗产品干燥后称量，用乙醇-水重结晶，得白色棱状三苯甲醇结晶。用薄层色谱法分析纯化后产品所含杂质情况。

注 1：所有的反应仪器及试剂须充分干燥。反应过程也可采用磁力搅拌。

注 2：本实验采用镁条，如有氧化膜，用砂纸擦除表面氧化物，并用干燥滤纸擦净包好，使用前剪成 3～5 mm 长的小碎片投入反应瓶中。

注 3：溴苯溶液不宜滴入太快，否则反应剧烈，并会增加副产物联苯的生成。

注 4：如果仪器及试剂均干燥彻底，不加碘也可使反应顺利进行。反之，如果仪器及试剂不干燥，加碘后仍不发生反应，而且温水加热后还是不反应，则必须弃去，重新彻底干燥实验仪器后再做实验。

注 5：当反应物中絮状氢氧化镁未全溶时，可放置过夜，使其慢慢溶解，也可加入 6～7 mL 6 mol·L⁻¹ 盐酸使其全部溶解。

注 6：TLC 显示，三苯甲醇、二苯酮、联苯、溴苯的 R_f 值依次增大。

注 7：水蒸气蒸馏要蒸至瓶中固体呈松散状小颗粒(淡黄色)，瓶内水已变清不再浑浊为好。若在水蒸气蒸馏过程中有大块固体胶结在一起，最好停止水蒸气蒸馏，用玻璃棒搅碎后再继续水蒸气蒸馏，这样可大大减少水蒸气蒸馏的时间。也可以不做水蒸气蒸馏，在蒸完乙醚后，向棕黄色黏稠物中加入 60～70 mL 低沸点的石油醚，可洗去大部分杂质，析出三苯甲醇粗产品。

纯三苯甲醇为无色棱状晶体，熔点 162.5℃，其 IR 谱图见图 4-4。

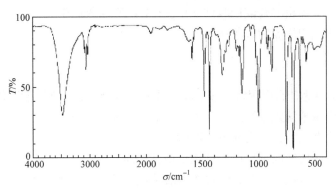

图 4-4　三苯甲醇的 IR 谱图

2) 方法 2：苯甲酸甲酯与苯基溴化镁的反应

仪器装置及操作步骤同方法 1。

将三口烧瓶在冷水浴中冷却，搅拌下滴入 4.3 mL(4.5 g，约 0.03 mol)苯甲酸甲酯溶于 5 mL 无水乙醚的溶液(约 15 min)，加热回流 1 h。用冷水浴冷却反应瓶后，滴入 30 mL 氯化铵饱和溶液分解加成产物。用薄层色谱法分析杂质的种类(操作同方法 1)。

用倾泻法将上层液体转入分液漏斗中(尽量避免下层无机盐进入分液漏斗而堵塞活塞)，分去水层，将上层乙醚层移入 250 mL 三口烧瓶中，在水浴上蒸馏回收乙醚。然后改装成水蒸气蒸馏装置，进行水蒸气蒸馏，除去未反应的溴苯、二苯酮和副产物联苯等，至基本无油珠状物质馏出为止。留在瓶中的三苯甲醇呈蜡状。用薄层色谱法分析水蒸气蒸馏后产品所含杂质的变化情况。

冷却，抽滤，用少量冷水洗涤，粗产品用乙醇-水混合溶剂重结晶，得白色棱状三苯甲醇结晶。用薄层色谱法分析纯化后产品所含杂质情况。

七、安全与环保

1. 危险操作提示

实验过程中涉及溴苄、乙醚、二苯酮和苯甲酸甲酯的使用及有机化合物的反应和加热，戴好防护眼镜，注意实验安全!

2. 药品毒性及急救措施

(1) 溴苯具有刺激性。若与皮肤接触，用肥皂水和清水彻底冲洗皮肤；若与眼睛接触，提起眼睑，用流动清水或生理盐水冲洗，并就医。

(2) 乙醚极易挥发，其液体或高浓度蒸气对眼睛有刺激性，若与皮肤接触，用大量流动清水冲洗。

(3) 二苯酮有刺激性，应避免与皮肤和眼睛接触。

(4) 苯甲酸甲酯具有刺激性，若与眼睛接触，提起眼睑，用流动清水或生理盐水冲洗。

3. 实验清理

(1) 产品三苯甲醇回收到相应的固体回收瓶中。
(2) 乙醚和乙醇水溶液回收到甲类(不含卤素)回收瓶中。
(3) 溴苄和联苯等馏出混合液回收到非甲类(含卤素)回收瓶中。
(4) 干燥剂回收到固体废物收集瓶中。

八、课后思考题

(1) 本实验中最后为什么要用氯化铵饱和溶液分解产物? 有什么试剂可代替?
(2) 在本实验中溴苯滴入太快或一次加入，有什么不好?
(3) 若乙醚中含有乙醇，对反应有何影响?
(4) 本实验有哪些可能的副反应? 试用反应式表示。
(5) 用混合溶剂进行重结晶时，何时加入活性炭脱色? 能否加入大量溶剂，使产品全部析出? 抽滤后的结晶应该用什么溶剂洗涤?
(6) 抽滤得到的重结晶三苯甲醇固体能否立即放入 100℃干燥箱中干燥，为什么?

九、拓展实验

本实验中三苯甲醇的提纯采用的方法是在水蒸气蒸馏后得到三苯甲醇粗产品，再用重结晶法进行提纯。三苯甲醇粗产品也可以改用柱色谱法进行分离提纯。柱色谱条件：15 mm × 300 mm 色谱柱，20 g 色谱用硅胶(200~300 目)装柱；将 0.2 g 三苯甲醇粗产品溶于 2 mL 二氯甲烷中上样；用丙酮-石油醚(1∶15，体积比)作为洗脱剂进行淋洗；用 TLC 检测跟踪，至三苯甲醇洗脱出来。

实验 54 茶叶中有效成分的提取和检测

一、实验目的

(1) 学习天然产物的提取技术和鉴定知识，以及天然产物中多种有效成分同时提取的方法。
(2) 掌握索氏提取器的原理及其工作。
(3) 掌握用升华法提纯易升华物质的方法。
(4) 学习萃取分离的基本技术。

二、安全警示

(1) 实验须佩戴防护镜和合适的手套，实验操作在通风橱中进行。
(2) 氧化钙对呼吸道有强烈刺激性；氯仿易挥发，致癌；乙酸乙酯易燃，有刺激性，需谨慎操作。

三、实验导读

化学概念：天然产物的提取。
实验背景：茶叶是含有丰富活性物质的天然产物，包含茶多酚和多种生物碱。其中，茶多酚含量约占干茶叶的 20%，咖啡因(咖啡碱)占 1%~5%，还有 11%~12%丹宁酸(又称鞣酸)，约 0.6%类黄酮色素、叶绿素和蛋白质等及其他杂质。

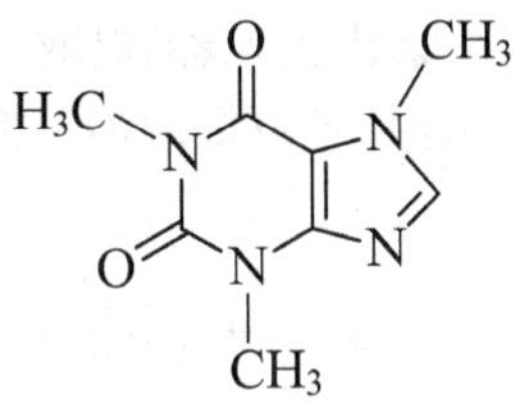

咖啡因(1,3,7-三甲基-2,6-二氧嘌呤)

咖啡因是杂环化合物嘌呤的衍生物，具有刺激心脏、兴奋大脑神经和利尿等作用，主要用作中枢神经兴奋药。咖啡因也是感冒药 APC(阿司匹林-非那西丁-咖啡因)及散利痛等止痛药的成分之一，还可辅助治疗小儿遗尿症。无水咖啡因为白色针状晶体，熔点为 234.5℃，味苦，能溶于水、乙醇、二氯甲烷等有机溶剂。含结晶水的咖啡因为无色针状晶体，加热到 100℃时即失去结晶水，并开始升华，120℃时升华显著，178℃时很快升华。

茶叶中咖啡因的提取可选用适当的溶剂(氯仿、乙醇、苯等)在索氏提取器中连续提取。所得萃取液中除咖啡因外，还含有叶绿素、丹宁酸及其少量水解物等。蒸去溶剂，即得粗咖啡因。在粗咖啡因中拌入生石灰，使其与丹宁酸等酸性物质反应生成钙盐，游离的咖啡因可通过升华纯化。

通过测定熔点、薄层色谱分析以及红外光谱图、核磁共振谱图等都可以容易地鉴定咖啡因。此外，可以通过制备咖啡因的水杨酸盐衍生物进一步得到确证。由于咖啡因是生物碱，它能与水杨酸反应生成咖啡因的水杨酸盐，此盐的熔点为 138℃。

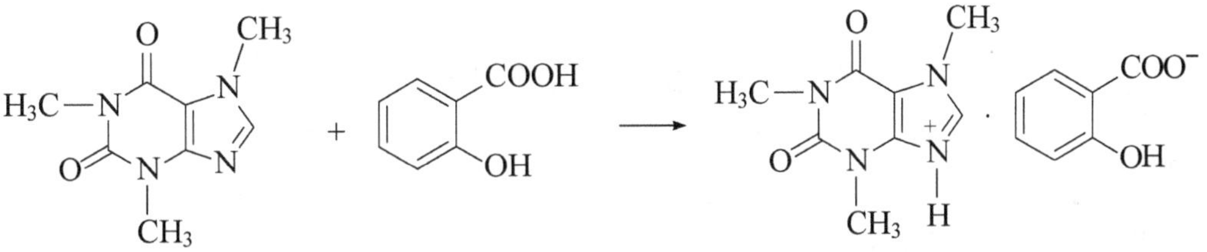

茶多酚属于黄烷醇类，因含有多个羟基而得名，目前已发现有 10 多种不同结构的化合物。茶多酚在茶叶中的含量较高，在干茶叶中约占 20%。茶多酚是一种新型高效抗氧化剂，其抗氧化能力是维生素 E 的 16 倍，且有良好的协同效应。与维生素 C 共用则有更大的协同效应，能清除人体的自由基，具有高效的抗衰老、抗癌、抗辐射等作用，已越来越广泛地用于医药、食品、油脂、日化等众多领域。

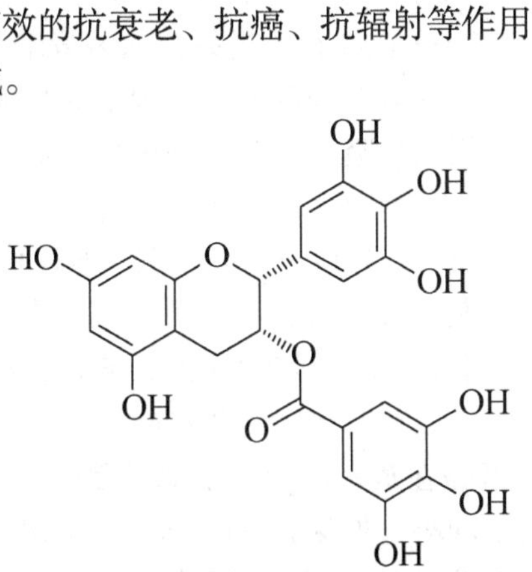

表没食子儿茶素没食子酸酯(L-EGCG，茶多酚的活性成分之一)

在性质上，茶多酚具有酸性，易溶于乙酸乙酯而不溶于氯仿，而咖啡因呈碱性，易溶于氯仿。两者都能溶于甲醇、乙醇和乙醚，但茶多酚更易溶于水(溶解度分别为：咖啡因 2%，茶多酚＞8%)。可用水(可煎煮)或乙醇(用索氏提取器)提取。所得溶液分别用氯仿(提取咖啡因)和乙酸乙酯(提取茶多酚)各提取 2 次,合并各自提取液。挥发溶剂即得粗产品,再分别用升华法和重结晶法提纯咖啡因和茶多酚。

实验 54-1   茶叶中咖啡因的提取

四、课前预习

(1) 预习实验基本操作中以下实验技术:萃取、蒸馏、升华。
(2) 预习天然产物的分离提纯和鉴定的相关理论知识。
(3) 本实验的升华操作应注意什么?
(4) 索氏提取器的工作原理是什么?
(5) 除可用乙醇萃取咖啡因外,还可用哪些溶剂萃取?

五、主要仪器与试剂

1. 仪器

索氏提取器,茄形瓶,球形冷凝管,直形冷凝管,蒸馏头,玻塞(与蒸馏头配套)或温度计,接引管,锥形瓶,蒸发皿,玻璃漏斗,烧杯,滤纸,大头针,试管。

2. 试剂

茶叶末,乙醇(95%),生石灰,水杨酸,甲苯,石油醚。

六、实验步骤

1. 从茶叶中提取咖啡因

称取 12.5 g 红茶或绿茶茶叶末,放入折叠好的滤纸套筒中,滤纸套筒大小要适中,既要

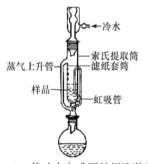

图 4-5   茶叶中咖啡因的提取装置

紧贴筒壁,又要取放方便(注 1)。然后将滤纸套筒放入索氏提取筒中(注 2)。在 150 mL 茄形瓶内加入约 110 mL 95%乙醇和 2～3 粒沸石。搭好提取装置(图 4-5),用水浴或油浴加热,连续提取到提取液颜色很浅为止(虹吸 6～7 次为宜)。待冷凝液刚刚虹吸下去时,即可停止加热。

稍冷后,改成蒸馏装置,回收大部分乙醇(注 3),趁热把瓶中残液(8～10 mL)倒入蒸发皿中,加入约 4 g 研细的生石灰,搅拌成糊状,在水蒸气浴上蒸干。最后将蒸发皿放在石棉网上,用小火焙炒片刻,务必使水分全部除去(注 4)。冷却后,将粘在蒸发皿内沿上的粉末擦去,以免升华时污染产物。

将一张刺有许多小孔的滤纸盖在蒸发皿上,上面再倒覆一个大小合适的漏斗,漏斗颈上塞少许棉花,用酒精灯隔着石棉网小心加热升华(注 5)。当滤纸上出现许多白色毛状结晶时,适当控制火焰,尽可能使升华速度放慢,以提高晶体的纯度,当发现有棕色烟雾时,即可停止加热。冷却至 100℃以下后,取下漏斗,轻轻揭开滤纸,用刮刀仔细地把附在滤纸上下两面及器皿周围的咖啡因刮下。残渣经搅拌后用较大的火焰再升华一次。合并两次收集到的咖啡

因，称量，计算茶叶中咖啡因的提取率。

2. 咖啡因水杨酸盐衍生物的制备

在试管中放入 40 mg 咖啡因、30 mg 水杨酸和 2.5 mL 甲苯，水浴加热使固体溶解。然后加入 1.5 mL 石油醚(60～90℃)，使溶液呈浑浊状。在冷水浴中冷却，使晶体从溶液中析出。如无晶体析出，可用刮刀摩擦管壁，诱导结晶析出。抽滤，收集产物，干燥后测定熔点。咖啡因水杨酸盐衍生物的熔点为 138℃。

注 1：茶叶的高度不应超过虹吸管，也不能让茶叶漏出滤纸套筒外。最好用镊子在滤纸套筒上折出凹形，以保证回流的溶剂均匀浸润茶叶。
注 2：索氏提取器的虹吸管极易折断，装置仪器和取拿时须特别小心。
注 3：瓶中乙醇不可蒸得太干，否则残液很黏，转移时损失较大。
注 4：如果留有少量水分，将在升华时带来烟雾，污染器皿和产品。应小火焙烧，否则咖啡因会损失。
注 5：在升华过程中，须严格控制加热温度，温度太高会使产品炭化发黄。

七、数据记录及处理

记录索氏提取器的完整虹吸次数和咖啡因的质量。

八、安全与环保

1. 危险操作提示

实验过程中涉及乙醇和石油醚的使用及有机化合物的提取和加热，戴好防护眼镜，注意实验安全!

2. 药品毒性及急救措施

氧化钙有刺激和腐蚀作用，若与眼睛接触，立即用大量植物油冲洗，并征求医生意见。

3. 实验清理

(1) 咖啡因回收到固体回收瓶中。
(2) 乙醇回收到相应的甲类(不含卤素)回收瓶中。
(3) 升华后的残留固体回收到固体废弃物收集瓶中。
(4) 废弃的实验用防护手套回收到指定容器中。

九、课后思考题

(1) 本实验为什么要用索氏提取法？它与浸提法相比有什么优点？
(2) 本实验中，加入生石灰的作用是什么？
(3) 影响咖啡因提取率的因素有哪些？
(4) 制备咖啡因衍生物时，为什么在甲苯溶液中要加入石油醚？

十、拓展实验

从茶叶中提取咖啡因的方法较多，有浸提法、索氏提取法、微波辅助提取法、超声波辅助提取法等，可以尝试用其他方法提取，并与教材上传统的方法比较。另外，也可以改进提取装置，如采用恒压滴液漏斗代替索氏提取器可以明显简化提取实验的操作难度，并能有效提高实验的成功率。

具体拓展实验操作如下：称取 12.5 g 茶叶末，放入折叠好的滤纸套筒中，然后将滤纸套筒放入恒压滴液漏斗中。在 150 mL 茄形瓶内加入约 110 mL 95%乙醇和 2~3 粒沸石，连接装置，加热回流 1 h。停止加热，冷却，换上常压蒸馏装置，浓缩和升华后得到产品。然后比较两种方法的提取效率。

实验 54-2　茶多酚和咖啡因的同时提取

四、课前预习

(1) 预习实验基本操作中以下实验技术：萃取、蒸馏、升华。
(2) 预习提取咖啡因和茶多酚的关键步骤。
(3) 不同品种和质量的茶叶、提取剂种类和分步萃取的溶剂量对咖啡因和茶多酚的产率、提取率和纯度有什么影响？

五、主要仪器与试剂

1. 仪器

圆底烧瓶，冷凝管，分液漏斗，克氏烧瓶，蒸馏烧瓶，循环水真空泵，蒸发皿，漏斗，水浴锅，筛子(40 目)，烧杯。

2. 试剂

绿茶，氯仿，乙酸乙酯，碳酸钠。

六、实验步骤

将已粉碎过筛的粉状绿茶及碳酸钠放入布袋中包好，置于烧杯中，加入 50 mL 蒸馏水，加热煮沸 0.5 h，倾出溶液，再用 10 mL 水洗涤茶叶包，将洗液并入溶液中。

用蒸发皿将滤液浓缩至约 20 mL，冷却至室温后移入分液漏斗，用等量的氯仿萃取两次(注 1)。

将氯仿溶液移入克氏烧瓶，用水浴加热减压蒸馏回收氯仿。趁热将残液移至洁净干燥的蒸发皿，在蒸气浴上蒸干。冷却后，擦净蒸发皿内沿，以免污染升华产品。用前述方法进行升华操作。合并两次收集的咖啡因，称量，计算提取率。

将氯仿萃取后的水相用等量的乙酸乙酯萃取两次，每次摇动约 20 min。合并萃取液，用水浴加热减压蒸馏回收乙酸乙酯。趁热将残液移入洁净干燥的蒸发皿，用蒸气浴继续浓缩至近干，冷却至室温，移入冰箱冷冻干燥，得白色粉状的茶多酚粗产品。将粗产品用蒸馏水进行 1~2 次重结晶，得茶多酚精品。称量，计算提取率。

注 1：萃取时不要剧烈摇动分液漏斗，以防乳化。

七、数据记录及处理

分别计算茶叶中咖啡因和茶多酚的提取率。

八、安全与环保

1. 危险操作提示

实验过程中涉及氯仿和乙酸乙酯的使用，戴好防护眼镜，注意实验安全!

2. 药品毒性及急救措施

(1) 氯仿：有毒、易挥发，具有麻醉作用和刺激性。若与皮肤或眼睛接触，立即用大量流动清水或生理盐水彻底冲洗，并就医。若不慎吸入和食入，需立即就医。

(2) 乙酸乙酯有刺激性，属于一级易燃品，使用时远离火种火源。避免与皮肤或眼睛接触，若不慎吸入和食入，需立即就医。

3. 实验清理

(1) 咖啡因和茶多酚分别回收到固体回收瓶中。
(2) 氯仿回收到相应的非甲类(含卤素)回收瓶中。
(3) 乙酸乙酯回收到相应的甲类(不含卤素)回收瓶中。
(4) 升华后的残留固体回收到固体废弃物收集瓶中。
(5) 废弃的实验用防护手套回收到指定容器中。

九、课后思考题

(1) 为什么用氯仿萃取时不宜剧烈振摇?
(2) 将碳酸钠与茶叶共同煮沸的目的是什么?
(3) 咖啡因和茶多酚在不同溶剂中的溶解度不同，茶多酚易溶于乙醇、乙酸乙酯，不溶于氯仿，为什么?

十、拓展实验

本实验可以探索以低毒有机溶剂作为萃取剂，设计绿色化学实验。具体操作如下：称取15 g 茶叶，用纱布包好，置于索氏提取器中，在 150 mL 茄形瓶中加入 100 mL 80%乙醇，连续抽提 2 h，待回流液至浅绿色即可停止加热。浓缩回流液，然后加 10 g 干燥的氯化钙固体颗粒于浓缩液中，在 60℃水中搅拌 10 min 后，冰水浴中沉淀 10 min，使茶多酚转化为可溶性钙盐，再抽滤。将滤液转入蒸发皿中浓缩近干，加入 10 g 生石灰，蒸干并焙炒到固体为粉状，升华，收集得到咖啡因。将茶多酚钙盐置于 100 mL 烧杯中，加 15 mL 6 mol·L⁻¹盐酸，升温到40℃溶解，在溶液中加入 0.5 g 活性炭，升温到 80℃，搅拌脱色，趁热过滤。滤液置于 25 mL 烧杯中，加热搅拌蒸干，所得固体粉末即为茶多酚。

实验 55　对氯苯氧乙酸的合成

一、实验目的

(1) 掌握磁力搅拌操作。

(2) 学习对氯苯氧乙酸的合成方法。

(3) 掌握混合溶剂重结晶的原理和操作。

(4) 掌握熔点测定的原理和技术。

二、安全警示

(1) 实验须佩戴防护眼镜和合适的手套,实验操作在通风橱中进行。

(2) 氯乙酸是剧毒品,有腐蚀性、刺激性;对氯苯酚对皮肤有刺激性;浓盐酸和氢氧化钠具有腐蚀性,避免皮肤接触和吸入。

三、实验导读

化学概念:亲核取代反应;威廉森合成法。

实验背景:对氯苯氧乙酸俗称防落素,白色结晶,无臭,熔点158℃,溶于乙醇、丙酮和苯,微溶于水。农业上用作植物生长调节剂,能够补充植物体内生长素的不足,以促进生长,防止落花落果,提高产量,使果实显著提前成熟,明显改善品质。但由于其微溶于水,使用不方便,故把该产品合成钠盐形式。其合成方法有许多,本实验采用威廉森醚合成法。反应式如下(KI 的加入有利于反应的进行):

$$Cl\text{—}\langle\ \rangle\text{—OH} + ClCH_2COOH \xrightarrow[KI]{NaOH} \xrightarrow{H^+} Cl\text{—}\langle\ \rangle\text{—OCH}_2COOH$$

可能发生的副反应:

$$ClCH_2COOH + NaOH \longrightarrow HOCH_2COONa + NaCl + H_2O$$

在碱性条件下,对氯苯酚生成苯酚负离子,可提高亲核反应活性,但在碱作用下,氯乙酸也会发生水解反应。本实验先将一部分 NaOH 与对氯苯酚反应,再分别滴加剩余的 NaOH 和氯乙酸,以减少氯乙酸的水解,从而提高反应的产率。

四、课前预习

(1) 预习实验基本操作中以下实验技术:磁力搅拌、混合溶剂重结晶。

(2) 预习本实验酸化过程中调节 pH 的目的和意义。

五、主要仪器与试剂

1. 仪器

三口烧瓶,滴液漏斗,油浴,磁力搅拌器,球形冷凝管,抽滤装置,烧杯,量筒,pH 试纸。

2. 试剂

对氯苯酚,氯乙酸,NaOH(20%),碘化钾,盐酸(1:1),乙醇。

六、实验步骤

称取 6.5 g(50 mmol)对氯苯酚置于 100 mL 三口烧瓶中,加入 10 mL 20% NaOH 溶液使

其溶解，并加入 0.5 g(30 mmol)碘化钾。安装冷凝管，开动磁力搅拌器，并用油浴加热。在两个滴液漏斗中分别倒入 15 mL 20% NaOH 溶液和 5.3 g(56 mmol)氯乙酸溶于 10 mL 水的溶液。待三口烧瓶中的溶液开始回流后，将两个滴液漏斗中的液体同时并慢慢滴加入(约 15 min 滴完)，然后继续保持回流 40 min。停止加热和搅拌，趁热将反应混合液倒入 250 mL 烧杯中，趁热边搅拌边滴加 1∶1 盐酸至 pH ≈ 1 左右(注 1)，继续搅拌 10～15 min，使其酸化完全，并使 pH 保持在 1 左右(注 2)。冷却使产品结晶完全，抽滤，用冷水洗涤(注 3)，得白色固体粗产品。干燥后，用乙醇-水混合溶剂重结晶(注 4)。真空干燥后称量，计算产率，并测定其熔点。

注 1：盐酸滴加速度可以稍慢，同时要注意不断搅拌，使其充分发挥酸化作用。适当延长酸化时间也可提高产率。酸化不完全会大大降低产率，并引入大量对氯苯氧乙酸盐杂质，给下一步重结晶带来困难。

注 2：酸化应充分，否则对氯苯氧乙酸钠含量较高。

注 3：抽滤得到粗产品后，一定要用冰水充分洗涤，将被对氯苯氧乙酸黏附或包裹的盐杂质全部除去，否则重结晶时加入过量乙醇也不能完全溶解，加大操作难度，又会导致产品损失。

注 4：用乙醇-水混合溶剂重结晶时乙醇与水的比例为 1∶3(体积比)左右。重结晶后抽滤时，要用冰水洗净产品中的乙醇，否则会使产品的纯度下降，测定的熔点值也会下降。

对氯苯氧乙酸为白色固体，熔点 158～159℃，其 IR 谱图和 ^{1}H NMR 谱图分别见图 4-6 和图 4-7。

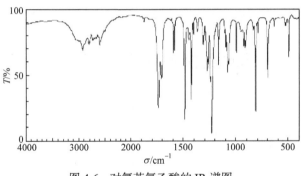

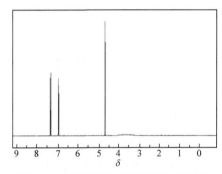

图 4-6 对氯苯氧乙酸的 IR 谱图　　　　图 4-7 对氯苯氧乙酸的 ^{1}H NMR 谱图

七、数据记录及处理

记录粗产品及纯品的质量，乙醇-水混合溶剂重结晶的实际溶剂用量及比例，产品的熔点。

八、安全与环保

1. 危险操作提示

实验过程中涉及氯乙酸和强酸、强碱的使用，也涉及有机化合物的加热反应，戴好防护眼镜，注意实验安全！

2. 药品毒性及急救措施

(1) 氯乙酸有腐蚀性、刺激性，可致人体灼伤。若与皮肤接触，用大量清水冲洗至少 15 min；若与眼睛接触，立即提起眼睑，用微温水缓流冲洗至少 15 min。

(2) 对氯苯酚有令人不愉快的刺激气味，吸入、皮肤接触及吞食有害，谨慎使用。

(3) 浓盐酸和氢氧化钠具有腐蚀性，避免皮肤接触和吸入。

3. 实验清理

(1) 产品对氯苯氧乙酸回收到专用的固体回收瓶中。

(2) 滤液及水洗产生的废液等回收到相应的非甲类(含卤素)回收瓶中。

(3) 乙醇-水混合溶液回收到甲类(不含卤素)回收瓶中。

(4) 废弃的实验用防护手套回收到指定容器中。

九、课后思考题

(1) 氯乙酸为什么采用滴加方式加入？

(2) 为什么将对氯苯酚先溶于 NaOH 溶液中？

十、拓展实验

本实验可查阅参考文献，改进合成方法或条件，或者用其他方法合成。

(1) 提高溶剂 NaOH 的浓度可以缩短反应时间，如用 30%或 50% NaOH 溶液作为反应溶剂。

(2) 除 KI 外，氯化三乙基苄基铵(TEBA)、聚乙二醇-600(PEG-600)、四丁基溴化铵(TBA)也可用作此合成反应的催化剂，其中以 TEBA 为催化剂时产率最高。

实验 56　顺-4-环己烯-1,2-二羧酸的制备及纯度分析

一、实验目的

(1) 掌握第尔斯-阿尔德反应的原理和实验方法。

(2) 熟练固体样品提纯的方法。

二、安全警示

(1) 顺丁烯二酸酐皮肤接触可引起灼伤，也可引起皮肤过敏反应。实验必须佩戴防护眼镜和合适的手套，实验操作在通风橱中进行。

(2) 实验过程中有 SO_2 气体放出，需准备有毒气体吸收装置。

三、实验导读

化学概念：带气体吸收的回流；环加成；第尔斯-阿尔德反应。

实验背景：第尔斯-阿尔德反应是形成六元环的重要反应之一。在该反应中，共轭双烯与含双键或三键(亲双烯)分子发生1,4-加成反应，即包含一个4π电子体系对2π电子体系的加成，因此该反应也称[4+2]环加成反应。改变共轭双烯与亲双烯的结构，可以得到多种类型的化合物。并且许多反应在室温或溶剂中加热即可进行，产率通常较高，在有机合成中有广泛的应用。这一反应是德国化学家第尔斯和阿尔德在研究1,3-丁二烯与顺丁烯二酸酐反应时发现的，他们因此获得1950年诺贝尔化学奖。第尔斯-阿尔德反应具有100%原子经济性，符合绿色化

学原则。

丁二烯是第尔斯-阿尔德反应最简单的共轭双烯，常温下为气体(沸点−4.5℃)，因此以丁二烯作为原料的反应需要使用带有气体操作的装置。环丁烯砜在常温下为稳定的固体，加热至140℃时分解脱去二氧化硫得到丁二烯，是实验室常用的丁二烯来源。

本实验采用环丁烯砜分解释放出的丁二烯与顺丁烯二酸酐进行第尔斯-阿尔德反应制备六元环化合物——顺-4-环己烯-1,2-酸酐(A)，再经水解得到顺-4-环己烯-1,2-羧酸(B)。A 和 B 都是重要的药物和农药合成原料。

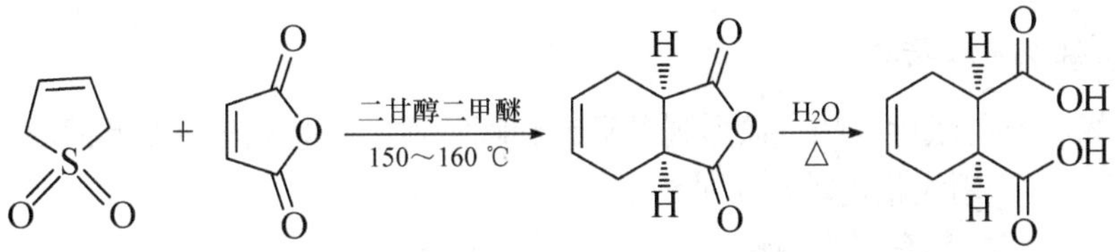

四、课前预习

预习实验基本操作：带气体吸收的回流装置，热过滤操作。

五、主要仪器与试剂

1. 仪器

圆底烧瓶，球形冷凝管，弯接管塞，玻璃漏斗，布氏漏斗，抽滤瓶，烧杯，热过滤漏斗，表面皿，锥形瓶。

2. 试剂

环丁烯砜，顺丁烯二酸酐，二甘醇二甲醚，活性炭，NaOH 标准溶液(0.1 mol·L^{-1})，酚酞。

六、实验步骤

1. 顺-4-环己烯-1,2-酸酐(A)的制备

在干燥(注 1)的 50 mL 圆底烧瓶中加入 2.84 g(0.024 mol)环丁烯砜、1.96 g(0.02 mol)顺丁烯二酸酐和 2 mL 二甘醇二甲醚，搭好带气体吸收的回流装置，油浴加热并搅拌，在油浴温度150～160℃下反应 30 min。停止反应，稍冷后，将反应瓶置于冰水浴中冷却，使产物析出。向反应液中加入 25 mL 水，减压过滤，用冷水洗涤 2 次，每次 25 mL，并抽滤至干，收集产品顺-4-环己烯-1,2-二酸酐(A)。

2. 顺-4-环己烯-1,2-羧酸(B)的制备与纯化

向 A 中加入适量水，搅拌下加热至沸，使固体全溶。稍冷后，加约 0.5 g(视 A 的量而定)活性炭脱色，趁热过滤。在冰水中冷却滤液，使产物 B 析出。减压抽滤至干，将产品收集在表面皿中，80℃下真空干燥 2 次或以上至恒量。

3. 产品纯度分析

用差减法称取 0.20～0.24 g 自制产品 B 于 250 mL 锥形瓶中，加入 25 mL 蒸馏水，微热溶

解，加 3～4 滴酚酞指示剂，用 0.1 mol·L^{-1} NaOH 标准溶液滴定至溶液呈微红色，30 s 不褪色为终点，记录消耗 NaOH 标准溶液的体积。平行测定三次。根据消耗 NaOH 标准溶液的体积，计算产品的质量分数。

纯顺-4-环己烯-1,2-羧酸为白色固体，熔点 163.5～164.5℃。

注 1：顺丁烯二酸酐易水解成相应的二元羧酸，故所用相关仪器需干燥。

七、安全与环保

1. 药品毒性及急救措施

(1) 环丁烯砜有刺激性气味，强烈刺激眼睛和呼吸道，应避免与皮肤和眼睛接触。若与皮肤或眼睛接触，立即用大量流动清水冲洗。

(2) 顺丁烯二酸酐具有强刺激性，若与皮肤接触，用大量清水冲洗。

2. 实验清理

(1) 产品顺-4-环己烯-1,2-羧酸回收到相应的非甲类(不含卤素)回收瓶中。

(2) 抽滤产生的反应废液回收到非甲类(不含卤素)回收瓶中。

(3) 使用后的活性炭、滤纸和废弃的实验用防护手套回收到指定容器中。

八、课后思考题

(1) 根据哪些主要因素确定实验步骤 2.中加入水的总量？

(2) 本实验为什么采用过量的环丁烯砜？

实验 57　7,7-二氯双环[4.1.0]庚烷的制备

一、实验目的

(1) 了解相转移催化反应的原理及其在有机合成中的应用。

(2) 学习二氯卡宾在有机合成中的应用。

(3) 掌握萃取、减压蒸馏等实验操作。

二、安全警示

(1) 实验须佩戴防护眼镜和合适的手套，实验操作在通风橱中进行。

(2) 环己烯、TEBA 对皮肤和眼睛有刺激性；氯仿易挥发，致癌；氢氧化钠有强腐蚀性；氯化苄具有强烈刺激性，催泪，需谨慎操作。

三、实验导读

化学概念：卡宾；相转移催化。

实验背景：卡宾(H_2C:)是非常活泼的反应中间体，价电子层只有六个电子，是一种强亲电试剂。卡宾的特征反应有碳氢键的插入反应及对碳碳双键和碳碳三键的加成反应，形成三元环状化合物，二氯卡宾(Cl_2C:)也可对碳氧双键加成。

实验室制备卡宾通常有两种方法，一种是重氮化合物的光或热分解，由于重氮化合物不稳定、易爆炸，作为本科生教学存在较大的安全隐患，因而采用另一经典方法α-消去反应作为本科教学实验及方法，即由强碱(如叔丁醇钾)与氯仿反应，生成三氯甲基碳负离子，再脱去一个氯负离子，生成二氯卡宾。

$$HCCl_3 + HO^- \rightleftharpoons H_2O + :\bar{C}Cl_3$$

$$:\bar{C}Cl_3 \rightleftharpoons :CCl_2 + Cl^-$$

由强碱(如叔丁醇钾)与卤仿反应生成卡宾要求严格的无水操作环境，对于本科生实验要求高。但在相转移催化剂(PTC)存在下，在水相-有机相体系中可以方便地产生二卤代卡宾，并进行烯烃的环丙烷化反应。这种方法不需要使用强碱和无水条件，给实验操作带来很大便利，同时缩短反应时间、提高产率。

相转移催化剂的基本作用：一般存在相转移催化的反应都存在水相和有机相两相，离子型反应物往往可溶于水相而不溶于有机相，有机底物则可溶于有机溶剂中。不存在相转移催化剂时，两相相互隔离，反应物无法接触，反应进行得很慢。相转移催化剂可以与水相中的离子结合(通常情况)，并利用自身对有机化合物的亲和性，将水相中的反应物转移到有机相中，促进反应发生。

季铵盐类化合物是应用最多的相转移催化剂。其合成方便，价格比较便宜，具有同时在水相和有机相溶解的能力，其中烃基是亲油基团，带正电的铵离子是亲水基团。季铵盐的正、负离子在水相形成离子对，可以将负离子从水相转移到有机相，而在有机相中，负离子无溶剂化作用，反应活性大大增加。例如，三乙基苄基氯化铵(triethyl benzyl ammonium chloride，TEBA)是一种季铵盐，常用作多相反应中的相转移催化剂。它具有盐类的特性，是结晶形的固体，能溶于水，在空气中极易吸湿分解。TEBA可由三乙胺和氯化苄直接作用制得。反应式为

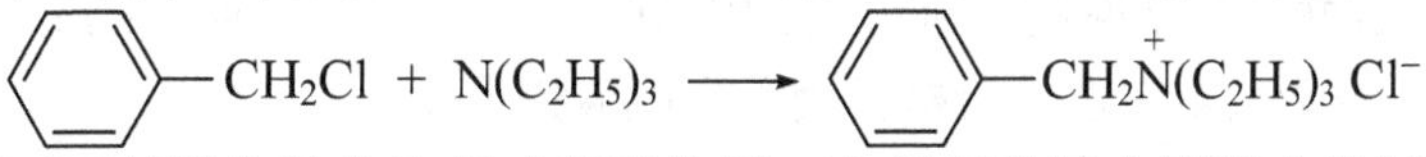

本实验采用四丁基溴化铵作为相转移催化剂，在氢氧化钠水溶液中进行二氯卡宾对环己烯的加成反应，合成7,7-二氯双环[4.1.0]庚烷，反应原理如下：

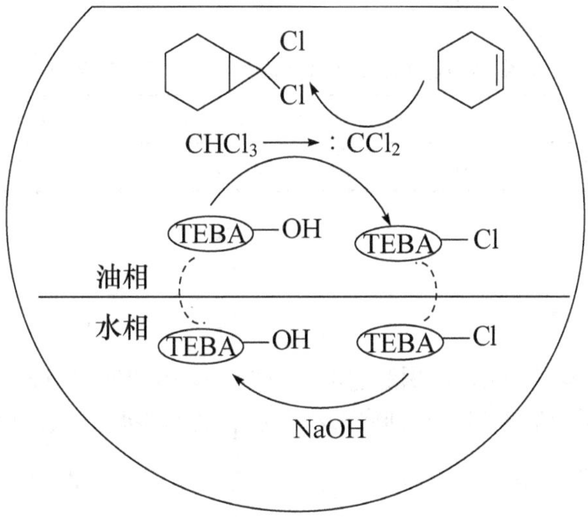

四、课前预习

(1) 预习实验基本操作以下实验技术：萃取、洗涤、搅拌、减压蒸馏。

(2) 本实验中为什么要使用过量的氯仿？

五、主要仪器与试剂

1. 仪器

机械搅拌器，循环水真空泵，圆底烧瓶，三口烧瓶，直形冷凝管，球形冷凝管，滴液漏斗，温度计，锥形瓶，分液漏斗，蒸馏头，接引管，氯化钙干燥管，烧杯，布氏漏斗。

2. 试剂

环己烯，氯仿，四丁基溴化铵，乙醚，氢氧化钠(50%)，盐酸(2 mol·L^{-1})，无水硫酸镁，氯化钠饱和溶液等。

六、实验步骤

在 250 mL 三口烧瓶中分别装上搅拌器、冷凝管、滴液漏斗和温度计。

在三口烧瓶中加入 8.2 g(10.1 mL，0.1 mol)环己烯、24 mL(0.3 mol)氯仿和 0.25 g(0.078 mol)四丁基溴化铵，在剧烈搅拌下(注 1)，将 20 mL 50%氢氧化钠溶液由滴液漏斗中以较快速度加入(8～10 min)。约 30 min 后，反应温度逐渐上升到 50～55℃，反应液由灰白色变成浅棕色。用温水浴加热保持温度在 55℃左右，继续搅拌 1～1.5 h。将反应物冷却至室温，加入 60 mL 冰水，轻轻搅拌反应混合物，倒入分液漏斗中，静置分层(注 2)。收集氯仿层，上层碱液用 30 mL 乙醚萃取，合并乙醚萃取层和氯仿层，用 50 mL 2 mol·L^{-1} 盐酸溶液洗涤，再各用 40 mL 氯化钠饱和溶液洗涤 2 次至中性。有机相用无水硫酸镁干燥。

干燥后的溶液用水浴加热蒸出乙醚和氯仿后，再进行减压蒸馏，可得约 10 g 产品。产品也可在常压下蒸馏，收集 190～198℃的馏分，高温使产物略有分解(注 3)。

注 1：此反应在两相中进行，因此在反应过程中，必须剧烈搅拌反应混合物，否则将影响产率。

注 2：反应液分层时，若两层中间有絮状物，可用漏斗过滤处理。

注 3：粗产品可以减压蒸馏收集的沸点范围为 90～100℃(表 4-18)，也可以常压蒸馏，但有轻微分解。

表 4-18   7,7-二氯双环[4.1.0]庚烷在不同压力下的沸点

压力/mmHg	7	15	16	35
沸点/℃	64～65	79～80	80～82	94～96

七、安全与环保

1. 药品毒性及急救措施

(1) 环己烯有麻醉作用，吸入后引起恶心、呕吐、头痛和神志丧失，对眼睛和皮肤有刺激性。若与皮肤接触，用肥皂水和清水彻底冲洗皮肤；若与眼睛接触，提起眼睑，用流动清水或生理盐水冲洗，并就医。

(2) 氯仿易挥发，具有麻醉作用，对心脏、肝脏、肾脏有损害。若与皮肤接触，立即脱去污染的衣物，用大量流动清水冲洗至少 15 min。若与眼睛接触，立即提起眼睑，用大量流动清水或生理盐水彻底冲洗至少 15 min，并就医。

2. 实验清理

(1) 水洗产生的废液回收到无机废液回收瓶中。
(2) 除水洗产生的废液外，其他所有废液回收到甲类(含卤素)有机废液回收瓶中。
(3) 废弃的实验用防护手套、使用后的滤纸和溶剂挥发后的干燥剂分别回收到指定容器中。

八、课后思考题

(1) 描述所得粗产品和纯化后产品的物理性能(颜色和状态)，报告所得产品的产率。解释可能造成低产率的原因。
(2) 反应液加水稀释后萃取，若两层交界面有乳化物，应如何处理？
(3) 季铵盐为什么能作为相转移催化剂？除季铵盐外，还有哪些试剂可以作为相转移催化剂？

九、拓展实验

本实验也可改变相转移催化剂种类，如采用三乙基苄基氯化铵等作为相转移催化剂进行合成反应。实验效果有差异，可分组探究不同类型的相转移催化剂对本实验合成反应的影响。

实验 58 苯佐卡因的制备

实验目的

(1) 设计从对甲苯胺合成对氨基苯甲酸乙酯的合成路线。
(2) 掌握氧化和酯化反应的原理和基本操作。

以对甲苯胺为原料的合成路线：

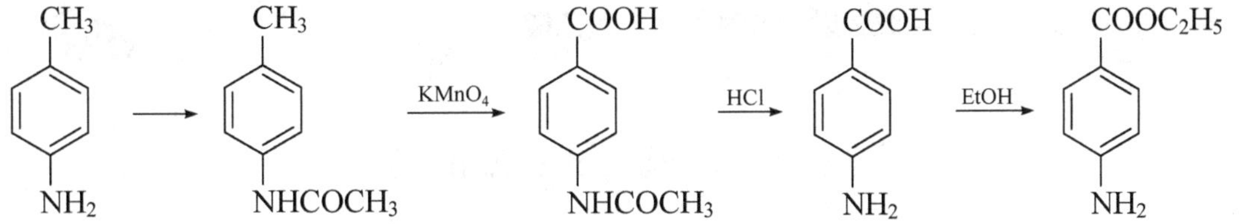

CH₃ → CH₃ —(KMnO₄)→ COOH —(HCl)→ COOH —(EtOH)→ COOC₂H₅

（NH₂ → NHCOCH₃ → NHCOCH₃ → NH₂ → NH₂）

扫一扫 实验 58 苯佐卡因的制备

实验 59 肉桂醛的还原与产物柱色谱分离

实验目的

(1) 掌握由 $NaBH_4$ 还原肉桂醛制备肉桂醇的方法。

(2) 了解醛的还原反应机理、还原剂的种类及特点。

肉桂醇广泛用于配制香精、香料,也是重要的有机合成中间体。本实验采用肉桂醛在 NaBH$_4$ 作用下制备肉桂醇,反应式如下:

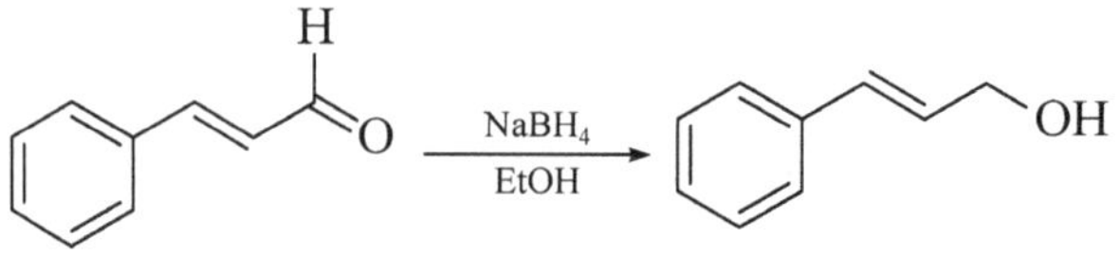

$$\text{肉桂醛} \xrightarrow[\text{EtOH}]{\text{NaBH}_4} \text{肉桂醇}$$

扫一扫　**实验 59　肉桂醛的还原与产物柱色谱分离**

实验 60　微波辐射合成对甲基苯氧乙酸

实验目的

(1) 了解利用微波辐射合成有机化合物的原理和方法。

(2) 学习对甲基苯氧乙酸的合成方法。

(3) 巩固混合溶剂重结晶的原理和操作。

(4) 掌握熔点测定的原理和技术。

对甲基苯氧乙酸是植物生长调节剂。本实验利用对甲基苯酚和氯乙酸在碱性条件下,采用微波辐射合成对甲基苯氧乙酸,反应式如下:

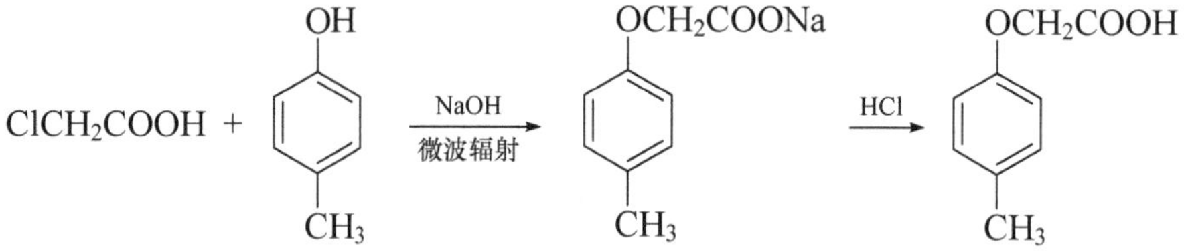

$$\text{ClCH}_2\text{COOH} + \text{对甲基苯酚} \xrightarrow[\text{微波辐射}]{\text{NaOH}} \text{OCH}_2\text{COONa 中间体} \xrightarrow{\text{HCl}} \text{OCH}_2\text{COOH 产物}$$

扫一扫　**实验 60　微波辐射合成对甲基苯氧乙酸**

实验 61　乙酰乙酸乙酯的制备

一、实验目的

(1) 了解克莱森(Claisen)酯缩合反应的机理和应用,学习制备乙酰乙酸乙酯的原理和方法。

(2) 熟悉酯缩合反应中金属钠的应用和操作。

(3) 复习无水操作、液体干燥和减压蒸馏操作。

二、安全警示

金属钠遇水即燃烧、爆炸,使用时应严格避免钠接触水或皮肤。

三、实验导读

化学概念:克莱森酯缩合反应;减压蒸馏。

实验背景：乙酰乙酸乙酯是一种重要的有机合成原料，在医药上用于合成氨基吡啶、维生素 B 等，也用于偶氮黄色染料的制备，还用于调配苹果香精及其他果香香精。

含有 α-H 的酯在碱性催化剂存在下与另一分子酯发生缩合反应生成 β 酮酸酯，这类反应称为克莱森酯缩合反应。乙酰乙酸乙酯就是通过这个反应制备的。

反应式：

$$2CH_3COOC_2H_5 \xrightarrow{C_2H_5ONa} Na^+[CH_3COCHCOOC_2H_5]^- \xrightarrow{HOAc}$$
$$CH_3COCH_2COOC_2H_5 + NaOAc$$

反应机理：

$$CH_3COOC_2H_5 + C_2H_5O^- \rightleftharpoons\ ^-CH_2COOC_2H_5 + C_2H_5OH$$

$$CH_3COOC_2H_5 + \ ^-CH_2COOC_2H_5 \rightleftharpoons H_3C-\overset{\overset{\displaystyle O^-}{|}}{\underset{\underset{\displaystyle OC_2H_5}{|}}{C}}-CH_2COOC_2H_5 \rightleftharpoons$$

$$CH_3COCH_2COOC_2H_5 + C_2H_5O^- \longrightarrow \left[CH_3CO\bar{C}HCOOC_2H_5\right] + C_2H_5OH$$

由于乙酰乙酸乙酯分子中亚甲基上的氢比乙醇酸性强得多($pK_a = 10.65$)，最后一步实际上是不可逆的。反应生成乙酰乙酸乙酯的钠盐，因此必须用乙酸酸化后才能使乙酰乙酸乙酯游离出来。

$$Na^+[CH_3COCHCO_2C_2H_5]^- + CH_3COOH \longrightarrow CH_3COCH_2COOC_2H_5 + CH_3COONa$$

其催化剂是乙醇钠，也可以是金属钠。因为金属钠和残留在乙酸乙酯中的少量乙醇(少于 3%)作用后就有乙醇钠生成。

$$Na + CH_3CH_2OH \longrightarrow CH_3CH_2ONa + 1/2H_2$$

随着反应的进行，C_2H_5OH 不断生成，直到金属钠消耗完毕。乙酸乙酯中总是含有少量乙醇副产物，对反应有利。但如果原料酯中乙醇的含量过高，对反应也是不利的。因为克莱森酯缩合反应是可逆的，β 酮酸酯在醇和醇钠的作用下可分解为两分子酯，使产率降低。

由于反应中有乙醇钠和碳负离子存在，反应过程需要无水操作。另外，由于产物的沸点较高，且高温时易分解，需要用减压蒸馏的方法分离提纯。

四、课前预习

(1) 如何制备钠珠?
(2) 预习减压蒸馏的原理、装置及操作注意事项。
(3) 预习液体干燥及干燥剂的选用。

五、主要仪器与试剂

1. 仪器

圆底烧瓶，分液漏斗，球形冷凝管，直形冷凝管，氯化钙干燥管，减压蒸馏装置，烧杯，锥形瓶，量筒，滴管，玻璃棒，电热套，阿贝折光仪等。

2. 试剂

钠，二甲苯，乙酸乙酯，乙酸(50%)，氯化钠饱和溶液，无水硫酸钠。

六、实验步骤

按图 4-8 安装回流反应装置，将 2.5 g(108.6 mmol)金属钠迅速切成薄片(注 1)，放入 100 mL 干燥的圆底烧瓶中，并加入 12.5 mL 干燥的二甲苯，电热套小火加热回流使钠熔融，拆去冷凝管，用橡皮塞塞住瓶口，用力振摇即得细粒状钠珠(注 2)。稍冷后将二甲苯倾出倒入公用回收瓶。迅速放入 27.5 mL(24.75 g，281.1 mmol)乙酸乙酯(注 3)，反应开始。若反应慢可温热，待激烈的反应过后，调节为小火加热，保持微沸状态，回流至所有钠几乎全部消失为止，反应约需 1.5 h。得橘红色溶液，有时析出黄白色沉淀(为烯醇盐)。

待反应物稍冷后，在振摇下加入 50%乙酸至反应液呈弱酸性(pH = 5～6)，约需 15 mL，固体未溶完可加少量水溶完(注 4)。反应液转入分液漏斗，加入等体积氯化钠饱和溶液，振摇，静置后乙酰乙酸乙酯全部析出。分液，得到有机层。水层(下层)用 20 mL 乙酸乙酯萃取，将萃取液与有机层合并，倒入锥形瓶中，并用适量的无水硫酸钠干燥。

将已充分干燥的有机混合液滤出，并用少量乙酸乙酯洗涤干燥剂。水浴加热蒸馏出未反应的乙酸乙酯，停止蒸馏，冷却。将蒸馏得到的剩余物转移至 25 mL 圆底烧瓶中减压蒸馏(图 4-9)(注 5)，减压蒸馏须缓慢加热，待残留的低沸物蒸出后，再升高温度。收集乙酰乙酸乙酯，产量为 6～7 g，产率 42%～49%(注 6)。

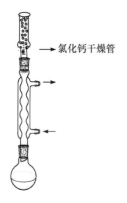

图 4-8　实验 61 回流反应装置

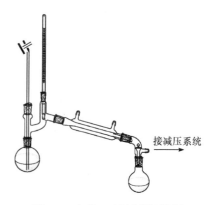

图 4-9　实验 61 减压蒸馏装置

使用阿贝折光仪测定产品的折光率。用 ^1H NMR 表征产物，利用核磁共振技术定量验证乙酰乙酸乙酯烯醇式结构的存在。

注 1：仪器干燥，严格无水，回流冷凝管上端需装氯化钙干燥管。钠的称量和切片要快，以免氧化或被空气中的水汽侵蚀。

注 2：制钠珠为本实验关键步骤，因为钠珠的大小决定反应的快慢。钠珠越细越好，应呈小米状细粒，否则应重新熔融再摇。钠珠的制作过程中间一定不能停，且要来回振摇，这样在瓶内温度下降时才不至于使钠珠结块。

注 3：所用的乙酸乙酯必须是无水的。金属钠易与水反应放出氢气及大量的热，易导致燃烧和爆炸。NaOH 的存在易使乙酸乙酯水解成乙酸钠，更重要的是水的存在使金属钠消耗难以形成碳负离子中间体，导致实验失败。

注 4：乙酸不能多加，否则会造成乙酰乙酸乙酯溶解损失。用乙酸中和时，若有少量固体未溶，可加少许水溶解，避免加入过多的酸。

注 5：乙酰乙酸乙酯在常压蒸馏时易分解而降低产量，因此采用减压蒸馏，蒸去乙酸乙酯和二甲苯的温度不能超过 95℃。

注 6：本实验最好连续进行，若间隔时间太久，将生成去水乙酸，降低产率。去水乙酸的形成原因如下：

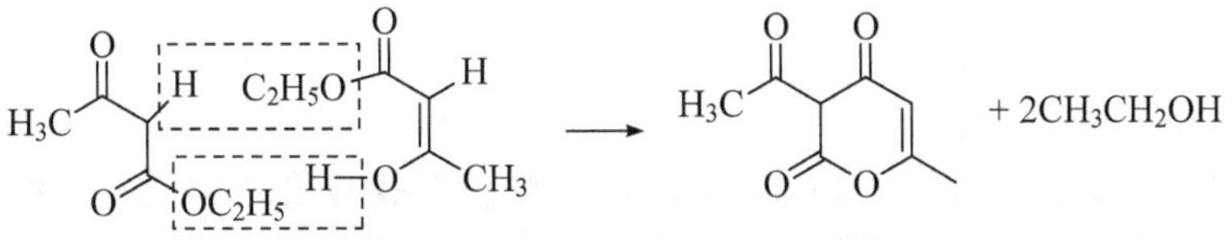

纯乙酰乙酸乙酯为具有水果香味的无色液体，沸点文献值为 180.4℃(表 4-19)，折光率 n_D^{20} 为 1.4192。

表 4-19　乙酰乙酸乙酯的沸点与压力的关系

压力/mmHg	760	80	60	40	30	20	14	12	10	5	1.0
沸点/℃	181	100	97	92	88	82	74	71	67.3	54	28.5

七、安全与环保

1. 危险操作提示

(1) 实验过程中涉及金属钠的使用及有机化合物的反应和加热、减压蒸馏等，戴好防护眼镜，注意实验安全！

(2) 多余的钠片应及时放入装有烃溶剂(通常二甲苯)的瓶中，切勿倒入水槽或废液缸，以免引起着火。与金属钠接触过的剪刀、镊子等要用纸擦拭干净，用过的纸张要浸入准备好的乙醇中处理，切勿扔入废物桶，以防起火。

2. 药品毒性及急救措施

(1) 产物乙酰乙酸乙酯属低毒类。避免吸入蒸气和接触皮肤。若与皮肤或眼睛等接触，立即用大量流动清水冲洗，并就医。

(2) 金属钠具有易燃性和强腐蚀性，称取时应戴手套做好防护措施，用镊子夹取。若沾到皮肤，用 1%硼酸冲洗，最后用大量清水冲洗。

(3) 无水氯化钙粉末会刺激眼睛，使用过程中也应避免与皮肤接触。

3. 实验清理

(1) 产品乙酰乙酸乙酯(闪点 84℃)回收到相应的甲类(不含卤素)回收瓶中。

(2) 乙酸乙酯等残留液、洗涤用碳酸钠溶液等回收到相应的非甲类(不含卤素)回收瓶中。

(3) 废弃的实验用防护手套回收到指定容器中。

八、课后思考题

(1) 为什么使用二甲苯作溶剂，而不用苯或甲苯？

(2) 为什么要做钠珠？

(3) 为什么用乙酸酸化，而不用稀盐酸或稀硫酸酸化？

(4) 加入氯化钠饱和溶液的目的是什么？

(5) 影响反应产率的因素有哪些？

九、拓展实验

(1) 乙酰乙酸乙酯的性质。

取 1 滴乙酰乙酸乙酯，加入 1 滴 $FeCl_3$ 溶液，观察溶液的颜色(淡黄色→红色)。

取 1 滴乙酰乙酸乙酯，加入 1 滴 2,4-二硝基苯肼试剂，微热后观察现象(橙黄色沉淀析出)。

(2) ^1H NMR 谱图分析。

以分析纯乙酰乙酸乙酯样品的 ^1H NMR 谱图为参照，分析乙酰乙酸乙酯产品的 ^1H NMR 谱图，便可知道样品的纯度。乙酰乙酸乙酯的 ^1H NMR 谱图中，酮式和烯醇式的乙基信号不易区分，但甲基信号很容易区分，即酮式的 a 氢和烯醇式的 b 氢。可将乙基中亚甲基信号积分面积的总和定为 2(乙基中甲基信号积分面积的总和定为 3)，得到氢 a 及氢 b 信号的化学位移(例：在 $CDCl_3$ 中 H_a 2.594，H_b 2.292)和积分面积。氢 a 的积分面积与氢 b 的积分面积之比就是酮式与烯醇式的含量比。

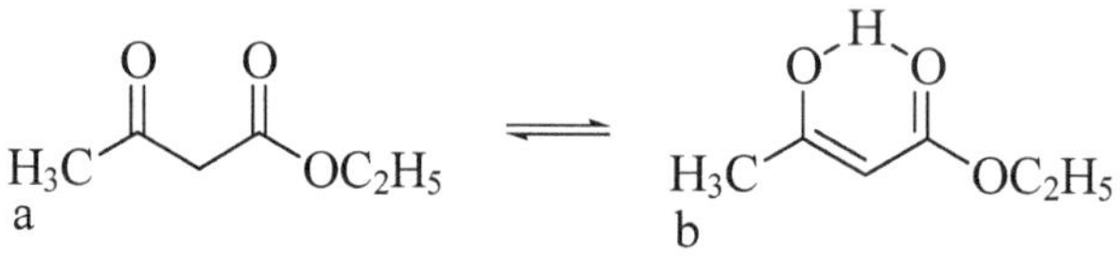

酮式 ⇌ 烯醇式

(3) 使用磁力搅拌器，利用搅拌子快速搅拌制备钠砂代替传统方法中的振摇操作，操作简单方便，避免剧烈振摇不当时烧瓶内气压剧增而引起冲塞、爆裂等危险。

实验 62　(S)-2-(N, N-二苄氨基)-3-苯基丙酸苄酯的制备及比旋光度的测定

一、实验目的

(1) 学习苯丙氨酸在碱性条件与溴苄反应，使苯丙氨酸同时胺化和酯化制备(S)-2-(N, N-二苄氨基)-3-苯基丙酸苄酯。

(2) 掌握柱色谱技术分离纯化有机化合物的方法。

(3) 掌握萃取、减压蒸馏等操作。

(4) 学习用红外光谱、质谱、核磁共振谱表征有机化合物的结构。

(5) 掌握比旋光度的测定方法。

二、安全警示

(1) 实验须佩戴防护眼镜和合适的手套，实验操作在通风橱中进行。

(2) 溴苄有强刺激性和催泪性；石油醚易燃易爆，有刺激性；乙醚易挥发，易燃，有麻醉作用；乙酸乙酯易燃，有刺激性，需谨慎操作。

三、实验导读

化学概念：亲核取代反应。

实验背景：(S)-2-(N, N-二苄氨基)-3-苯基丙酸苄酯是合成药物利托那韦中间体的重要原料。利用天然氨基酸苯丙氨酸在碱性条件下与溴苄反应得到三取代衍生物，此反应中手性碳原子的构型保持。

四、课前预习

预习实验基本操作中以下实验技术：柱色谱、萃取、减压蒸馏。

五、主要仪器与试剂

1. 仪器

直形冷凝管，球形冷凝管，蒸馏头，接引管，三口烧瓶，圆底烧瓶，锥形瓶，温度计及套管，玻璃棒，滴管，量筒，烧杯，分液漏斗，恒压滴液漏斗，三角漏斗，色谱柱(内径 20 mm，长 30 mm 并带砂芯)，展开缸，试管，套有橡皮套的长玻璃棒，薄层板，点样毛细管，旋光仪，容量瓶。

2. 试剂

苯丙氨酸，溴苄，K_2CO_3，NaOH，乙醚，标样一：溴苄的石油醚溶液，标样二：(S)-2-(N, N-二苄氨基)-3-苯基丙酸苄酯的石油醚溶液，石油醚-乙酸乙酯(12∶1，体积比)，氯化钠饱和溶液，无水硫酸镁，石油醚(60～90℃)，乙酸乙酯，柱层析硅胶(200～300 目)，石英砂，氯仿。

六、实验步骤

1. (S)-2-(N, N-二苄氨基)-3-苯基丙酸苄酯的制备

在 100 mL 三口烧瓶上安装回流冷凝管、恒压滴液漏斗。在三口烧瓶中依次加入 2.76 g (20 mmol)K_2CO_3、0.80 g(20 mmol)NaOH、1.65 g(10 mmol)苯丙氨酸和 20 mL 水，加入磁子。开动磁力搅拌，加热回流，直至固体全部溶解，得到透明水溶液。往回流液中慢慢滴加 3.6 mL (31 mmol)溴苄(注 1)，滴完后回流 1 h 左右，用薄层色谱跟踪反应过程[展开剂为石油醚-乙醚(12∶1，体积比)]。停止反应，冷却至室温。分出有机层，水层用乙醚萃取(3 × 10 mL)。合并有机相，有机相用氯化钠饱和溶液(2 × 15 mL)洗涤后，用无水硫酸镁干燥。滤去干燥剂，普通蒸馏蒸出乙醚，得到油状粗产品(注 2)。

2. (S)-2-(N, N-二苄氨基)-3-苯基丙酸苄酯的纯化

用 25 g 200～300 目硅胶为固定相，石油醚为溶剂进行湿法装柱。以石油醚-乙酸乙酯(12∶1，体积比)为淋洗剂分离所得粗产品，用试管收集洗脱液，用薄层色谱检测。合并含产物的洗脱液，普通蒸馏蒸出淋洗剂后，得到无色黏稠油状产物。称量，计算产率，计算目标产物以石油醚-乙酸乙酯(12∶1，体积比)为展开剂的 R_f 值。

测定产品的 IR、MS、^{1}H NMR 谱，并对谱图进行解析。

3. (S)-2-(N, N-二苄氨基)-3-苯基丙酸苄酯比旋光度的测定

取 0.9 g 产品于 50 mL 容量瓶中，用氯仿定容，摇匀。将溶液置于 1 dm 长的旋光管中，用旋光仪测定其旋光度，并计算出比旋光度。纯品 $[\alpha]_D^{20} = -72.9°[c\,1.8\,g \cdot (100\,mL^{-1})$，溶于 $CHCl_3]$。

注 1：溴苄有强刺激性和催泪性，量取时在通风橱内用玻璃滴管从试剂瓶中取出，滴入量筒内，量准体积后迅速转移到恒压滴液漏斗。随后迅速将量筒和滴管放入公用的碱缸内。

注 2：蒸馏前称量圆底烧瓶和磁子的质量。

七、数据记录及处理

计算(S)-2-(N, N-二苄氨基)-3-苯基丙酸苄酯的比旋光度。

八、安全与环保

1. 危险操作提示

实验过程中涉及溴苄、乙醚、石油醚和乙酸乙酯的使用及有机化合物的反应和加热，戴好防护眼镜，注意实验安全！

2. 药品毒性及急救措施

(1) 溴苄具有刺激性，可引起明显的呼吸道刺激及胸部紧束感。若与皮肤接触，立即脱去污染的衣物，用肥皂水和清水彻底冲洗皮肤。若与眼睛接触，提起眼睑，用流动清水或生理盐水冲洗，并就医。

(2) 乙醚极易挥发，其液体或高浓度蒸气对眼睛有刺激性。若与皮肤接触，立即脱去污染的衣物，用大量流动清水冲洗；若与眼睛接触，提起眼睑，用流动清水或生理盐水冲洗，并就医。

3. 实验清理

(1) 产品(S)-2-(N, N-二苄氨基)-3-苯基丙酸苄酯回收到非甲类(不含卤素)回收瓶中。
(2) 乙醚和乙酸乙酯回收到甲类(不含卤素)回收瓶中。
(3) 溴苄和氯化钠饱和溶液洗涤液回收到非甲类(含卤素)回收瓶中。
(4) 干燥剂无水硫酸镁回收到固体废物收集瓶中。
(5) 废弃点样管、薄层板和硅胶分别回收到专用的废玻璃回收容器中。
(6) 废弃的实验用防护手套回收到指定容器中。

九、课后思考题

(1) 实验中加碳酸钾和氢氧化钠的主要作用是什么？
(2) 若反应不完全，苯丙氨酸分子中只引入一个或两个苄基，其 R_f 值与引入三个苄基的 R_f 值相比有何变化？为什么？

实验 63　肉桂酸乙酯的合成及用 ^1H NMR 鉴定顺反异构体

实验目的

(1) 掌握酯缩合反应的原理及合成技能。

(2) 学会使用 ^{1}H NMR 鉴定顺反异构体的实验方法。

实验室中利用苯甲醛、乙酸乙酯在乙醇钠作用下进行缩合反应，生成肉桂酸乙酯。反应式如下：

$$\text{C}_6\text{H}_5\text{CHO} + \text{CH}_3\text{COOC}_2\text{H}_5 \xrightarrow{\text{CH}_3\text{CH}_2\text{ONa}} \text{C}_6\text{H}_5\text{CH}=\text{CH}-\text{COOC}_2\text{H}_5$$

扫一扫　　实验 63　肉桂酸乙酯的合成及用 ^{1}H NMR 鉴定顺反异构体

实验 64　解热镇痛药加合百服宁成分的色谱分离与结构鉴定

一、实验目的

(1) 了解薄层色谱、柱色谱的原理及其应用。

(2) 熟悉薄层色谱、柱色谱的实验操作技术。

(3) 了解对多组分混合物中各组分进行分别鉴定和分离的一般方法。

二、安全警示

(1) 实验须佩戴防护眼镜和合适的手套，实验操作在通风橱中进行。

(2) 石油醚易燃易爆，有刺激性；乙酸乙酯易燃，有刺激性；二氯甲烷易挥发，对皮肤及黏膜有刺激性，需谨慎操作。

三、实验导读

化学概念：柱色谱；薄层色谱。

实验背景：柱色谱是分离混合物和提纯少量有机化合物的有效方法。薄层色谱是一种微量、简单、快速的色谱法，兼具柱色谱和纸色谱的优点，可用于样品的分离与精制、反应的跟踪等。

加合百服宁薄膜衣片剂中每片含对乙酰氨基酚(又称扑热息痛)500 mg、咖啡因 65 mg。对乙酰氨基酚通过提高痛阈而产生镇痛作用。加合百服宁可用于减轻或消除中等程度的各种疼痛(头痛、牙痛、神经痛、肌肉痛、关节痛等)以及因感冒等引起的发热症状。

对乙酰氨基酚　　　　　　咖啡因

加合百服宁中不同成分的结构不同，吸附剂对各成分的吸附能力不同，在淋洗剂作用下，它们发生解吸的速率不同，因此可以通过柱色谱得到分离。将分离到得的各化合物分别测定熔点和 ^{1}H NMR、IR 光谱，通过解析各谱图并与标准谱图对照，可以鉴定加合百服宁中的各种成分。

本实验将市售解热镇痛药加合百服宁片剂用无水乙醇和二氯甲烷(1∶2，体积比)混合溶剂萃取，以乙酸乙酯为展开剂，通过紫外灯显色分析镇痛解热药中各组分。萃取得到的提取液经浓缩后以乙酸乙酯为淋洗剂，用柱色谱分离，用薄层色谱跟踪柱色谱分离过程。

四、课前预习

(1) 预习实验基本操作中以下实验技术：柱色谱、薄层色谱。

(2) 了解用薄层色谱和柱色谱如何有效地分离多组分混合物中的组分，尤其是无色组分。

五、主要仪器与试剂

1. 仪器

研钵，滴管，薄层板，毛细管，小漏斗，广口瓶(展开缸)，色谱柱，试管，圆底烧瓶，旋转蒸发仪，棉花或小滤纸，紫外灯，熔点仪，红外光谱仪，核磁共振波谱仪。

2. 试剂

市售百服宁，硅胶 GF_{254}，石油醚，二氯甲烷，无水乙醇，乙酸乙酯，对乙酰氨基酚[2%，1∶2(体积比)乙醇-二氯甲烷混合溶液]，咖啡因[2%，1∶2(体积比)乙醇-二氯甲烷混合溶液]，石英砂。

六、实验步骤

1. 样品液的制备

取 1 颗市售百服宁药片，研成粉状，加 30 mL 乙醇-二氯甲烷(1∶2，体积比)混合溶液，搅拌 10 min 后过滤，滤液收集于小试管中，用于薄层点样。

2. 点样

取一块薄层板，在距一端 1 cm 处用铅笔轻轻画一条横线为起始线(注 1)。用毛细管在薄层板上点样品液、2%咖啡因和 2%对乙酰氨基酚。样点间距 1 cm，如果样点颜色太浅，可重复点样，但必须待前次样点干燥后进行，点样原点不宜过大(注 2)。

3. 展开

用乙酸乙酯作展开剂。待样点干燥后，小心地将薄层板放入已加入展开剂(8 mL)的 125 mL 广口瓶中进行展开(注 3)。盖好瓶盖，观察现象并在展开剂前沿上升至离薄层板的上端约 1 cm 时取出，尽快用铅笔在展开剂上升的前沿画一记号。

4. 显色

待溶剂挥发后，将薄层板放在紫外灯下观察，可清晰地看到两个粉红色斑点，用铅笔绕亮点画出记号，计算各位移斑点的 R_f 值，并将未知物与标准样品比较。

5. 制备薄层色谱

取 20×20 cm 薄层板，在距底线 1.5 cm 处用样品液(经浓缩)点上一条连续线。待溶剂挥发后，用上述展开剂展开，然后在紫外灯下显色，并将各成分色带切刮下来，分别用氯仿提取。样品液蒸去溶剂后即得各组分的纯品，用于测试 ^{1}H NMR 和 IR 光谱。

6. 柱色谱分离

样品液的浓缩：将上述制备好的样品液转移到 50 mL 圆底烧瓶中，利用旋转蒸发仪将样品液浓缩至 2~3 mL，备用。

湿法装柱：取一根 15 mm × 300 mm 色谱柱，固定在铁架上，向柱中加入石油醚至柱高的 1/3 处。将约 15 g 色谱用硅胶 GF$_{254}$(200~300 目)与适量石油醚在烧杯中混匀，然后转移至有石油醚的色谱柱中。待硅胶 GF$_{254}$ 粉末在柱内有一定沉积高度时，打开活塞，控制液体流速约为每秒 1 滴，并轻轻敲打柱子使硅胶 GF$_{254}$ 装填紧密，然后在硅胶 GF$_{254}$ 上加一层约 2 mm 的石英砂(注 4)。

当石油醚液面刚好流至与石英砂平面相平时，立即关闭活塞(注 5)，向柱内滴加上述浓缩后的样品液，打开活塞，待液面降至石英砂层时用少量石油醚洗下附在管壁的样品液，然后用约 15 mL 石油醚小心淋洗。待样品进入柱体后，用乙酸乙酯作淋洗剂洗脱，用试管收集，每支试管收集约 10 mL 淋洗液，用薄层色谱检测(乙酸乙酯作为展开剂，紫外灯显色)。当对乙酰氨基酚洗脱后改用乙醇淋洗，直至咖啡因都被洗脱(注 6)。合并相同组分的溶液，旋转蒸发浓缩后可分别得到纯的对乙酰氨基酚和咖啡因。称量，计算对乙酰氨基酚和咖啡因的提取率。

7. 熔点的测定

分别测定对乙酰氨基酚和咖啡因的熔点。

8. 谱图鉴定

测定对乙酰氨基酚和咖啡因的 ^{1}H NMR 和 IR 光谱，并与标准谱图对照，其 ^{1}H NMR 谱图和 IR 谱图分别见图 4-10~图 4-13。

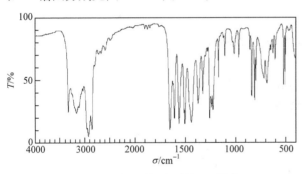

图 4-10 对乙酰氨基酚的 IR 谱图

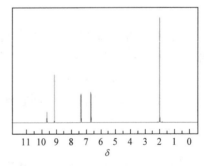

图 4-11 对乙酰氨基酚的 ^{1}H NMR 谱图

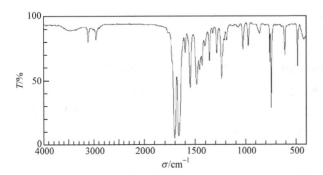

图 4-12 咖啡因的 IR 谱图

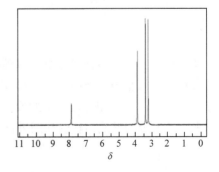

图 4-13 咖啡因的 ^{1}H NMR 谱图

注 1：画线时要轻，不要刺破薄层。

注 2：点样毛细管粗细要合适，直径约 0.5 mm，斑点直径一般不超过 2 mm，点样过大易出现拖尾、扩散等现象，以致样品不容易分开。

注 3：薄层板浸入展开剂不能超过点样线，否则样品不能在薄层板上分离而直接浸入展开剂。

注 4：装柱时吸附剂装填要紧密，要求无断层、无缝隙、无气泡，吸附剂的上端平整，无凹凸面。

注 5：在装柱、洗脱过程中，始终保持有溶剂覆盖吸附剂。注意洗脱时切勿使溶剂流干。

注 6：实验结束后，应让溶剂尽量流干，然后倒置，用洗耳球从活塞口向管内挤压空气，将吸附剂从柱顶挤压出。用过的吸附剂倒入垃圾桶，切勿倒入水槽，以免堵塞水槽。

七、数据记录及处理

计算各斑点的 R_f 值。

八、安全与环保

1. 危险操作提示

实验过程中涉及石油醚、乙酸乙酯和二氯甲烷的使用，戴好防护眼镜，注意实验安全!

2. 药品毒性及急救措施

(1) 石油醚极度易燃，具有强刺激性。若不慎接触皮肤或眼睛、吸入或食入，需立即就医。

(2) 乙酸乙酯有刺激性，属于一级易燃品，使用时远离火种、火源。

(3) 二氯甲烷易挥发，对皮肤及黏膜有刺激性。

3. 实验清理

(1) 乙醇-二氯甲烷溶液回收到相应的甲类(含卤素)回收瓶中。

(2) 乙酸乙酯回收到相应的甲类(不含卤素)回收瓶中。

(3) 废弃点样管、薄层板和硅胶分别回收到专用的容器中。

(4) 废弃的实验用防护手套回收到指定容器中。

九、课后思考题

(1) 分离、鉴定有机化合物的常用实验技术有哪些?

(2) 薄层色谱的用途有哪些?

十、拓展实验

加合百服宁片剂中含对乙酰氨基酚和咖啡因，泰诺林片剂中含对乙酰氨基酚，散利痛片剂中含对乙酰氨基酚、异丙安替比林和咖啡因。本实验也可以对泰诺林及散利痛片剂中有效成分进行分析，并与加合百服宁的成分进行比较。实验中需对柱色谱法分离散利痛和泰诺林片剂中有效成分的淋洗剂和展开剂进行进一步选择和探讨。

实验 65　薄层色谱跟踪 9-芴醇氧化反应进程

一、实验目的

(1) 熟悉薄层色谱的基本原理。

(2) 学会薄层色谱跟踪有机化学反应进程的方法。

(3) 熟练薄层色谱操作。

(4) 了解薄层色谱在有机化学实验中的主要用途。

二、安全警示

(1) 实验须佩戴防护眼镜和合适的手套，实验操作在通风橱中进行。

(2) 苯甲醛对眼睛、呼吸道黏膜有一定的刺激作用；氢氧化钠具有腐蚀性，需谨慎使用，避免皮肤接触和吸入。

三、实验导读

化学概念：氧化反应。

实验背景：9-芴醇在氧化剂作用下生成 9-芴酮。原料和产物在硅胶 GF_{254} 薄层板上用 254 nm 紫外灯照射有清晰斑点。原料与产物极性不同，故在合适的展开剂中展开后 R_f 有明显差异。因此，可以通过不同反应时间下反应液的薄层色谱分析，判断原料是否消失，确认反应完成时间。

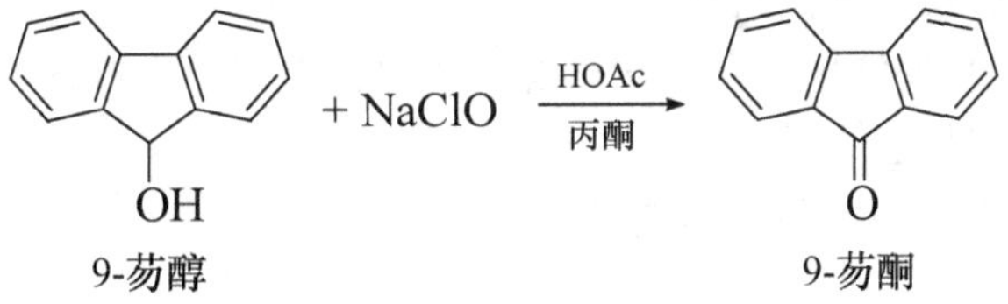

四、课前预习

预习实验基本操作中以下实验技术：色谱的原理、薄层色谱操作和用途。

五、主要仪器与试剂

1. 仪器

滴管，薄层板，点样毛细管，广口瓶(展开缸)，滤纸，菌种瓶，量筒，紫外灯。

2. 试剂

石油醚，乙酸乙酯，9-芴醇，9-芴酮，乙酸，丙酮，漂白水(或 84 消毒液)。

六、实验步骤

准备薄层板和展开缸，取两块 GF_{254} 薄层板，画出点样线，标记 3 个点样点。在展开缸中放好滤纸，加入适量展开剂(石油醚∶乙酸乙酯＝7∶1，体积比)，刚好没过展开缸底部。用 10 mL 菌种瓶作为反应瓶，量取 3 mL 0.09 mol·L⁻¹ 9-芴醇丙酮溶液，加入反应瓶中。用点样毛细管吸取 9-芴醇溶液，在两块薄层板上 1 号位置点样，然后在 254 nm 紫外灯下确认点样浓度是否合适。用点样毛细管吸取产物 9-芴酮，在两块薄层板上 3 号位置点样，在 254 nm 紫外灯下确认点样浓度是否合适。

在反应瓶中滴入 2 滴乙酸，振摇均匀。吸取 1 mL 漂白水(含 5% NaClO)，加入反应瓶中，盖上盖子，振摇均匀后，开始计时，并用点样毛细管取样。在第一块薄层板的中间 2 号位置点样，然后在 254 nm 紫外灯下确认点样情况；标记样品名称，做好记录。

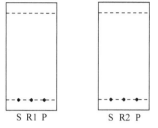

图 4-14　薄层板的点样位置

S 为原料 9-芴醇标样，R1 为刚混合时的反应液取样，P 为产物 9-芴酮标样，R2 为混合后 5 min 的反应液取样

将薄层板放入展开缸中展开，待溶剂前沿线到达距离薄层板顶端约 5 mm 时取出薄层板，立即画出溶剂前沿线。溶剂挥发后，在 254 nm 紫外灯下记录各个样品点；计时 5 min 后，用点样毛细管取样，在第二块薄层板中间位置点样，同上一步操作，完成展开及记录(图 4-14)。

七、实验现象和结果

此反应速度很快，漂白水加入后立即有产物生成，因此混合后立即将反应液点样。反应 5 min 后，原料点基本消失。若此时仍有原料，可以补加 1 mL 漂白水，继续反应后点样。

实验 66　安息香的辅酶合成

一、实验目的

(1) 了解安息香缩合反应及其机理。
(2) 学习以维生素 B_1 为催化剂合成安息香的实验原理和操作过程。
(3) 练习采用冰水浴控温。
(4) 掌握结晶、重结晶的实验操作技术。

二、安全警示

(1) 实验须佩戴防护眼镜和合适的手套，实验操作在通风橱中进行。
(2) 苯甲醛对眼睛、呼吸道黏膜有一定的刺激作用；氢氧化钠具有腐蚀性，需谨慎使用，避免皮肤接触和吸入。

三、实验导读

化学概念：安息香缩合。

实验背景：安息香(二苯羟乙酮)在有机合成中常用作中间体。它既可氧化成 α-二酮，又可在各种条件下还原成二醇、烯、酮等各种类型的产物，作为双官能团化合物可以发生许多反应。

安息香反应通常是苯甲醛在氰化钠(钾)作用下，发生分子间缩合生成二苯羟乙酮。

$$C_6H_5CHO + {}^-CN \rightleftharpoons C_6H_5-\underset{CN}{\overset{O^-}{\underset{|}{\overset{|}{C}}}}-H \rightleftharpoons C_6H_5-\underset{CN}{\overset{OH}{\underset{|}{\overset{|}{C^-}}}} \overset{C_6H_5CHO}{\rightleftharpoons}$$

$$C_6H_5-\underset{CN}{\overset{OH}{\underset{|}{\overset{|}{C}}}}-\underset{H}{\overset{O^-}{\underset{|}{\overset{|}{C}}}}-C_6H_5 \rightleftharpoons C_6H_5-\underset{CN}{\overset{O^-}{\underset{|}{\overset{|}{C}}}}-\underset{H}{\overset{OH}{\underset{|}{\overset{|}{C}}}}-C_6H_5 \overset{-\bar{C}N}{\longrightarrow} C_6H_5-\overset{O}{\overset{\|}{C}}-\underset{H}{\overset{OH}{\underset{|}{\overset{|}{C}}}}-C_6H_5$$

本实验利用苯甲醛在维生素 B_1(VB$_1$，又称硫胺素)催化下合成安息香。

$$2C_6H_5CHO \xrightarrow{VB_1} C_6H_5-\overset{OH}{\underset{}{CH}}-\overset{O}{\underset{}{C}}-C_6H_5$$

维生素 B_1 是一种辅酶，它作为生物化学反应的催化剂，在生命过程中起着重要的作用。其结构式如下：

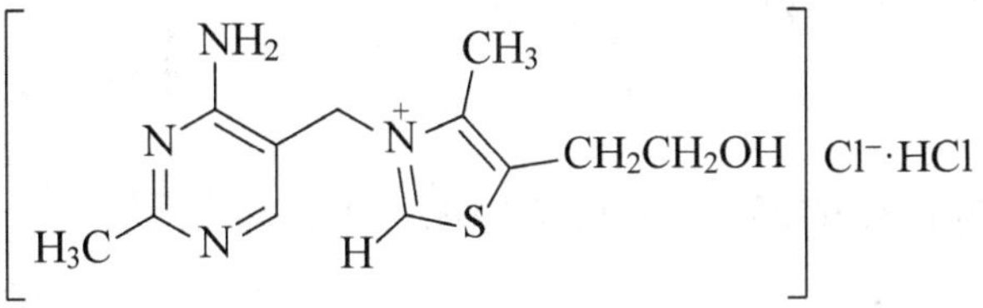

绝大多数生化过程都是在特殊条件下进行的化学反应，酶的参与可以使反应更巧妙、更有效并在更温和的条件下进行。维生素 B_1 在生化过程中主要通过对 α-酮酸脱羧和形成偶姻(α-羟基酮)等三种酶促反应发挥辅酶的作用。从化学的角度来看，维生素 B_1 分子中最主要的部分是噻唑环。噻唑环 C2 上的质子由于受氮和硫原子的影响，具有明显的酸性，在碱的作用下，质子容易除去，产生的碳负离子作为反应中心，形成苯偶姻。

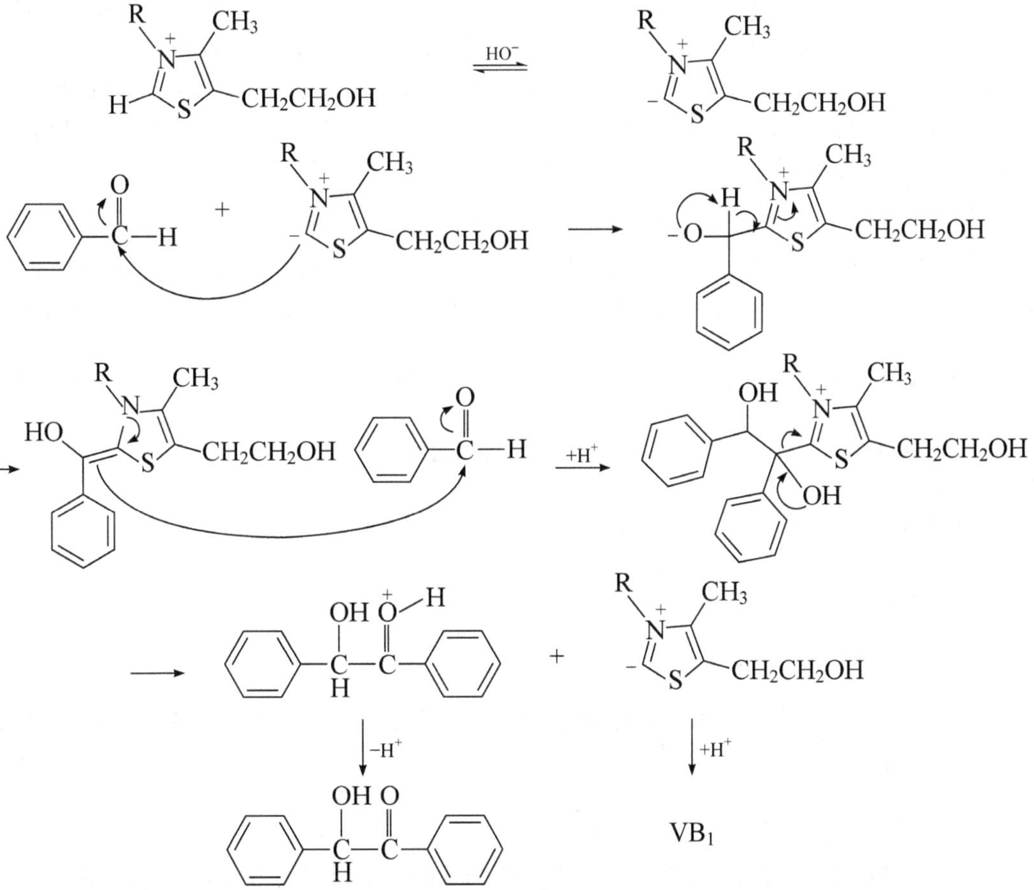

四、课前预习

(1) 预习实验基本操作中以下实验技术：冰浴、结晶、重结晶。

(2) 实验中为什么要向维生素 B_1 溶液中加入氢氧化钠溶液？试用化学反应式解释。

(3) 实验中为什么要将氢氧化钠置于冰水中冷却？

五、主要仪器与试剂

1. 仪器

圆底烧瓶，锥形瓶，回流冷凝管，不锈钢锅，抽滤瓶，布氏漏斗，热水漏斗，熔点仪。

2. 试剂

维生素 B_1，苯甲醛，乙醇(95%)，NaOH(10%)，冰块，活性炭。

六、实验步骤

在 100 mL 圆底烧瓶中加入 1.8 g 研细的维生素 B_1(注 1)、5 mL 水和 15 mL 乙醇，将烧瓶置于冰浴中冷却。同时量取 8～10 mL 10% NaOH 溶液于 50 mL 锥形瓶中，也置于冰浴中冷却。在冰浴冷却和磁力搅拌下将氢氧化钠溶液在 10 s 内加到维生素 B_1 溶液中(注 2)，使 pH 为 10 左右，这时溶液为黄色。去掉冰浴，加入 10 mL 新蒸的苯甲醛(注 3)，装上回流冷凝管，将混合液保持在 70℃左右(温度不要超 85℃)搅拌 50～70 min。切勿将混合液加热到剧烈沸腾，这时混合液呈橘黄或橘红色均相溶液。将反应混合液冷却至室温，析出浅黄色结晶。将烧瓶置于冰浴中冷却，使结晶完全。若产品呈油状物析出，应重新加热使其成均相，再慢慢冷却重新结晶。必要时可用玻璃棒摩擦瓶壁或投入晶种。抽滤，用 50 mL 冷水分两次洗涤结晶。粗产品用 95% 乙醇重结晶(注 4)。若产品呈黄色，可加入少量活性炭脱色。

纯安息香为白色针状结晶，产量约 5 g，熔点 134～136℃。

注 1：维生素 B_1 在酸性条件下是稳定的，但易吸水，在水溶液中易被氧化失效，光及铜、铁、锰等金属离子均可加速其氧化；在氢氧化钠溶液中噻唑环易开环失效。因此，反应前维生素 B_1 溶液及氢氧化钠溶液必须用冰浴冷透。

注 2：必须在搅拌下将氢氧化钠溶液缓慢滴加到维生素 B_1 溶液中，氢氧化钠溶液的浓度必须为 10%，并且必须是新配制的。

注 3：苯甲醛放置过久，常被氧化成苯甲酸，使用前最好用 5% 碳酸氢钠溶液洗涤，然后减压蒸馏纯化，并避光保存。

注 4：安息香在沸腾的 95% 乙醇中的溶解度为 12～14 g·(100 mL)$^{-1}$。

七、安全与环保

1. 危险操作提示

实验过程中涉及苯甲醛和氢氧化钠的使用及有机化合物的反应和加热，戴好防护眼镜，注意实验安全！

2. 药品毒性及急救措施

(1) 苯甲醛可燃，有毒，有刺激性。若与皮肤接触，立即脱去污染的衣物，用流动清水冲洗；若与眼睛接触，提起眼睑，用流动清水或生理盐水冲洗。

(2) 氢氧化钠具有腐蚀性，需谨慎使用，避免皮肤接触和吸入。若与皮肤接触，用 5%～10% 硫酸镁溶液清洗，并就医；若与眼睛接触，立即提起眼睑，用 3% 硼酸溶液冲洗。

3. 实验清理

(1) 安息香回收到固体回收瓶中。

(2) 乙醇回收到相应的甲类(不含卤素)回收瓶中。

八、课后思考题

(1) 加入苯甲醛后,为什么要将混合液的 pH 保持在 9~10? 溶液的 pH 过低有什么影响?

(2) 影响安息香产率的主要因素有哪些?

九、拓展实验

本实验也可采用氰化钠(钾)代替维生素 B_1 作催化剂,但氰化钠(钾)为剧毒药品,必须小心谨慎使用。

本实验的 pH 和反应温度等反应条件对实验结果的影响较大,可以设计实验,改变 pH 和反应温度,探究最佳反应条件。对重结晶后的纯品还可以进行单晶培养,试探索单晶培养的条件。

第5章　研究型实验

实验 67　脱模废液中主要成分的测定和硫酸镍制备的研究

一、文献查阅要求

认真阅读以下文献，并查阅其他相关文献资料。

(1) 中华人民共和国化工行业标准. 工业硫酸镍(HG/T 2824—2022).

(2) 黄昱霖, 黄智源, 查正炯, 等. 某化学镀镍废液的镍磷回收研究. 广东化工, 2020, 47(18): 133-134, 116.

(3) 詹海鸿, 谢营邦, 樊艳金, 等. 含镍废液制备硫酸镍并深度除 Fe、Cu、Zn. 矿产综合利用, 2017, 5: 76-79.

(4) 张素华, 郭淼. 电镀废液中铁、铜、铬、镍离子的光度法快速分析. 材料保护, 2015, 12: 66-67, 9.

(5) 王平格. EDTA 容量法测定硫酸镍中的镍和钴. 广西化工, 1997, 26(1): 47-49.

(6) 周峻. 化学镀镍废液处置工艺研究. 广东化工, 2015, 42(3): 95-96.

(7) 杨丽梅, 李玲, 黄松涛, 等. 离子交换法在镍湿法冶金工艺中的应用进展. 金属矿山, 2009, 3: 41-45.

二、实验背景

随着镀膜工厂的迅速发展，含镍脱模废水的排放所造成的环境污染日益严重。如果将含镍脱模废水制备成硫酸镍，进行净化处理，减少环境污染，对社会发展有显著效益。

脱模废液中可能含有镍、铁、锌、铜、铝、锰等元素。根据废液中待测组分的性质可以采用不同的分析方法进行测定。对于微量组分，可以采用相应的仪器分析法(如原子吸收光谱法)测定；对于常量组分，通常采用化学分析法测定。参照文献资料，镍离子含量的测定有丁二酮肟分析法、配位滴定法和分光光度法等；铁离子含量的测定一般采用滴定分析法。

以含镍脱模废液为原料制备六水合硫酸镍的步骤主要包括：溶样、除杂和浓缩结晶。在除杂步骤，大多是采用加入氢氧化钠或碳酸钠的方法调节 pH 或沉淀；在浓缩结晶步骤，一般采用蒸发浓缩后冷却结晶。

三、探索要求

(1) 查阅文献，设计方案，测定脱模废液中镍和铁等含量。

(2) 查阅文献，设计方案，探索合成条件，如不同的除杂、结晶条件等对产品的影响。以脱模废液为原料，从脱模废液中提取镍，制备硫酸镍。

(3) 查阅文献，设计方案，采用化学分析法测定产品纯度。

(4) 查阅文献，设计方案，采用仪器分析法测定产品纯度。

(5) 对照 HG/T 2824—2022，分析产品等级。

实验 68　锌灰固体废料制备七水合硫酸锌

一、文献查阅要求

认真阅读以下文献，并查阅其他相关文献资料。

(1) 中华人民共和国化工行业标准. 工业硫酸锌(HG/T 2326—2015).

(2) 中华人民共和国国家标准. 水泥化学分析方法(GB/T 176—2017).

(3) 吴焕, 赵沛, 黄大伟, 等. 工厂检测锌灰中锌离子含量方法的问题探究. 煤炭与化工, 2021, 44(4): 147-150.

(4) 洪剑波, 温洪新, 李生福, 等. 锌灰资源化利用方法及研究进展. 冶金标准化与质量, 2019, 6: 44-47.

(5) 周晨光, 刘明. 锌灰中的锌、铅、镉、银元素的检测. 天津化工, 2017, 31(2): 38-40.

(6) 万益娟, 朱亮. ICP-AES 法同时测定烧结矿中 CaO、MgO、SiO_2、Al_2O_3、MnO 和 P. 理化检验-化学分册, 2006, 42(7): 577-578.

(7) 孙会栋, 谢巧玲, 杨贵亭, 等. 用镀管厂的废料锌灰生产七水硫酸锌的研究. 化学世界, 2002, 8: 446-447.

(8) 佟志芳, 杨光华. 由含锌烟尘制备高纯硫酸锌溶液的工艺研究. 中国有色冶金, 2009, 4: 65-68.

二、实验背景

锌灰固体废料(俗称锌灰泥)来源于工厂生产废弃物，可以从中提取锌制备硫酸锌，从而减少对环境的影响。

以锌灰固体废料为原料制备硫酸锌，先要确定工业锌灰泥的组成。通过检测分析，锌灰固体废料可能含有锌、铁、铝、镍、铜、镁和硅等元素，其中锌、铁及铝为主要成分。

可以采用化学分析法对原料进行组分分析。先利用碱熔融法得到试样溶液，再采用配位滴定法测定锌、铁和铝等主要成分。推荐方法：在同一份溶液中，用 EDTA 标准溶液直接滴定得到铁含量，用返滴定法测定锌和铝的总量，最后加入 NH_4F 用置换滴定法测定铝。

锌灰固体废料样品可能与文献中试样成分有差异，因此需要先探究原料的溶解条件和除杂方法。推荐方法：用 NaOH 调节溶液 pH 和用 Na_2CO_3 沉淀 Zn^{2+} 等方法除杂得到粗产品，经过提纯后可得到高纯度的七水合硫酸锌产品。这种方法可以减少浓缩体积，从而降低能耗和环境污染。

三、探索要求

(1) 查阅文献，设计方案，测定锌灰固体废料中铁、锌、铝含量。

(2) 查阅文献，设计初步方案，以锌灰固体废料为原料，提取锌后制备硫酸锌。

(3) 探索合成条件，如不同的溶样、除杂、结晶条件和方法等对产品的影响。

(4) 查阅文献，设计方案，对产品纯度进行分析。

(5) 对照 GB/T 176—2017，分析产品等级。

实验 69 氧化石墨烯负载催化剂的制备及其功能研究

一、文献查阅要求

认真阅读以下文献，并查阅其他相关文献资料。

(1) 王蓉, 朱长军, 李蕾, 等. 石墨烯: 化学与结构功能化. 功能材料, 2021, 52(8): 8081-8087.

(2) Szabó T, Tombácz E, Illés E, et al. Enhanced acidity and pH-dependent surface charge characterization of successively oxidized graphite oxides. Carbon, 2006, 44(3): 537-545.

(3) Hummers W S, Offeman R E. Preparation of graphitic oxide. J Am Chem Soc, 1958, 80(6): 1339.

(4) Garcia-Gallastegui A, Iruretagoyena D, Gouvea V, et al. Graphene oxide as support for layered double hydroxides: enhancing the CO_2 adsorption capacity. Chem Mater, 2012, 24(23): 4531-4539.

(5) Kong B S, Geng J X, Jung H T. Layer-by-layer assembly of graphene and gold nanoparticles by vacuum filtration and spontaneous reduction of gold ions. Chem Commun, 2009, 16: 2174-2176.

(6) Lu J, Do I, Drzal L T, et al. Nanometal-decorated exfoliated graphite nanoplatelet based glucose biosensors with high sensitivity and fast response. ACS Nano, 2008, 2(9): 1825-1832.

(7) 胡玉婷, 李培源. 氧化石墨烯作为药物载体的研究进展. 山东化工, 2019, 48(24): 50-56.

(8) 陈松丛, 韩峰, 刘建华, 等. 离子液体共价键功能化氧化石墨烯负载催化材料催化反应研究进展. 分子催化, 2018, 32(4): 382-396.

(9) Khan H, Soudagar M E M, Kumar R H, et al. Effect of nano-graphene oxide and n-butanol fuel additives blended with diesel-Nigella sativa biodiesel fuel emulsion on diesel engine characteristics. Symmetry, 2020, 12(6): 961.

(10) Shin J, Kim K, Hong J. Zn-Al layered double hydroxide thin film fabricated by the sputtering method and aqueous solution Treatment. Coatings, 2020, 10(7): 669.

二、实验背景

石墨烯可以构成富勒烯、纳米管等多种结构(图 5-1)，因而受到了广泛的关注。氧化石墨烯(graphite oxide，GO)是石墨烯的衍生物，具有良好的润湿性能和表面活性，克服了石墨烯疏水和易团聚的缺陷。

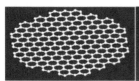

图 5-1 石墨烯的不同结构[图片来源文献(1)]

(从左到右: 平面石墨烯、弯曲石墨烯、球形石墨烯和管状石墨烯)

氧化石墨烯结构与石墨烯的结构相似(图 5-2)，只是在一层碳原子构成的二维空间无限延伸的基面上连接大量含氧基团，平面上含有—OH 和 C—O—C，而在其片层边缘含有 C=O 和 —COOH。干燥氧化石墨烯的层间距为 0.59～0.67 nm，比石墨层间距 0.34 nm 大。而在相对湿度为 45%、75%和 100%下达到平衡的氧化石墨烯层间距更大，分别为 0.8 nm、0.9 nm 和 1.15 nm，能被小分子或聚合物插层后剥离，在改善材料的热学、电学、力学等综合性能方面发挥着重要作用。

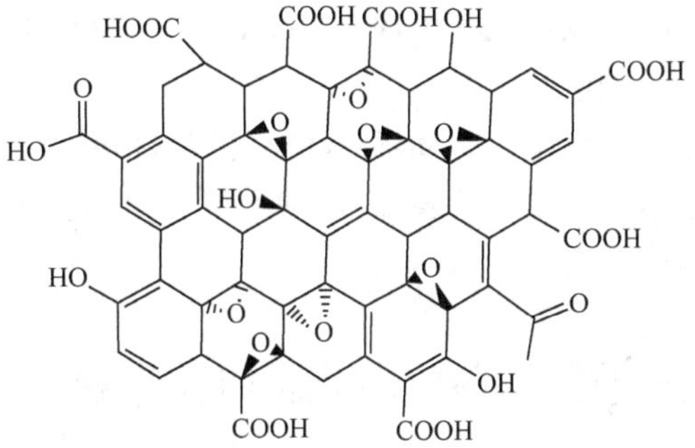

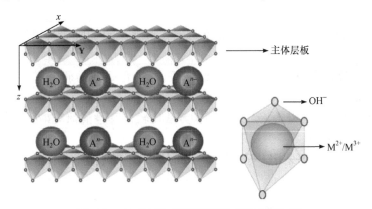

图 5-2　氧化石墨烯的示意图

层状双氢氧化物(layered double hydroxide，LDH)是一种阴离子型层状化合物(图 5-3)。LDH 的主体层板带正电荷，与层间阴离子相互作用，由 MgO_6 八面体共用棱形成单元层，具有主体层板的化学组成、层间客体阴离子的种类和数量及插层组装体的粒径尺寸和分布均可调控等突出特点。LDH 的通式为 $[M^{2+}_{1-x}M^{3+}_x(OH)_2]^{x+}(A^{n-})_{x/n}\cdot mH_2O$，其中 M^{2+}、M^{3+} 和 A^{n-} 分别为二价金属离子(如 Mg^{2+})、三价金属离子(如 Al^{3+})和阴离子(如 CO_3^{2-})，x 为 $0.17\sim0.33$。

图 5-3　LDH 结构示意图[图片来源文献(10)]

氧化石墨烯可以通过热解膨胀和超声分散克服其层与层之间的范德华力，从而剥离下单层的氧化石墨烯，而水滑石类化合物层间的阴离子也可以交换，使单层氧化石墨烯穿插到水滑石类化合物的结构层间，形成氧化石墨烯-水滑石(GO/LDH)复合材料。目前合成 GO/LDH 的方法主要有水热法和共沉淀法。

GO/LDH 由于其特殊的结构，具有非常广泛的应用，特别是在 CO_2 吸附、电极材料制备、催化剂、生物传感器等方面。

油脂水解及生物柴油合成时有副产物丙三醇。有效利用丙三醇，将其转化为高附加值的精细化工品，是提高生物柴油生产过程经济效益的有效措施。目前丙三醇转化的技术有合成环氧氯丙烷、乙二醇、丙二醇及二羟基丙酮等，其中丙三醇转化为丙三醇碳酸酯是研究热点之一。由丙三醇和碳酸二甲酯反应制备丙三醇碳酸酯的传统催化剂为镁铝水滑石，而镁铝水滑石与氧化石墨烯的复合材料能更好地催化此反应。

三、探索要求

(1) 查阅文献，设计方案，以天然石墨为原料合成氧化石墨烯。

(2) 查阅文献，设计方案，以氧化石墨烯、$Mg(NO_3)_2 \cdot 6H_2O$ 和 $Al(NO_3)_3 \cdot 9H_2O$ 等为原料，合成氧化石墨烯-水滑石复合材料。

(3) 查阅文献，设计方案，对氧化石墨烯-水滑石复合材料进行表征。

(4) 设计方案，比较水滑石、氧化石墨烯-水滑石复合材料对丙三醇和碳酸二甲酯反应制备丙三醇碳酸酯的催化效率。

实验70 由虾蟹壳制备甲壳素和壳聚糖及其质量检测

一、文献查阅要求

认真阅读以下文献，并查阅其他相关文献资料。

(1) 孙承磊. 虾壳中甲壳素提取工艺的研究进展, 2021, 18: 41-43.

(2) 戴鹏, 郑金路, 刘炳荣, 等. 甲壳素与壳聚糖的化学改性及应用. 高分子通报, 2020, 7: 1-17.

(3) 杨锡洪, 辛荣玉, 宋琳, 等. 虾蟹壳中甲壳素绿色提取技术研究进展. 现代食品科技, 2020, 36(7): 344-350.

(4) 易思怡, 严雨晴, 张毅, 等. 甲壳素对碱性橙Ⅱ染料的吸附性能研究. 分析试验室, 2020, 39(7): 821-825.

(5) 王蒙, 李澜鹏, 张全, 等. 生物法制备甲壳素/壳聚糖的研究进展. 生物技术通报, 2019, 35(4): 213-222.

(6) 纪蕾, 刘天红, 王颖, 等. 壳聚糖制备方法比较及其性能研究. 食品安全质量检测学报, 2021, 3: 951-959.

(7) 孙启卓, 关叶青, 何紫阳, 等. 壳聚糖对钙镁离子的吸附性能. 化学与粘合, 2021, 3: 175-178, 227.

二、实验背景

甲壳质(chitin)又称甲壳素或几丁质，是一种从海洋甲壳类动物壳中提取出来的多糖物质。甲壳素的化学式为$(C_8H_{13}O_5N)_n$，是由 N-乙酰基-D-葡萄糖单体通过 β-1,4-糖苷键相连的直链高分子化合物。甲壳素属于纯天然活性物质，具有无毒副作用和对人体有良好亲和性的优点，因而得到广泛应用。例如，工业上可用于水净化、染料、织物和黏合剂等；医药上可作为外科手术用线，并能加速伤口愈合；食品上可作为安全的添加剂；美容上可作为抗氧化和活化细胞的材料。

自然界中甲壳素通常与碳酸钙、蛋白质及色素等物质结合在一起，因此要尽可能地除去盐、蛋白质及色素以提高甲壳素的纯度，处理工艺复杂，导致甲壳素没有得到很好的开发利用。

壳聚糖是甲壳素脱乙酰基后的重要衍生物。虾蟹壳中含有20%～30%甲壳素，常用碱处理法提取甲壳素与壳聚糖。将虾蟹壳等原料用稀碱处理除去蛋白质，然后加入稀盐酸与碳酸钙反应后除去氯化钙得到甲壳素，再用热浓 NaOH 溶液脱去乙酰基，经水洗干燥后得到壳聚糖。

纯净的甲壳素是白色或灰白色无定形的半透明固体，不溶于水、稀酸、稀碱、浓碱和一般有机溶剂，可溶于浓盐酸、硫酸、磷酸和无水甲酸，但同时主链会发生降解。

三、探索要求

(1) 查阅文献，设计方案，以虾蟹壳废弃物为原料，制备甲壳素产品。

(2) 将得到的甲壳素脱乙酰基，制备壳聚糖产品。

(3) 探索实验条件，对虾蟹壳脱碳酸钙过程进行最优化条件研究。

(4) 探索实验条件，对虾蟹壳脱蛋白质过程进行最优化条件研究。

(5) 查阅文献，设计方案，采用酸碱滴定和电位滴定等方法测定壳聚糖的脱乙酰度。

(6) 对照国家标准并设计方案，对甲壳素和壳聚糖的质量指标进行表征。

实验 71　偶氮染料苏丹红 I 的合成

一、文献查阅要求

阅读以下文献，并查阅"偶氮化合物和苏丹红 I 的合成"的相关文献资料。

(1) 兰州大学. 有机化学实验. 3 版. 北京: 高等教育出版社, 2010.

(2) 王炫, 沈骏. 偶氮染料——苏丹红. 化学教育, 2005, 26(5): 1-3.

(3) Patil C J, Patil M C, Rane V, et al. Coupling reactions involving reactions of aryldiazonium salt: part-III. Chemoselective condensation with β-naphthol to synthesize Sudan-I, its nitro derivatives and antibacterial potential. Journal of Chemical, Biological and Physical Sciences, 2015, 5(4): 3860-3867.

(4) Hodgson H H, Marsden E. Preparation and diazotization of *p*-aminomonomethylaniline. Journal of the Chemical Society, 1944, 398-400.

(5) Nagase M, Osaki Y, Matsueda T. Determination of methyl yellow, sudan I and sudan II in water by high-performance liquid chromatography. Journal of Chromatography, 1989, 465(3): 434-437.

二、实验背景

染料是一类能使纤维和其他材料着色的物质，分为天然染料和合成染料两大类。人类使用天然染料已有超过五千年的历史，当时的染料从动植物或矿物质而来，来源非常有限，价格昂贵。1856 年珀金发明第一个合成染料——苯胺紫，人工合成染料才成为现实。现在染料已不只限于纺织物的染色和印花，在油漆、塑料、皮革、光电通信、食品等许多领域得以应用。

染料根据结构可分为偶氮染料、阳离子染料、蒽醌染料和吲哚类染料等；根据应用方式可分为直接、显色、媒染、分散、还原、活性和溶剂等。偶氮染料是合成染料中品种最多的一类，广泛用于多种天然和合成纤维的染色和印花，也用于油漆、塑料、橡胶等的着色。偶氮染料的共同结构特征是都含有偶氮基—N＝N—，偶氮基两端连接烃基(可以是脂肪族烃基，但主要是苯基等芳烃基)。偶氮化合物一般都有颜色，但并不是都可用作染料，因为染料还涉及与纤维结合的问题。某些偶氮化合物的颜色因酸碱度的不同而不同，可以作为指示剂使用，如甲基橙等。

偶氮化合物可以通过重氮盐与芳香胺或酚类发生偶联反应制备，反应速率受溶液中 pH 影响较大。重氮盐与酚的偶联反应在弱碱性(pH 7～9)介质中进行，在此 pH 范围内，酚变成活泼的酚氧基负离子与重氮盐发生偶联，形成偶氮化合物。

但碱性不能太强，因为重氮盐在强碱性条件下易变成重氮酸盐：

$$ArN_2^+ \underset{\longleftarrow}{\overset{NaOH,H_2O}{\rightleftharpoons}} Ar\!-\!N\!=\!N\!-\!O^-$$

重氮盐与芳香胺的偶联反应通常在弱酸性(pH 4～7)介质中进行，pH 过低，则游离芳香胺容易转变成铵盐。

苏丹红是一类合成型偶氮染料，其品种主要包括苏丹红Ⅰ、苏丹红Ⅱ、苏丹红Ⅲ和苏丹红Ⅳ，主要用于溶剂、油、蜡、汽油增色，以及鞋和地板等的增光。苏丹红在人体内的代谢产物为苯胺和萘酚的衍生物，这些物质均被国际癌症研究机构(IARC)列为二类(对动物怀疑有致癌性物质)或三类致癌物质，所以苏丹红不用作食品添加剂。

苏丹红通常以芳香胺为原料，在亚硝酸根离子和酸性条件下生成重氮盐，再与萘酚类物质通过偶联反应制得。

三、探究要求

本实验以苯胺和 2-萘酚为原料，通过偶联反应合成偶氮染料苏丹红Ⅰ，探究苏丹红Ⅰ的合成条件对反应的影响，副产物的种类、分离方法，表征产物及副产物化合物结构的方法。

(1) 查阅相关文献，拟定合理的合成路线，合成苏丹红 I，考察原料投料比、反应时间和反应温度等对合成反应的影响。

(2) 设计合理的产品提纯和副产物分离方法。

(3) 探究表征产物及副产物化合物结构的方法。

(4) 分析影响产品质量的因素及改进的办法。

(5) 提出本实验中可能出现的问题及应对、处理的方法。

四、供参考的实验方案

1. 实验原理

以苯胺和 2-萘酚为原料合成苏丹红 I 的路线如下：

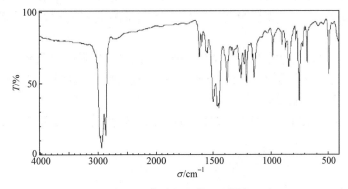

2. 实验步骤

将 0.84 g(9.0 mmol)新蒸苯胺及 5.3 mL 6 mol·L^{-1} 盐酸加入 100 mL 锥形瓶中，将此溶液在冰盐浴中冷却至 0～5℃。将 0.67 g(9.7 mmol)NaNO$_2$ 溶于 3.3 mL 水中，在搅拌下逐滴加入上述溶液中，滴加完毕继续搅拌 5 min。用淀粉-碘化钾试纸检测有无 HNO$_2$ 剩余。若有，加入尿素除去，直至检测试纸无反应，不再出现蓝色。加入尿素除去未反应的 HNO$_2$ 时，每次加入 0.25 g，搅拌 1～2 min，再用淀粉-碘化钾试纸检验。

于 250 mL 烧杯中，用 8.3 mL 2 mol·L^{-1} NaOH 溶液溶解 1.30 g(9.0 mmol)2-萘酚，将溶液冷却到 5～10℃。在搅拌下将重氮盐溶液逐滴加入 2-萘酚钠溶液中，保持温度为 5～10℃。滴加完毕后，继续搅拌 15 min。将得到的沉淀过滤，用滤纸压干，真空干燥后得到粗产品。实验中可借助薄层色谱跟踪反应。

粗产品用重结晶或柱色谱提纯。可用高效液相色谱分析产品的纯度。

苏丹红 I 的 IR 谱图见图 5-4。

图 5-4　苏丹红 I 的 IR 谱图

第6章 设计型实验

实验72 三草酸合铁(Ⅲ)酸钾的制备及性质表征

一、文献查阅要求

认真阅读以下文献，并查阅其他相关文献资料。

(1) Fiorito P A, Polo A S. A New approach toward cyanotype photography using tris-(oxalato) ferrate (Ⅲ): an intergrated experiment. J Chem Educ, 2015, 92(10): 1721-1724.

(2) Arapova O V, Chistyakov A V, Borisov R S. Microwave-assisted catalytic conversion of lignin to liquid products. Petroleum Chemistry, 2019, 59(1): S108-S115.

(3) 武汉大学化学与分子科学学院实验中心. 无机化学实验. 2版. 武汉: 武汉大学出版社, 2012.

(4) 王伯康. 新编中级无机化学实验. 1998. 南京: 南京大学出版社.

(5) 戴小敏, 冯凌竹, 李佳欣. 大学化学综合实验: 三草酸合铁(Ⅲ)酸钾的制备和结构表征. 化学教育, 2021, 42(4): 56-61.

(6) 纪永升, 吕瑞红, 李玉贤, 等. 硫酸亚铁铵制备三草酸合铁(Ⅲ)酸钾的实验探索. 大学化学, 2013, 28(6): 42-45.

(7) 曹小霞, 蒋晓瑜. 三草酸合铁(Ⅲ)酸钾的制备及结构组成测定. 广州化学, 2012, 37(3): 33-37, 59.

(8) 秦建芳, 马会宣. 三草酸合铁(Ⅲ)酸钾的制备、组成测定和性质研究. 应用化工, 2011, 40(4): 606-608.

二、实验背景

三草酸合铁(Ⅲ)酸钾为翠绿色单斜晶体，化学式为 $K_3[Fe(C_2O_4)_3]\cdot 3H_2O$，分子量491.3。极性较强，难溶于乙醇，易溶于水，在0℃和100℃的溶解度/[g·(100 g 水)$^{-1}$]分别为4.7和117.7。110℃失去三个结晶水，230℃发生分解。三草酸合铁(Ⅲ)酸钾具有很好的光敏性、负载催化能力等。

合成三草酸合铁(Ⅲ)酸钾的工艺路线有多种：以铁粉为原料制得硫酸亚铁，加草酸钾制得草酸亚铁沉淀，再经氧化后制得；或者以硫酸铁与草酸钾直接合成制得；或者以三氯化铁或硫酸铁与草酸钾直接合成制得。

可以采用多种方法表征三草酸合铁(Ⅲ)酸钾产品，如测定配离子所带电荷数、铁含量、草酸根含量及磁矩等。

三、设计要求

(1) 设计多条线路，合成三草酸合铁(Ⅲ)酸钾。

(2) 设计方案，测定三草酸合铁(Ⅲ)酸根配离子所带电荷数。

(3) 设计方案，测定三草酸合铁(Ⅲ)酸钾产品中铁含量(重铬酸钾法)。

(4) 设计方案，测定三草酸合铁(Ⅲ)酸钾产品中草酸根含量(高锰酸钾法)。

(5) 设计方案，测定三草酸合铁(Ⅲ)酸钾产品的磁矩，以此推导铁离子的价电子构型。

(6) 设计方案，制作蓝晒光敏纸，测试其光敏性。

(7) 设计方案，探究三草酸合铁(Ⅲ)酸钾的光化学反应。

(8) 设计方案，探究三草酸合铁(Ⅲ)酸钾的负载催化性能。

四、供参考的实验方案

实验名称：三草酸合铁(Ⅲ)酸钾的合成及其配离子电荷数的测定

一、实验目的

(1) 学习 $K_3[Fe(C_2O_4)_3]\cdot3H_2O$ 配合物的制备方法。

(2) 掌握 $K_3[Fe(C_2O_4)_3]\cdot3H_2O$ 配合物电荷数的测定方法。

(3) 学习氯型阴离子交换树脂的原理和使用。

(4) 掌握莫尔法测定的原理和方法。

(5) 了解蓝晒法制作照片的原理和方法。

二、实验导读

化学概念：配合物的构成；离子交换；沉淀滴定；银量法；莫尔法。

实验背景：本实验以 $FeSO_4\cdot7H_2O$ 为原料，先与 $K_2C_2O_4$ 反应得到 FeC_2O_4 沉淀，再用 H_2O_2 氧化 FeC_2O_4，加入 $K_2C_2O_4$ 和 $H_2C_2O_4$，得到三草酸合铁(Ⅲ)酸钾溶液。最后通过浓缩、冷却或加入乙醇，便可析出三草酸合铁(Ⅲ)酸钾晶体。

$$FeSO_4\cdot7H_2O + K_2C_2O_4 =\!=\!= FeC_2O_4\cdot2H_2O\downarrow(黄色) + K_2SO_4 + 5H_2O$$

$$6FeC_2O_4\cdot2H_2O + 3H_2O_2 + 6K_2C_2O_4 =\!=\!= 4K_3[Fe(C_2O_4)_3]\cdot3H_2O\downarrow(翠绿色) + 2Fe(OH)_3\downarrow(砖红色)$$

$$2Fe(OH)_3 + 3K_2C_2O_4 + 3H_2C_2O_4 =\!=\!= 2K_3[Fe(C_2O_4)_3]\cdot3H_2O\downarrow(翠绿色)$$

总反应如下所示：

$$2FeSO_4\cdot7H_2O + H_2O_2 + 5K_2C_2O_4 + H_2C_2O_4 =\!=\!= 2K_3[Fe(C_2O_4)_3]\cdot3H_2O\downarrow + 2K_2SO_4 + 10H_2O$$

$K_3[Fe(C_2O_4)_3]\cdot3H_2O$ 对光敏感，见光易发生分解反应，光解产生的 $Fe(Ⅱ)$ 遇六氰合铁(Ⅲ)酸钾生成蓝色沉淀，从而实现用蓝晒法制作照片或图片。

$$2[Fe^{Ⅲ}(C_2O_4)_3]^{3-} \xrightarrow{h\nu} 2Fe^{2+} + 5\,C_2O_4^{2-} + 2CO_2$$

$$K^+ + Fe^{2+} + [Fe(CN)_6]^{3-} =\!=\!= KFe[Fe(CN)_6]$$

产品中配离子的电荷数可采用离子交换法进行测定，使 $K_3[Fe(C_2O_4)_3]\cdot3H_2O$ 溶液中的配阴离子 X^{z-} 与树脂上的 Cl^- 进行交换。

$$zRN^+Cl^- + X^{z-} \longrightarrow (RN^+)_zX^{z-} + zCl^-$$

定量收集得到的交换液，采用莫尔法测定其中的氯离子含量。莫尔法属于银量法的一种，要求在中性或弱碱性介质中进行。由于 AgCl 的溶解度小于 Ag_2CrO_4，用 $AgNO_3$ 标准溶液滴定体系中的 Cl^- 时，首先生成白色的 AgCl 沉淀($K_{sp} = 1.8 \times 10^{-10}$)。当 Cl^- 沉淀完全后，稍过量

的 $AgNO_3$ 与 K_2CrO_4 作用生成砖红色的 Ag_2CrO_4 沉淀($K_{sp} = 1.1 \times 10^{-12}$)，指示终点，由此测定出交换液中的 Cl^- 含量，进而推导出配阴离子的电荷数 z。

三、课前预习

(1) 什么是沉淀滴定？能进行沉淀滴定的条件是什么？
(2) 简述沉淀滴定中指示剂的作用原理。
(3) 什么是银量法？简述三种银量法的测定原理及条件。
(4) 简述三草酸合铁(Ⅲ)酸钾蓝晒照片的原理。

四、主要仪器与试剂

1. 仪器

恒温水浴锅，循环水真空泵，布氏漏斗，抽滤瓶，滴定管(棕色)，离子交换柱，锥形瓶，点滴板(黑色)，高压汞灯，透明胶片(用于制作底片)。

2. 试剂

$FeSO_4 \cdot 7H_2O(s)$，$AgNO_3(s)$，$H_2SO_4(3\ mol \cdot L^{-1})$，$H_2C_2O_4$ 饱和溶液，$K_2C_2O_4$ 饱和溶液，$H_2O_2(10\%)$，$K_2CrO_4(0.1\ mol \cdot L^{-1})$，无水乙醇，$K_3Fe(CN)_6(0.2\ mol \cdot L^{-1})$，氯型阴离子交换树脂(使用前用 $1\ mol \cdot L^{-1}$ NaCl 浸泡 48 h，再反复水洗至无氯离子)。

五、实验步骤

1. 三草酸合铁(Ⅲ)酸钾的制备

(1) 草酸亚铁的生成。称取 4.0 g $FeSO_4 \cdot 7H_2O$($M_r = 278.1$，称至 0.01 g)，置于 100 mL 烧杯中，加入 2 滴 3 $mol \cdot L^{-1}$ H_2SO_4 酸化，加入 30 mL 水，搅拌溶解，再加入 9~10 mL $K_2C_2O_4$ 饱和溶液，得到 FeC_2O_4 柠檬黄色沉淀。静置分层，倾析法弃去上层清液。再加入 40~50 mL 40~45℃的温水搅拌洗涤，静置分层，倾析法弃去上层清液。注意，静置分层时玻璃棒不要放在烧杯溶液内，以免拿起时再次搅浑溶液。

(2) 草酸亚铁的氧化。向洗涤后的黄色沉淀中加入 10~12 mL $K_2C_2O_4$ 饱和溶液，搅拌均匀。常温下，用滴管加加 6~10 mL 10% H_2O_2 并充分搅拌，直至溶液转变为深红棕色并伴有大量细小的气泡冒出。沸水浴中浓缩至约 20 mL 以除去过量的 H_2O_2。

(3) 三草酸合铁(Ⅲ)酸钾的生成。不断搅拌下，趁热快速滴加 5~8 mL $H_2C_2O_4$ 饱和溶液。当溶液由红棕色变为棕绿色时，改为逐滴缓慢滴加，直至反应体系变为完全澄清透明的翠绿色溶液。此时如有沉淀，可趁热过滤或补加适量 H_2O_2。如果溶液的颜色不够翠绿，可用 $H_2C_2O_4$ 饱和溶液或 $K_2C_2O_4$ 饱和溶液调节至 pH 3.5~4.0。

结晶方式 1：将溶液蒸发浓缩至 15~18 mL，静置、冷却结晶，抽滤，得到翠绿色的三草酸合铁(Ⅲ)酸钾晶体，转移产品到表面皿上，自然晾干或于 50℃烘干 10 min 左右，称量。

结晶方式 2：控制溶液体积在 25~30 mL，加入 5~10 mL 无水乙醇，搅拌均匀，如有晶体析出，将溶液微热，静置、冷却结晶，抽滤。用 10 mL 无水乙醇分两次洗涤产品，转移产品到表面皿上，待乙醇挥发后称量。

2. 三草酸合铁(Ⅲ)酸钾光敏性的应用——蓝晒法制作照片

在暗处将 0.2 mol·L^{-1} 三草酸合铁(Ⅲ)酸钾溶液(含 0.1 mol·L^{-1} H$_2$SO$_4$)和 0.2 mol·L^{-1} 铁氰化钾溶液等体积混合。用毛刷将混合液均匀地涂在滤纸上,制成黄绿色感光纸(注意,不能涂得太湿)。把印有图案的透明胶片或底片固定在感光纸的正上方,放在高压汞灯下约 10 min。曝光结束,感光纸上会留下蓝黄相间的图案,用大量清水漂洗感光纸,将图案上黄色部分冲洗至白色。悬挂晾干,制成一张蓝白相间的照片或图片。

3. 三草酸合铁(Ⅲ)酸钾中配离子电荷数的测定

为保证交换完全,交换柱内溶液的液面始终要略高于树脂表面,且树脂内不能留有气泡。

(1) 交换柱的准备。将氯型阴离子交换树脂连着水注入交换柱内,使树脂高度为 8~10 cm。用水反复淋洗树脂,直至流出液中不含 Cl$^-$ 为止(如何判断?),关闭交换柱旋塞。

(2) 样品溶液的交换。准确称取 0.5 g 三草酸合铁(Ⅲ)酸钾(M_r = 491.3,称至 0.0001 g)样品,置于 100 mL 烧杯,加入 15 mL 水(注意,不能加太多水),搅拌使其完全溶解,定量转入交换柱中。交换柱的尖嘴下端插入 100 mL 容量瓶中,打开旋塞,控制流速为 1 mL·min^{-1},收集交换液于容量瓶中。用水洗涤烧杯和玻璃棒 2~3 次,每次 5 mL。每次当样品溶液的液面下降至略高于树脂表层时,关闭旋塞,将洗涤液转入交换柱。随后每次加入 10 mL 水淋洗,适当加快流速,至容量瓶内的交换液达到 60~70 mL,检查是否含 Cl$^-$(如何判断?)。若无 Cl$^-$,取下容量瓶,加水定容,充分摇匀。

(3) 0.04 mol·L^{-1} AgNO$_3$ 标准溶液的配制。准确称取 0.60~0.65 g AgNO$_3$(M_r = 169.9,称至 0.0001 g)固体,置于 100 mL 烧杯中,加水溶解,定量转移至 100 mL 容量瓶,加水定容,充分摇匀。注意,此过程用到的玻璃器皿必须非常洁净,且全部用去离子水,否则得到的 AgNO$_3$ 标准溶液会浑浊。

(4) 样品溶液的测定。准确移取 20.00 mL 交换液于 150 mL 锥形瓶中,加入 25 mL 水和 2.5 mL 0.1 mol·L^{-1} K$_2$CrO$_4$(需用移液枪准确移取),用装在棕色滴定管中的 0.04 mol·L^{-1} AgNO$_3$ 标准溶液滴定,直至白色沉淀中出现砖红色,且 30 s 不褪色,记录滴定体积。平行测定三次。

六、安全与环保

1. 危险操作提示

多次加热煮沸或浓缩,需注意安全! 防止暴沸,并全程佩戴防护眼镜。

2. 药品毒性及急救措施

(1) 硝酸银为强氧化剂,与部分有机物或硫、磷混合研磨、撞击可燃烧或爆炸。硝酸银具有腐蚀性和毒性,需避免接触皮肤,否则会出现黑色斑点。若接触皮肤,立即用肥皂水或流水冲洗。若不慎误食,用水漱口,服用牛奶或蛋清,并及时就医。

(2) 10% H$_2$O$_2$ 具有一定的氧化性,应避免与碱性及氧化性物质混合。

3. 实验清理

(1) 硝酸银属贵重试剂,剩余在容量瓶及滴定管中的 AgNO$_3$ 溶液回收到 AgNO$_3$ 回收容器中。切勿将其他溶液倒入该容器内，以防 $AgNO_3$ 溶液被沾污。

（2）用过的树脂回收到指定的树脂回收容器中。操作方法是：将色谱柱倒置，用洗瓶从其尖端注入少量水，再用洗耳球吹气，树脂即可流出。

（3）废弃的沸石和实验用防护手套等倒入指定容器中。

七、课后思考题

（1）生成三草酸合铁(Ⅲ)酸钾时，若溶液 pH 高于 5 或低于 3 时，应如何处理？为什么？

（2）为什么只能用少量水溶解三草酸合铁(Ⅲ)酸钾样品，且样品溶液交换速度不能太快？

（3）测定配离子的电荷数时，为什么要较准确地控制 K_2CrO_4 溶液的加入量？

（4）用蓝晒法制作照片，曝光后若不用水冲洗感光纸，照片的图像会发生什么变化？

实验 73　配合物异构体的合成及异构化常数的测定

一、文献查阅要求

认真阅读以下文献，并查阅其他相关文献资料。

（1）庄志萍, 贾林艳, 梁明, 等. 二水二草酸根合铬酸钾异构化速率常数和活化能的测定. 牡丹江师范学院学报(自然科学版), 2002, 4: 27-28.

（2）吴志鸿. 离子交换法测配合物(二草酸二水合铬酸钾)中配合离子电荷数的实验方法研究. 河池师专学报, 1997, 2: 39-41.

（3）王春燕, 刘华伟, 阮菊香. 金属镍配合物的合成及其在烯烃异构化反应中的应用. 化学教育, 2020, 10: 49-53.

（4）靳晓伟, 王建茹, 段青青, 等. 光诱导钌配合物的几何异构和结构异构反应研究进展. 影像科学与光化学, 2012, 30(6): 401-410.

（5）王小燕, 王书文, 王春芙, 等. 两种 Co(Ⅲ)配合物键合异构体的制备表征及转化分析. 实验技术与管理, 2014, 7: 190-192.

（6）王伯康. 综合化学实验. 南京: 南京大学出版社, 2000: 98-106.

（7）罗炳初, 张复兴, 陈志敏. 两种 Co(Ⅲ)配合物键合异构体的制备及结构分析. 湖南科技学院学报, 2007, 9: 45-46.

（8）帕斯 G, 萨克利夫 H. 实验无机化学: 制备、反应和仪器方法. 郑汝骊译. 北京: 科学出版社, 1980: 91-93.

二、实验背景

异构现象是配合物的一种重要性质，即组成完全相同的配合物由于原子的键合方式或空间排列方式不同而引起其结构和性质不同。配合物的异构分为结构异构和立体异构两大类。结构异构是由于配体之间连接方式不同，包括解离异构、键合异构、水合异构和配位异构等。立体异构是由于配体在空间的排布不同，包括几何异构和光学异构。几何异构体具有不同的化学和物理性质，如颜色、熔点、极性、溶解度和化学反应性等，可以通过偶极矩、X 射线晶体衍射和分光光度法等鉴定；光学异构体可以通过旋光仪进行鉴定。

三、探索要求

(1) 查阅文献，设计方案，合成一对键合异构体，测定其异构化常数及物理性质。

(2) 查阅文献，设计方案，合成一对几何异构体，测定其异构化常数及物理性质。

(3) 查阅文献，设计方案，合成一对光学异构体，测定其异构化常数及物理性质。

四、供参考的实验方案

实验名称：*cis*-和 *trans*-K[Cr(C$_2$O$_4$)$_2$(H$_2$O)$_2$]·2H$_2$O 的合成及异构化常数的测定

一、实验目的

(1) 掌握 *cis*-和 *trans*-K[Cr(C$_2$O$_4$)$_2$(H$_2$O)$_2$]·2H$_2$O 异构体配位化合物的合成方法。

(2) 掌握分光光度法测定顺式和反式异构化速率常数及活化能的方法。

(3) 加深对配位化合物顺反异构体性质的了解。

二、实验原理

化学概念：异构化现象；反应速率方程；速率常数；活化能。

实验背景：K$_2$Cr$_2$O$_7$ 和 H$_2$C$_2$O$_4$·2H$_2$O 发生氧化还原反应生成二水二草酸根合铬酸钾 K[Cr(C$_2$O$_4$)$_2$(H$_2$O)$_2$]·2H$_2$O，随反应条件及草酸根离子浓度的不同，可以生成不同的配合物：

cis-K[Cr(C$_2$O$_4$)$_2$(H$_2$O)$_2$]·2H$_2$O(紫蓝色晶体)　　　*trans*-K[Cr(C$_2$O$_4$)$_2$(H$_2$O)$_2$]·2H$_2$O(玫瑰紫色)

在水溶液中，顺、反式配合物共存并达平衡，温度升高有利于生成顺式配合物。顺式配合物易溶于水，而反式配合物的溶解度比顺式配合物小得多。在稀氨水中它们都形成相应的碱式盐 K[Cr(C$_2$O$_4$)$_2$(OH)H$_2$O]，其中顺式配合物易溶于水，形成墨绿色溶液，而反式配合物为浅棕色不溶物。

cis-K[Cr(C$_2$O$_4$)$_2$(OH)H$_2$O]　　　　　　　*trans*-K[Cr(C$_2$O$_4$)$_2$(OH)H$_2$O]

两种异构体中配体对中心离子 d 电子的影响不同，使 d 轨道的分裂能不相等。顺式配合物的分裂能($\Delta_{\circ}$ = 17700 cm^{-1})小于反式配合物($\Delta_{\circ}$ = 18800 cm^{-1})。

电解质溶液的摩尔电导率 Λ_m 与电解质溶液的浓度及离子的电荷数有关，将产品配制成 1.0×10^{-3} mol·L^{-1} 溶液，测得的电导率与表 5-1 对照后，即可确定其化合物构型。

表 5-1　1.0×10^{-3} mol·L^{-1} 溶液的电导率与化合物构型的关系(25℃)

化合物构型	离子数目	电导率 Λ/μS
MA	2	120～134
MA$_2$ 或 M$_2$A	3	240～278
MA$_3$ 或 M$_3$A	4	411～451
MA$_4$ 或 M$_4$A	5	533～569

本实验利用 $H_2C_2O_4 \cdot 2H_2O$ 和 $K_2Cr_2O_7$ 反应制备两种几何异构体,其中顺式异构体采用固相合成和乙醇溶剂中析出的方法;反式异构体采用水相合成,但较难制得且易转成顺式结构。采用光度法测定顺式和反式异构化的速率常数及其活化能。

$$K_2Cr_2O_7 + 7H_2C_2O_4 \cdot 2H_2O == 2K[Cr(C_2O_4)_2(H_2O)_2] + 17H_2O + 6CO_2$$

三、主要仪器与试剂

1. 仪器

恒温水浴锅,循环水真空泵,布氏漏斗,抽滤瓶,容量瓶,移液管,研钵。

2. 试剂

$K_2Cr_2O_7$(s),$H_2C_2O_4 \cdot 2H_2O$(s),$HClO_4$(1.00 mol·L^{-1}),稀氨水,无水乙醇。

四、实验步骤

1. 顺式和反式异构体的合成

1) *trans*-K[Cr(C$_2$O$_4$)$_2$(H$_2$O)$_2$]·2H$_2$O 的合成

将 6 g $H_2C_2O_4 \cdot 2H_2O$(M_r = 126.1,称至 0.01 g)和 2 g $K_2Cr_2O_7$(M_r = 294.2,称至 0.01 g)分别溶于 10 mL 热水中,搅拌至完全溶解后,趁热将两种溶液于 250 mL 烧杯中混合,此时有大量 CO_2 气体产生(注 1)。反应完全后,得到酱红色溶液。将此溶液慢慢蒸发浓缩或自然蒸发浓缩,析出紫红色晶体(注 2)。抽滤,用少量冰水和乙醇洗涤产品,产品于 60℃烘干 15～30 min。

2) *cis*-K[Cr(C$_2$O$_4$)$_2$(H$_2$O)$_2$]·2H$_2$O 的合成

将 1 g $H_2C_2O_4 \cdot 2H_2O$(M_r = 126.1,称至 0.01 g)和 3 g $K_2Cr_2O_7$(M_r = 294.2,称至 0.01 g)在研钵中研细混匀,然后转移至底部微微潮湿的 250 mL 烧杯中,盖上表面皿,微微加热,立即发生剧烈反应,伴有 CO_2 气体产生,形成深紫色的黏状液体。反应结束后,立即加入 15 mL 无水乙醇,微热,使晶体析出。抽滤,产品于 60℃烘干 15～30 min。

2. 顺式和反式异构体的鉴别

分别将两种异构体晶体置于表面皿上的滤纸中央,用稀氨水润湿。顺式异构体转化为溶解度较大的深绿色碱式盐,形成的溶液向滤纸四周扩散。反式异构体转化为溶解度较小的棕色碱式盐,仍以固体形式留在滤纸上。

3. 异构化速率常数和活化能的测定

1) 绘制两种异构体的吸收曲线

分别将 0.10 g 顺式和反式异构体溶于 100 mL 1.00 mol·L^{-1} HClO$_4$ 溶液中(注 3),以水作为

参比，用 1 cm 比色皿分别测定这两种溶液在 380～600 nm 的吸收曲线，选择吸收差别最大的波长作为测定波长(建议选择 350 nm)。

2) 异构化速率常数和活化能的测定

将 0.10 g 反式异构体用 1.00 mol·L^{-1} HClO$_4$ 溶液溶解，转移至 100 mL 容量瓶中，用 1.00 mol·L^{-1} HClO$_4$ 溶液定容，充分摇匀，溶液置于 20℃水浴中 2 h，使其全部转变为顺式异构体。用相同方法再配制一份反式异构体的 HClO$_4$ 溶液，置于 20℃水浴中 10 min。

以水作为参比，用 1 cm 比色皿迅速测定这两种溶液在选择波长处的吸光度。开始时每隔 5 min 测定一次，约 30 min 后反应变慢，每隔 10 min 测定一次。

40℃时，重复以上实验，测定顺式和反式异构体的吸光度随时间变化的情况。

注 1：为了防止溶液溢出，一定要分批加入并缓慢混合。

注 2：若不能及时析出，可盖上表面皿过夜或放置数天，使其自然结晶。

注 3：应将反式异构体溶解在预冷的 HClO$_4$ 溶液中，冰水浴保温，以防止其转变为顺式。

五、数据记录及处理

(1) 绘制顺式和反式异构体的吸收曲线。

(2) 记录顺式和反式异构体的吸光度随时间变化的情况(表 5-2 和表 5-3)。

表 5-2 20℃时顺式和反式异构体吸光度随时间变化的情况

t/min	10	15	20	25	30	40	50	60	70	80	90
A_1											
A_2											
ΔA											
$\ln\Delta A$											

表 5-3 40℃时顺式和反式异构体吸光度随时间变化的情况

t/min	10	15	20	25	30	40	50	60	70	80	90
A_1											
A_2											
ΔA											
$\ln\Delta A$											

(3) 以 $-\ln\Delta A$ 对 t 作图，得到一条直线，其斜率即为异构化的速率常数 k。

(4) 分别求出 20℃和 40℃的 k 值，利用阿伦尼乌斯方程作图，求出异构化反应的活化能，与文献值(100 kJ·mol^{-1})进行比较。建议，最好做 3～5 组温度变化实验。

六、安全与环保

1. 危险操作提示

(1) 涉及强氧化剂、强酸等试剂，合成过程中产生热和大量气泡，需全程佩戴防护眼镜和防护手套，注意实验安全！严重者应立即送往医院救治。

(2) 高氯酸溶液的配制应在通风橱中进行，切勿吸入其蒸气。

2. 药品毒性及急救措施

(1) 高氯酸具有较强的氧化性、腐蚀性和刺激性。若接触皮肤或眼睛，立即用流动清水冲洗 15 min 以上。

(2) K_2Cr_2O_7 固体具有毒性和强氧化性，遇强酸或高温时能释放出氧气，从而促使有机物燃烧，使用时需小心。若误服者，立即用水漱口，用清水或 1%硫代硫酸钠溶液洗胃，服用牛奶或蛋清。

3. 实验清理

(1) 高氯酸废液不能直接倒入水槽，以免水槽材质因酸化或氧化而受损，需收集并处理后倒入无机废液容器中。

(2) K_2Cr_2O_7 废液对水体有影响，需收集后倒入含铬废液容器中。

(3) 分光光度计使用后，整理干净，把比色皿洗涤干净并放回原处。

七、课后思考题

(1) 画出二水二草酸根合铬酸钾的几何立体异构体结构。

(2) 如何得到顺式和反式异构体的晶体场分裂能？用晶体场理论解释其分裂能的大小。

实验 74　固体氧化物燃料电池材料的制备

一、文献查阅要求

认真阅读以下文献，并查阅其他相关文献资料。

(1) 张新宝, 张超, 孟凡朋, 等. 固体氧化物燃料电池的研究进展. 山东陶瓷, 2021, 1: 9-11.

(2) 田丰源, 刘江. 固体氧化物燃料电池的制备工艺. 硅酸盐学报, 2021, 1: 136-152.

(3) 尚凤杰, 李沁兰, 石永敬, 等. 固体氧化物燃料电池电解质材料的研究进展. 功能材料, 2021, 6: 6076-6083.

(4) 王晶晶, 魏棣, 旭昀. 固体氧化物燃料电池的关键材料概述. 广州化工, 2014, 42(2): 21-23.

(5) 毛宗强, 王诚. 低温固体氧化物燃料电池. 上海: 上海科学技术出版社, 2013.

(6) 刘润泽, 周芬, 王青春, 等. 固体氧化物燃料电池用 CeO_2 基电解质的研究进展. 材料导报, 2021, 35(Z1): 29-32, 41.

二、实验背景

燃料电池又称电化学发电器，是将燃料与氧化剂之间的化学能直接转化为电能，是继水力发电、热能发电和原子能发电之后的第四种发电技术。固体氧化物燃料电池(solid oxide fuel cell，SOFC)属于第三代燃料电池，是以致密的固体氧化物作电解质的全固态能量转换装置，在高温 800～1000℃下操作，反应气体不会直接接触，因此可以使用较高的压力以缩小反应器的体积而没有燃烧或爆炸的危险。SOFC 设计技术经历了从高温(1000℃)到中低温(500～800℃)和从管式到平板式等不同阶段。

电解质材料是 SOFC 的核心部件，直接影响电池的工作温度和功率输出等。电解质材料应具有低的电子电导和高的离子电导，能够烧结致密，从而防止燃料气和氧气的串气，并且在高温、氧化和还原气氛中都应具有良好的化学稳定性。用氧化钇稳定的氧化锆(YSZ)是最经典的 SOFC 电解质材料，而氧化铈系电解质的电导率在 800℃以下比 YSZ 电导率高很多，尤其是 Sm、Gd、Y 等掺杂的氧化铈因离子导电率高而受到广泛关注。

三、设计要求

(1) 查阅文献，设计方案，利用教学实验室条件制备一种固体氧化物燃料电池电解质材料，要求实验步骤比较安全。

(2) 查阅文献，设计方案，采用化学分析方法对产品进行表征。

(3) 查阅文献，设计方案，利用仪器分析方法对产品进行表征。

四、供参考的实验方案

实验名称：Sm-Ce 体系的固体氧化物燃料电池材料

一、实验目的

(1) 了解燃料电池和固体燃料电池的概念。

(2) 掌握 Sm-Ce 体系的固体氧化物燃料电池材料的制备。

二、实验原理

固体氧化物燃料电池材料制备中，燃烧反应的火焰温度对产物的性质有较大影响。火焰温度越高，产物的结晶程度越好，晶体尺度也越大，但容易发生板结，降低粉体的比表面积，易于团聚，因此需要选择合适的燃料以获得粒度小、团聚弱的粉体。用柠檬酸作为燃料得到的固体燃料电池复合材料的样品粒度较为均匀，在烧结前后能保持良好的分散度。

三、主要仪器与试剂

1. 仪器

电炉，电子天平，烧杯，量筒，蒸发皿，pH 试纸。

2. 试剂

$Sm_2O_3(s)$，$Ce(NO_3)_3 \cdot 6H_2O(s)$，柠檬酸(s)，浓硝酸，浓氨水。

四、实验步骤

1. 固体燃料电池复合材料的制备

取 0.4 g Sm_2O_3($M_r = 348.7$，称至 0.01 g)和 5 mL 浓硝酸，置于 100 mL 烧杯中，搅拌使其完全溶解。加入 20 mL 水，搅拌均匀，加入 4.3 g $Ce(NO_3)_3 \cdot 6H_2O$($M_r = 434.1$，称至 0.01 g)，搅拌至完全溶解。加入 5.8 g 柠檬酸，搅拌均匀，不断搅拌下缓慢滴加浓氨水，直至溶液 pH 7～8，然后继续搅拌 30 min。

将上述溶液转移至蒸发皿中，低温加热并不断搅拌，溶液逐渐变稠，形成胶状体，最后板结。此时，用玻璃棒轻轻一点即可发生自燃，最后得到黄白色粉末。收集粉末，在 600℃煅烧，即可得到固体燃料电池复合材料粉体。

2. 产物表征

通过 X 射线衍射(XRD)、热分析仪(TG-DSC)和扫描电子显微镜(SEM)等表征粉体结构。

五、安全与环保

1. 危险操作提示

本实验使用浓硝酸和浓氨水，需在通风橱内进行，谨防吸入酸雾或氨气。注意实验安全！全程佩戴防护眼镜和防护手套。

2. 药品毒性及急救措施

(1) 浓硝酸为强氧化剂，易挥发，对皮肤、黏膜和眼睛有强烈的刺激，可产生化学灼伤。
(2) 浓氨水具有强刺激性的臭味，对皮肤、黏膜和眼睛有碱性刺激及腐蚀作用。
(3) 以上浓酸浓碱等，若接触皮肤或眼睛，立即用抹布擦拭后用流动清水或生理盐水冲洗至少 15 min。若受碱性试剂伤害，清水冲洗后可用 3% 硼酸溶液湿敷后冲洗干净；若受酸性试剂伤害，清水冲洗后可用 3% 肥皂水或 3% 碳酸氢钠溶液湿敷后冲洗干净。若不慎吸入，立即转移至空气新鲜处，保持呼吸畅通，需要时做人工呼吸。

3. 实验清理

(1) Sm_2O_3 和 $Ce(NO_3)_3$ 等废液不能随意倒入水槽，需收集后倒入无机废液容器中。
(2) 废弃酸碱溶液收集到一个大烧杯中，中和至中性或用水稀释后倒入水槽。
(3) 废弃的实验用防护手套和其他化学固体废物倒入指定容器中。

六、课后思考题

(1) 简述燃料电池的工作原理及应用。
(2) 简述固体氧化物燃料电池的优缺点。
(3) 简述本实验的操作要点及提高产品质量的关键。

实验 75　无机类荧光材料的合成及发光性能分析

一、文献查阅要求

认真阅读以下文献，并查阅其他相关文献资料。

(1) 姬海鹏, 王宇, 张宗涛. 一种无机荧光材料综合实验教学设计与教学实践. 实验室研究与探索, 2021, 40(3): 176-180.
(2) 裴婉莹, 韩乐, 苏毅, 等. 无机荧光材料研究进展. 化工新型材料, 2020, 48(6):1-5.
(3) 刘艳, 马煜, 王霄. ZnS 和 ZnS:Cu 无机紫外荧光材料的制备及其在汗渍手印显现中的应用. 刑事技术, 2021, 1: 40-45.
(4) 孙阳艺, 罗思媛, 费慧龙, 等. 铕掺杂无机红色荧光材料的研究进展. 电子元件与材料, 2010, 29(5): 75-78.
(5) 浙江大学等. 综合化学实验. 北京: 高等教育出版社, 2001: 52-56.
(6) 于贵, 申德振. 8-羟基喹啉铝的荧光老化机制. 发光学报. 1999, 20(3): 189-193.
(7) 朱凌健, 郭灿城. 高纯 8-羟基喹啉铝的简便合成方法. 化学试剂, 2004, 26 (6): 369-370.
(8) Qi Z M, Liu M, Chen Y H, et al. Local structure of nanocrystalline Lu_2O_3: Eu studied by X-ray absorption spectroscopy. J Phys Chem C, 2007, 111(5): 1945-1950.

二、实验背景

发光材料是指能够以某种方式吸收能量，将其转化成光辐射的物质，可以由金属硫化物或稀土氧化物与活性剂经过配合后再煅烧而成。荧光材料属于发光材料中的一种，其本身为无色或浅白色，但在 200～400 nm 紫外光照射下，可以吸收一定波长的光而发出不同波长的光，从而呈现出 400～800 nm 各种颜色的可见光。当入射光消失时，荧光材料则立即停止发光。

荧光材料分为无机荧光材料和有机荧光材料。无机荧光材料主要为稀土离子发光和稀土荧光材料，具有吸收能力强和转换率高等优点。稀土配合物中心离子的窄带发射有利于全色显示，且物理化学性质稳定。常见的无机荧光材料是以碱土金属的硫化物(如 ZnS、CaS)和铝酸盐(如 $SrAl_2O_4$、$CaAl_2O_4$、$BaAl_2O_4$)等作为发光基质，以稀土镧系元素(如 Eu、Sm、Er、Nd 等)作为激活剂和助激活剂。

有机荧光材料的研究日益受到人们的重视，因为有机荧光材料具有有机化合物种类繁多、可调性好、色彩丰富和分子设计相对比较灵活等优点。根据不同的分子结构，有机发光材料分为有机小分子发光材料、有机高分子发光材料和有机配合物发光材料。这些发光材料在发光机理、物理化学性能和应用上都各有特点。

三、设计要求

(1) 查阅文献，设计方案，应用配位色谱法提纯三氯化铈原料。

(2) 查阅文献，设计方案，合成铈掺杂锡酸钡前驱物。

(3) 查阅文献，设计方案，制备铈掺杂的锡酸钡荧光材料，并进行发射光谱测定。

四、供参考的实验方案

实验名称：8-羟基喹啉铝的合成及发光性能分析

一、实验目的

(1) 理解电致发光的基本原理。

(2) 掌握 8-羟基喹啉铝的制备及发光性能的测定方法。

(3) 掌握滴定分析法测定 8-羟基喹啉铝的组成。

二、实验原理

电致发光(electroluminescence，EL)是将电能直接转换为光能的一类固体发光现象。按发光材料的化学组成可分为无机电致发光、有机电致发光和无机-有机复合电致发光。

8-羟基喹啉铝是一种重要的发绿光的有机电致发光材料，具有良好的电子传输性(10^{-4} $cm^2 \cdot V^{-1} \cdot s^{-1}$)和光致发光效率以及较高的玻璃化温度($T_g$ = 175℃)。本实验通过 8-羟基喹啉和硫酸铝、氢化铝锂或三氯化铝反应制得 8-羟基喹啉铝。作为发光材料的 8-羟基喹啉铝需满足以下条件：①纯度大于 95%；②在激发波长为 420 nm 时的荧光光谱图中，其发射峰约为 510 nm 且半宽带约为 83 nm；③荧光光谱图中没有杂质峰。

由于 8-羟基喹啉具有还原性，可以采用返滴定的碘量法测定其在产品中的含量。

三、主要仪器与试剂

1. 仪器

恒温磁力搅拌器，真空干燥器，循环水真空泵，布氏漏斗，抽滤瓶，索氏提取器，紫外灯，三口烧瓶，滴液漏斗。

2. 试剂

8-羟基喹啉(s)，$Al_2(SO_4)_3 \cdot 18H_2O$(s)，氢化铝锂(s)，$AlCl_3$(s)，碘化钾(s)，乙酸铵缓冲溶液，$KBrO_3$ 标准溶液$[c(1/6KBrO_3) = 0.1 \ mol \cdot L^{-1}]$，$Na_2S_2O_3$ 标准溶液$(0.1 \ mol \cdot L^{-1})$，淀粉(0.5%)，无水乙醇，三乙胺，丙酮。

四、实验步骤

1. 8-羟基喹啉铝的合成

方法 1：将 3.3 g $Al_2(SO_4)_3 \cdot 18H_2O$($M_r$=666.4，称至 0.01 g)溶于 50 mL 水，60~70℃水浴加热。磁力搅拌下加入 8-羟基喹啉乙醇溶液(配制方法：4.36 g 8-羟基喹啉溶于 150 mL 无水乙醇)，加完继续搅拌 10 min，用乙酸铵缓冲溶液调节至 pH 6.0~6.5，继续搅拌反应 30 min，生成黄色沉淀。稍冷，抽滤，先用水洗涤多次，再用少量丙酮洗涤一次，120℃时真空干燥 2 h，得到草绿色产品。

方法 2：将 2.0 g 8-羟基喹啉($M_r = 145.1$，称至 0.01 g)溶于 70 mL 乙醇中，微热至完全溶解。磁力搅拌下分批加入 0.13 g 氢化铝锂(注意安全! 反应非常剧烈，伴有大量气体产生。随着反应进行，黄色沉淀逐渐增加，气体逐渐减少)。反应完全后继续搅拌 30 min，抽滤，得到黄色固体，将产品真空干燥。若将干燥好的产品放于索氏提取器中，用乙醇进行连续萃取，冷却后可析出草绿色晶体。

方法 3：将 1.8957 g 8-羟基喹啉($M_r = 145.1$)和 23.7 mL 乙醇加入 100 mL 三口烧瓶中，混合均匀，将三口烧瓶固定在恒温磁力搅拌器的铁架上，温度控制在 70℃。将 0.5805 g $AlCl_3$、8.6 mL 乙醇和 1.8 mL 三乙胺(用于调节酸度)在一个烧杯中混合，再将混合液通过滴液漏斗缓慢滴加至三口烧瓶中，并用冷凝管回流，70℃反应 3 h。反应结束后，冷却至室温，抽滤，烘干 2 h，得到产品。若用乙醇和水交替洗涤 4~5 次，可得到纯度较高的产品。

2. 产品发光性能及吸收光谱分析

(1) 用紫外灯照射样品，观察发光情况(应为很强的蓝绿色荧光)。
(2) 产品用荧光光谱仪扫描(350~700 nm)，绘制激发光谱和发射光谱。
(3) 红外光谱分析。
(4) 紫外-可见光谱分析。

3. 产品组成分析

产品中铝含量的测定(EDTA 法)：自行设计实验方案。

产品中 8-羟基喹啉含量的测定(碘量法)：准确称取约 0.15 g 产品($M_r = 459.4$，称至 0.0001 g)置于锥形瓶中，先加入 15 mL 无水乙醇，振摇使其溶解完全，再加入 20 mL 20% HCl 和 30 mL 水，充分摇匀，在振摇下滴加所需理论量(约 41 mL)的 $KBrO_3$ 标准溶液，并准确过量 2.00 mL，加入 2 g 碘化钾，充分摇匀，立即用 0.1 mol·L^{-1} Na$_2$S$_2$O$_3$ 标准溶液滴定至浅黄色，加入 2 mL 0.5%淀粉，继续滴定至溶液由蓝色变为无色，记录滴定体积。平行测定三次。

五、安全与环保

1. 危险操作提示

氢化铝锂受热或与湿气、水、醇、酸类接触，会发生放热反应并放出氢气而燃烧或爆炸；与强氧化剂接触，会发生猛烈反应而爆炸。操作时注意安全！全程佩戴防护眼镜，必要时戴防护手套。若发生氢化铝锂着火，千万不可用水、泡沫灭火器、二氧化碳灭火器、卤代烃灭火器(如 1211 灭火器)等灭火，只能用灭火毯和消防沙等将火焖熄。

2. 药品毒性及急救措施

(1) 8-羟基喹啉具有一定毒性。若不慎接触，需用大量清水冲洗，并送医院救治。

(2) 氢化铝锂对黏膜、上呼吸道、眼和皮肤有强烈的刺激性。若与皮肤接触，用流动清水冲洗 15 min 以上。若与眼睛接触，立即提起眼睑，用流动清水或生理盐水彻底冲洗 15 min 以上。若吸入，迅速离开现场至空气新鲜处，保持呼吸通畅。若食入，用水漱口，服用牛奶或蛋清。严重者需立即送医院救治。

六、课后思考题

(1) 简述电致发光的定义及工作原理。

(2) 简述 8-羟基喹啉铝在工业上的应用。

(3) 归纳 8-羟基喹啉铝的常见制备方法，其中哪些可用于实验室制备？

实验 76　二茂铁及其乙酰化衍生物的合成

一、文献查阅要求

阅读以下文献，并在此基础上查阅更多关于"以环戊二烯为起始原料制备二茂铁及其乙酰化衍生物"的文献资料。

(1) 浙江大学化学系. 大学化学基础实验. 2 版. 北京: 科学出版社, 2010: 327-331.

(2) Kealy T J, Pauson P L. A new type of organo-iron compound. Nature, 1951, 168: 1039-1040.

(3) Dagani R. Fifty years of ferrocene chemistry. Chem Eng News, 2001, 79(49): 37-38.

二、设计要求

(1) 本实验在无水无氧的条件下合成二茂铁。二茂铁具有芳香化合物的显著特性，可以与亲电试剂(如乙酸酐或乙酰氯)发生傅瑞德尔-克拉夫茨(Friedel-Crafts)反应。

(2) 实验条件不同，二茂铁的乙酰化取代基个数有差别。设计实验探索单乙酰基取代物或双乙酰基取代物的反应条件。

(3) 设计采用不同的分离方法提纯反应产物。若进行柱色谱分离，试选择不同的溶剂极性和溶剂体系，比较分离效果。若采用重结晶方法纯化产物，尝试并比较不同溶剂中重结晶的操作和结果的差别。

三、供参考的实验方案

本实验方案采用四氢呋喃为溶剂，在无水无氧的条件下，用铁粉将三氯化铁还原为氯化亚铁，然后在二乙胺存在下，氯化亚铁与环戊二烯反应生成二茂铁。生成的二茂铁以磷酸作为催化剂，与乙酸酐反应制备乙酰二茂铁。反应进程用薄层色谱跟踪。

一、实验目的

(1) 掌握无水无氧实验操作技术。
(2) 熟练分馏、回流、减压蒸馏的基本操作。
(3) 了解利用傅瑞德尔-克拉夫茨酰基化反应制备芳酮的原理和方法。

二、安全警示

四氢呋喃、环戊二烯会刺激呼吸系统和皮肤，二乙胺、乙酸酐具有腐蚀性，需谨慎使用，避免皮肤接触和吸入。

三、实验导读

化学概念：傅瑞德尔-克拉夫茨酰基化反应。

实验背景：二茂铁在常温下是有樟脑气味的橙色晶体，熔点 $173\sim174℃$，沸点 $249℃$，高于 $100℃$ 易升华。能溶于苯、乙醚和石油醚等有机溶剂，基本不溶于水，化学性质稳定。二茂铁具有芳香性，其茂基环上能发生多种取代反应，特别是亲电取代反应比苯更容易，可在环上形成多种取代基的衍生物。二茂铁已广泛用作火箭燃料添加剂、汽油抗震剂、硅树脂和橡胶的热化剂、紫外光的吸收剂等。纯乙酰二茂铁熔点文献值为 $85℃$。$1,1'$-二乙酰基二茂铁熔点为 $130℃$。

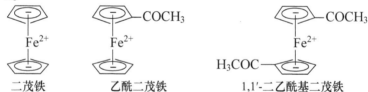

二茂铁　　　　　乙酰二茂铁　　　　　$1,1'$-二乙酰基二茂铁

以环戊二烯为原料，在无水无氧的惰性环境下，以四氢呋喃为溶剂，将三氯化铁还原为氯化亚铁；在二乙胺存在下，氯化亚铁与环戊二烯反应生成二环戊二烯合铁，即二茂铁。

二茂铁与乙酸酐可发生傅瑞德尔-克拉夫茨反应，根据反应条件的不同形成取代个数不同的产物。例如，以磷酸、氢氟酸、三氟化硼等为催化剂，主要生成产物为单取代产物乙酰二茂铁，由于乙酰基的吸电子钝化作用，第二个乙酰基进攻另一个茂环生成 $1,1'$-二乙酰基二茂铁；以无水三氯化铁为催化剂，酰氯或酸酐为酰化剂，当酰化剂与二茂铁的物质的量比为 $2:1$ 时，反应产物以 $1,1'$-二取代产物为主。

当生成的产物中同时具备单取代和二取代产物时，可以采用重结晶或柱色谱等方法对粗产品进行纯化。

$$2FeCl_3 + Fe \longrightarrow 3FeCl_2$$

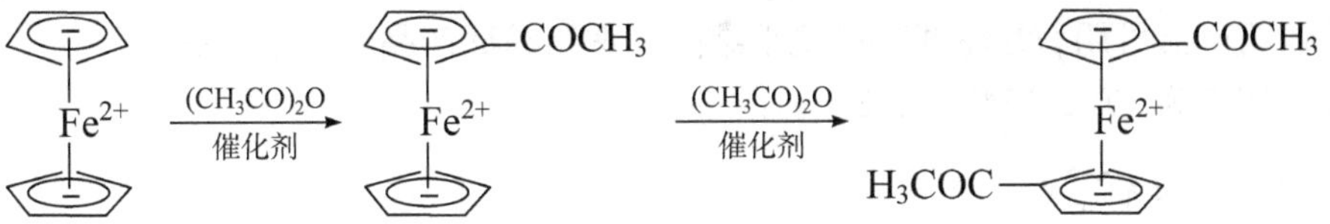

四、课前预习

(1) 复习实验基本操作中以下实验技术：无水无氧操作、分馏、回流、减压蒸馏、萃取、重结晶、熔点测定、薄层色谱、柱色谱。

(2) 二茂铁合成时为什么要求严格的无水无氧条件？

(3) 二茂铁酰化时形成二酰基二茂铁时，第二个酰基为什么不能进入第一个酰基所在的环上？

五、主要仪器与试剂

1. 仪器

三口烧瓶，干燥塔，圆底烧瓶，分馏柱，氮气钢瓶，真空干燥塔，循环水真空泵，抽滤瓶，布氏漏斗，电动搅拌器，回流冷凝管，干燥管，烧杯，磁力搅拌器。

2. 试剂

环戊二烯，四氢呋喃，无水三氯化铁，二乙胺，环己烷，KOH，石油醚，铁粉，乙酸酐，磷酸(85%)，固体碳酸钠。

六、实验步骤

1. 二茂铁的合成

1) 无水氯化亚铁的制备

按照设计安装实验装置，通氮气，整个系统处于干燥无氧的状态。在反应瓶中加入 25 mL 纯净干燥的四氢呋喃，边搅拌边分批加入 8.0 g(0.03 mol)无水三氯化铁，反应液开始逐渐变为棕色。从导气口迅速加入 1.4 g(0.025 mol)还原铁粉，继续通氮气。在氮气保护下回流 4.5 h。

2) 环戊二烯的解聚

环戊二烯久存后会聚合为二聚体，使用前应重新蒸馏解聚为单体(注 1)。在步骤 1)回流期间，解聚环戊二烯。

在 100 mL 圆底烧瓶中加入约 40 mL(0.3 mol)双环戊二烯，加入沸石，安装分馏柱和冷凝管等，接收瓶用冰水冷却。缓慢加热回流，收集 42~44℃的馏分。当烧瓶中有少许残留时停止分馏。如果收集的馏分因潮气而显浑浊，可加入少许无水氯化钙干燥。

3) 二茂铁的合成

步骤 1)回流结束后，用减压蒸馏蒸出四氢呋喃回收，蒸完后停止加热，撤去热源，换上新接收瓶，待反应瓶冷却后，用冰水冷却反应瓶，通氮气条件下滴加环戊二烯(8.3 mL，0.1 mol)二乙胺(20 mL)溶液，滴加过程中保持反应瓶温度在 20℃以下。滴加完毕后在室温下继续强烈搅拌 4~6 h，静置过夜。

减压下蒸除二乙胺。用回流装置，以石油醚为萃取剂加热回流萃取 3 次(每次 20 mL)，合并萃取液。趁热抽滤。将滤液蒸发近干，得二茂铁粗产品。

二茂铁粗产品可用石油醚或环己烷重结晶，重结晶后产品经真空干燥。

二茂铁熔点为 172～174℃(注 2)。

2. 乙酰二茂铁的合成

在 100 mL 三口烧瓶中加入 1 g(0.0054 mol)二茂铁和 10.8 mL(0.10 mol)乙酸酐，在磁力搅拌和冷水浴下缓慢滴加 2 mL 85%磷酸。滴加完毕后将装有无水氯化钙的干燥管塞住三口烧瓶瓶口。控制水浴温度在 60～65℃加热搅拌约 25 min(注 3、注 4)，可采用薄层色谱跟踪反应。然后将反应混合物倾入盛有 40 g 碎冰的 400 mL 烧杯中，并用 10 mL 冷水涮洗烧瓶，涮洗液并入烧杯。在搅拌下分批加入固体碳酸钠至溶液呈中性。将中和后的反应混合液置于冰浴中冷却 15 min，抽滤，得橙黄色固体粗产品，用 30 mL 冰水洗涤 3 次，压干后真空干燥。

粗产品可用石油醚(60～90℃)重结晶，也可以用氧化铝(200～300 目)柱色谱进行分离。将干燥后的粗产品用少量二氯甲烷溶解，上样。建议用石油醚-乙酸乙酯(7：3，体积比)作淋洗剂淋洗得到乙酰二茂铁。

乙酰二茂铁熔点为 85℃。

注 1：制备二茂铁时，环戊二烯的解聚应在实验当天进行。

注 2：二茂铁易升华，测熔点时需封管。

注 3：乙酰二茂铁的反应可以用薄层色谱跟踪反应终点，采用二氯甲烷作为溶解乙酰二茂铁的溶剂和展开剂。经展开后移动距离最大的为二茂铁，其次为乙酰二茂铁、1,1′-二乙酰基二茂铁。

注 4：反应温度过高会导致副产物 1,1′-二乙酰基二茂铁的增加和反应混合物颜色加深。

七、安全与环保

1. 危险操作提示

乙酰二茂铁的制备过程中，固体碳酸钠中和反应混合液时会逸出大量二氧化碳，出现激烈的鼓泡现象，注意小心操作！最好用 pH 试纸检验溶液的酸碱性。

2. 药品毒性及急救措施

(1) 四氢呋喃易燃，刺激眼睛、皮肤和呼吸系统。若与皮肤或眼睛接触，用大量流动清水彻底冲洗；若吸入，应迅速离开现场到空气新鲜处。

(2) 环戊二烯有麻醉作用，对皮肤及黏膜有强烈刺激。若与皮肤或眼睛接触，用大量流动清水彻底冲洗至少 15 min；若吸入，应迅速离开现场到空气新鲜处。

(3) 二乙胺有强碱性、腐蚀性，易挥发、易燃。若与人体接触，立即用清水清洗。

(4) 环己烷易挥发，极易燃烧，蒸气与空气形成爆炸性混合物。对眼睛和上呼吸道有轻度刺激作用。若与皮肤或眼睛接触，用大量流动清水彻底冲洗，并就医；若吸入，应迅速离开现场到空气新鲜处。

(5) 乙酸酐和磷酸都具有强烈刺激性和腐蚀性，对以上药品的操作应在通风橱中进行，操作时应佩戴耐酸碱手套和防护口罩。

3. 实验清理

(1) 蒸馏后的残留液回收到贴有残留液标签的废液瓶中，有机溶剂废液回收到有机相废液瓶中。

(2) 柱色谱分离产生的废液回收到甲类(不含卤)回收瓶中。

(3) 柱色谱使用后 Al_2O_3 回收到专用容器中。

(4) 废弃的实验用防护手套、溶剂挥发后的干燥剂分别回收到指定容器中。

八、课后思考题

(1) 乙酰二茂铁的粗产品进行薄层色谱点样时,薄层板上有几个点?各代表何种化合物?

(2) 试比较采用重结晶和柱色谱两种方法纯化乙酰二茂铁的优缺点。

九、拓展实验

乙酰二茂铁制备实验,薄层色谱跟踪和柱色谱也可选择其他展开剂和淋洗剂,或者更换柱色谱淋洗剂的比例,以及用梯度淋洗的方法进行分离,将分离结果与上述淋洗剂的分离效果进行比较。

实验 77 由对甲苯胺合成对氯甲苯设计邻甲苯胺合成邻氯甲苯

一、文献查阅要求

阅读以下文献,并在此基础上查阅关于"邻甲苯胺合成邻氯甲苯"的相关文献资料。

(1) 兰州大学. 有机化学实验. 3 版. 北京: 高等教育出版社, 2010.

(2) 罗智军. 对氯甲苯的合成. 宁波化工, 2003, 2: 27-29.

(3) Obushak M D, Lyakhovych M B, Ganushchak M I. Arenediazonium tetrachlorocuprates(II). Modification of the Meerwein and Sandmeyer reactions. Tetrahedron Letters, 1998, 39(51): 9567-9570.

(4) Doyle M P, Siegfried B, Jr. Dellaria J F. Alkyl nitrite-metal halide deamination reactions. 2. Substitutive deamination of arylamines by alkyl nitrites and copper(II) halides. A direct and remarkably efficient conversion of arylamines to aryl halides. J Org Chem, 1977, 42(14): 2426-2431.

(5) Hodgson H H. An interpretation of the Sandmeyer reaction. Part VIII. The decomposition of diazonium salts by cupric chloride in neutral and acid solution. J Chem Soc,1946, 745-746.

(6) Hodgson H H, Walker J. The tetrazotisation of aryl diamines with special reference to o-phenylenediamine. J Chem Soc, 1935: 530.

二、设计要求

参考下列实验方案,由邻甲苯胺合成邻氯甲苯。

三、供参考的实验方案

对氯甲苯是一种有机合成原料,外观为无色透明液体,有特殊气味,能溶于醇、醚、苯等,微溶于水。对氯甲苯用于医药、农药、染料等方面,如生产对氯氯苄、对氯苯甲醇、对氯氰苄、对氯苯甲醛、对二氯甲酸、2,4-二氯甲苯、2,4-二氯苯甲醛、氰戊菊酯等。

对氯甲苯的制备方法主要有两种：一种是氯化法，通过甲苯的氯化制得，但该方法会生成两种异构体——对氯甲苯和邻氯甲苯，二者比例接近 1：1，产率不高，分离纯化也较烦琐，一般用于工业生产；另一种是芳香重氮盐取代法，以对甲苯胺为原料，经重氮化得到重氮盐，然后在氯化亚铜的催化作用下氯化而得。本实验拟采用第二种方法制备。

一、实验目的

(1) 学习氯化亚铜的制备方法。
(2) 学习重氮盐的制备方法。
(3) 了解应用桑德迈尔(Sandmeyer)反应制备邻氯甲苯的方法和原理。
(4) 进一步熟练掌握水蒸气蒸馏操作。

二、安全警示

(1) 实验须佩戴防护眼镜和合适的手套，实验在通风橱中进行。
(2) 在水蒸气蒸馏过程中，始终应注意安全，防止被烫伤和触电。
(3) 石油醚是易燃、易爆溶剂，使用时务必注意周围应无火源。
(4) 对甲苯胺是强烈的高铁血红蛋白形成剂，可通过皮肤吸收，量取时需戴橡胶手套或聚氯乙烯手套。
(5) 亚硫酸氢钠接触酸或酸气能产生有毒气体，使用时注意安全。
(6) 浓盐酸在空气中极易挥发，且对皮肤和衣物有强烈的腐蚀性，量取时需戴橡胶手套或聚氯乙烯手套。
(7) 对氯甲苯有毒，对呼吸道有损伤，对眼、鼻有刺激作用，避免用手直接接触。

三、实验导读

化学概念：重氮盐；桑德迈尔反应。
实验背景：芳香族伯胺和亚硝酸钠在冷的无机酸水溶液中生成重氮盐的反应称为重氮化反应。

$$ArNH_2 + NaNO_2 + 2HX \xrightarrow{0\sim5℃} ArN_2^+X^- + NaX + 2H_2O$$

一般制备重氮盐的方法是：将芳香族伯胺溶于或悬浮于过量的无机强酸水溶液中(酸的物质的量为芳香族伯胺的 2.5～3 倍)，然后冷却至 0～5℃，在此温度下慢慢滴加稍过量的亚硝酸钠水溶液进行反应，即得到重氮盐的水溶液。一般情况下，反应迅速进行，重氮盐的产率差不多是定量的。由于大多数重氮盐很不稳定，在室温下就会分解，不宜长期存放，不需分离，应尽快进行下一步反应。

重氮化反应必须注意控制亚硝酸钠的用量，若亚硝酸钠过量，则生成多余的亚硝酸使重氮盐氧化而降低产率。因此，在滴加亚硝酸钠溶液时，要及时用碘化钾-淀粉试纸检验，至刚变蓝为止。

重氮盐的用途很广，主要是取代反应和偶联反应两大类，其中桑德迈尔反应就是重氮盐在有机合成中的重要应用之一。重氮盐溶液在氯化亚铜、溴化亚铜或氰化亚铜存在下，重氮基被氯、溴或氰基取代，生成芳香族氯化物、溴化物或芳腈的反应就是桑德迈尔反应。桑德迈尔反应为从相应的芳胺制备亲和取代芳香化合物提供了理想的途径。

实验中，重氮盐与氯化亚铜以等物质的量混合。由于氯化亚铜在空气中易被氧化，须在使用时制备。操作上是将冷的重氮盐溶液慢慢加入较低温度的氯化亚铜溶液中。

氯化亚铜的制备：

$$2CuSO_4 + 2NaCl + NaHSO_3 + 2NaOH \longrightarrow 2CuCl\downarrow + 2Na_2SO_4 + NaHSO_4 + H_2O$$

四、课前预习

(1) 预习实验基本操作中以下实验技术：冰盐浴冷却操作、水蒸气蒸馏、萃取、干燥。

(2) 制备重氮盐时应注意些什么？如果温度过高或溶液酸度不够会产生哪些副反应？

(3) 为什么可用淀粉-碘化钾试纸检验亚硝酸钠是否过量？

五、主要仪器与试剂

1. 仪器

圆底烧瓶，烧杯，三口烧瓶，水蒸气发生器，分液漏斗，锥形瓶，蒸馏头，温度计，直形冷凝管，接引管，阿贝折光仪。

2. 试剂

五水硫酸铜，亚硫酸氢钠，对甲苯胺，亚硝酸钠，氢氧化钠(s，10%)，浓盐酸，氯化钠，淀粉-碘化钾试纸，石油醚(60~90℃)，浓硫酸，无水氯化钙。

六、实验步骤

1. 氯化亚铜的制备

将 18 g(72 mmol)五水硫酸铜、5.4 g(92 mmol)氯化钠及 60 mL 水加到 250 mL 圆底烧瓶中，加热到 60~70℃(注 1)使固体溶解。趁热在摇振下加入由 4.2 g(40 mmol)亚硫酸氢钠(注 2)与 2.7 g 氢氧化钠(67.5 mmol)及 30 mL 水配成的溶液。溶液由原来的蓝绿色变成浅绿色或无色，并析出白色固体。置于冷水浴中冷却后，用倾析法尽量倒去上层溶液(注 3)，再用水洗涤两次固体，得到白色粉末状的氯化亚铜(注 4)。倒入 50 mL 冷的浓盐酸，使沉淀溶解。塞紧瓶塞，置于冷水浴中冷却备用(注 5)。

2. 重氮盐溶液的准备(注 6)

在烧杯中加入 18 mL(216 mmol)浓盐酸、18 mL 水和 6.4 g(60 mmol)对甲苯胺，加热使对甲苯胺溶解。稍冷后，置于冰盐浴中并不断搅拌使其成糊状，控制温度为 0~5℃。在搅拌下由漏斗滴加 4.6 g(67 mmol)亚硝酸钠溶于 12mL 水的溶液，控制滴加速度，使反应温度始终保持在 5℃以下(注 7)。当加入 85%~90%的亚硝酸钠溶液后，用淀粉-碘化钾试纸检验反应液。若试纸立即出现深蓝色,表明亚硝酸钠已适量,不必再加,搅拌片刻。若试纸不显蓝色,继续滴加亚硝酸钠溶液。由于重氮化反应越到后来越慢,最后每加一滴亚硝酸钠溶液后,需略等几分钟再检验,直至蓝色出现为止。

3. 对氯甲苯的制备

将制好的对甲苯胺重氮盐溶液慢慢倒入冷的氯化亚铜盐溶液中,边加边搅拌,不久析出重氮盐-氯化亚铜橙红色复合物。加完后,在室温下放置 15~30 min。用水浴慢慢加热到 50~60℃(注 8),分解复合物,直至不再有氮气逸出(注 9)。

将产物进行水蒸气蒸馏蒸出对氯甲苯。分出油层,水层用 2×10 mL 石油醚萃取,合并萃取液和油层,依次用 10%氢氧化钠溶液、水、浓硫酸、水各 6 mL 洗涤。有机层经无水氯化钙干燥后在水浴上蒸去石油醚,蒸馏,收集 158~162℃的馏分。

产量 4~5 g。

对氯甲苯的沸点为 162℃,折光率 n_D^{20} 为 1.5160。

注 1:在此温度下得到的氯化亚铜颗粒较粗,便于处理,且质量较好。温度较低则颗粒较细,难以洗涤。
注 2:加入亚硫酸氢钠溶液时一定要振摇,否则形成的褐色沉淀易结块,影响氯化亚铜的质量。
注 3:静置时,白色的氯化亚铜沉淀完全,倾倒上层液体应小心不要将沉淀倒出。
注 4:氯化亚铜与重氮盐的物质的量比是 1:1,氯化亚铜用量较少会降低对氯甲苯的产量。
注 5:氯化亚铜在空气中易被氧化成有色的二价铜盐,制备好之后要密封冷却存放。
注 6:氯化亚铜易被氧化,而重氮盐久置也易分解。因此,二者的制备应同时进行,且在较短的时间内进行混合。
注 7:如果反应温度超过 5℃,重氮盐会分解,使产率降低。
注 8:分解重氮盐-氯化亚铜复合物时,若分解温度过高会产生副产物,生成部分焦油状物质。若时间允许,可将复合物在室温下放置过夜,再加热分解。
注 9:在水浴加热分解时,有大量氮气逸出,应不断搅拌,以免反应液外溢。

七、安全与环保

1. 危险操作提示

(1) 实验过程中涉及强酸和强碱、低沸点溶剂石油醚、有毒试剂对甲苯胺等的使用,戴好防护眼镜,注意实验安全!
(2) 在水蒸气蒸馏过程中,始终应注意安全,防止被烫伤和触电。

2. 药品毒性及急救措施

(1) 对甲苯胺急性中毒多由皮肤污染而吸收引起。若不小心粘到皮肤,立即用肥皂水和清水彻底冲洗皮肤。如有不适感,就医。
(2) 浓盐酸对人体组织有腐蚀性,如皮肤接触到盐酸,立即用大量流动清水冲洗至少 15 min,可涂抹弱碱性物质(如碱水、肥皂水等),并就医。
(3) 氢氧化钠有强烈刺激和腐蚀性。若与皮肤接触,用 5%~10%硫酸镁溶液清洗;若与眼睛接触,立即提起眼睑,用 3%硼酸溶液冲洗。

3. 实验清理

(1) 水相废液回收到无机废液回收瓶中。

(2) 有机溶剂废液回收到非甲类有机废液(不含卤素)回收瓶中。

(3) 溶剂挥发后的干燥剂、氯化亚铜回收到固体废物收集瓶中。

(4) 产品回收到产品回收瓶中。

八、课后思考题

(1) 为什么不直接将甲苯氯化而用桑德迈尔反应制备对氯甲苯?

(2) 氯化亚铜在盐酸存在下被亚硝酸氧化,反应瓶内可以观察到一种红棕色气体放出,试解释这种现象,并用反应式表示。

(3) 在分离纯化过程中,碱洗、酸洗是为了除去什么?

九、拓展实验

设计两种用甲苯氯化制备对氯甲苯的方法,并比较两种方法的优劣。

参 考 文 献

蔡炳新, 陈怡文. 2001. 基础化学实验. 北京: 科学出版社

大学化学实验改革课题组. 1990. 大学化学新实验. 杭州: 浙江大学出版社

大学化学实验改革课题组. 1993. 大学化学新实验(二). 兰州: 兰州大学出版社

杭州大学化学系分析化学教研室. 1997. 分析化学手册(第一分册和第二分册). 2 版. 北京: 化学工业出版社

兰州大学, 复旦大学. 1994. 有机化学实验. 2 版. 北京: 高等教育出版社

曼弗雷德. 1998. 称量手册. 邹炳易, 施昌彦译. 北京: 中国计量出版社

四川大学化工学院, 浙江大学化学系. 2003. 分析化学实验. 3 版. 北京: 高等教育出版社

徐功骅, 蔡作乾. 1997. 大学化学实验. 2 版. 北京: 清华大学出版社

浙江大学, 华东理工大学, 四川大学. 2002. 新编大学化学实验. 北京: 高等教育出版社

宗汉兴. 2000. 化学基础实验. 杭州: 浙江大学出版社

Jork H, Funk W, Fischer W, et al. 1990. Thin-Layer Chromatography: Reagents and Detection Methods. Vol. 1a. Weinheim: VCH Verlag

附　　录

附录一　常用酸碱在水中的解离常数(25℃, $I=0$)

(酸)名称	分子式	K_{a1}	K_{a2}	K_{a3}	pK_{a1}	pK_{a2}	pK_{a3}
硼酸	H_3BO_3	$5.4×10^{-10}$	$1×10^{-14}$		9.27	14	
次溴酸	$HBrO$	$2.8×10^{-9}$			8.55		
次氯酸	$HClO$	$4.0×10^{-8}$			7.40		
氢氰酸	HCN	$6.2×10^{-10}$			9.21		
碳酸	H_2CO_3	$4.5×10^{-7}$	$4.7×10^{-11}$		6.35	10.33	
铬酸	H_2CrO_4	$1.8×10^{-1}$	$3.2×10^{-7}$		0.74	6.49	
氢氟酸	HF	$6.3×10^{-4}$			3.20		
次碘酸	HIO	$3.2×10^{-11}$			10.50		
碘酸	HIO_3	$1.7×10^{-1}$			0.78		
高碘酸	HIO_4	$2.3×10^{-2}$			1.64		
亚硝酸	HNO_2	$5.6×10^{-4}$			3.25		
过氧化氢	H_2O_2	$2.4×10^{-12}$			11.62		
磷酸	H_3PO_4	$6.9×10^{-3}$	$6.2×10^{-8}$	$4.8×10^{-13}$	2.16	7.21	12.32
硫化氢	H_2S	$8.9×10^{-8}$	$1×10^{-19}$		7.05	19	
亚硫酸	H_2SO_3	$1.4×10^{-2}$	$6.3×10^{-8}$		1.85	7.20	
硫酸	H_2SO_4		$1.0×10^{-2}$			1.99	
硅酸	H_2SiO_3	$1.7×10^{-10}$	$1.6×10^{-12}$		9.77	11.80	
甲酸	$HCOOH$	$1.8×10^{-4}$			3.75		
乙酸	CH_3COOH	$1.75×10^{-5}$			4.756		
一氯乙酸	$CH_2ClCOOH$	$1.3×10^{-3}$			2.87		
二氯乙酸	$CHCl_2COOH$	$4.5×10^{-2}$			1.35		
三氯乙酸	CCl_3COOH	$2.2×10^{-1}$			0.66		
一氟乙酸	CH_2FCOOH	$2.6×10^{-3}$			2.59		
一溴乙酸	$CH_2BrCOOH$	$1.3×10^{-3}$			2.90		
一碘乙酸	CH_2ICOOH	$6.6×10^{-4}$			3.18		
草酸	$H_2C_2O_4$	$5.6×10^{-2}$	$1.5×10^{-4}$		1.25	3.81	
酒石酸	$C_4H_6O_6$	$3.8×10^{-3}$	$2.9×10^{-5}$		2.42	4.54	
苯甲酸	C_6H_5COOH	$6.25×10^{-5}$			4.204		

续表

(酸)名称	分子式	K_{a1}	K_{a2}	K_{a3}	pK_{a1}	pK_{a2}	pK_{a3}
苯乙酸	$C_6H_5CH_2COOH$	4.9×10^{-5}			4.31		
苯酚	C_6H_5OH	1.1×10^{-10}			9.96		
水杨酸	$C_6H_4(OH)COOH$	1.0×10^{-3}	2.5×10^{-14}		2.98	13.60	
L-抗坏血酸	$C_6H_8O_6$	9.1×10^{-5}	2×10^{-12}		4.04	11.7	
柠檬酸	$C_6H_8O_7$	7.4×10^{-4}	1.7×10^{-5}	4.0×10^{-7}	3.13	4.76	6.40

(碱)名称	分子式	K_{b1}	K_{b2}	K_{b3}	pK_{b1}	pK_{b2}	pK_{b3}
氨水	$NH_3\cdot H_2O$	5.6×10^{-10}			9.25		
氢氧化钙	$Ca(OH)_2$	3.7×10^{-3}	4.0×10^{-2}		2.43	1.40	
氢氧化铅	$Pb(OH)_2$	9.6×10^{-4}			3.02		
氢氧化锌	$Zn(OH)_2$	9.6×10^{-4}			3.02		
吡啶	C_5H_5N	5.9×10^{-6}			5.23		
六次甲基四胺	$(CH_2)_6N_4$	1.4×10^{-9}			8.85		

注：表中 pK_a 数据引自 CRC Handbook of Chemistry and Physical(102th edition，2021)，K_a 值由 pK_a 计算后得到。

附录二　常见难溶化合物的溶度积常数(18～25℃)

物质	$K_{sp}^{\ominus}$	$pK_{sp}^{\ominus}$	物质	$K_{sp}^{\ominus}$	$pK_{sp}^{\ominus}$
AgAc	1.94×10^{-3}	2.71	$Bi(OH)_2Cl$	1.8×10^{-31}	30.75
AgCl	1.8×10^{-10}	9.74	$Ca(OH)_2$	5.0×10^{-6}	5.30
AgBr	5.4×10^{-13}	12.27	$CaCO_3$	3.4×10^{-9}	8.47
AgI	8.5×10^{-17}	16.07	$CaC_2O_4\cdot H_2O$	2.3×10^{-9}	8.64
Ag_2CrO_4	1.1×10^{-12}	11.95	CaF_2	3.5×10^{-11}	10.46
AgSCN	1.0×10^{-12}	11.99	$Ca_3(PO_4)_2$	2.1×10^{-33}	32.68
Ag_2S	6.3×10^{-50}	49.20	$CaSO_4$	4.9×10^{-5}	4.31
Ag_2SO_4	1.2×10^{-5}	4.92	$CdCO_3$	1.0×10^{-12}	12.00
$Ag_2C_2O_4$	5.4×10^{-12}	11.27	CdC_2O_4	1.5×10^{-8}	7.82
Ag_3AsO_4	1.0×10^{-22}	21.99	$Cd(OH)_2$(新析出)	2.5×10^{-14}	13.60
Ag_3PO_4	8.9×10^{-17}	16.05	CdS	8.0×10^{-27}	26.10
AgOH	2.0×10^{-8}	7.70	$Ce(OH)_3$	1.6×10^{-20}	19.80
$Al(OH)_3$(无定形)	4.6×10^{-33}	32.34	$CePO_4$	1.0×10^{-23}	23.00
$BaCrO_4$	1.2×10^{-10}	9.93	$Co(OH)_2$(新析出)	1.6×10^{-15}	14.80
$BaCO_3$	2.6×10^{-9}	8.59	CoS(α型)	4×10^{-21}	20.4
$BaSO_4$	1.1×10^{-10}	9.96	CoS(β型)	2×10^{-25}	24.7
BaC_2O_4	1.6×10^{-7}	6.79	$Cr(OH)_3$	6.3×10^{-31}	30.20
BaF_2	1.8×10^{-7}	6.74	CuI	1.3×10^{-12}	11.89

续表

物质	$K_{sp}^{\ominus}$	$pK_{sp}^{\ominus}$	物质	$K_{sp}^{\ominus}$	$pK_{sp}^{\ominus}$
CuSCN	1.8×10^{-13}	12.74	NiS(α 型)	3.2×10^{-19}	18.50
CuS	6.3×10^{-36}	35.20	NiS(β 型)	1.0×10^{-24}	24.00
$Cu(OH)_2$	2.2×10^{-20}	19.66	NiS(γ 型)	2.0×10^{-26}	25.70
$Fe(OH)_2$	4.9×10^{-17}	16.31	$PbCO_3$	7.4×10^{-14}	13.13
$FeCO_3$	3.1×10^{-11}	10.51	$PbCl_2$	1.7×10^{-5}	4.77
FeS	6.3×10^{-18}	17.20	$PbCrO_4$	2.8×10^{-13}	12.55
$Fe(OH)_3$	2.8×10^{-39}	38.55	PbI_2	9.8×10^{-9}	8.01
Hg_2Cl_2	1.4×10^{-18}	17.85	$Pb(OH)_2$	1.4×10^{-20}	19.85
HgS(黑)	1.6×10^{-52}	51.80	PbS	3.0×10^{-29}	28.52
HgS(红)	4×10^{-53}	52.4	$PbSO_4$	2.5×10^{-8}	7.60
$Hg(OH)_2$	3.0×10^{-26}	25.52	$Sn(OH)_2$	5.5×10^{-27}	26.26
$KHC_4H_4O_6$	3×10^{-4}	3.5	SnS	1.0×10^{-25}	25.00
K_2PtCl_6	7.5×10^{-5}	4.12	$SrCO_3$	5.6×10^{-10}	9.25
$La(OH)_3$(新析出)	1.6×10^{-18}	17.80	$SrC_2O_4\cdot H_2O$	1.6×10^{-7}	6.80
Li_2CO_3	8.2×10^{-4}	3.09	$SrCrO_4$	2.2×10^{-5}	4.65
$MgCO_3$	6.8×10^{-6}	5.17	SrF_2	4.3×10^{-9}	8.37
$MgC_2O_4\cdot 2H_2O$	4.8×10^{-6}	5.32	$SrSO_4$	3.4×10^{-7}	6.47
$Mg(OH)_2$	5.6×10^{-12}	11.25	$Th(OH)_4$	4.0×10^{-45}	44.40
$MgNH_4PO_4$	2.5×10^{-13}	12.60	$Th(C_2O_4)_2$	1.0×10^{-22}	22.00
$MnCO_3$	2.2×10^{-11}	10.66	$TiO(OH)_2$	1.0×10^{-29}	29.00
$Mn(OH)_2$	1.9×10^{-13}	12.72	$Zn(OH)_2$(新析出、无定形)	2.1×10^{-16}	15.68
MnS(无定形、淡红色)	2.5×10^{-10}	9.60	ZnS(α 型)	1.6×10^{-24}	23.80
MnS(晶形、绿色)	2.5×10^{-13}	12.60	ZnS(β 型)	2.5×10^{-22}	21.60
$Ni(OH)_2$(新析出)	2.0×10^{-15}	14.70	$ZrO(OH)_2$	6.3×10^{-49}	48.20

附录三　常用酸碱溶液的密度和浓度(20℃)

名称	分子式	分子量	密度/(g·mL^{-1})	质量分数/%	浓度/(mol·L^{-1})
乙酸	CH_3COOH	60.05	1.04	36～37	6.2～6.4
冰醋酸	CH_3COOH	60.05	1.05	99.0～99.8	17.4
氨水	$NH_3\cdot H_2O$	35.05	0.88	25～28	12.9～14.8
盐酸	HCl	36.46	1.18	36～38	11.7～12.4
氢氟酸	HF	20.01	1.14	40	27.4
硝酸	HNO_3	63.01	1.40	65～68	14.4～15.3
高氯酸	$HClO_4$	100.5	1.75	70～72	11.7～12.5

续表

名称	分子式	分子量	密度/(g·mL⁻¹)	质量分数/%	浓度/(mol·L⁻¹)
磷酸	H_3PO_4	98.00	1.71	85	14.6
硫酸	H_2SO_4	98.08	1.84	95~98	17.8~18.4

附录四　水的饱和蒸气压

扫一扫　附录四　水的饱和蒸气压

附录五　常用试剂的基本性质

扫一扫　附录五　常用试剂的基本性质

附录六　常见有机溶剂常数

扫一扫　附录六　常见有机溶剂常数

附录七　常见有机溶剂的纯化

扫一扫　附录七　常见有机溶剂的纯化